T0224741

Mathematik – ein Reiseführer

Ingrid Hilgert · Joachim Hilgert

Mathematik –
ein Reiseführer

2. Auflage

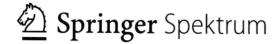 Springer Spektrum

Ingrid Hilgert
Delbrück, Nordrhein-Westfalen
Deutschland

Joachim Hilgert
Institut für Mathematik
Universität Paderborn
Paderborn, Deutschland

ISBN 978-3-662-62598-9   ISBN 978-3-662-62599-6   (eBook)
https://doi.org/10.1007/978-3-662-62599-6

Die Deutsche Nationalbibliothek verzeichnet diese Publikation in der Deutschen Nationalbibliografie;
detaillierte bibliografische Daten sind im Internet über http://dnb.d-nb.de abrufbar.

Planung/Lektorat: Andreas Rüdinger
Springer Spektrum ist ein Imprint der eingetragenen Gesellschaft Springer-Verlag GmbH, DE und ist
ein Teil von Springer Nature.
Die Anschrift der Gesellschaft ist: Heidelberger Platz 3, 14197 Berlin, Germany

Vorwort

Vor Antritt einer Reise werden die meisten Menschen versuchen, sich Informationen über ihr Reiseziel und den Weg dorthin zu verschaffen. An einen Reiseführer richten sie unterschiedliche Erwartungen:

- Er soll Lust machen, die beschriebenen Orte näher kennenzulernen.
- Er soll zuverlässig und aktuell darüber informieren, was es zu sehen gibt.
- Er soll praktische Tipps darüber enthalten, wie man sich auf die Reise vorbereiten soll, was einzupacken ist und was man besser weglässt.
- Er soll Vorschläge für angemessene Touren und zusätzliche Ausflüge bieten.
- Er soll einen Abschnitt über Geschichte, Kultur und Geographie des Zielortes enthalten, damit man versteht, warum der Ort so geworden ist, wie er sich uns heute präsentiert.

Dieses Buch ist ein Reiseführer in die Welt der Mathematik. Es orientiert sich an den Erwartungen an Reiseführer und möchte ein Begleiter auf einer Reise in die Welt der Mathematik sein. Es soll Lust machen, die Mathematik näher kennenzulernen, und eine Brücke zwischen dem Schulfach Mathematik und der Wissenschaft Mathematik bauen. Wir möchten dem interessierten Laien eine realistische Vorstellung davon geben, worum es in der Mathematik als Wissenschaft und damit auch in der Mathematik als wissenschaftlichem Studienfach geht.

Wer sind die Reisenden, an die sich das vorliegende Buch in erster Linie richtet? Zuerst einmal Menschen, die die Reise ins Land der Mathematik noch nicht angetreten haben. Wer erwägt, Mathematik zu studieren, wird durch die Lektüre dieses Buches eine klare Vorstellung vom Zielort bekommen. Er kann auch schon einiges über die richtigen Arbeitstechniken lernen, ohne die man in den Anfangssemestern, also auf der Anreise, leicht untergeht. In größerem Detail sind solche technischen Aspekte in *Mathematik studieren* von J. Hilgert [70] erläutert. Im Anhang finden Interessierte einen Vorgeschmack auf mathematische Denk- und Formulierungsweisen auf Universitätsniveau.

Reiseführer nimmt man aber auch nach einer Reise noch gern in die Hand. Ein Überblick über die historische Entwicklung der Mathematik bietet nicht nur Mathematiklehrern aufschlussreiches Hintergrundwissen. Ein Reiseführer Mathematik ist darüber hinaus auch für alle diejenigen interessant, die in ihrem Beruf auf mathematisches Fachwissen (zum Beispiel auf statistische Verfahren) zurückgreifen und die mit Mathematikern zusammenarbeiten.

Wer verstehen möchte, warum die Mathematik in einer immer komplexer werdenden Welt immer unverzichtbarer wird, findet in diesem Reiseführer eine fundierte Antwort. Dieses Buch beschränkt sich nicht auf einige Highlights, sondern bietet die Chance, echtes Verständnis für seinen Gegenstand zu entwickeln.

Die Diskussion konkreter mathematischer Inhalte ist eingebettet in einen allgemeinen Diskurs zum Thema Mathematik und Gesellschaft. Dabei stehen vier Felder im Zentrum:

1. die historische Entwicklung mathematischer Fragestellungen und die Geschichte der mathematischen Ideen,
2. die Anwendungsbereiche von Mathematik in den modernen technisierten Gesellschaften,
3. der gesellschaftliche Diskurs um die Nützlichkeit der Mathematik und
4. Mathematik als Beruf.

Für die Lektüre des Reiseführers wird kein formales mathematische Vorwissen jenseits von elementaren Termumformungen und quadratischen Gleichungen vorausgesetzt. Auf einzelnen Touren und Ausflügen fordert er dem Leser aber die Bereitschaft ab, sich ernsthaft auf das Thema einzulassen. Dazu gehört insbesondere, nicht sofort aufzugeben, wenn im Text Formeln oder logische Schlüsse auftauchen.

Die Kapitel dieses Buches können weitgehend unabhängig voneinander gelesen werden. Illustrative Beispiele tauchen in verschiedenen Kontexten immer wieder auf. Prozesse wie die Entwicklung der Zahlsysteme beleuchten wir aus verschiedenen Perspektiven: von ihrer Denksystematik her, in ihrem historischen Entstehungsprozess und in einer sauberen axiomatischen Herleitung, die sich als exemplarisches Beispiel im Anhang findet.

Kap. 1 behandelt die Frage, worum es in der Mathematik geht. Hier gehen wir insbesondere auf den Unterschied zwischen der Schulmathematik und der Mathematik als Wissenschaft, wie sie an der Universität gelehrt wird, ein. Damit richtet sich dieses Kapitel insbesondere an Lehrer und interessierte Schüler, die mit dem Gedanken spielen, ein Mathematikstudium aufzunehmen. Für diese Zielgruppe bieten wir in Kap. 5 Anregungen zum Ausprobieren einiger Techniken, die bei der Aneignung von mathematischen Inhalten hilfreich sein können. Im Reiseführer würde es heißen: Worum geht es an meinem Ziel, und was brauche ich für die Reise?

Kap. 2 vermittelt einen Überblick über die Themenvielfalt, die in einem Mathematikstudium angeboten wird. In der Regel ist die Beschreibung dabei sehr kursorisch. Einige Inhalte behandeln wir ausführlicher, um Diskussionen aus Kap. 1 und 4 zu komplettieren. Der Reiseführer würde titeln: Regionen des Ziellandes.

Kap. 3 beleuchtet Wechselwirkungen der Mathematik mit anderen Disziplinen und besondere Anwendungen von Mathematik. Das entspräche im Reiseführer: Beziehungen zu den Nachbarländern.

Kap. 4 bietet einen Blick auf die Mathematikgeschichte unter besonderer Betonung verschiedener Paradigmenwechsel. Es illustriert, wie die Mathematik sich als Wissenschaft stetig weiterentwickelt. Dies wäre im Reiseführer das Kapitel „Geschichte und Kultur". Für die 2. Auflage haben wir das Kapitel um den Abschn. 4.5 „Herausforderungen für die Zukunft" ergänzt. Dort werden insbesondere Bedeutung, Chancen und Gefahren mathematischer Modellierung ausführlich diskutiert.

Kap. 5 bietet einen Überblick über die Ausbildung und die beruflichen Optionen sowie exemplarische Tätigkeitsprofile von Mathematikern. Insbesondere für Menschen, die ein Studium der Mathematik erwägen, ist das Berufsleben von Mathematikern von Interesse. Hier würde der Reiseführer schreiben: Land und Leute.

Der Anhang ist technischer Natur. Kombiniert mit Kap. 1 und Teilen von Kap. 2 lässt sich damit auch ein propädeutischer Brückenkurs an der Universität oder eine AG Mathematik in der Oberstufe bestreiten. An der Universität Paderborn laufen solche Kurse unter dem Namen *Einführung in mathematisches Denken und Arbeiten* seit 2012 regelmäßig. Der Anhang richtet sich hauptsächlich an Leser, die tiefer in die Mathematik einsteigen möchten. Im Reiseführer könnte es heißen: Starthilfe für Einwanderer.

Reiseführer veralten. Das geht für die unterschiedlichen Teile unterschiedlich schnell. Die mathematischen Teile dieses Reiseführers sind sehr stabil. Aktualisiert wurden die Teile, die sich mit Anwendungen sowie Berufsbildern und Berufsaussichten beschäftigen. Die Ergänzungen, die wir in der vorliegenden 2. Auflage gemacht haben, beziehen sich überwiegend auf neue Einsatzgebiete mathematischer Modelle, die durch die Fortschritte im IT-Bereich möglich geworden sind. Insbesondere haben wir einen Abschnitt eingefügt, in dem wir die Rolle von mathematischen Modellen grundsätzlich erörtern. Wir bedanken uns bei Bianca Alton, Helmut Küchenhoff, Anja Panse, Andreas Rüdinger, Wolfgang Weiss und Regine Zimmerschied für ihre konstruktiven Beiträge zur Neuauflage.

Wer sich in unserer Gesellschaft als Mathematiker zu erkennen gibt, erntet oft Hochachtung, gepaart mit dem Eingeständnis des Gesprächspartners, Mathe selbst nie verstanden zu haben. Einem begeisterten Mathematiker mit einem klaren Blick für die eigenen Grenzen wäre weniger Hochachtung, gepaart mit einer positiveren Einstellung zur Mathematik, weit lieber. Ein Grund für die typische Reaktion liegt sicher darin, dass angehende Lehrer an den Hochschulen zu sehr mit isolierten Detailkenntnissen ausgestattet werden. Sie können im Schulunterricht nicht genug Brücken zwischen der Mathematik als Wissenschaft und der Mathematik als Schulfach bauen.

Die Vorbereitung der 2. Auflage dieses Reiseführers fiel in die Zeit der Covid-19-Pandemie. Der öffentliche Diskurs über die Abschätzung des Krankheitsrisikos und die mathematische Modellierung des Epidemiegeschehens machte einmal mehr deutlich, wie sehr Mathematik inzwischen in unser Alltagsleben einfließt, ob wir das wollen oder nicht. Exemplarisch dafür stand die Reproduktionszahl R, deren Rolle in der *Frankfurter Allgemeinen Zeitung* am 14.05.2020 unter der Überschrift „Die Grenzen der Mathematiktoleranz" diskutiert wurde.

Dieses Buch will als Reiseführer eine erste Orientierung über die Mathematik als wissenschaftliche Disziplin geben. Es macht unterschiedlich anspruchsvolle Angebote zum Verstehen mathematischer Grundprinzipien und Techniken, wobei es immer eher ein „Baedeker" sein möchte als ein „Europe in Ten Days".

Allerdings kann auch ein noch so ernsthafter Reiseführer die eigentliche Reise nicht ersetzen. Wir erhoffen uns, bei vielen Lesern die Lust zu wecken, sich selbst auf den Weg zu machen.

Delbrück   Ingrid Hilgert
Oktober 2020   Joachim Hilgert

Inhaltsverzeichnis

Vom Wesen der Mathematik

Inhaltsverzeichnis

In diesem Kapitel beginnt die Vorstellung mathematischer Denkweisen. Dabei werden keine mathematischen Kenntnisse jenseits des normalen Schulstoffes der Mittelstufe vorausgesetzt. Die Beispiele sind aber durchaus anspruchsvoll, und im Verlauf des Textes wird klar werden, dass die Einführung einer formalen Sprache das Mitdenken erleichtert.

1.1   Modelle, Gleichungen, Prognosen

Man kann die Mathematik zunächst einmal als eine Verfeinerung der Alltagssprache auffassen, eine Art „sprachliche Lupe". Sie dient dazu, beobachtbare Vorgänge so präzise zu beschreiben, dass es möglich wird, Gesetzmäßigkeiten zu erkennen und durch das Lösen von Gleichungen Prognosen zu erstellen. Diese Beschreibungen nennt man *Modelle*.

Wir werden den Modellbegriff in Abschn. 4.5 noch genauer diskutieren. Hier erklären wir ihn zunächst an Beispielen. Die Flugbahn einer Kugel beim Kugelstoßen könnte man in der Alltagssprache etwa so beschreiben: „Erst fliegt sie relativ gerade nach oben, dann flacht sich die Bahn ab, erreicht die maximale Höhe und fällt dann immer schneller zu Boden." Erste mathematische Konzepte hat man schon

© Springer-Verlag GmbH Deutschland, ein Teil von Springer Nature 2021
I. Hilgert und J. Hilgert, *Mathematik – ein Reiseführer*,
https://doi.org/10.1007/978-3-662-62599-6_1

verwendet, wenn man über horizontale und vertikale Geschwindigkeiten spricht, um die Beschreibung zu verfeinern. Stärker formalisiert kann man sagen, dass die Flugbahn (in sehr guter Näherung) eine *Parabel* ist, die durch eine Gleichung der Bauart $y = ax^2 + bx + c$ beschrieben werden kann. Dabei ist y die Höhe über dem Boden, x der Abstand vom Kugelstoßer, und a, b, c sind Zahlen, die von physikalischen Parametern wie dem Gewicht der Kugel, der Stoßrichtung und der Schnellkraft des Sportlers abhängen. Aus dieser Beschreibung lassen sich Vorhersagen gewinnen: Man kann die Flugbahn verlässlich rekonstruieren. Insbesondere kann man den Aufschlagpunkt am Boden berechnen, wenn man die physikalischen Parameter kennt. Mehr noch, wenn man genügend Messwerte hat, kann man daraus die physikalischen Parameter und die optimale Stoßrichtung bestimmen. Die Möglichkeit, auf eine Beschreibung (Modell) Rechentechniken (oft Gleichungen) anzuwenden und so zu Vorhersagen (Prognosen) zu kommen, hebt die Mathematik über eine reine Sprache hinaus.

Kompliziertere Beispiele sind die Bewegungen von Himmelskörpern wie Sonne, Mond, Sternen und Planeten. Eine rein verbale Beschreibung der beobachtbaren täglichen Bahnen würde zum Beispiel die fundamentalen Unterschiede zwischen Fixsternen und Planeten nicht offenlegen. Diese treten erst zutage, wenn man die unterschiedlichen Perioden beobachtet, in denen sich Phänomene wiederholen. Relativ früh hat man periodisches Verhalten mit Bewegungen auf Kreisen assoziiert, also ein mathematisches Konzept zur präziseren Beschreibung eines Phänomens verwendet. Der Weg von diesen ersten mathematischen Beschreibungen bis zu den Kepler'schen Gesetzen, nach denen sich die Planeten auf elliptischen Bahnen um die Sonne bewegen, führt über einige Zwischenstufen. Kepler konnte ihn erst gehen, als er Zugriff auf die Messergebnisse des Astronomen Tycho Brahe hatte. Diese sind aber Beschreibungen von Beobachtungen durch Zahlen. Daraus hat Kepler dann Beschreibungen von Beobachtungen durch Gleichungen gemacht. Im nächsten Schritt konnte Newton erkennen, dass die Flugbahnen von Kanonenkugeln und Planeten denselben universellen Gesetzen genügen. Mit jedem der beschriebenen Schritte wuchs die Komplexität der benutzten mathematischen Konzepte. Die zunehmend präziseren Beschreibungen oder, anders gesagt, zunehmend besseren Modelle der Himmelsmechanik erlauben auch zunehmend präzisere Prognosen: Die Vorhersage, dass die Sonne nach 24 h wieder aufgehen wird, ist noch nicht sehr beeindruckend, ganz im Gegensatz zur Vorhersage einer Sonnenfinsternis.

Mathematische Beschreibungen sollten nicht als Abbilder, sondern als Modelle realer Situationen betrachtet werden. Man kann den gleichen Vorgang auf ganz unterschiedliche Weisen modellieren. Je nach Zielsetzung kann man sich auf beschreibende Aspekte beschränken oder aber dynamische und kausale Aspekte berücksichtigen. So braucht man beispielsweise nur relativ wenig Mathematik, um ein vorliegendes Wahlergebnis statistisch so aufzubereiten, dass man es auf einer Zeitungsseite wiedergeben kann; präzise Hochrechnungen aus relativ wenigen ausgezählten Wahlkreisen zu erstellen, erfordert jedoch sehr viel mehr Modellierungs- und auch mathematischen Aufwand.

Der Modellcharakter mathematischer Beschreibungen kann an einem fundamentalen Beispiel aus der Physik näher erläutert werden [63]: Anfang des 20.

Jahrhunderts hat man festgestellt, dass Newtons Beschreibung der Bewegungsge-
setze mit den mathematischen Beschreibungen der Lichtausbreitung nicht verträglich ist. Albert Einstein entwickelte ein neuartiges Modell, die *Relativitätstheorie*.
Er zeigte auch, dass seine neuen Bewegungsgleichungen für Bewegungen, die im
Vergleich zur Lichtgeschwindigkeit relativ langsam ablaufen, sehr gut durch die
Newton'schen Bewegungsgleichungen angenähert werden. Für höhere Geschwindigkeiten verliert das Newton'sche Modell seine Gültigkeit, das heißt, seine Pro-
gnosen werden nachweislich falsch. Man ersetzt es durch das Einstein'sche Modell,
das auch für hohe Geschwindigkeiten verifizierbare Prognosen liefert. Für kleine
Geschwindigkeiten benutzt man auch heute noch die Newton'sche Mechanik, da
Berechnungen im Einstein'schen Modell sehr aufwendig und die Fehler bei den
Prognosen so klein sind, dass sie nicht ins Gewicht fallen. Ebenfalls Anfang des
20. Jahrhunderts hat man entdeckt, dass die Newton'sche Mechanik auch bei der
Beschreibung von Vorgängen in Atomen falsche Vorhersagen liefert. In Verbindung
mit der mathematischen Beschreibung des Elektromagnetismus sagt sie nämlich voraus, dass Atome nicht stabil sein können, sondern Elektronen in kürzester Zeit in
die Atomkerne stürzen müssten. Diese falschen Vorhersagen konnte auch die Relativitätstheorie nicht korrigieren. Für kleine Skalen verliert also auch die Relativitätstheorie ihre Gültigkeit als mathematisches Modell für das Verhalten von Teilchen. In
diesen Bereichen kann man ein völlig anderes mathematisches Modell benutzen, die
Quantenmechanik nach Niels Bohr und Werner Heisenberg. Allerdings enthält die
Quantenmechanik keine Modellierung von Gravitation. Das heißt, die Quantenmechanik ist keine Verallgemeinerung der Newton'schen oder Einstein'schen Theorie,
die diese beiden Theorien ersetzen könnte. Es ist eines der großen offenen Probleme
der Physik, ein mathematisches Modell zu finden, das sowohl die Quantenmechanik
als auch die allgemeine Relativitätstheorie als Spezialfälle enthält.

Um zu testen, ob ein mathematisches Modell brauchbar ist, vergleicht man die aus
ihm abgeleiteten Prognosen mit Versuchsergebnissen. Findet man hohe Übereinstimmung zwischen Vorhersage und Messung, so ist das Modell gut. Je geringer die Übereinstimmung, desto mehr Anlass gibt es, das Modell infrage zu stellen, zu verbessern
oder gegebenenfalls ganz zu verwerfen. Ein prominentes Beispiel für ein mathematisches Modell, das ganz verworfen werden musste, weil es falsche Prognosen lieferte,
ist das Kepler'sche Planetenmodell aus seinem Jugendwerk *Mysterium Cosmographicum* von 1596 (Abb. 1.1). Es beschreibt das Sonnensystem mit den sechs damals
bekannten Planeten Merkur, Venus, Erde, Mars, Jupiter und Saturn. Diese dachte
man sich auf Kugelschalen angeheftet, die sich in wohlbestimmten Abständen um
die Sonne drehten. Kepler versuchte hier rein spekulativ die Abstandsverhältnisse
durch die Abmessungen der fünf platonischen Körper (Abb. 2.1) zu erklären: Es
gebe nach göttlichem Plan genau sechs Planeten und genau fünf platonische Körper, die in die Zwischenräume passten. Spätestens mit der Entdeckung des siebten
Planeten Uranus im Jahr 1781 war das Kepler'sche Modell obsolet. Es hatte den
Realitätstest nicht bestanden und war falsifiziert worden.

Mathematische Modelle im Bankenwesen, welche die Finanzkrise von 2008
nicht prognostiziert hatten, haben sich ebenfalls als fehlerhaft erwiesen. Eine wissenschaftliche Vorgehensweise verlangt, die Abweichung zwischen Prognose und

Abb. 1.1 Kepler'sches
Planetenmodell. (Ausschnitt
aus: *Mysterium
Cosmographicum,* Tübingen
1596)

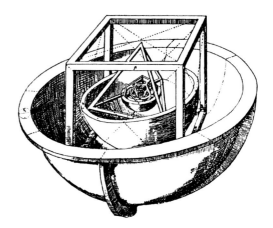

tatsächlicher Entwicklung genau zu studieren und verbesserte Modelle zu entwickeln. Die Falsifizierbarkeit von Modellen ist ein Vorteil der wissenschaftlichen Methode gegenüber anderen Vorgehensweisen.

Ein mathematisches Modell eines komplexen Systems beschreibt in der Regel gesetzmäßige Zusammenhänge zwischen verschiedenen Eigenschaften des Systems. In einer Modellierung des Stromkreises sind zum Beispiel Spannung und Stromstärke in einem Stromkreis über eine Materialeigenschaft, den Widerstand, gekoppelt. Das *Ohm'sche Gesetz* besagt nämlich, dass der Quotient

$$R = \frac{U}{I}, \quad \text{Spannung durch Stromstärke}$$

bei konstanter Temperatur konstant bleibt. Diesen Quotienten nennt man den Widerstand. Kennt man zwei der Größen in der Gleichung $U = RI$, kann man die dritte berechnen. Hat man eine Batterie mit gegebener Spannung U und kennt den Widerstand R eines Drahtes, so lässt sich durch Auflösung der Gleichung $U = RI$ nach I, das heißt durch $I = \frac{U}{R}$, vorhersagen, welcher Strom fließen wird, wenn man die beiden Pole der Batterie mit dem Draht verbindet. Die Verwendung von Buchstaben statt konkreter Zahlenwerte erlaubt es uns, alle Rechnungen dieser Form auf einen Schlag abzuhandeln. Es ist so auch einfacher zu erkennen, wenn verschiedene Modelle mit identischen Methoden behandelbar sind (Beispiel 1.2 und 1.3). Prognose bedeutet für den Mathematiker hier, wie in vielen anderen Fällen, das Herausrechnen einer unbekannten Größe aus einer Reihe von bekannten Größen. Da sich viele der Prognoseaufgaben in mathematischen Modellen so formulieren lassen, wird das Lösen von Gleichungen gern als die zentrale Problemstellung der Mathematik beschrieben.

Das Lösen von Gleichungen ist keineswegs eine automatisch zu bewerkstelligende Aufgabe. Die meisten Gleichungen lassen sich nicht explizit lösen, das heißt, sie führen nicht zu der gesuchten konkreten Information. Auch einfachen Gleichungen ist normalerweise nicht anzusehen, ob sie überhaupt eine Lösung haben. Man prüft zum Beispiel leicht nach, dass die Gleichung

$$x^2 + y^2 = z^2$$

in den Unbekannten x, y, z von $x = 3$, $y = 4$ und $z = 5$ gelöst wird. Eine solche ganzzahlige Lösung dieser Gleichung heißt *pythagoreisches Zahlentripel*. Mit etwas elementarer Geometrie kann man sogar ein Konstruktionsverfahren angeben, das alle pythagoreischen Zahlentripel liefert (Abschn. 2.1). Für die zunächst ganz ähnlich aussehende Gleichung

$$x^n + y^n = z^n \tag{1.1}$$

in den Unbekannten x, y, z mit einer vorgegebenen natürlichen Zahl $n > 2$ dagegen gibt es keine positiven ganzzahligen Lösungen. Das war von Pierre de Fermat (1601–1665) behauptet worden, wurde aber trotz vieler Anläufe erst 1995 von dem englischen Mathematiker Andrew Wiles (geb. 1953) vollständig bewiesen. Es bedurfte dazu einer Vielzahl von mathematischen Begriffen und Techniken, die zu Zeiten von Fermat noch nicht zur Verfügung standen und von denen teilweise noch um 1980 niemand ahnte, dass sie eine wesentliche Rolle in der Lösung des Fermat'schen Problems spielen würden.

Fazit
Die genannten Beispiele illustrieren, dass die Rolle der Mathematik als sprachliche Lupe besonders in der Modellierung zum Tragen kommt. Mit der Fachsprache der Mathematik lassen sich Phänomene präzise beschreiben. Um aus Modellen Prognosen abzuleiten, bedarf es diverser Rechentechniken, insbesondere solcher, mit deren Hilfe Gleichungen gelöst werden können. Während die Modellierung eine Aufgabe ist, die nicht von der Mathematik oder dem Mathematiker allein geleistet werden kann, sondern auf Fachwissen in anderen Disziplinen zurückgreifen muss, ist die Entwicklung von Rechentechniken und Begriffen der zentrale Gegenstand der Wissenschaft Mathematik. Losgelöst von der Modellierung beobachteter Phänomene schafft sich die Mathematik eine eigene Begriffswelt und Werkzeuge, mit denen man diese Begriffswelt untersuchen kann. Der Versuch, Gleichungen zu lösen, hat viele neue mathematische Entwicklungen in Gang gesetzt, aber den Begriffen und Techniken, die heute zum Repertoire des Mathematikers gehören, ist diese Abstammung oft nicht mehr anzusehen.

1.2 Begriffsbildung

Am Beispiel des Zahlbegriffs erläutern wir in diesem Abschnitt, wie der Versuch, Gleichungen zu lösen, auf neue mathematische Begriffe führen kann. Als Leitprinzip soll dabei gelten: „Wenn eine Gleichung nicht lösbar ist, erweitere das Zahlensystem so, dass es eine Lösung gibt." Diese Darstellung entspricht nicht der historischen Entwicklung des Zahlbegriffs. Diese verlief nicht so zielgerichtet und kontinuierlich entlang eines einheitlichen Leitprinzips und war auch nicht frei von Sackgassen. Andererseits ist die Vorgehensweise beispielhaft auch für andere Begriffsbildungen in der Mathematik.

Als Ausgangspunkt betrachten wir die *natürlichen Zahlen* $1, 2, 3, \ldots$, ohne ihre Existenz weiter zu begründen.[1] Durch Abzählen von Objekten gelangt man intuitiv zum Konzept der *Addition* natürlicher Zahlen: Zu zwei natürlichen Zahlen a und b bildet man die Summe $a + b$. Stellt man jetzt die Gleichung

$$x + 1 = 1$$

auf, so findet man keine natürliche Zahl x, die sie löst. Jeder heutige Leser sieht sofort, dass $x = 0$ die Gleichung lösen würde, aber die Null wird ursprünglich nicht zu den natürlichen Zahlen gezählt. Welcher enorme Abstraktionsschritt die Erfindung der Null ist, lässt sich erahnen, wenn man bedenkt, dass man viele Jahrhunderte mit den natürlichen Zahlen gerechnet hat, ohne die Null zu kennen. Dann führte man sie zunächst als Leerstellen in der Zahlendarstellung durch Ziffern ein, und nochmals Jahrhunderte später begann man, mit der Null wirklich zu rechnen [83]. Wir kürzen den Prozess hier drastisch ab und führen einfach eine Zahl 0, genannt *Null*, ein, für die

$$0 + a = a = a + 0$$

für jede natürliche Zahl a und auch für $a = 0$ gelten soll. Insbesondere können wir jetzt die Gleichung $x + 1 = 1$ lösen.

Was, wenn wir stattdessen jetzt die Gleichung

$$x + 2 = 1$$

betrachten? Dann stellen wir fest, dass keine natürliche Zahl x, und auch nicht $x = 0$, die Gleichung löst. Wieder ist dem modernen Leser klar, dass man hier $x = -1$ braucht. Allgemeiner, wenn man in der Lage sein will, alle Gleichungen der Bauart

$$x + a = b$$

mit zwei fest vorgegebenen natürlichen Zahlen zu lösen, dann braucht man die *ganzen Zahlen*

$$\ldots, -3, -2, -1, 0, 1, 2, 3, \ldots$$

An dieser Stellen müsste man jetzt Addition und Multiplikation auf den ganzen Zahlen einführen. Dies ist in Anhang A.3 sauber durchgeführt; hier sei an die Intuition oder die Vorbildung der Leser appelliert, um das eigentliche Argument weiterführen zu können. Dies ist eine gängige Vorgehensweise in der Mathematik: „Nehmen wir an, wir haben dieses Problem schon gelöst, dann könnten wir folgendermaßen vorgehen." Auf diese Weise zerteilt man komplexe Probleme in leichter überschaubare Teilprobleme, die man lösen zu können glaubt oder hofft.

---

[1]Letztendlich muss man natürlich auch das hinterfragen. In Anhang A.2 geben wir eine formale Beschreibung der natürlichen Zahlen durch ein Axiomensystem. In Abschn. 4.2 diskutieren wir die Existenz der natürlichen Zahlen und die Sinnhaftigkeit dieser formalen Beschreibung im Licht der Gödel'schen Unvollständigkeitssätze.

Die ganzen Zahlen reichen nicht aus, um die Gleichung

$$2x + 2 = 1$$

zu lösen. Diesmal bräuchte man $x = -\frac{1}{2}$, also muss man Bruchzahlen einführen. Ähnlich wie im Falle der Konstruktion der ganzen Zahlen aus den natürlichen Zahlen würde eine ausführliche Diskussion der Konstruktion der Bruch- oder *rationalen Zahlen* sowie der Addition solcher Zahlen den Gedankengang zu sehr unterbrechen. Dies wird in Anhang A.4 durchgeführt.

Schon die alten Griechen wussten, dass es keine rationale Zahl $x = \frac{m}{n}$ gibt, die die Gleichung

$$x^2 = 2$$

löst. Anders ausgedrückt, die Zahl $\sqrt{2}$ ist *irrational*. Dafür gibt es zahlentheoretische, aber auch geometrische Beweise. Der einfachste zahlentheoretische Beweis (Satz 1.21) basiert auf der Tatsache, dass man jede natürliche Zahl in eindeutiger Weise als Produkt von Primzahlen schreiben kann. Der Zusammenhang mit der Geometrie ergibt sich aus dem Satz von Pythagoras. Dieser liefert, dass das Quadrat der Länge der Diagonale eines Quadrats mit Seitenlänge 1 gleich $1^2 + 1^2 = \sqrt{2}^2 = 2$ sein muss.

Da die Diagonale eines Quadrats „offensichtlich" eine Länge haben muss, die Griechen aber keine allgemeineren Zahlen als Bruchzahlen kannten, führte dieses Argument zu einer tiefen Grundlagenkrise der Mathematik. Die Griechen lösten diese Krise, indem sie Geometrie und Arithmetik als separate Gebiete betrachteten, die übereinander nichts zu sagen hatten.

Diese Trennung von Geometrie und Algebra wurde erst von Pierre de Fermat und René Descartes (1596–1650) aufgehoben. Heute sind beide Gebiete eng miteinander verwoben. Allerdings dauerte es bis ins 19. Jahrhundert, bis man die Zahlbereiche so erweitern konnte, dass auch $\sqrt{2}$ und andere aus der Geometrie bekannte Längenverhältnisse zu klar definierbaren Zahlen wurden, die sich auch addieren und multiplizieren ließen. Der resultierende Zahlbegriff ist die *reelle* Zahl. Man führt reelle Zahlen als *Grenzwerte* von rationalen Zahlen (z. B. als unendliche Dezimalbrüche) ein. Grenzwerte sind kein offensichtliches mathematisches Konzept, da sie eine Art Unendlichkeit beinhalten, die nicht leicht präzise zu fassen ist. Eine mathematisch saubere Konstruktion der reellen Zahlen wird im Anhang vorgestellt. Hier begnügen wir uns mit einer sehr brauchbaren Visualisierung der reellen Zahlen, dem *Zahlenstrahl* (Abb. 1.2). Jeder Punkt auf dem Zahlenstrahl entspricht einer reellen

Abb. 1.2 Der Zahlenstrahl

Zahl. Die ganzen Zahlen sind äquidistant wie auf einer Perlenschnur aufgereiht. Die rationalen Zahlen sind auf dem Zahlenstrahl dicht verteilt, das heißt, zwischen zwei beliebigen Punkten auf dem Zahlenstrahl gibt es immer eine rationale Zahl. Andererseits findet sich zwischen zwei rationalen Zahlen immer auch eine, die nicht rational ist.

Die reellen Zahlen sind noch nicht der Abschluss der Entwicklung. Die Gleichung

$$x^2 = -1$$

hat keine reelle Lösung x, weil Quadrate reeller Zahlen immer positiv sind. Dieses Mal kommt man auch mit Grenzwerten nicht weiter. Die entscheidende Idee ist, sich vom Zahlenstrahl zu lösen und zu einer *Zahlenebene* (Abb. 1.3) überzugehen: Man führt die *komplexen Zahlen* als Paare (a, b) reeller Zahlen ein und stellt sich a und b als *Koordinaten* („Abszisse" und „Ordinate") vor. Der reelle Zahlenstrahl ist dann die horizontale Koordinatenachse.

Man führt auf dieser Zahlenebene wie folgt eine Addition und eine Multiplikation ein:

$$(a, b) + (a', b') = (a + a', b + b') \quad \text{und} \quad (a, b) \cdot (a', b') = (aa' - bb', ab' + ba')$$

Punkte als Symbol für Multiplikation schreibt man nur, wenn es die Notation übersichtlicher macht, meist lässt man sie weg. Damit Schreibweise und Rechenregeln den gewohnten Regeln gleichen, schreibt man $a + ib$, $a + bi$ oder auch $a + i \cdot b$ für (a, b). In Abb. 1.3 hätte man dann zum Beispiel $(2, 3) = 2 + i3$. Mit dieser Notation werden Addition und Multiplikation zu

$$(a + ib) + (a' + ib') = \quad (a + a') + i(b + b'),$$
$$(a + ib) \cdot (a' + ib') = (aa' - bb') + i(ab' + ba').$$

Durch die Einführung des Begriffs der komplexen Zahlen wird es möglich, eine Lösung für die Gleichung $x^2 + 1 = 0$ explizit anzugeben. Für $(a, b) = (0, 1)$ erhält man $a + ib = 0 + i \cdot 1$, was man einfach als i schreibt. Das Quadrat von i ist

$$i^2 = i \cdot i = -1 + i \cdot 0 = -1.$$

Abb. 1.3 Die Zahlenebene

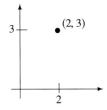

Mit den komplexen Zahlen ist das Leitprinzip dieses Abschnitts im Wesentlichen ausgereizt. Man findet keine aus Additionen und Multiplikationen zusammengesetzten Gleichungen mehr, die sich nicht lösen lassen. Der Grund dafür ist das folgende mathematische Gesetz, für das zuerst Carl Friedrich Gauß (1777–1855) einen strengen Nachweis geliefert hat.

Satz 1.1 (Fundamentalsatz der Algebra) *Jede Gleichung der Form*

$$a_k x^k + a_{k-1} x^{k-1} + \ldots + a_1 x + a_0 = 0 \qquad (1.2)$$

mit einer natürlichen Zahl k und komplexen Zahlen $a_1, \ldots, a_k$ hat eine komplexe Lösung x, wenn $a_k \neq 0$ gilt.

Verfolgt man die oben vorgestellte Entwicklung des Zahlenbegriffs, erkennt man Prinzipien, die in der Mathematik immer wieder zum Einsatz gelangen:

(1) Man erweitert den begrifflichen Rahmen für ein Problem. Im vorliegenden Fall startet man mit einer Gleichung für natürliche Zahlen ($x + 1 = 1$) und gelangt durch ständige Erweiterung des Zahlbegriffs zu den komplexen Zahlen.
(2) Man erweitert den Lösungsbegriff. Lösungen werden aus den neu gefundenen, erweiterten Zahlenräumen gewonnen.
(3) Man untersucht, ob sich unter den verallgemeinerten Lösungen (im erweiterten Zahlenraum) eine Lösung des Problems im ursprünglichen Zahlenraum befindet. Im Falle des Fermat'schen Problems (Gl. (1.1)) aus Abschn. 1.1 findet man alle komplexen Lösungen und hat damit Objekte in der Hand, die sich genauer studieren lassen. Letztendlich zeigt sich, dass diese komplexen Lösungen niemals natürliche Zahlen sein können.
   In anderen Problemen ist es so, dass man tatsächlich Bedingungen beschreiben kann, unter denen eine verallgemeinerte Lösung schon eine Lösung des ursprünglichen Problems ist. Solche Phänomene findet man zum Beispiel auch für Differenzialgleichungen, wie sie in der Physik bei der Beschreibung von Wellen oder Wärmeleitung vorkommen. In diesem Kontext nennt man die verallgemeinerten Lösungen auch *schwache Lösungen* (Abschn. 4.3).

Die zusätzlichen Einsichten in die Natur der Zahlen, die sich aus der Untersuchung von Gleichungen ergeben, lieferten auch ganz unerwartete Lösungen klassischer geometrischer Probleme: Gleichungen der Form wie (1.2) heißen *Polynomgleichungen*. Man nennt die komplexen Zahlen, die Lösungen von Polynomgleichungen mit rationalen Koeffizienten $a_1, \ldots, a_k$ sind, auch *algebraische Zahlen*. Zahlen, die nicht algebraisch sind, heißen *transzendent*. Die Kreiszahl π, die das Verhältnis von Umfang und Durchmesser eines Kreises angibt, ist eine solche transzendente Zahl.

Dies wurde zuerst von Carl Louis Ferdinand von Lindemann (1852–1939) gezeigt. Mit der Transzendenz von π lässt sich relativ leicht die Unmöglichkeit der Kreisquadrierung mit Zirkel und Lineal beweisen (Abschn. 4.4).

1.3   Die Rolle der Abstraktion in der Mathematik

Der grundlegende Ansatz der modernen Mathematik ist es, Dinge über ihre Eigenschaften zu beschreiben und sich dabei möglichst auf diejenigen Eigenschaften zu beschränken, die für die zu behandelnde Frage wirklich relevant sind. Wenn man die Umlaufbahn eines Raumgleiters beschreiben will, dann betrachtet man ihn abstrahierend als einen bewegten Punkt (den Schwerpunkt). Will man den Gleiter von einer Umlaufbahn in eine andere steuern, muss man ihn als dreidimensionales Objekt auffassen mit ausgezeichneten Richtungen, in die die Steuerraketen Schub ausüben. Beim Andocken an eine Raumstation spielt die genaue Form des Gleiters eine Rolle und beim Eintauchen in die Atmosphäre auch noch die Hitzebeständigkeit des Materials. Dabei ist jeweils zu testen, ob man das Modell fein genug gewählt hat. So spielen bei Satellitenbahnen Luftreibungseffekte durchaus eine Rolle und führen auf die Dauer zu Abstürzen, wenn man nicht gegensteuert.

Die Abstraktion vom Raumgleiter auf ein Objekt mit einigen klar festgelegten Eigenschaften erleichtert es, Ähnlichkeiten mit in anderen Zusammenhängen gefundenen Beschreibungen und Lösungen zu erkennen und zu benutzen. Auch Wurfgeschosse oder Planeten kann man durch bewegte Massepunkte modellieren, in der Aerodynamik von Tragflächen verfügt man über eine lange Erfahrung, und die Hitzebeständigkeit von Kacheln betrachtet man auch nicht erst seit dem Eintritt ins Raumfahrtzeitalter.

Der hohe Abstraktionsgrad ist für viele die höchste Hürde bei der Annäherung an die Mathematik. Das gilt auch für Studierende der Mathematik, die oft davon überrascht sind, dass an der Universität nur selten gerechnet, dafür aber sehr viel definiert und bewiesen wird. Der folgende Abschnitt gibt den Lesern die Gelegenheit, anhand einer Reihe von Beispielen die Vorteile der Abstraktion in der Mathematik zu erkennen.

Elemente der Abstraktion: Vereinfachung und Übertragbarkeit

Die zwei folgenden Beispiele zeigen, dass Modellierungen von Phänomenen aus völlig unterschiedlichen Bereichen auf identische mathematische Fragestellungen führen können. In Beispiel 1.2 wird beschrieben, wie in einem Stromkreis Spannung, Widerstände und Stromstärken zusammenhängen. In Beispiel 1.3 geht es dagegen um ein einfaches Produktionsmodell aus der Volkswirtschaft, in dem drei Firmen jeweils ein Produkt anbieten. Man möchte wissen, wie viel jede Firma produzieren muss, damit sowohl die externe Nachfrage als auch der Bedarf der beiden anderen Firmen an dem Produkt befriedigt werden können, aber nichts auf Halde produziert wird. In beiden Modellen setzt man gewisse Größen als bekannt voraus und möchte die anderen daraus berechnen. Im Stromkreis nehmen wir die Widerstände und die Spannungsquelle als bekannt an und wollen die Stromstärken bestimmen. Im

Produktionsmodell soll bekannt sein, wie hoch die externe Nachfrage ist und welche Mengen der Produkte jede Firma einsetzen muss, um eine Einheit ihres eigenen Produkts herzustellen. Beide Systeme lassen sich durch Gleichungen modellieren, die die bekannten und die unbekannten Größen miteinander verknüpfen. Für den Stromkreis resultieren sie aus physikalischen Gesetzen, im Falle des Produktionsmodells aus mehr oder weniger plausiblen Modellannahmen. Wir werden sehen, dass diese Gleichungen eine sehr ähnliche Struktur haben und mit denselben mathematischen Methoden gelöst werden können.

Beispiel 1.2 (Stromkreise) Gegeben sei ein Stromkreis mit einer Spannungsquelle U und drei Widerständen R_1, R_2, R_3:

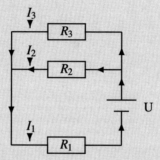

Der Zusammenhang zwischen der Spannung U, den Widerständen R_1, R_2, R_3 und den resultierenden Stromstärken I_1, I_2, I_3 ist durch die *Kirchhoff'schen Gesetze* gegeben, die hier auf folgende Gleichungen führen:

$$I_1 = I_2 + I_3$$
$$U = R_1 I_1 + R_2 I_2 \qquad (1.3)$$
$$0 = -R_2 I_2 + R_3 I_3$$

Dabei sind Spannung und Widerstände bekannt und die Stromstärken zu berechnen. Man kann das machen, indem man eine der Gleichungen nach einer der gesuchten Größen auflöst, das Ergebnis in die anderen Gleichungen einsetzt und so die Zahl der Gleichungen und der Unbekannten um eins reduziert. Dieses Verfahren wiederholt man und löst die letzte Gleichung nach der einzig verbliebenen Unbekannten auf. Dann setzt man das Ergebnis wieder in die anderen Gleichungen ein und findet so sukzessive auch die anderen Unbekannten. Im physikalisch gesehen realistischen Fall $R_1, R_2, R_3 > 0$ findet man so

$$I_2 = \frac{R_3}{R_2} I_3,$$

$$I_1 = I_2 + I_3 = \left(\frac{R_3}{R_2} + 1\right) I_3 = \left(1 + \frac{R_2}{R_3}\right) I_2,$$

$$U = \frac{R_1 R_2 + R_2 R_3 + R_3 R_1}{R_2} I_3$$

und durch Umformen schließlich

$$I_3 = \frac{R_2 U}{R_1 R_2 + R_2 R_3 + R_3 R_1},$$

$$I_2 = \frac{R_3 U}{R_1 R_2 + R_2 R_3 + R_3 R_1},$$

$$I_1 = \frac{(R_2 + R_3) U}{R_1 R_2 + R_2 R_3 + R_3 R_1}.$$

Die folgenden drei Punkte sind charakteristisch für Beispiel 1.2:

(1) Es werden Gleichungen aufgestellt und gelöst.
(2) Die Lösung ist nicht wirklich algorithmisch, das heißt automatisierbar, weil wir nicht vorgeschrieben haben, welche Gleichung nach welcher Unbekannten aufgelöst werden soll.
(3) Für jeden Schaltkreis wird neu entschieden, wie die Gleichungen gelöst werden.

Es ist offensichtlich, dass dieses Vorgehen in (2) und (3) Schwachstellen aufweist. Nach der Betrachtung des Produktionsmodells wird hierfür eine Lösung erkennbar werden.

Beispiel 1.3 (Produktionsmodell nach Leontief) Betrachten wir ein Produktionssystem bestehend aus drei Produzenten mit je einem Produkt, das nach außen (an den Markt) und untereinander (zur Ermöglichung der Produktion) geliefert wird. Mit x_1, x_2, x_3 werden die produzierten Mengen (einheitlich gemessen, z. B. in Geldwert) bezeichnet. Weiter sei y_i die Nachfrage des Marktes nach dem Produkt von i. Wir machen die folgende Annahme: Wenn der j-te Produzent die Menge x_j produziert, dann kauft er vom i-ten Produzenten die Menge $a_{ij} x_j$.

Mit dieser Annahme modelliert man folgenden Umstand: j braucht das Produkt von i als Rohstoff für seine eigene Produktion, und zwar proportional zur Produktionsmenge.

Ziel ist dann die Herstellung eines Gleichgewichts von Produktion und Nachfrage. Das heißt, jede Firma produziert genau so viel, wie Markt und Partnerfirmen ihr abnehmen.

In der folgenden Grafik ist dieses Gleichgewicht dargestellt. Um sie übersichtlich zu halten, sind nur die von Produzent 1 an die anderen Produzenten gelieferten Mengen eingetragen.

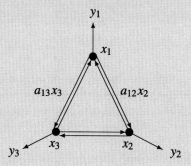

Es ergeben sich die Gleichungen

$$\begin{aligned}
y_1 &= x_1 - a_{12}x_2 - a_{13}x_3, \\
y_2 &= x_2 - a_{21}x_1 - a_{23}x_3, \\
y_3 &= x_3 - a_{31}x_1 - a_{32}x_2,
\end{aligned} \qquad (1.4)$$

wobei die zum (technischen) Produktionsprozess gehörigen Kenngrößen a_{ij} und die Nachfragen y_i als bekannt vorausgesetzt werden. Gesucht sind dann die Produktionsmengen x_i.

Die mathematischen Modellierungen in Beispiel 1.2 und 1.3 liefern die folgenden Gleichungen, die nun näher verglichen werden. Eine Umformung macht die Analogien deutlich sichtbar:

$$\begin{aligned}
I_1 &= I_2 + I_3 & y_1 &= x_1 - a_{12}x_2 - a_{13}x_3 \\
U &= R_1 I_1 + R_2 I_2 & y_2 &= x_2 - a_{21}x_1 - a_{23}x_3 \\
R_2 I_2 &= R_3 I_3 & y_3 &= x_3 - a_{31}x_1 - a_{32}x_2
\end{aligned}$$

$\downarrow$ umstellen $\downarrow$

$$1 \cdot I_1 + (-1)I_2 + (-1)I_3 = 0 \qquad 1 \cdot x_1 + (-a_{12})x_2 + (-a_{13})x_3 = y_1$$
$$R_1 I_1 + R_2 I_2 + 0 \cdot I_3 = U \qquad (-a_{21})x_1 + 1 \cdot x_2 + (-a_{23})x_3 = y_2$$
$$0 \cdot I_1 + R_2 I_2 + (-1)R_3 I_3 = 0 \qquad (-a_{31})x_1 + (-a_{32})x_2 + 1 \cdot x_3 = y_3$$

$\downarrow$ die gesuchten Größen weglassen $\downarrow$

$$
\left. \begin{matrix} 1 & -1 & -1 \\ R_1 & R_2 & 0 \\ 0 & R_2 & -R_3 \end{matrix} \right| \begin{matrix} 0 \\ U \\ 0 \end{matrix}
\qquad\qquad
\left. \begin{matrix} 1 & -a_{12} & -a_{13} \\ -a_{21} & 1 & -a_{23} \\ -a_{31} & -a_{32} & 1 \end{matrix} \right| \begin{matrix} y_1 \\ y_2 \\ y_3 \end{matrix}
$$

Solche rechteckigen Zahlenschemata nennt man *Matrizen*. Sie enthalten die vollständige Information über die Gleichungssysteme, aus denen sie gewonnen wurden: Wir können die Gleichungssysteme aus den Matrizen rekonstruieren, weil die Unbekannten alle nur linear in die Gleichung eingehen, das heißt keine Produkte oder noch kompliziertere Funktionen von Variablen vorkommen. Man nennt solche Gleichungssysteme daher *linear*. Für diese Systeme gibt es als Berechnungsmethode eine systematisierte Variante des sukzessiven Variableneliminierens aus Beispiel 1.2, den sogenannten *Gauß-Algorithmus*, mit dessen Hilfe man durch Manipulation dieser Matrizen die Unbekannten bestimmen kann. Der Gauß-Algorithmus funktioniert für beliebige Matrizen mit beliebig vielen Zeilen und Spalten. Das ist durchaus relevant, denn in praktischen Anwendungen wie der Simulation von Crashtests kommen Gleichungssysteme mit mehr als einer Million Variablen vor. Ehrlicherweise muss man zugeben, dass der Gauß-Algorithmus in solchen Anwendungen nicht eingesetzt wird, weil die beschränkte Genauigkeit von Zahlendarstellungen im Computer zwangsläufig zu Rundungsfehlern führt und der Gauß-Algorithmus bei großen Systemen zu viele solcher Rundungsfehler produziert (Beispiel 2.38). Für die oben gewählten Beispiele führt er jedoch zu den gesuchten Lösungen.

Zusammenfassend kann man sagen, dass Beispiel 1.2 und 1.3 auf dieselbe mathematische Problemstellung führen: *lineare Gleichungssysteme* und *Matrizenrechnung*. Der Übergang von den Beispielen zu diesen abstrakten Strukturen trägt sowohl den Aspekt der Vereinfachung als auch den Aspekt der Übertragbarkeit in sich:

(1) Mit dem Übergang von den Gleichungen zu den Matrizen hat man nur redundante Information aus den Gleichungen entfernt und gleichzeitig die Übersichtlichkeit erhöht.

(2) Die Anzahl der Gleichungen und der Unbekannten ist für das Vorgehen hier völlig unerheblich; es lassen sich die Lösungsstrategien also sofort auf beliebig große andere Beispiele übertragen.

Die angeführten Beispiele hätten möglicherweise auch durch ganz andere mathematische Beschreibungen modelliert werden können. Dass man die hier betrachteten Gleichungen eingesetzt hat, liegt an einer strategischen Abwägung: Wir haben in Abschn. 1.2 schon gesehen, dass man Gleichungen keineswegs immer lösen kann, nicht einmal im Prinzip. Daher ist ein Modell, das auf Gleichungen führt, die mit dem heutigen Wissen tatsächlich lösbar sind, einem Modell vorzuziehen, für dessen Gleichungen man keine Lösungsmethoden hat. Es sind durchaus Situationen denkbar, in denen man ein grobes Modell, dessen Prognosen leicht zu bekommen sind, einem sehr akkuraten Modell vorzieht, aus dem man aber keine Prognosen ableiten kann. Selbst wenn sich die Prognosen des besseren Modells näherungsweise bestimmen lassen, aber vielleicht nur unter hohem Kostenaufwand, wird man das gröbere Modell oft vorziehen. Wie viel Auswahl unter verschiedenen Modellen man hat, hängt natürlich stark vom Gebiet ab. In der Physik sind da weit engere Grenzen gesetzt als in der Ökonomie.

Ergebnis von Abstraktion: Neue Strukturen
Konkrete Problemstellungen führen oft in natürlicher Weise auf neue, abstrakte (algebraische) Strukturen. Dieser Sachverhalt lässt sich gut mit der Problemstellung „Teilbarkeitsregeln" illustrieren.

Schüler lernen, dass eine Zahl genau dann durch 2 bzw. 5 teilbar ist, wenn die letzte Ziffer der Dezimaldarstellung durch 2 bzw. 5 teilbar ist. Um festzustellen, ob eine Zahl durch 4 teilbar ist, muss man die letzten beiden Ziffern betrachten. Allgemein bekannt ist auch die *Quersummenregel,* mit der man feststellen kann, ob eine Zahl durch 3 bzw. 9 teilbar ist: nämlich genau dann, wenn die Quersumme durch 3 bzw. 9 teilbar ist. In der Regel wird in der Schule aber nichts darüber gesagt, wie man einer Zahl ansieht, ob sie durch 7 teilbar ist. Es stellt sich die Frage: Gibt es eine Teilbarkeitsregel für 7?

Die Quersummenregel für die Teilbarkeit durch 3 legt nahe, dass Teilbarkeitsregeln mit der Darstellung der Zahlen im Zehnersystem zusammenhängen, denn schließlich addiert man bei einer Quersumme die Einer, die Zehner, die Hunderter etc. Der Schlüssel zu den Teilbarkeitsregeln ist dann die Operation des *Teilens mit Rest,* die auch oft *Division mit Rest* genannt wird. Wenn man 10 durch 3 teilt, bleibt ein Rest von 1, denn $10 = 3 \cdot 3 + 1$. Teilt man 100 durch 3, bleibt wegen $100 = 33 \cdot 3 + 1$ wieder ein Rest von 1. Wir werden sehen, dass für alle Zehnerpotenzen beim Teilen durch 3 ein Rest von 1 bleibt und sich daraus die Quersummenregel ergibt.

Um eine Teilbarkeitsregel für 7 zu finden, teilen wir jede Zehnerpotenz durch 7 und betrachten den Rest. Als Reste kommen nur 0, 1, 2, 3, 4, 5, 6 infrage. Wenn man 10 durch 7 teilt, bleibt ein Rest von 3, denn $10 = 1 \cdot 7 + 3$. Teilt man 100 durch 7, bleibt wegen $100 = 14 \cdot 7 + 2$ ein Rest von 2. Für $1000 = 142 \cdot 7 + 6$ erhalten wir 6 als Rest. Die Restefolge ist also komplizierter als bei der Division durch 3. Es ergibt sich aber trotzdem ein Schema: Für 10 000 findet man den Rest 4, für 100 000 den Rest 5. In Beispiel 1.4 wird ein Argument dafür angegeben, dass sich ab da die Reste wiederholen. Das heißt, die Restefolge für 1, 10, 100, 1000, 10 000, 100 000, 1 000 000 etc. ist 1, 3, 2, 6, 4, 5, 1 etc.

$$1 = 0 + 1 \ = \ 0 \cdot 7 + 1$$
$$10 = 7 + 3 \ = \ 1 \cdot 7 + 3$$
$$100 = 98 + 2 \ = \ 14 \cdot 7 + 2$$
$$1000 = 994 + 6 \ = \ 142 \cdot 7 + 6$$
$$10\,000 = 9996 + 4 \ = \ 1428 \cdot 7 + 4$$
$$100\,000 = 99\,995 + 5 \ = \ 14\,285 \cdot 7 + 5$$
$$1\,000\,000 = 999\,999 + 1 \ = \ 142\,857 \cdot 7 + 1$$

Aus dieser Information lässt sich ein Analogon der Quersummenregel ableiten. Die Details der Herleitung finden sich in Beispiel 1.4 und 1.5. Der wesentliche Punkt dabei ist die Einteilung der ganzen Zahlen in sieben Klassen, die sogenannten *Restklassen modulo* 7. Zwei Zahlen gehören dabei zur selben Restklasse, wenn sie bei Division durch 7 denselben Rest ergeben oder, was dasselbe ist, wenn die Differenz der Zahlen durch 7 teilbar ist (Abb. 1.4).

Gewichtete Quersummenregel für 7: Man multipliziere die

Einer mit 1,
Zehner mit 3,
Hunderter mit 2,
Tausender mit 6,
Zehntausender mit 4,
Hunderttausender mit 5
und dann von vorn etc.

Durch Aufaddieren der Ergebnisse erhält man eine gewichtete Quersumme. Die Zahl ist durch 7 teilbar genau dann, wenn die gewichtete Quersumme durch 7 teilbar ist.

In Bezug auf Teilbarkeitsfragen sind Zahlen in derselben Restklasse gleichwertig (äquivalent), das heißt, für solche Fragen muss man statt der unendlich vielen ganzen Zahlen nur noch sieben Klassen betrachten, was eine dramatische Vereinfachung darstellt.

Es stellt sich heraus, dass die Menge der Restklassen zusätzliche Struktur hat. Man kann nämlich darauf eine Addition und eine Multiplikation einführen (Abb. 1.5). Diese neue Struktur ermöglicht es, die angesprochene periodische Struktur der Reste der Zehnerpotenzen zu finden.

Beispiel 1.4 (Teilbarkeitsregeln I) Sei n eine ganze Zahl und m eine natürliche Zahl. Dann kann man immer zwei ganze Zahlen k und r mit $0 \leq r < m$ finden, für die

$$n = k \cdot m + r \qquad (1.5)$$

gilt. Das bedeutet, wenn man n durch m teilt, bleibt der Rest r. Wir werden diese Tatsache in Abschn. 1.6 beweisen (Satz 1.14), aber hier benutzen wir sie einfach. Man schreibt

$$n \equiv r \mod m \quad \text{oder} \quad n \equiv_m r,$$

wenn Gl. (1.5) gilt (auch wenn r nicht zwischen 0 und $m - 1$ liegt), und liest „n ist äquivalent zu r modulo m". Eine Zahl n ist durch m *teilbar*, wenn sie bei Teilung durch m den Rest 0 liefert, das heißt, wenn $n \equiv 0 \mod m$ gilt.

Die entscheidende Beobachtung für die Herleitung von Teilbarkeitsregeln ist, dass die Operation Teilen mit Rest mit Addition und Multiplikation verträglich ist: Aus $n = k \cdot m + r$ und $n' = k' \cdot m + r'$ folgt

$$n + n' = (k + k') \cdot m + (r + r') \quad \text{und} \quad nn' = (kk'm + kr' + k'r) \cdot m + rr'.$$

Wenn man also $n + n'$ durch m teilt, bleibt derselbe Rest, wie wenn man $r + r'$ durch m teilt. Analog gilt für die Multiplikation: Wenn man nn' durch m teilt, bleibt derselbe Rest, wie wenn man rr' durch m teilt. In Kurzform:

$$n + n' \equiv r + r' \mod m \quad \text{und} \quad nn' \equiv rr' \mod m \qquad (1.6)$$

Sei $[k]$ die *Restklasse* $\{n \mid n \equiv k \mod m\}$ aller Zahlen, die bei Division durch m denselben Rest haben wie k. Diese m Restklassen modulo m lassen sich als m Punkte auffassen, für die wegen der beiden Gl. (1.6) eine Addition und eine Multiplikation wie folgt definiert werden können (Abb. 1.5):

$$[k] + [k'] = [k + k'] \quad \text{und} \quad [k] \cdot [k'] = [kk'] \qquad (1.7)$$

Das heißt, man kann für festes m bei Division durch m mit Resten rechnen.

Abb. 1.4 Aufteilung der ganzen Zahlen in Restklassen modulo 7

⋮	⋮	⋮	⋮	⋮	⋮	⋮
−14	−13	−12	−11	−10	−9	−8
−7	−6	−5	−4	−3	−2	−1
0	1	2	3	4	5	6
7	8	9	10	11	12	13
14	15	16	17	18	19	20
⋮	⋮	⋮	⋮	⋮	⋮	⋮

+	[0] [1] [2] [3] [4] [5] [6]
[0]	[0] [1] [2] [3] [4] [5] [6]
[1]	[1] [2] [3] [4] [5] [6] [0]
[2]	[2] [3] [4] [5] [6] [0] [1]
[3]	[3] [4] [5] [6] [0] [1] [2]
[4]	[4] [5] [6] [0] [1] [2] [3]
[5]	[5] [6] [0] [1] [2] [3] [4]
[6]	[6] [0] [1] [2] [3] [4] [5]

·	[0] [1] [2] [3] [4] [5] [6]
[0]	[0] [0] [0] [0] [0] [0] [0]
[1]	[0] [1] [2] [3] [4] [5] [6]
[2]	[0] [2] [4] [6] [1] [3] [5]
[3]	[0] [3] [6] [2] [5] [1] [4]
[4]	[0] [4] [1] [5] [2] [6] [3]
[5]	[0] [5] [3] [1] [6] [4] [2]
[6]	[0] [6] [5] [4] [3] [2] [1]

Abb. 1.5 Addition und Multiplikation der Restklassen modulo 7

Insbesondere gilt für jede natürliche Zahl n mit $n \equiv r \mod 7$, dass $10 \cdot n \equiv 3 \cdot r \mod 7$. Das erklärt die periodische Struktur der Reste von Zehnerpotenzen bei Division mit Rest, weil man beim Übergang von einer Zehnerpotenz zur nächsten immer nur den Rest mit 3 multiplizieren und dann den Rest bei Division durch 7 bestimmen muss:

$$
\begin{array}{rcl}
1 = & 1 \equiv_7 & \mathbf{1} \\
10 = & 10 \cdot 1 \equiv_7 3 \cdot \mathbf{1} \equiv_7 & \mathbf{3} \\
100 = & 10 \cdot 10 \equiv_7 3 \cdot \mathbf{3} \equiv_7 & \mathbf{2} \\
1000 = & 10 \cdot 100 \equiv_7 3 \cdot \mathbf{2} \equiv_7 & \mathbf{6} \\
10\,000 = & 10 \cdot 1000 \equiv_7 3 \cdot \mathbf{6} \equiv_7 & \mathbf{4} \\
100\,000 = & 10 \cdot 10\,000 \equiv_7 3 \cdot \mathbf{4} \equiv_7 & \mathbf{5} \\
1\,000\,000 = & 10 \cdot 100\,000 \equiv_7 3 \cdot \mathbf{5} \equiv_7 & \mathbf{1}
\end{array}
$$

Ab hier wiederholen sich die Reste der Zehnerpotenzen modulo 7:

$$
\begin{array}{rcl}
10\,000\,000 = & 10 \cdot 1\,000\,000 \equiv 3 \cdot \mathbf{1} & \mod 7 \equiv \mathbf{3} \quad \mod 7 \\
100\,000\,000 = & 10 \cdot 10\,000\,000 \equiv 3 \cdot \mathbf{3} & \mod 7 \equiv \mathbf{2} \quad \mod 7
\end{array}
$$

etc.

Man schreibt jetzt eine beliebige Zahl im Zehnersystem, das heißt als gewichtete Summe von Zehnerpotenzen, zum Beispiel

$$94\,325 = 9 \cdot 10\,000 + 4 \cdot 1000 + 3 \cdot 100 + 2 \cdot 10 + 5 \cdot 1,$$

und rechnet die Reste modulo 7 aus:

$$94\,325 \mod 7 \equiv 9 \cdot 4 + 4 \cdot 6 + 3 \cdot 2 + 2 \cdot 3 + 5 \cdot 1 \mod 7$$

Die Zahl 94 325 ist also durch 7 teilbar, weil

$$9 \cdot 4 + 4 \cdot 6 + 3 \cdot 2 + 2 \cdot 3 + 5 \cdot 1 = 77$$

durch 7 teilbar ist. Anders ausgedrückt, multipliziert man die Einer, Zehner, Hunderter etc. mit den Gewichten 1, 3, 2 etc., dann hat die gewichtete Quersumme denselben Rest modulo 7 wie die ursprüngliche Zahl. Damit ist man bei der oben beschriebenen gewichteten Quersummenregel angekommen.

Die beschriebene Vorgehensweise zur Bestimmung einer gewichteten Quersummenregel lässt sich sofort auf beliebige andere Zahlen übertragen. Für die Zahl 11 ergeben sich als Reste der Zehnerpotenzen zum Beispiel abwechselnd immer 1 und 10. Die resultierende gewichtete Quersummenregel ist also:

Gewichtete Quersummenregel für 11: Man multipliziere die

Einer, Hunderter, Zehntausender etc. mit 1,
Zehner, Tausender, Hunderttausender etc. mit 10.

Durch Aufaddieren der Ergebnisse erhält man eine gewichtete Quersumme. Die Zahl ist durch 11 teilbar genau dann, wenn die gewichtete Quersumme durch 11 teilbar ist.

Die Elfer-Quersummenregel lässt sich noch vereinfachen, wenn man sich klar macht, dass 10 und -1 bei Division durch 11 denselben Rest ergeben, das heißt zur selben Restklasse gehören. Damit bekommt man die alternierende Quersummenregel:

Alternierende Quersummenregel für 11: Man multipliziere die

Einer, Hunderter, Zehntausender etc. mit 1,
Zehner, Tausender, Hunderttausender etc. mit -1.

Durch Aufaddieren der Ergebnisse erhält man die *alternierende* Quersumme. Die Zahl ist durch 11 teilbar genau dann, wenn die alternierende Quersumme durch 11 teilbar ist.

Auch die Teilbarkeitsregel für die Zahl 2 ergibt sich aus der gewichteten Quersummenregel, die die oben vorgestellte Methode für 2 liefert. Da nämlich bis auf $1 = 10^0$ alle Zehnerpotenzen durch 2 teilbar sind, sind deren Gewichte alle gleich 0. Das heißt, die gewichtete Quersumme ist genau der Einer.

Für die Zahl 4 weiß man, dass sich die Teilbarkeit einer Zahl an den letzten beiden Ziffern ablesen lässt. Unsere Methode liefert ab dem Hunderter das Gewicht 0, das heißt, in der gewichteten Quersumme kommen nur Einer und Zehner vor. Die Gewichte sind dabei 1 und 2. Die Regel aus der Schule würde man erhalten, wenn man als Gewicht für den Zehner 10 statt 2 nähme, was ja bei Division durch 4 denselben Rest liefert.

Beispiel 1.5 (Teilbarkeitsregeln II) Für eine beliebige natürliche Zahl m findet man nach Beispiel 1.4 die passende gewichtete Quersummenregel wie folgt:

1. Schritt: Bestimme die Reste der Zehnerpotenzen bei Division mit m. Da es nur endlich viele Reste gibt, ergibt sich nach einem endlichen „Anlauf" eine periodische Struktur.

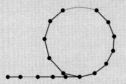

   Dass es für 7 keinen Anlauf in der periodischen Struktur gibt, liegt daran, dass 7 eine Primzahl ist und kein Teiler von 10.

2. Schritt: Schreibe eine Zahl n in Dezimaldarstellung, das heißt in der Form

$$n = a_j 10^j + a_{j-1} 10^{j-1} + \ldots + a_1 10 + a_0,$$

und berechne den Rest von n bei Division durch m über die Reste der $a_0, a_1, \ldots, a_j$, gewichtet mit den Resten der $1, 10, \ldots, 10^j$.

Wendet man das in Beispiel 1.5 beschriebene Verfahren auf die Zahlen 5, 8 und 9 an, findet man ohne Probleme auch die üblichen Teilbarkeitsregeln für

> 5 (letzte Ziffer),
> 8 (letzten drei Ziffern),
> 9 (Quersumme).

Auf die gleiche Weise erhält man solche Teilbarkeitsregeln auch für jede andere Zahl.

Die Diskussion von Teilbarkeitsregeln hat auf neue Strukturen geführt, nämlich die Restklassen modulo m zusammen mit ihren Additionen und Multiplikationen. Die Eigenschaften dieser Strukturen erlaubten es, das Ausgangsproblem und weitreichende Verallgemeinerungen davon zu lösen. Außerdem helfen sie, die unterschiedlichen Teilbarkeitsregeln als verschiedene Ausprägungen ein und desselben Prinzips zu verstehen. Man nennt diese Art von Struktur, die aus einer *Menge,* das heißt einer Ansammlung von verschiedenen Objekten, und *Verknüpfungen* wie · oder + darauf besteht, eine *algebraische Struktur.* Je nach Anzahl der Verknüpfungen und ihren spezifischen Eigenschaften bekommen die algebraischen Strukturen unterschiedliche Namen wie beispielsweise *Gruppen, Ringe* und *Körper.* Man sollte nicht versuchen, aus diesen Namen Eigenschaften der Strukturen abzulesen, die Namensgebung entspringt oft einer spontanen Laune der Namensgeber und spiegelt manchmal auch nur deren Humor wider. Die Restklassen sind Beispiele für Ringe, ebenso wie die ganzen Zahlen $\mathbb{Z}$ mit ihrer Addition und ihrer Multiplikation (Beispiel 2.9).

Algebraische Strukturen spielen eine ganz zentrale Rolle in der modernen Mathematik, sind aber eine relativ neue Erfindung. Erste Beispiele – neben den Zahlen – tauchten im 19. Jahrhundert auf; seit dem frühen 20. Jahrhundert erlebt die Mathematik eine Algebraisierung aller Teilbereiche. Im Folgenden zeigen wir, wie man den geometrischen Begriff der Symmetrie algebraisieren kann, wodurch er auch für andere Bereiche nutzbar gemacht wird.

Jeder erkennt Symmetrien in der Natur, der Architektur, der Malerei oder auch in der Musik. Dabei ist es gar nicht so einfach zu definieren, was Symmetrie ist, ohne auf mathematische Begriffsbildungen zurückzugreifen. Ein guter Einstieg in diese Frage ist die elementare Geometrie. Wir betrachten regelmäßige Vielecke (Abb. 1.6).

Wie kann man die offensichtlichen Symmetrieeigenschaften dieser Figuren präzise beschreiben? Hier ist eine erste Antwort: Eine *Symmetrieoperation* ist eine Bewegung, die die Figur mit sich selbst zur Deckung bringt. Das können zum Beispiel Spiegelungen an den eingezeichneten Achsen sein oder Drehungen um die Achsenschnittpunkte. Solche Symmetrieoperationen kann man hintereinander ausführen und findet dann wieder eine Symmetrieoperation. Verknüpft man in dieser Weise zwei Spiegelungen eines Vierecks wie in Abb. 1.7, erhält man eine Rotation, und zwar um 90 Grad, das Doppelte des Winkels, in dem die beiden Achsen aufeinanderstehen.

Die Gesamtheit aller Symmetrieoperationen beschreibt dann die *Symmetrie* des Objekts. Wieder ergibt sich eine algebraische Struktur, diesmal mit nur einer Verknüpfung, der Hintereinanderausführung der Symmetriebewegungen. Es handelt sich bei der Menge der Symmetrieoperationen um eine *Gruppe,* weswegen man auch von der *Symmetriegruppe* des Objekts spricht. Es ist allerdings bisher nicht wirklich klar, was genau man unter einer Bewegung zu verstehen hat, und so bleibt

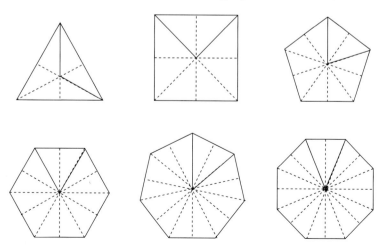

Abb. 1.6 Symmetrien von Vielecken

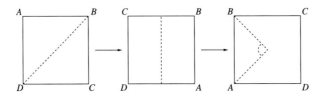

Abb. 1.7 Verknüpfung von Symmetrien

der Begriff „Symmetrie" zunächst immer noch vage. Abhilfe schafft hier der Begriff der *Abbildung,* ein Begriff, der in der Mathematik absolut zentral ist.

Wenn A und B zwei Mengen sind, dann ist eine Abbildung $f : A \to B$ eine Vorschrift, die jedem Element a von A ein Element $f(a) = b$ von B zuordnet, das man dann das *Bild* von a unter f nennt. Dies ist eine Abstraktion der Vorstellungen „Vergleichen", „Messen" und „Klassifizieren". So könnten die Elemente der Mengen zum Beispiel Punkte auf einem Vieleck oder auch reelle Zahlen sein. Wenn A und B Mengen ähnlicher Natur sind, entspricht das eher der Vorstellung vom Vergleichen. Man kann sich beispielsweise vorstellen, dass A und B Flächen sind, die übereinandergelegt werden. Wenn B eine Menge von Zahlen ist, dann ist die Abbildung eher so etwas wie das Anlegen eines Maßstabs. Hier kann man sich A zum Beispiel als Menge von Personen vorstellen, deren Körpergröße durch die Abbildung angegeben wird. Wenn schließlich A eine Menge von Personen ist und B eine Menge von Merkmalen wie etwa Haarfarben, dann teilt die Abbildung, die jeder Person ihre Haarfarbe zuordnet, die Personen in Klassen ein.

Natürlich sind auch alle Funktionen wie sin, cos, exp, x^k etc. Abbildungen. In diesen Beispielen sind A und B Mengen von Zahlen. Weitere Beispiele findet man in Abschn. 1.4, in dem die elementaren Begriffe der Mengenlehre etwas genauer diskutiert werden und dann auch mehr über Abbildungen gesagt wird.

Mithilfe des Begriffs der Abbildung lässt sich eine präzise Definition von Symmetrie formulieren: Eine Symmetrie von A ist eine Abbildung $f : A \to A$, für die jedes Element von A als Bild von genau einem Element von A auftaucht. In einer Visualisierung durch Punkte und Pfeile wie in Abb. 1.8 wird dann jedes Element von genau einem Pfeil getroffen. An dieser Stelle kann man dann noch Zusatzforderungen stellen. Man kann zum Beispiel verlangen, dass Geraden auf Geraden abgebildet werden oder Winkel und Abstände erhalten bleiben.

Die Menge aller dieser möglichen Abbildungen stellt eine algebraische Struktur dar, die mit den Restklassen aus dem vorhergehenden Beispiel vergleichbar ist. Auch auf der Menge der Symmetrieabbildungen kann man eine Verknüpfung definieren, nämlich die Hintereinanderausführung (Verknüpfung) der Abbildung wie in Abb. 1.7.

Bisher haben wir die Entwicklung von abstrakten algebraischen Strukturen aus zwei konkreten Phänomenen (Teilbarkeit und Symmetrie) betrachtet. Nun wird ersichtlich, wie die nächste Stufe der Abstraktion funktioniert. Wir *vergleichen* die beiden algebraischen Strukturen, die wir in den so unterschiedlichen Kontexten gefunden haben.

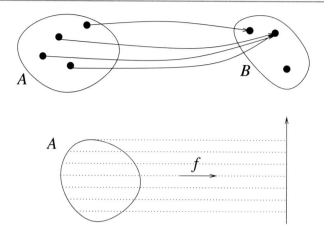

Abb. 1.8 Abbildungen

Als Beispiel nehmen wir die Rotationssymmetrien des n-Ecks und die Addition der Restklassen modulo n. Die Rotation kann man sich vorstellen als die Darstellung der Uhrzeit auf einem Ziffernblatt. In diesem Kontext ist man es gewohnt, dass man nur zwölf verschiedene Stunden hat. 2 Uhr und 14 Uhr sind auf dem Ziffernblatt nicht zu unterscheiden. Man rechnet modulo 12. Geometrisch kann man sich ein Ziffernblatt, auf dem nur die Stunden markiert sind, als ein regelmäßiges Zwölfeck vorstellen. Ließe man den Stundenzeiger fest und rotierte dafür das Ziffernblatt, so entspräche jeder Stundenwechsel einer Rotation von 30 Grad. Nach zwölf solcher Rotationen ist man wieder bei der Ausgangsposition.

Allgemein liefert n-malige Anwendung der Rotation um $\frac{360}{n}$ Grad auf ein regelmäßiges n-Eck die Identität, das heißt die Abbildung, die jedes Element auf sich selbst abbildet. Das entspricht dann einer Rotation um 0 Grad, was an die n-fache Addition von 1 in den Restklassen modulo n aus Beispiel 1.4 erinnert. Die liefert ja gerade n, was modulo n auch wieder 0 ist.

Die Ähnlichkeiten gehen aber noch weiter. Als algebraische Strukturen sind die Rotationssymmetrien des regelmäßiges n-Ecks und die Restklassen modulo n *isomorph* (gleichgestaltig). Beispiel 1.6 liefert eine mathematisch präzise Formulierung dieser Behauptung. Um es nachvollziehen zu können, sollte man sich die Definition von Restklassen und ihrer Addition aus Gl. (1.7) in Beispiel 1.4 in Erinnerung rufen.

Beispiel 1.6 (Isomorphie) Wir vergleichen zwei Strukturen:

(i) die Rotationen R_k des n-Ecks um $k \cdot \frac{360}{n}$ Grad, zusammen mit der Hintereinanderausführung von Rotationen,

(ii) die Restklassen $[k] = \{m \mid m \equiv k \mod n\}$ modulo n, zusammen mit der Addition.

Jeder Rotation R_k kann man die Restklasse $[k]$ zuordnen. Dann gehört jede Restklasse zu genau einer Rotation. Die durch $\alpha(R_k) = [k]$ definierte Abbildung α führt die algebraische Struktur der Rotationen in die Addition auf den Restklassen über: Es gilt nämlich wegen $R_k \circ R_{k'} = R_{k+k'}$ und $[k + k'] = [k]+[k']$, wobei $\circ$ die Hintereinanderausführung von Abbildungen bezeichnet, dass

$$\alpha(R_k \circ R_{k'}) = \alpha(R_{k+k'}) = [k + k'] = [k] + [k'] = \alpha(R_k) + \alpha(R_{k'}).$$

Man sagt, die beiden Strukturen sind *isomorph* (hier als Gruppen), und stellt fest, dass Aussagen, die die Verknüpfungen betreffen, mit dieser Isomorphie von einer zur anderen Struktur einfach transferiert werden können.

Es mag beim ersten Betrachten gekünstelt und als irrelevante Spielerei erscheinen, hier die Ähnlichkeiten zwischen Rotationen um n-te Teile von 360 Grad und der Teilung durch n mit Rest zu thematisieren. Das Konzept der Abbildung und insbesondere der Isomorphie ist aber der Schlüssel dafür, Einsichten, die man in einem Kontext gewonnen hat, in einem anderen Kontext anwenden zu können.

Zusammenfassung: Abstraktion in der Mathematik
Ein wesentlicher Punkt in jeder mathematischen Betrachtung ist die Konzentration auf die für die gegebene Problemstellung wesentlichen Eigenschaften. Durch Ausblendung aller anderen Aspekte tritt die Ähnlichkeit zwischen Problemstellungen zutage, was die Übertragung von bekannten Lösungsstrategien auf neue Problemstellungen ermöglicht. Mathematische Erkenntnisse veralten nicht. Einmal erreichte Einsichten, auch die der alten Griechen, werden immer wieder neu eingesetzt. Es ergeben sich aber immer auch dieselben Schwierigkeiten:

(1) Es ist in der Regel nicht von vornherein klar, was die wesentlichen Eigenschaften einer Problemstellung sind.
(2) Die Reduktion auf wenige Eigenschaften, das heißt der hohe Abstraktionsgrad, macht die Beschreibungen unanschaulich.
(3) Die Ähnlichkeiten bestehen oft nicht zwischen den Objekten, die in den primären Problemstellungen auftauchen, sondern in den Relationen zwischen diesen Objekten oder noch komplizierteren abgeleiteten Strukturen. Beim Vergleich der Division mit Rest mit der Geometrie von Vielecken sind zum Beispiel die Struktur der Addition der Restklassen und die Struktur der Symmetrien ähnlich.

Der hohe Abstraktionsgrad ist einerseits das Erfolgsgeheimnis der Mathematik, andererseits aber auch der Grund für die hohen Hürden, die der Neuling oder der interessierte Laie zu überwinden hat, wenn er verstehen will, wieso die Mathematik so erfolgreich ist. Dass selbst Physikern dieser Erfolg oft unheimlich ist, kann man in [142] nachlesen.

1.4 Sprechen über mathematische Objekte: Die Sprache der Mengenlehre

Die Diskussion von Teilbarkeit und Symmetrie in Abschn. 1.3 zeigt, dass die Untersuchung und der Vergleich auch relativ einfacher Problemstellungen sehr schnell zu Strukturen führen, die komplex und wenig anschaulich sind. Allein die Symmetrien eines Vierecks sind schon Ansammlungen von Abbildungen, die Punkte und Geraden auf andere Punkte und Geraden abbilden. Bei vielen Fragen, die man zu den Symmetrien haben kann, ist es aber nicht relevant, wie genau diese Symmetrien zustande kommen. Weil man sich dafür interessiert, wie sie sich untereinander verhalten, fasst man sie zu einem neuen mathematischen Objekt zusammen und beschränkt sich auf bestimmte Eigenschaften, zum Beispiel darauf, dass man zwei Symmetrien verknüpfen kann und damit wieder eine Symmetrie erhält. Die Mengenlehre ist eine Sprache, mit der man sehr effizient Aussagen über Ansammlungen von Objekten formulieren kann. Man verwendet sie als ein vereinfachendes Hilfsmittel. Dass die Mengenlehre auch Teil der philosophischen Grundlegung der Mathematik ist und grundsätzliche Probleme aufwirft, erläutern wir hier nur kurz. Wir gehen aber in Abschn. 4.2 näher auf die Problematik ein.

Die ersten Objekte mathematischer Überlegungen waren Zahlen und geometrische Figuren. Was diese Objekte eigentlich sind, war praktisch von Anfang an Gegenstand intensiver Überlegungen und kontroverser Philosophien. Im Laufe der Zeit kamen weitere mathematische Objekte ganz unterschiedlicher Natur hinzu, wie zum Beispiel Variablen, Gleichungen und Funktionen. Mengen betrachtet man erst seit gut 100 Jahren, aber die moderne Mathematik bedient sich ihrer bei der Beschreibung aller mathematischen Objekte.

Zahlen, Figuren und Funktionen sind Mengen mit gewissen Eigenschaften. Dabei ist keineswegs klar, was eine Menge eigentlich ist. Die „Definition", die in Abschn. 1.3 verwendet wird, ist im Wesentlichen die des Begründers der Mengenlehre, Georg Cantor (1845–1918): „Unter einer Menge verstehen wir jede Zusammenfassung von bestimmten wohlunterschiedenen Objekten unserer Anschauung oder unseres Denkens zu einem Ganzen." Dies ist keine wirkliche Erklärung, weil der unbekannte Begriff *Menge* auf den ebenfalls unbekannten Begriff *Zusammenfassung zu einem Ganzen* zurückgeführt wird. Widersprüchliche Bildungen solcher Zusammenfassungen führen zu logischen Problemen wie dem vom Dorfbarbier, der alle Männer des Dorfes rasiert, die sich nicht selbst rasieren: Wenn sich der Barbier selbst rasiert, darf er sich als Barbier nicht rasieren. Wenn er sich aber nicht selbst rasiert, so muss er sich als Barbier rasieren (Abschn. 4.2). Solche Antinomien führten Anfang des 20. Jahrhunderts in eine Diskussion über die Grundlagen der Mathematik, die bis heute nicht abgeschlossen ist. Für die gegenwärtige Praxis der Mathematik ist vor allem bedeutsam, dass sich die axiomatische Methode, eine Theorie aus nicht hinterfragten Grundtatsachen (Axiomen) unter Benutzung festgelegter logischer Regeln aufzubauen, universell durchgesetzt hat. Im Anhang findet man eine exemplarische Darstellung nach diesem Muster: ein Axiomensystem für die natürlichen Zahlen, die Konstruktion der anderen in Abschn. 1.1 erwähnten Zahlbereiche und die Herleitung deren fundamentaler Eigenschaften.

Auch für die Mengenlehre und die Logik gibt es solche axiomatischen Zugänge, allerdings sind sie ohne mathematische Ausbildung praktisch nicht nachvollziehbar. Daher stützt man sich bei Einführungen in die Mathematik in der Regel auf (möglichst wenige) intuitive Konzepte, aus denen man dann das mathematische Gebäude aufbaut. Diese intuitiven Konzepte werden im Verlauf des Mathematikstudiums in Vorlesungen wie *Axiomatische Mengentheorie* oder *Mathematische Logik* hinterfragt und durch eigene axiomatische Gebäude ersetzt. Der Besuch solcher Vorlesungen ist allerdings selten verpflichtend, und man muss davon ausgehen, dass nur ein Bruchteil der Universitätsabsolventen in den mathematischen Studiengängen je eine solche Veranstaltung besucht hat.

Naive Mengenlehre

Ausgangspunkt für den „naiven" Zugang zur Mengenlehre ist, dass eine Menge durch ihre Elemente festgelegt wird: Eine Menge ist gebildet, wenn feststeht, welche Objekte dazugehören. Eine Menge ist also eine Art „Sack", der dadurch bestimmt wird, was er enthält. Die Objekte, die zu einer Menge gehören, heißen *Elemente* der Menge. Wenn M eine Menge ist und a ein Element von M, dann schreibt man $a \in M$. Eine Menge kann man beschreiben, indem man alle ihre Elemente aufzählt oder aber indem man ihre Elemente durch eine Eigenschaft charakterisiert. So ist

$$\{a, b, c, d, e\}$$

die Menge der ersten fünf (kleinen) Buchstaben des Alphabets, und

$$\left\{ x \mid x \in \mathbb{Z} \text{ und } \frac{x}{2} \in \mathbb{Z} \right\}$$

ist die Menge der durch 2 teilbaren ganzen Zahlen (wenn wir akzeptieren, dass $\mathbb{Z}$ die Menge der ganzen Zahlen ist). Die Klammern { }, die in diesen Schreibweisen vorkommen, nennt man *Mengenklammern*. Will man klarstellen, dass eine Menge aus Elementen einer vorgegebenen Menge X besteht, schreibt man auch

$$\{x \in X \mid \text{Eigenschaften von } x\} \quad \text{oder} \quad \{x \in X : \text{Eigenschaften von } x\},$$

zum Beispiel

$$\left\{ x \in \mathbb{Z} \mid \frac{x}{2} \in \mathbb{Z} \right\},$$

gelesen als „die Menge der Elemente von $\mathbb{Z}$ mit der Eigenschaft, dass $\frac{x}{2} \in \mathbb{Z}$", für die geraden Zahlen. Wenn a kein Element von M ist, schreibt man $a \notin M$.

Entsprechend unserem Ausgangspunkt nennen wir zwei Mengen *gleich,* wenn sie die gleichen Elemente enthalten. Also sind die Mengen

$$\{a, b, c, d, e\} \quad \text{und} \quad \{e, d, c, b, a\}$$

gleich, nicht aber die Mengen

$$\{a, b, c, d, e\} \quad \text{und} \quad \{e, d, b, a\}.$$

Wenn A und B Mengen sind, dann heißt A eine *Teilmenge* von B, wenn jedes Element von A auch Element von B ist. Man schreibt dann $A \subseteq B$. Es gilt also

$$\{e, d, b, a\} \subseteq \{a, b, c, d, e\}.$$

Manchmal schreibt man $\subset$ statt $\subseteq$. Es gibt auch Autoren, die $A \subset B$ nur schreiben, wenn $A \subseteq B$ und $A \neq B$ gilt, das heißt, wenn A echt kleiner als B ist. Möchte man die „kleinere" Menge rechts stehen haben, schreibt man auch $B \supseteq A$ statt $A \subseteq B$ und $B \supset A$ statt $A \subset B$.

Für jede Teilmenge $A \subseteq B$ kann man ihr *Komplement*

$$\{b \in B \mid b \notin A\}$$

betrachten. Es wird mit $B \setminus A$ – gelesen als „B ohne A" – oder (wenn B aus dem Kontext klar ist) $\complement A$ bezeichnet. Wenn A keine Teilmenge von B ist, schreibt man $A \not\subseteq B$.

Eine sehr wichtige neue Menge, die man aus einer gegebenen Menge konstruieren kann, ist die *Potenzmenge*

$$\mathfrak{P}(M) := \{N \mid N \subseteq M\}$$

von M, deren Elemente alle Teilmengen von M sind. Die Schreibweise $N := B$ verwendet man häufig, um eine neue Bezeichnung N für ein bekanntes Objekt B einzuführen.

Hat man zwei Mengen A und B, so gibt es verschiedene Möglichkeiten, daraus neue Mengen zu konstruieren:

$$\{x \mid x \in A \text{ oder } x \in B\}$$

heißt die *Vereinigung* von A und B und wird mit $A \cup B$ bezeichnet. Eine Doppelung von Elementen ist in der Vereinigungsmenge nicht vorgesehen. Wenn c ein Element sowohl von A als auch von B ist, dann ist c ein Element von $A \cup B$, kommt aber darin nicht doppelt vor.

Die Menge

$$\{x \mid x \in A \text{ und } x \in B\}$$

heißt der *Schnitt* von *A* und *B* und wird mit $A \cap B$ bezeichnet. Um sicherzustellen, dass der Schnitt zweier Mengen immer gebildet werden kann, muss man eine besondere Menge zulassen: die *leere Menge,* die überhaupt kein Element enthält und mit $\emptyset$ oder { } bezeichnet wird. Letztere Bezeichnung unterstützt die Intuition, dass { } ein leerer Sack ist.

Die Definition von Schnitt und Vereinigung von zwei Mengen lässt sich problemlos auf mehr als zwei Mengen verallgemeinern. Nehmen wir an, wir haben eine ganze Ansammlung von Mengen, von denen jede ein „Namensschild" bekommt. Die Namen bilden zusammen wieder eine Menge, die hier mit *I* für *Indexmenge* bezeichnet sei. Jetzt kann man die Ansammlung von Mengen beschreiben: Es sind die Mengen A_i mit $i \in I$. Die *Vereinigung* der A_i ist dann die Menge, die als Elemente alles enthält, was in *irgendeiner* der einzelnen Mengen A_i Element ist:

$$\bigcup_{i \in I} A_i := \{x \mid \text{es gibt ein } i \in I \text{ mit } x \in A_i\}$$

Man packt quasi die Elemente der A_i alle in einen großen Sack. Dagegen ist der *Schnitt* der A_i die Menge, die als Elemente nur das enthält, was in *jeder* der einzelnen Mengen A_i Element ist:

$$\bigcap_{i \in I} A_i := \{x \mid \text{für alle } i \in I \text{ gilt } x \in A_i\}$$

Die Vereinigung von *disjunkten* Mengen, das heißt Mengen, deren Schnitt leer ist, bezeichnet man auch mit $A \biguplus B$ bzw. $\biguplus_{i \in I} A_i$.

Manchmal möchte man zwei Mengen *A* und *B*, die nicht näher bekannt sind, als disjunkt betrachten, das heißt, jedes Element von *A* bekommt eine unsichtbare Kennzeichnung „zu *A* gehörig," und entsprechend bekommen die Elemente von *B* die *B*-Kennzeichnung. Die so präparierten Mengen sind disjunkt, und man kann ihre disjunkte Vereinigung betrachten, die man dann mit $A \sqcup B$ bezeichnet und auch die *mengentheoretische Summe* nennt.

Eine weitere Menge, die man aus *A* und *B* bauen kann, ist das *kartesische Produkt*, das nach René Descartes benannt ist. Es besteht aus allen geordneten Paaren (a, b) mit $a \in A$ und $b \in B$ und wird mit $A \times B$ bezeichnet:

$$A \times B := \{(a, b) \mid a \in A, b \in B\}$$

Das kartesische Produkt ist nützlich, wenn es darum geht, Beziehungen zwischen Elementen einer oder mehrerer Mengen zu modellieren. Betrachtet man als Beispiel die Menge *H* aller Hörer der Vorlesung *Analysis 1* und die Menge *S* aller an der Universität Paderborn angebotenen Studienrichtungen, so lässt sich aus der Teilmenge

$$\{(x, F) \in H \times S \mid x \text{ studiert } F\}$$

von $H \times S$ ablesen, welcher Hörer für welche Studienrichtung eingeschrieben ist. Allgemein bezeichnet man jede Teilmenge *R* eines kartesischen Produkts $A \times B$ als eine *Relation zwischen A und B*. Die Interpretation von $(a, b) \in R$ ist: „*a* steht in Relation *R* zu *b*." Man schreibt auch oft $a R b$ statt $(a, b) \in R$. Wenn *A* gleich *B* ist, das heißt die Relation aus Elementen von $A \times A$ besteht, spricht man auch von einer Relation *auf A*.

Die Sprache der Mengenlehre hat es ermöglicht, die Situation im Hörsaal mathematisch präzise zu beschreiben. Darüber hinaus gelingt es in der Notation der Mengenlehre, mathematisch präzise Beschreibungen auch von Beziehungen zwischen Objekten zu geben.

Beispiel 1.7 und 1.8 illustrieren solche Beziehungen nicht zwischen Studierenden und ihren Studienfächern, sondern zwischen Zahlen.

Beispiel 1.7 Sei $A = \{1, 3, 5\}$ und $B = \{2, 3, 4\}$. Dann ist

$$R := \{(1, 2), (1, 3), (1, 4), (3, 4)\}$$

eine Relation. Bei genauerem Hinsehen stellt man fest, dass $(a, b) \in A \times B$ genau dann Element der Relation ist, wenn *a* kleiner als *b* ist. Wenn man jetzt die Relation < statt *R* nennt, wird die Schreibweise $a R b$ zu $a < b$. Auf diese Weise erhält man eine saubere mengentheoretische Beschreibung der Relation, ohne auf die gewohnte intuitive Schreibweise verzichten zu müssen.

Beispiel 1.8 (Teilbarkeit) Sei $\mathbb{N}$ die Menge der natürlichen Zahlen und $a, b \in \mathbb{N}$. Wir sagen *a teilt b*, geschrieben $a \mid b$, falls *b* ein ganzzahliges Vielfaches von *a* ist, das heißt, falls es ein $c \in \mathbb{N}$ mit $b = c \cdot a$ gibt. Damit definiert $R := \{(a, b) \in \mathbb{N} \times \mathbb{N} : a \mid b\}$ eine Relation auf $\mathbb{N}$.

(i)   Die Relation *R* ist *reflexiv*, das heißt, es gilt $a \mid a$.
(ii) Die Relation *R* ist *transitiv*, das heißt, aus $a \mid b$ und $b \mid c$ folgt $a \mid c$.
(iii) Aus $a \mid b$ und $b \mid a$ folgt $a = b$.
(iv) Aus $a \mid b$ folgt $a \leq b$. Insbesondere hat jede natürliche Zahl nur endlich viele Teiler.

An dieser Stelle fügen wir einen kleinen Exkurs über *Äquivalenzrelationen* und *Äquivalenzklassen* ein, denn die mengentheoretische Beschreibung von Relationen erlaubt es auch, das im Kontext der Teilbarkeitsregeln diskutierte Prinzip der Vereinfachung durch Beschränkung auf bestimmte Eigenschaften mathematisch präzise zu formulieren. Äquivalenzrelationen sind eine Abstraktion der „Äquivalenz modulo

m" aus Beispiel 1.4, und die dort beschriebenen Restklassen sind Beispiele für Äquivalenzklassen.

Beispiel 1.9 (Restklassen) Sei $m \in \mathbb{N}$ und $R = \{(a, b) \in \mathbb{Z} \times \mathbb{Z} \mid a \equiv b$ mod $m\}$. Man schreibt $m\mathbb{Z}$ für die Menge aller Zahlen der Form $a = mk$ mit $k \in \mathbb{Z}$, das heißt, $m\mathbb{Z}$ ist die Menge der durch m teilbaren ganzen Zahlen. Dann gilt

$$R = \{(a, b) \in \mathbb{Z} \times \mathbb{Z} \mid (a - b) \in m\mathbb{Z}\},$$

weil zwei Zahlen bei Division durch m genau dann den gleichen Rest haben, wenn ihre Differenz den Rest 0 hat. Die Relation R ist reflexiv, transitiv und *symmetrisch,* das heißt, aus $a R b$ folgt $b R a$. Die Restklasse $[k]$ von k modulo m lässt sich auch folgendermaßen beschreiben:

$$[k] = \{a \in \mathbb{Z} \mid a R k\} = k + m\mathbb{Z} = \{k + \ell \mid \ell \in m\mathbb{Z}\}$$

In der abstrakten Version der *Äquivalenzrelation* werden die Restklassen dann zu *Äquivalenzklassen* (Beispiel 1.10).

Beispiel 1.10 (Äquivalenzrelationen) Sei M eine Menge. Eine reflexive und transitive Relation R auf M heißt *Äquivalenzrelation,* wenn sie außerdem *symmetrisch* ist, das heißt, aus $x R y$ folgt $y R x$. Wenn R eine Äquivalenzrelation auf M ist, dann nennt man die Menge

$$\{y \in M \mid x R y\}$$

aller Elemente, die *äquivalent* zu x sind, das heißt bezüglich R in Relation zu x stehen, die *Äquivalenzklasse* von x bezüglich R. Man bezeichnet sie oft mit $[x]_R$ oder einfach nur mit $[x]$, wie bei den Restklassen aus Abschn. 1.3, wenn aus dem Kontext klar ist, über welche Relation man spricht.

Die Menge aller Äquivalenzklassen wird mit M/R bezeichnet. Die Elemente einer Äquivalenzklasse heißen auch *Repräsentanten* der Äquivalenzklasse. Insbesondere sind zwei Elemente genau dann äquivalent, wenn ihre Äquivalenzklassen gleich sind. Daher ist M die disjunkte Vereinigung der Äquivalenzklassen (Abb. 1.4).

Wenn man für eine Menge von Objekten einen Katalog von Eigenschaften definiert und Objekte mit gleichen Eigenschaften äquivalent nennt, erhält man eine Äquivalenzrelation. Das Prinzip der Vereinfachung durch Beschränkung auf bestimmte Eigenschaften lässt sich jetzt so formulieren, dass man die Menge der Äquivalenzklassen dazu untersucht.

Abbildungen lassen sich in der Sprache der Mengenlehre als zwischen den Elementen zweier Mengen bestehende Relationen beschreiben. Wenn jedes Element von A zu genau einem Element von B in Relation steht, nennt man so eine Relation eine *Abbildung* oder *Funktion* von A nach B. Die Idee hinter dieser Setzung ist, dass man jedem Element a von A genau ein Element b von B zuordnen will, nämlich dasjenige mit $(a, b) \in R$. Man schreibt dann $R : A \to B, a \mapsto R(a)$ und $R(a) = b$ für $(a, b) \in R$. Auch hier dient die veränderte Schreibweise dazu, mengentheoretische Definitionen (in denen nicht von Variablen etc. die Rede ist) und die traditionelle Notation für Funktionen unter einen Hut zu bringen.

Die oben betrachtete Relation zwischen Hörern der *Analysis 1* und Studienrichtungen (Bachelor Mathematik, Lehramt an Gymnasien für Mathematik und Physik, Master Germanistik etc.) der Universität Paderborn ist also genau dann eine Funktion, wenn jeder Hörer für eine Studienrichtung eingeschrieben ist, aber nicht für mehrere (jedem Hörer lässt sich in eindeutiger Weise eine Studienrichtung zuordnen). Nicht ausgeschlossen ist durch die Definition der Funktion, dass mehrere Hörer für dieselbe Studienrichtung eingeschrieben sind. Würde man hier von Studienfächern und nicht von Studienrichtungen ausgehen, würde man keine Funktion erhalten, denn alle Lehramtskandidaten studieren mehrere Fächer. Wenn es in der Vorlesung Teilnehmer gibt, die ein echtes Doppelstudium machen, ist die Relation auch keine Funktion. Ebenso verhält es sich, wenn es in der Vorlesung „Schülerstudenten" gibt, das heißt Schüler, die vollwertige Teilnehmer des Kurses sind, aber mangels Abitur noch nicht als Studierende an der Universität eingeschrieben werden dürfen. In diesem Fall kann nämlich nicht jedem Hörer eine Studienrichtung zugeordnet werden.

Die formale Definition einer Abbildung durch Relationen erlaubt es, die Idee eines Größenvergleichs, die in Abb. 1.8 anklang, präziser zu fassen: Sei $f : A \to B$ eine Abbildung. Man nennt sie *injektiv*, wenn aus $f(a_1) = f(a_2)$ folgt $a_1 = a_2$. In dem Bild mit den Pfeilen bedeutet das, dass es keinen Punkt gibt, an dem zwei Pfeile enden. Anders ausgedrückt, man kann sich A in B eingebettet vorstellen, indem man jeden Punkt a mit seinem Bild $f(a)$ unter f identifiziert (Abb. 1.9). Dies ist dann eine Möglichkeit, „A kleiner oder gleich B" zu sagen. Diese Betrachtungsweise ermöglicht es auch, den Größenunterschied noch weiter zu quantifizieren, zum Beispiel indem man zählt, wie viele Elemente von B nicht im Bild von A sind.

Wenn auf der anderen Seite zu jedem $b \in B$ ein $a \in A$ mit $f(a) = b$ existiert, nennt man f *surjektiv*. In dem Bild mit den Pfeilen bedeutet das, in jedem Punkt von B endet mindestens ein Pfeil. Hier kann man sich vorstellen, dass B von A via f vollkommen überdeckt wird, und das ist eine Möglichkeit, „A größer oder gleich B" zu sagen.

Auch hier kann man den Größenunterschied noch weiter quantifizieren, indem man beispielsweise für jedes $b \in B$ zählt, wie viele Elemente von A auf b abgebildet werden.

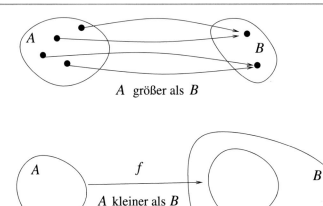

Abb. 1.9 Abbildungen als Vergleich von Mengen

Wenn eine Abbildung f sowohl injektiv als auch surjektiv ist, dann heißt sie *bijektiv*. Für $A = B$ findet man damit genau den Begriff der Symmetrie aus Beispiel 1.6. In dem Bild mit den Pfeilen bedeutet die Bijektivität, dass von jedem Punkt von A genau ein Pfeil ausgeht und in jedem Punkt von B genau ein Pfeil eingeht. Durch Umdrehen der Pfeile lässt sich also eine Abbildung $B \rightarrow A$ definieren, die man die *Umkehrabbildung* von f nennt und mit f^{-1} bezeichnet. Im Ergebnis entspricht dann jedem Punkt von A genau ein Punkt von B, das heißt, dies ist eine Möglichkeit, „A und B sind gleich groß" zu sagen.

Die Formalisierung des Funktionsbegriffs als Teilmenge eines kartesischen Produkts mit gewissen Eigenschaften ist ein erstes Beispiel dafür, dass die Mengenlehre in der Lage ist, einen einheitlichen Rahmen für zunächst als ganz verschieden betrachtete mathematische Begriffe zu schaffen. Sie ist ein wesentlicher Schritt im stufenweisen Aufbau eines immer komplexer werdenden mathematischen Universums, in dem nach immer den gleichen Prinzipien aus Mengen Funktionen zwischen Mengen, dann Mengen von Funktionen zwischen Mengen, dann Funktionen zwischen Mengen von Funktionen zwischen Mengen, und so weiter werden.

Zusammenfassung

Die naive Mengenlehre erlaubt es, in einer einheitlichen Sprache mathematische Objekte und Beziehungen zwischen Objekten zu beschreiben. Durch iterativen Gebrauch lassen sich darüber hinaus auch komplexere Beziehungsgeflechte wie „Relationen auf Mengen von Abbildungen zwischen Mengen von Funktionen" darstellen. So leistet die Mengenlehre nicht nur einen Beitrag zur Präzisierung der Sprache in der Mathematik, sondern trägt auch ganz entscheidend zur Vereinfachung der Darstellung bei.

1.5   Kommunikation über gesicherte Erkenntnisse

Auch wenn Objekte und ihre Beziehungen präzise beschrieben werden, ist die Kommunikation zwischen Mathematikern über wissenschaftliche Erkenntnisse und Einsichten kompliziert. Problematisch ist bereits die Frage, wann eine Einsicht als gesichert betrachtet werden kann und zur Veröffentlichung geeignet ist. Diese Frage wird in unterschiedlichen Disziplinen unterschiedlich beantwortet [40]. In der Mathematik legt man sehr strenge Kriterien an. Mathematiker werden im Studium dazu angehalten, nichts als offensichtlich anzusehen, was nicht durch abgesicherte logische Schlussfolgerungen aus den zugrunde liegenden Axiomen abgeleitet werden kann. Dennoch bestehen die mathematischen Arbeiten, durch die Mathematiker ihre Ergebnisse kommunizieren, nicht aus einer reinen Aneinanderreihung solcher logischen Schlussketten. Vielmehr findet sich in den Veröffentlichungen eine Reihe von Argumenten dafür, dass ein bestimmter Sachverhalt zutrifft. Nichtmathematiker haben in der Regel keine Chance, eine solche Argumentationskette nachzuvollziehen, schon weil sie die verwendeten Begriffe nicht kennen. Ähnlich geht es sogar professionellen Mathematikern, wenn es sich nicht gerade um ihr eigenes Fachgebiet handelt. Sie sind nicht vertraut mit den Konstruktionen und Schlüssen, die in spezifischen Kontexten verwendet und daher nicht separat eingeführt oder begründet werden. Selbst für Spezialisten ist die Lektüre von Fachliteratur oft mühsam.

Worin liegt die Schwierigkeit bei der Kommunikation über mathematische Sachverhalte? Angenommen, jemand macht sich die Mühe, alle Definitionen und beliebig viele Details einzufügen. Könnte er dann einen Text erstellen, der mit einem Lexikon der Axiome und einer Aneinanderreihung von logischen Wahrheitstafeln für jedermann nachvollziehbar wäre? In den allermeisten Fällen nicht. Der Text wäre so lang und unübersichtlich, dass er im besten Falle nur noch lokal verständlich wäre. Ein Leser könnte letztendlich vielleicht noch entscheiden, ob der beschriebene Sachverhalt zutrifft oder nicht. Die Ideen jedoch, die zu seiner Auffindung geführt haben, wären auf diese Weise kaum mitteilbar. Es stellt sich also die Frage, wie über Mathematik so kommuniziert werden kann, dass Einsichten übermittelt werden.

Um eine Antwort auf diese Frage zu finden, muss man sich Gedanken darüber machen, wie ein Individuum mathematische Sachverhalte erfasst. Der Physiker Richard Feynman (1918–1988) schreibt in seiner (sehr lesenswerten) Autobiografie dazu:

> I had a scheme, which I still use today when somebody is explaining something that I'm trying to understand: I keep making up examples. For instance, the mathematicians would come in with a terrific theorem, and they're all excited. As they're telling me the condition of the theorem, I construct something which fits all the conditions. You know, you have a set (one ball) – disjoint (two balls). Then the balls turn colors, grow hairs, or whatever, in my head as they put more conditions on. Finally they state the theorem, which is some dumb thing about the ball which isn't true for my hairy green ball thing, so I say, „False!" [42, S. 85]

Eine mathematische Arbeit sollte ebenso wie jedes Lehrbuch eine Anleitung zu einem individuellen Erkenntnisprozess sein. Ein Mangel an Details macht es dem Leser unmöglich, brauchbare interne Modelle à la Feynman zu entwickeln. Andererseits lässt übergroße Detailfülle den Leser manchmal den Wald vor lauter Bäumen nicht erkennen.

Vor diesem Hintergrund ist es geradezu erstaunlich, dass die Spezialisten auf einem Gebiet sich so oft einig sind, wenn es darum geht zu beurteilen, ob ein Beweis vollständig ist, was so viel heißen soll wie: „Der Beweis versetzt einen Leser mit hinreichenden Kenntnissen in die Lage, interne Modelle zu entwickeln, aus denen er einen Beweis des angegebenen Sachverhalts produzieren kann, wenn er willens ist, sich ein bisschen anzustrengen." Wenn wir dies als „Definition" eines formalen Beweises akzeptieren, dann geht der Streit darum, ob anzustreben sei, dass eine mathematische Arbeit für die in ihr aufgestellten Thesen formale Beweise anführt. Insbesondere Spitzenmathematiker vertreten bisweilen den Standpunkt, dass der strenge Beweiszwang den freien Geist einschränke und den Fortschritt der Mathematik behindere. Bei dem Ausdruck *rigorous proof* fühlen sich manche an *rigor mortis* – Totenstarre – erinnert. Dementsprechend gibt es viele unbewiesene Behauptungen in der Literatur.

Schon immer haben Mathematiker unbewiesene Vermutungen aufgestellt, die dann die Fantasie der Nachwelt beflügelt haben. Das Fermat'sche Problem (Abschn. 1.1) ist nur ein Beispiel von vielen. Einige der Spekulationen und skizzierten Programme sind zu mathematischem Weltruhm gelangt und ihre Schöpfer mit der Fields-Medaille ausgezeichnet worden, dem angesehensten Preis, den es in der Mathematik gibt. Das mag berechtigt sein, weil einige dieser Vermutungen große Wirkung zeigen und Einfluss auf die Entwicklung der Mathematik ausüben. Ein Beispiel dafür ist das *Geometrisierungsprogramm* von William Thurston (1946–2012, Fields-Medaille 1982), das letztendlich den Beweis der im Jahr 1904 aufgestellten Poincaré-Vermutung durch Grigori Perelman (geb. 1966, hat die Fields-Medaille 2006 abgelehnt) ermöglicht hat.

Bei vielen Mathematikern löst jedoch die Vorstellung, dass Beweis und Spekulation untrennbar verwoben werden, Unbehagen aus. Es gibt warnende Beispiele: Im 19. Jahrhundert gab es eine Schule von hervorragenden italienischen Geometern, deren von brillanter Intuition geprägte Arbeiten zuletzt eben nicht mehr nachvollziehbar waren, was dem Gebiet der *algebraischen Geometrie* einen längeren Dornröschenschlaf bescherte. Erst Mitte des 20. Jahrhunderts wurde es von André Weil (1906–1988) und anderen auf ein Fundament mit präzisen mathematischen Begriffsbildungen gestellt. Diesem Unbehagen haben amerikanische Mathematiker Ende des 20. Jahrhunderts Ausdruck verliehen, als sie eine „theoretische Mathematik" forderten, die analog der Rolle der theoretischen Physik Spekulationen bereitstellt, die dann von der strengen Mathematik, in Analogie zur experimentellen Physik, überprüft werden. Auch wenn man den Namen „theoretische Mathematik" nicht in diesem Sinne akzeptiert, ist es unabdingbar, dass man Spekulation und Beweis trennt und jedes als das bezeichnet, was es ist. Tut man das nicht, so setzt man eine wichtige Errungenschaft des mathematischen Wissenschaftsbetriebs aufs Spiel: die Verlässlichkeit der veröffentlichten Ergebnisse und damit die Bereitschaft der Mathematiker, sich gegenseitig zuzuhören und so ständige Wiederholungen zu vermeiden.

Das Peer-Review, das heißt eine Begutachtung durch Fachkollegen vor der Veröffentlichung, bietet eine gewisse Garantie für die Verlässlichkeit mathematischer Veröffentlichungen. Der nicht zuletzt durch eine überzogene Preispolitik verursachte schleichende Niedergang der von kommerziellen Verlagen herausgegebenen Fachzeitschriften könnte diese Kontrolle nun schwächen. Die elektronischen Preprintserver verlassen sich bisher auf eine reine Qualitätsselbstkontrolle.

In diesem Zusammenhang stellt sich die Frage nach einem Bewertungssystem für wissenschaftliche Leistungen. Insbesondere ist zu fragen, welcher Wert Konzepten und Vermutungen gegenüber Beweisen zugemessen wird. Gibt es keinen Druck mehr, Beweise zu veröffentlichen, weil man schon für die Formulierung eines Satzes oder für heuristische Argumente die entsprechende Anerkennung erfährt, so besteht die Gefahr, dass die allgemeine Verfügbarkeit von verlässlicher Information weiter abnimmt. In noch stärkerem Maß als bisher werden dann die Zentren der mathematischen Forschung wie Paris, Boston, Moskau, Zürich oder Bonn zu geschlossenen Schulen, weil man nur dort erfahren kann, was wirklich bekannt ist und was nicht. Das hat verheerende Auswirkungen auf die Themenwahl in der „Provinz". Wer fasst schon ein heißes Thema an, wenn er immer gewärtig sein muss, dass er nach getaner Arbeit zu hören kriegt: „Wissen wir schon lange."

Umgekehrt, wenn einer der Großen ein Gebiet systematisch und mit formalen Beweisen beackert, dann traut sich keiner mehr dorthin, weil er mit dem Meister ohnehin nicht konkurrieren kann. Fields-Medaillist Thurston gab dieses als einen entscheidenden Grund für seine „Nichtveröffentlichungspolitik" an.

Darüber hinaus darf man kreative Geister auch nicht mit Forderungen nach mathematischer Strenge ersticken, denen sie nicht nachkommen können. Benoît Mandelbrot (1924–2010), der für seine Arbeiten zur fraktalen Geometrie berühmt wurde, wies die Forderung folgendermaßen zurück:

> Philip Anderson describes mathematical rigor as irrelevant and impossible. I would soften the blow by calling it besides the point and usually distracting, even where possible. [121, S. 194]

Anzustreben ist ein Wertesystem, das mathematisches Teamwork als eine vernünftige Arbeitsteilung zulässt: Eine neue mathematische Einsicht entsteht mit Sicherheit nicht nach dem bekannten Definition-Satz-Beweis-Schema. Spekulation und Intuition spielen eine wichtige Rolle. Aber es geht nicht nur um die Erweiterung der Mathematik, es geht auch darum, das angehäufte Wissen unter allen Mathematikern verfügbar zu machen. Die Erkenntnisse der wirklich innovativen Köpfe, von denen es in jeder Generation immer nur ein paar gibt, müssen so dokumentiert werden, dass sie erhalten bleiben, wenn die Wissenschaftler, an deren internen Modellen diese Erkenntnisse „abgelesen" wurden, nicht mehr da sind. Es muss auch derjenige Anerkennung finden, der „nur" beweist, was andere schon „gewusst" haben. Selbst wer Bekanntes vereinfacht oder vereinheitlicht und damit besser greifbar macht, hat angesichts der Informationsfülle einen wichtigen Beitrag geleistet.

Wenn man die Masse der Mathematiker, die eben nicht an den Zentren der Forschung arbeiten und dementsprechend keinen Zugang zu den informellen Kanälen der Informationsverbreitung haben, in die Gemeinschaftsaufgabe „Weiterentwicklung der Mathematik" einbeziehen will, braucht man verlässliche, allgemein zugängliche Medien, welche die verfügbare Information verbreiten. Man muss wissen, welche Aussagen schon überprüfte Teile des Mathematikgebäudes sind, geeignet, um darauf aufzubauen, und welche nur Markierungen darstellen, und darauf hinweisen, wo sich die Anstrengungen konzentrieren sollten. Andernfalls laufen wichtige Entwicklungen Gefahr, mit dem Ausscheiden ihrer Hauptproponenten einfach abzusterben, statt in ein Gesamtgebäude eingebaut zu werden.

So vollzieht sich die Kommunikation über mathematische Einsichten in unterschiedlichen Spannungsfeldern: Sie muss nachvollziehbar und überprüfbar sein, soll aber auch Intuition und Spekulation nicht aussparen. Sie muss Erkenntnisse so festhalten, dass sie immer wieder nachvollzogen werden können, aber es bleibt unvermeidbar, dass die Lektüre dem Leser ein hohes Maß an individuellem Engagement abfordert.

1.6   Beweise

Die eingehende Beschäftigung mit Beweisen unterscheidet die Ausbildung zum Mathematiker von der Mathematikausbildung für Ingenieure, Naturwissenschaftler und andere Mathematikanwender. Die Allgegenwärtigkeit von Beweisen in den Grundvorlesungen macht auch vielen Studienanfängern Schwierigkeiten, weil sie es aus der Schule gewohnt sind, dass im Mathematikunterricht dem Rechnen die meiste Beachtung geschenkt wird. Beweise markieren die Grenze zwischen Mathematik als Kulturtechnik und Mathematik als Wissenschaft. In diesem Abschnitt werden beispielhaft verschiedene Beweise vorgestellt und erläutert. Es geht darum, die abstrakte Diskussion des Beweisbegriffs in Abschn. 1.5 mit konkreten Beispielen zu unterlegen und einen Einblick in die Vielfalt von Beweisführungen zu geben.

Von den hier vorgestellten fundamentalen Beweistypen lassen sich einige über die Zielsetzung beschreiben, wie *konstruktive Beweise* und *Existenzbeweise*. Andere charakterisiert man eher über ihre logische Struktur, wie *Widerspruchsbeweise* oder *Induktionsbeweise*. Man erhält so eine sehr grobe Einteilung von Beweistypen. Normalerweise sieht man einer mathematischen Aussage wie „Es gibt unendlich viele Primzahlen" nicht von vornherein an, mit welchem Beweistyp man sie verifizieren oder widerlegen kann. Aber selbst wenn die gestellte Aufgabe lautet, man solle diese Aussage mit einem Widerspruchsbeweis verifizieren, enthält das noch keinen Hinweis auf die konkrete Beweisidee. In der Regel gibt es auch mehr als eine Methode, eine Aussage zu beweisen. Auch wenn erfahrene Mathematiker einem Problem oft Ähnlichkeiten mit einem schon vorher behandelten Problem ansehen, gibt es keine Automatismen. Nicht umsonst haben sich die Hoffnungen der KI-Forscher (KI = Künstliche Intelligenz) auf die Automatisierung mathematischer Beweisführungen im Vergleich zu den sonstigen Erfolgen des Gebiets bisher nur in sehr bescheidenem Maße erfüllt. Mathematiker empfinden das auch nicht als deprimierend, sondern im Gegenteil als sehr erfreulich. Es bestätigt ihre Auffassung, mathematische Forschung sei eine sehr kreative Tätigkeit.

Im Lichte der Unvollständigkeitssätze von Kurt Gödel (1906–1978), die in Abschn. 4.2 beschrieben sind, kann man auch philosophisch argumentieren und zu dem Schluss kommen, dass die Mathematik sich nicht auf ein formales System reduzieren lässt und daher für einen Computer nicht vollständig erfassbar ist. Diese Frage wird in [49, 199 ff.] eingehender diskutiert. Gödels Resultate zeigen insbesondere, dass man in einem mathematischen Formalismus Aussagen formulieren kann, die sich innerhalb dieses Formalismus weder beweisen noch widerlegen lassen. Dieser Aspekt ist nicht Thema dieses Abschnitts, sondern wird in Abschn. 4.2 näher beleuchtet.

Da es keine systematische „Theorie der Beweisführung" und kein *proof engineering* gibt, kann man zwar allgemeine Prinzipien mathematischer Beweisführung beschreiben, aber nur anhand gut gewählter Beispiele kann man lernen, wie man sie konkret einsetzt. Um solche Beispiele beschreiben zu können, muss man ein Mindestmaß an mathematischen Objekten zur Verfügung haben. Es ist daher nicht zu vermeiden, dass in diesem Abschnitt mehr Zahlen, Formeln und Mengen vorkommen als in den übrigen Teilen dieses Buches und die Lektüre dieses Abschnitts dementsprechend fordernd ist. Die technischen Aspekte der Beispiele sind wieder grau hinterlegt und können beim ersten Lesen übersprungen werden. Selbstverständlich kann man auch den ganzen Abschnitt bei der ersten Lektüre weglassen, aber ein gewisses Grundverständnis dafür, wie Mathematik funktioniert, ist ohne ein wenig Mühe ebenso wenig zu haben wie Hausmusik ohne Übung.

Mathematische Texte sind üblicherweise strikt gegliedert. Man führt neue Begriffe unter der Überschrift *Definition* ein und beschreibt mathematische Gesetzmäßigkeiten als *Sätze* wie im Falle des Fundamentalsatzes der Algebra (Satz 1.1). Sätze können unterschiedliches Gewicht und unterschiedliche Funktionen haben. Einen Satz, den man (gemessen am Kontext) relativ leicht beweisen kann, bezeichnet man oft als *Proposition*. Ein Satz, der vorbereitender Natur ist, wird gerne *Lemma* (Plural: Lemmata) genannt. Dagegen heißen Sätze, die mehr oder weniger unmittelbare Konsequenzen eines vorausgehenden Satzes sind, *Korollare*. Mathematische Gesetzmäßigkeiten, die man ohne Beweis voraussetzen will, nennt man *Axiome*. Die Axiome stehen am Anfang einer mathematischen Theorie. Aus ihnen werden mithilfe von logischen Schlussfolgerungen die Sätze abgeleitet. Man muss sich also immer im Klaren darüber sein, dass die Gültigkeit der Sätze nur unter der Bedingung nachgewiesen ist, dass alle Axiome gültig sind. Wenn die Axiome schlecht gewählt sind, widersprechen sie einander, und es ist nicht möglich, dass sie alle gültig sind. Dann bricht die Theorie zusammen. Beweise für mathematische Sätze werden normalerweise auch klar gekennzeichnet. Meistens beginnt ein Beweis mit „Beweis" und endet mit einem abschließenden Symbol wie □ oder *q.e.d.*, das für *quod erat demonstrandum* (lateinisch für „was zu beweisen war") steht.

Konstruktive Beweise

Die einfachste Variante eines konstruktiven Beweises besteht darin, alle denkbaren Konstellationen einer vorgegebenen Situation aufzulisten und dann nachzuweisen, dass es eine Konstellation mit einer bestimmten Eigenschaft gibt. Dabei muss man jede einzelne Konstellation auf diese Eigenschaft testen. Man markiert die Konstellationen mit der gesuchten Eigenschaft und kann zum Schluss sagen, ob es solche Konstellationen gibt, und sie gegebenenfalls alle auflisten.

Als Beispiel betrachten wir die folgende typische mathematische Aussage, die die Fragestellung nach der Lösung von Gleichungen verallgemeinert: In der Menge M gibt es ein Element x mit der Eigenschaft E. In günstigen Fällen kann man solche Elemente durch eine Konstruktionsvorschrift tatsächlich bestimmen. Manchmal kann man sogar zeigen, dass es nur ein solches Element geben kann. In der Regel erhöht so eine Eindeutigkeit die Chance, das Element auch wirklich zu finden.

Beispiel 1.11 (Diskrete Optimierung) Zwischen zwei Städten a und b soll eine Straße gebaut werden. Die möglichen Bauabschnitte seien durch den folgenden Graphen gegeben. Die Knoten könnten dabei zum Beispiel Dörfer sein, die potenziell an das Straßennetz angebunden werden.

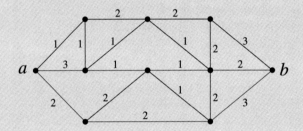

Dabei stellen die Kantenbewertungen, das heißt die Zahlen an den Verbindungslinien, die Kosten für den jeweiligen Bauabschnitt dar. Beispiele für solche Kosten wären Baukosten, ökologische Kosten, Kosten für den Erwerb von Grundstücken oder Kombinationen solcher Kosten, jeweils bewertet in Geld oder einer anderen Berechnungseinheit. Die Frage ist jetzt: Wie muss die Straße verlaufen, damit die gesamten Baukosten minimal werden? Man sucht also diejenigen Wege von a nach b, für die die Summe der Bewertungen der durchlaufenen Kanten minimal ist.

Behauptung: Die minimalen Baukosten sind sechs Berechnungseinheiten, und es gibt drei verschiedene Streckenführungen, für die diese Baukosten realisiert werden.

Beweisstrategie: Man muss nur Wege betrachten, die keinen Punkt mehr als einmal ansteuern. Von dieser Bauart gibt es nur endlich viele Wege, die von a nach b führen. Also kann man sie alle auflisten und nachsehen, für welchen die Summe der Kantenbewertungen minimal ist. Damit ist Folgendes klar: Es gibt einen Weg der gesuchten Art, und die beschriebene Methode findet alle solchen Wege.

Ebenfalls klar ist, dass schon bei diesem kleinen Beispiel eine ganz erhebliche Menge von verschiedenen Wegen von *a* nach *b* existiert. Das heißt, man muss eine lange Liste aufstellen und überprüfen, worauf hier aus Platzgründen verzichtet werden soll.

Die beschriebene Methode stellt einen konstruktiven Beweis dar, denn man hat am Ende nicht nur herausgefunden, dass es eine Konstellation der gesuchten Art gibt, sondern man kann auch eine solche Konstellation angeben. Allerdings stößt diese *brute force*-Methode bei der Suche nach optimalen Lösungen sehr schnell an Kapazitätsgrenzen und verwandelt sich praktisch in einen reinen Existenzbeweis, bei dem es nicht mehr darum geht, eine Lösung zu präsentieren, sondern nur darum, die Existenz einer Lösung nachzuweisen. Es gibt sehr viel elegantere Methoden, das oben gestellte Problem anzugehen, diese sind aber deutlich komplizierter.

In unserem nächsten Beispiel geht es um den *größten gemeinsamen Teiler* ggT(a, b) zweier natürlicher Zahlen *a* und *b*, das heißt die größte Zahl, durch die man sowohl *a* als auch *b* teilen kann. Dieses Beispiel ist zweistufig. Zunächst wird gezeigt, dass es eine Zahl der gesuchten Art gibt (reiner Existenzbeweis). Erst danach wird eine Methode angegeben, dieses Element konkret zu bestimmen, indem man zeigt, dass das Resultat eines Algorithmus die beschriebene Eigenschaft hat. Beide Schritte zusammen ergeben einen konstruktiven Existenzbeweis, der die Existenz durch das Angeben des gesuchten Objekts nachweist.

Der Schlüssel zur Bestimmung des ggT liegt in der Division mit Rest, die wir schon mehrfach verwendet haben. Wir formulieren sie noch einmal ganz explizit:

Lemma 1.12 (Division mit Rest) *Seien $a, b \in \mathbb{N}$. Dann existieren $q, r \in \mathbb{N}_0 := \mathbb{N} \cup \{0\}$ mit $a = q \cdot b + r$ und $0 \leq r < b$.*

Verbalisierung: Man zieht von einer Zahl *a* die Zahl *b* so oft ab, wie man als Ergebnis eine natürliche Zahl oder 0 erhält. Das letzte solche Ergebnis ist *r*, und *q* ist die Anzahl der durchgeführten Subtraktionen.
Visualisierung:

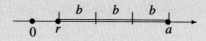

Für den Beweis dieses Lemmas braucht man das Axiomensystem für die natürlichen Zahlen, das in Anhang A.2 besprochen wird. Wir führen den Beweis in Anhang A.3.

Satz 1.13 (Existenz des größten gemeinsamen Teilers) *Seien $a, b \in \mathbb{N}$. Dann gibt es ein eindeutiges $d \in \mathbb{N}$ derart, dass*

(i) *$d \mid a$ und $d \mid b$ (d teilt a und d teilt b),*
(ii) *für jeden gemeinsamen Teiler t von a und b gilt $t \mid d$.*

Wegen Eigenschaft (iv) in Beispiel 1.8 zeigt Satz 1.13(ii), dass d die größte Zahl $d \in \mathbb{N}$ ist, die a und b teilt. Daher nennt man sie den *größten gemeinsamen Teiler* von a und b. Sie wird mit $\mathrm{ggT}(a, b)$ bezeichnet.

Verbalisierung: Es gibt genau eine Zahl d, die a und b teilt und von jeder anderen Zahl, die a und b teilt, geteilt wird.
Visualisierung:

Beweis. Als Erstes zeigen wir die Eindeutigkeit des ggT. Dazu nehmen wir an, d und d' seien zwei Zahlen, die die Eigenschaften (i) und (ii) erfüllen. Ziel ist es dann zu zeigen, dass $d = d'$ gelten muss. Aus (i) für d' und (ii) für d folgt, dass $d' \mid d$. Genauso folgt aus (i) für d und (ii) für d', dass $d \mid d'$. Nach der Eigenschaft (iii) in Beispiel 1.8 liefert dies $d = d'$.

Wir beginnen den Nachweis der Existenz des ggT mit einer Vorüberlegung: Wenn eine Zahl d die Zahlen a und b teilt, dann teilt sie auch jede Zahl der Form $ax + by \in \mathbb{N}$, wobei x, y ganze Zahlen sind. Wenn nämlich $a = dm$ und $b = dn$, dann folgt $ax + by = dmx + dny = d(nx + my)$. Insbesondere kann d nicht größer sein als die kleinste solche Zahl. Da jede Menge von natürlichen Zahlen, die nicht leer ist, ein kleinstes Element hat (Anhang A.2), existiert also das Minimum

$$d := \min\{ax + by \in \mathbb{N} \mid x, y \in \mathbb{Z}\}. \tag{1.8}$$

Behauptung: d erfüllt (i) und (ii).
Um diese Behauptung zu beweisen, wählen wir $x_0, y_0 \in \mathbb{Z}$ mit $d = ax_0 + by_0$. Um (ii) zu zeigen, nehmen wir an, dass t ein Teiler von a und b ist, das heißt $t \mid a$ und $t \mid b$. Dann gilt $t \mid ax_0$ und $t \mid by_0$, also auch $t \mid (ax_0 + by_0) = d$. Damit ist (ii) gezeigt.
Für den Nachweis von (i) brauchen wir Lemma 1.12: Danach existieren $q, r \in \mathbb{Z}$ mit $0 \leq r < d$ und $a = qd + r$. Insbesondere gilt $r \in \mathbb{N}_0 = \mathbb{N} \cup \{0\}$. Es folgt

$$r = a - qd = a - q(ax_0 + by_0) = ax' + by',$$

wobei wir $x' = 1 - qx_0$ und $y' = -qy_0$ setzen. Da $d = ax_0 + by_0$ die kleinste natürliche Zahl der Form $ax + by$ mit $x, y \in \mathbb{Z}$ ist, muss $r = 0$ gelten. Aber dann gilt $a = qd$, das heißt $d \mid a$. Analog zeigt man $d \mid b$, indem man b mit Rest durch d teilt und den Rest betrachtet. Damit ist dann auch (i) gezeigt. $\square$

Viele Autoren definieren den ggT anders: Sie ersetzen in Bedingung (ii) von Satz 1.13 $t \mid d$ durch $t \leq d$. Mit dieser veränderten Bedingung ist die Existenz und Eindeutigkeit des größten gemeinsamen Teilers klar, weil es in jeder endlichen Menge von natürlichen Zahlen eine eindeutig bestimmte größte Zahl gibt. Dass der so definierte ggT Bedingung (ii) von Satz 1.13 erfüllt, muss dann aber separat bewiesen werden.

Der Beweis von Satz 1.13 sagt uns im Prinzip sogar, wie man den ggT von zwei natürlichen Zahlen findet: Er ist das kleinste Element der Menge $M = \{ax + by \in \mathbb{N} \mid x, y \in \mathbb{Z}\}$. Er sagt uns aber nicht, wie man einer Zahl ansieht, ob sie zu M gehört oder nicht. Das heißt, bis jetzt ist unser Beweis nicht wirklich konstruktiv. Aber schon Euklid (325–265 v. Chr.) wusste, wie man den ggT berechnet.

Satz 1.14 (Euklidischer Algorithmus) Gegeben seien $a, b \in \mathbb{N}$, gesucht ist $\mathrm{ggT}(a, b)$. *Division mit Rest (Lemma 1.12)* liefert $q_1, r_1 \in \mathbb{Z}$ mit $a = q_1 b + r_1$ und $0 \leq r_1 < b$.

Ist $r_1 = 0$, dann gilt $b = \mathrm{ggT}(a, b)$.
Ist $r_1 \neq 0$, so existieren $q_2, r_2 \in \mathbb{Z}$ mit $b = q_2 r_1 + r_2$ und $0 \leq r_2 < r_1$.
Ist $r_2 = 0$, dann gilt $r_1 = \mathrm{ggT}(a, b)$.
Ist $r_2 \neq 0$, so existieren $q_3, r_3 \in \mathbb{Z}$ mit $r_1 = q_3 r_2 + r_3$ und $0 \leq r_3 < r_2$.
$\vdots$

Der Algorithmus bricht ab, sobald $r_j = 0$ auftritt. Dies geschieht spätestens nach b Schritten, denn $b > r_1 > r_2 > \cdots > r_j \geq 0$.

Mit den obigen Bezeichnungen gilt: Ist $k + 1$ der kleinste Index mit $r_{k+1} = 0$, so haben wir $r_k = \mathrm{ggT}(a, b)$.

Beweis. Sei d der ggT von a und b. Wegen $a = q_1 b + r_1$ ist dann $r_1 = a - q_1 b$ durch d teilbar. Im nächsten Schritt liefert $b = q_2 r_1 + r_2$, dass $r_2 = b - q_2 r_1$ durch d teilbar ist. Sukzessive liefern die vom Algorithmus produzierten Gleichungen

$$
\begin{aligned}
a &= q_1 b + r_1 & &\Rightarrow d \mid r_1 \\
b &= q_2 r_1 + r_2 & &\Rightarrow d \mid r_2 \\
r_1 &= q_3 r_2 + r_3 & &\Rightarrow d \mid r_3 \\
&\;\;\vdots & &\quad\;\; \vdots \\
r_{k-2} &= q_k r_{k-1} + r_k & &\Rightarrow d \mid r_k.
\end{aligned}
$$

Wenn wir umgekehrt auch $r_k \mid d$ zeigen können, dann gilt $d = r_k$, und wir sind fertig. Wir gehen so vor, dass wir $r_k \mid a$ und $r_k \mid b$ zeigen, was nach Satz 1.13 die Relation $r_k \mid d$ liefert. Wieder arbeiten wir die Gleichungen aus dem Algorithmus ab, allerdings in umgekehrter Reihenfolge, beginnend mit der letzten Gleichung $r_{k-1} = q_{k+1}r_k$:

$$
\begin{aligned}
r_{k-1} &= q_{k+1}r_k & &\Rightarrow r_k \mid r_{k-1} \\
r_{k-2} &= q_k r_{k-1} + r_k & &\Rightarrow r_k \mid r_{k-2} \\
&\ \ \vdots & &\qquad \vdots \\
r_1 &= q_3 r_2 + r_3 & &\Rightarrow r_k \mid r_1 \\
b &= q_2 r_1 + r_2 & &\Rightarrow r_k \mid b \\
a &= q_1 b + r_1 & &\Rightarrow r_k \mid a
\end{aligned}
$$

Wir haben also $d = r_k$ gezeigt und damit den Satz bewiesen. $\square$

Zur Illustration berechnen wir $\mathrm{ggT}(18, 48)$ mithilfe des euklidischen Algorithmus:

$$
\begin{aligned}
48 &= 2 \cdot 18 + 12 \\
18 &= 1 \cdot 12 + 6 \\
12 &= 2 \cdot 6 + 0
\end{aligned}
$$

Dies liefert $\mathrm{ggT}(18, 48) = 6$.

Um zu zeigen, dass der euklidische Algorithmus wirklich den ggT liefert, haben wir die Charakterisierung des ggT aus Satz 1.13 benutzt, nicht die ursprüngliche Definition. Das heißt, nur zusammen liefern Satz 1.13 und 1.14 einen konstruktiven Beweis für die Existenz des größten gemeinsamen Teilers.

Weil wir in den Beweisen von Satz 1.20 und 2.12 darauf zurückgreifen müssen, halten wir hier gleich noch eine Folgerung (Korollar) aus dem Beweis von Satz 1.13 fest:

Korollar 1.15 Wenn $a, b \in \mathbb{N}$ *teilerfremd* sind, das heißt $\mathrm{ggT}(a, b) = 1$ gilt, dann gibt es ganze Zahlen x, y mit $ax + by = 1$.

Beweis. Im Beweis von Satz 1.13 haben wir gesehen, dass

$$
\mathrm{ggT}(a, b) = \min\{ax + by \in \mathbb{N} \mid x, y \in \mathbb{Z}\}.
$$

Wenn also $\mathrm{ggT}(a, b) = 1$ gilt, muss es $x, y \in \mathbb{Z}$ mit $ax + by = 1$ geben. $\square$

Beweis durch Widerspruch

Um das Prinzip des *Beweises durch Widerspruch* zu erklären, muss man sich der elementaren *Aussagenlogik* bedienen. In der Aussagenlogik weist man beliebigen Aussagen die Werte *wahr* oder *falsch* zu und untersucht dann die Wahrheitswerte von Aussagen, die man durch Negation oder Kombination von Aussagen mit bekannten Wahrheitswerten erhält. Ist zum Beispiel eine Aussage A wahr, dann ist ihre Negation $\neg A$ falsch. Ist A dagegen falsch, dann ist $\neg A$ wahr. Solche Zusammenhänge stellt man oft in „Wahrheitswertetabellen" dar.

A	w	f
$\neg A$	f	w

Wahrheitswertetabelle für $\neg A$

Die Wahrheitswertetabellen sehen komplizierter aus, wenn man mehrere Aussagen miteinander kombiniert, zum Beispiel durch das logische „und", das mit $\wedge$ bezeichnet wird, bzw. das logische „oder", das man mit $\vee$ bezeichnet.

A \ B	w	f
w	w	f
f	f	f

Wahrheitswertetabelle für $A \wedge B$

A \ B	w	f
w	w	w
f	w	f

Wahrheitswertetabelle für $A \vee B$

Erfahrungsgemäß fällt es einem Großteil der Studierenden in den ersten Semestern nicht leicht, kombinierte Aussagen zu negieren. Für Aussagen wie „$A \vee B$" prüft man durch Einsetzen von w und f in die Wahrheitswertetabellen sofort nach, dass $\neg(A \vee B)$ und $(\neg A) \wedge (\neg B)$ die gleichen Wahrheitswertetabellen haben, also logisch äquivalent sind. Man schreibt dann einfach $\neg(A \vee B) = (\neg A) \wedge (\neg B)$. Schwieriger wird es, wenn man logische *Quantoren* wie $\forall$, „für alle", oder $\exists$, „es existiert ein", ins Spiel bringt. Zum Beispiel ist die Negation von „Kein Mathematiker macht jemals etwas Nützliches" „Es gibt einen Mathematiker, der irgendwann etwas Nützliches macht."

Zur Beschreibung von Schlussfolgerungen benutzt man die logische „Implikation", die mit $\Rightarrow$ bezeichnet wird. Ihre Wahrheitswertetabelle ist wie folgt gegeben:

A \ B	w	f
w	w	f
f	w	w

Wahrheitswertetabelle für $A \Rightarrow B$

Die logische Implikation ist insoweit ein wenig kontraintuitiv, als die Implikation $A \Rightarrow B$ wahr sein kann, obwohl B falsch ist. Dies passiert, wenn die *Prämisse A* falsch ist. Insbesondere ist $A \Rightarrow B$ wahr, wenn sowohl A als auch B falsch sind. Die Setzung ist sinnvoll, weil man aus falschen Voraussetzungen in logisch korrekter Art und Weise beliebige Aussagen ableiten kann. Zum Beispiel lässt sich aus der falschen Aussage $1 = 2$ problemlos in korrekter Weise ableiten, dass der Papst ein Eskimo ist: Man bildet eine Menge, die höchstens zwei Elemente hat und den Papst sowie einen Eskimo als Elemente enthält. Wenn aber $2 = 1$ gilt, dann hat diese Menge nur ein Element, das heißt, Eskimo und Papst müssen dieselbe Person sein. So albern dieses Beispiel ist, es illustriert doch ein Phänomen, das sich immer wieder beobachten lässt: Eine lange plausible Argumentationskette führt zum gewünschten Ergebnis, weil an einer Stelle eine falsche Annahme verwendet wird.

Der *Umkehrschluss* zu einer Implikation $A \Rightarrow B$ (dem *Schluss* „Aus A schließe ich B") ist die Implikation $\neg B \Rightarrow \neg A$ („Aus $\neg B$ schließe ich $\neg A$"). Man überprüft sofort, dass $\neg B \Rightarrow \neg A$ die gleiche Wahrheitstabelle hat wie $A \Rightarrow B$, das heißt, Schluss und Umkehrschluss sind logisch gleichwertig. Die Redewendung „Das bedeutet im Umkehrschluss ...", die gebraucht wird, um die Bedeutung logischer Konsequenzen zu erläutern, ist daher völlig gerechtfertigt. Man darf den Umkehrschluss $\neg B \Rightarrow \neg A$ von $A \Rightarrow B$ aber nicht mit der *umgekehrten Implikation $B \Rightarrow A$* verwechseln. Diese hat eine andere Wahrheitswertetabelle. Der Umkehrschluss von „Politiker sind Plaudertaschen" ist also „Wer keine Plaudertasche ist, ist auch kein Politiker" und keineswegs „Plaudertaschen sind Politiker". Und „Wer ein Herz hat, ist ein Mensch" ist auch keine Konsequenz von „Wer ein Mensch ist, hat ein Herz".

Ein Vergleich der Wahrheitswertetabellen zeigt, dass $A \Rightarrow B$ nicht nur zu $\neg B \Rightarrow \neg A$, sondern auch zu $(\neg A) \vee B$ logisch äquivalent ist. Es gibt also diverse Möglichkeiten, eine Implikation darzustellen.

Wenn man eine Aussage A durch einen Widerspruchsbeweis nachweisen will, dann leitet man aus $\neg A$ logisch korrekt eine Aussage B ab, von der man weiß, dass sie falsch ist, das heißt im *Widerspruch* zu schon bekannten Tatsachen steht. Man benutzt also eine Implikation $\neg A \Rightarrow B$, deren Wahrheitswert w ist, obwohl B den Wahrheitswert f hat. Das geht nur, wenn A wahr ist, wie man an der Wahrheitswertetabelle für $\neg A \Rightarrow B$ ablesen kann.

$\diagdown\ B$	w	f
A		
w	w	w
f	w	f

Wahrheitswertetabelle für $\neg A \Rightarrow B$

Diese Vorgehensweise wirkt auf den Laien und den Anfänger zunächst befremdlich und umständlich. Man setzt sie normalerweise dann ein, wenn die Annahme, dass $\neg A$ gilt, zusätzliche Argumentationsmöglichkeiten liefert. Wenn man zum Beispiel zeigen möchte, dass es unendlich viele Objekte einer bestimmten Art gibt, dann eröffnet die Annahme, es gäbe nur endlich viele solche Objekte, die Möglichkeit, Abzählargumente einzusetzen. Euklids Beweis für die Aussage

$$A = \text{„Es gibt unendlich viele Primzahlen"}$$

aus Beispiel 1.16 funktioniert nach diesem Muster.

Beispiel 1.16 (Primzahlen I) Jede natürliche Zahl n hat die Teiler 1 und n. Üblicherweise definiert man eine *Primzahl* als eine natürliche Zahl $n > 1$, die keine weiteren Teiler hat. Das bedeutet, eine natürliche Zahl n ist genau dann eine Primzahl, wenn sie genau zwei verschiedene Teiler hat. Euklid hat als Erster einen Beweis dafür aufgeschrieben, dass die Menge aller Primzahlen unendlich sein muss. Sein Beweis ist ein Widerspruchsbeweis: Wir nehmen an, dass die Menge aller Primzahlen endlich ist, und leiten daraus eine falsche Aussage ab. Sei also $\{p_1, \ldots, p_k\}$ die Menge aller Primzahlen.

1. Schritt: Der kleinste Teiler $d > 1$ einer natürlichen Zahl $n > 1$ ist eine Primzahl. Andernfalls hätte man $d = d_1 d_2$ mit $1 < d_1 < d$ und $1 < d_2 < d$ und d wäre nicht minimal.
2. Schritt: Nach dem 1. Schritt hat die Zahl $n := p_1 \cdot \ldots \cdot p_k + 1 > 1$ einen Primteiler p. Dann muss p eine der Zahlen $p_1, \ldots, p_k$ sein. Also teilt p sowohl n als auch $p_1 \cdot \ldots \cdot p_k$, das heißt, es gibt Zahlen $a, b \in \mathbb{Z}$ mit

$$ap = n \quad \text{und} \quad bp = p_1 \cdot \ldots \cdot p_k.$$

Aber dann gilt

$$(a - b)p = ap - bp = n - p_1 \cdot \ldots \cdot p_k = 1.$$

Daraus folgt aber nach Eigenschaft (iv) in Beispiel 1.8, dass $p \leq 1$ gilt. Diese Aussage ist falsch, da jede Primzahl $p > 1$ erfüllt.

Wir haben also aus der Endlichkeit der Menge der Primzahlen die falsche Aussage abgeleitet, dass es eine Primzahl gibt, die kleiner als 2 ist, und damit die Negierung der Annahme, das heißt die Unendlichkeit der Menge der Primzahlen, gezeigt.

Die folgende Eigenschaft von Primzahlen werden wir später brauchen.

Proposition 1.17 (Primzahlen II) Ist p eine Primzahl und gilt $p \mid mn$ für $m, n \in \mathbb{N}$, so folgt $p \mid m$ oder $p \mid n$.

Beweis. Wir nehmen an, dass p *kein* Teiler von m ist. Nach Satz 1.13 haben p und m einen größten gemeinsamen Teiler $\mathrm{ggT}(p, m)$. Der muss dann also der einzige andere Teiler von p sein, nämlich 1. Nach Korollar 1.15 existieren dann $x, y \in \mathbb{Z}$ mit $px + my = 1$, und es gilt $pnx + mny = n$. Wegen $p \mid mn$ finden wir ein $z \in \mathbb{N}$ mit $pz = mn$, und es folgt $p(nx + zy) = pnx + mny = n$, das heißt $p \mid n$. Damit ist die Proposition bewiesen. □

Man beachte, dass der Beweis von Proposition 1.17 kein Widerspruchsbeweis ist, obwohl er mit „Wir nehmen an, dass [...] kein ..." anfängt. Hier wird argumentiert, dass wenn der eine Teil der zu zeigenden Oder-Aussage nicht gilt, dafür der andere gelten muss.

Vollständige Induktion

Die nächste Beweistechnik, die wir vorstellen, ist der *Beweis durch Induktion*. Unter Induktion (vom Lateinischen *inducere* für „hineinführen") versteht man generell das Schließen vom Speziellen auf das Allgemeine. In der Mathematik hat das Wort eine sehr viel spezifischere Bedeutung: Es handelt sich um eine Methode, die in Situationen angewendet wird, in denen man eine Familie von Aussagen beweisen möchte, die durch natürliche Zahlen durchnummeriert werden. Sie beruht auf folgendem Prinzip: *Man findet alle natürlichen Zahlen, wenn man bei 1 anfängt und immer weiter zählt.* Wenn man also für jedes $n \in \mathbb{N}$ eine Aussage $A(n)$ hat und weiß, dass $A(1)$ wahr ist, dann genügt es, $A(n) \Rightarrow A(n+1)$ zu zeigen, um zu garantieren, dass *alle* $A(n)$ wahr sind. Man spricht in diesem Kontext vom *Induktionsanfang* $A(1)$, von der *Induktionsannahme* $A(n)$ und vom *Induktionsschluss* oder *Induktionsschritt* $A(n) \Rightarrow A(n+1)$.

Satz 1.18 (Vollständige Induktion) Sei $\mathbb{N}$ die Menge der natürlichen Zahlen und $X \subseteq \mathbb{N}$ eine Teilmenge mit folgenden Eigenschaften:

(i) $1 \in X$.
(ii) Wenn $x \in X$, dann gilt auch $x + 1 \in X$.

Dann ist $X = \mathbb{N}$.

Wie im Falle der Division mit Rest (Lemma 1.12), findet man die Herleitung von Satz 1.18 aus den Axiomen in Anhang A.2.

Um vollständige Induktion als Beweismethode einsetzen zu können, muss man die Induktionsannahme präzise formulieren können, das heißt, man muss sehr genau wissen, was man beweisen möchte. Typischerweise probiert man zunächst die ersten paar Aussagen aus. Wenn man aber die allgemeine Induktionsannahme formuliert hat, ist die Verifikation von $A(n)$ für $n > 1$ nicht mehr nötig. Wir beginnen mit einem Beispiel, in dem die Induktionsannahme von Anfang an gegeben ist.

Beispiel 1.19 Für jedes $n \in \mathbb{N}$ ist die Zahl $5^n - 1$ durch 4 teilbar. Die Induktionsannahme $A(n)$ ist hier einfach: $4 \mid (5^n - 1)$. Wegen $5^1 - 1 = 4$ ist der Induktionsanfang $A(1)$ offensichtlich. Man könnte jetzt noch $5^2 - 1 = 25 - 1 = 24$ und $5^3 - 1 = 125 - 1 = 124$ auf Teilbarkeit durch 4 testen, aber es ist nicht nötig, wenn man den Induktionsschritt $A(n) \Rightarrow A(n + 1)$ beweist. Wir nehmen also an, dass $5^n - 1$ durch 4 teilbar ist, das heißt von der Form $4k$ mit $k \in \mathbb{N}$. Dann rechnen wir

$$5^{n+1} - 1 = 5^{n+1} - 5^n + 5^n - 1 = 5^n(5 - 1) + 4k = 4(5^n + k),$$

das heißt, auch $5^{n+1} - 1$ ist durch 4 teilbar. Mit vollständiger Induktion (Satz 1.18) ist die Aussage also für alle $n \in \mathbb{N}$ bewiesen.

Induktionsbeweise kommen in der Mathematik auf jedem Niveau vor, in der Regel, wenn man durchnummerierte Aussagen hat, bei denen es einen inhaltlichen Zusammenhang zwischen der Nummer und der Aussage gibt. Die Nummern können Anzahlen von Elementen sein, aber auch Dimensionen (der Begriff der Dimension wird in Abschn. 2.1 besprochen) oder die Anzahl von Teilmengen mit einer gewissen Eigenschaft. Es ist dabei nicht nötig, die Induktion bei 1 zu beginnen. Fängt man mit 2 an, so hat man eben die Aussage nur für alle $n \geq 2$ gezeigt, so wie im nachfolgenden *Fundamentalsatz der Zahlentheorie,* der besagt, dass jede Zahl eine eindeutige Zerlegung in Primfaktoren hat. Im Beweis dieses Satzes kommen sogar mehrere Induktionen vor, zum Teil mit recht ausgeklügelten Induktionsannahmen.

Satz 1.20 (Fundamentalsatz der Zahlentheorie) Jede natürliche Zahl $n > 1$ besitzt eine bis auf die Reihenfolge der Faktoren eindeutige Darstellung als Produkt von Primzahlen.

Beweis.
1. Schritt: Existenz der Zerlegung
   Wir beweisen zunächst mit Induktion, dass sich jedes $n > 1$ als Produkt von endlich vielen Primzahlen schreiben lässt.

Induktionsannahme $A(n)$: Jede natürliche Zahl m mit $1 < m \leq n$ lässt sich als Produkt von endlich vielen Primzahlen schreiben.

Induktionsanfang: Der Fall $n = 2$ ist klar, denn 2 ist eine Primzahl und somit das Produkt von Primzahlen – auch wenn das Produkt nur einen Faktor hat.

Induktionsschritt: Wegen $n > 1$ hat n einen Primfaktor p_1 (siehe 1. Schritt in Beispiel 1.16), für den dann insbesondere $\frac{n}{p_1} \in \mathbb{N}$ gilt. Ist $n = p_1$, so hat man die gewünschte Aussage. Andernfalls gilt $1 < \frac{n}{p_1} < n$, das heißt $1 < \frac{n}{p_1} \leq n - 1$, und mit der Induktionsannahme $A(n-1)$ ergibt sich $\frac{n}{p_1} = p_2 \cdot \ldots \cdot p_k$. Also gilt $n = p_1 \cdot p_2 \cdot \ldots \cdot p_k$, und die Existenz einer *Primzahlfaktorisierung* der gewünschten Art ist gezeigt.

2. Schritt: Eindeutigkeit der Zerlegung

Die Eindeutigkeit der Primzahlfaktorisierung bis auf die Reihenfolge lässt sich ebenfalls mit Induktion zeigen, allerdings ist die Induktionsannahme $A(n)$ etwas komplizierter:

Induktionsannahme $A(n)$: Für $n \leq k$ seien $p_1, \ldots, p_n$ und $q_1, \ldots, q_k$ Primzahlen mit $p_1 \cdot \ldots \cdot p_n = q_1 \cdot \ldots \cdot q_k$. Dann gilt $n = k$ und es gibt eine umkehrbare Abbildung $\varphi \colon \{1, \ldots, n\} \to \{1, \ldots, n\}$ mit $p_j = q_{\varphi(j)}$ für $j = 1, \ldots, n$.

Induktionsanfang: Wenn $n = 1$, dann gibt es nach Proposition 1.17 maximal zwei Möglichkeiten: $p_1 \mid q_1$ oder, falls $k \geq 2$ ist, $p_1 \mid q_2 \cdot \ldots \cdot q_k$. Wenden wir Proposition 1.17 wiederholt an, finden wir ein $i \in \{1, \ldots, k\}$ mit $p_1 \mid q_i$, und weil auch q_i prim ist, gilt $p_1 = q_i$. Aber dann haben wir $1 = \frac{1}{q_i} q_1 \cdot \ldots \cdot q_k$, das heißt $k = 1 = i$. Damit ist $A(1)$ bewiesen.

Induktionsschritt: Wir nehmen an, $A(n)$ ist bewiesen, und wollen zeigen, dass auch $A(n+1)$ gilt. Wenn $p_1 \cdot \ldots \cdot p_n \cdot p_{n+1} = q_1 \cdot \ldots \cdot q_k$, dann gilt $p_{n+1} \mid q_1 \cdot \ldots \cdot q_k$, und das Argument aus dem Induktionsanfang liefert ein $i \in \{1, \ldots, k\}$ mit $p_{n+1} = q_i$. Wir setzen $\varphi(n+1) = i$ und stellen fest, dass

$$p_1 \cdot \ldots \cdot p_n = \frac{1}{q_i} q_1 \cdot \ldots \cdot q_k,$$

wobei die rechte Seite ein Produkt von nur $k - 1$ Primzahlen ist, weil sich q_i herauskürzt. Jetzt wenden wir $A(n)$ an und finden $k - 1 = n$ sowie eine umkehrbare Abbildung $\varphi \colon \{1, \ldots, n\} \to \{1, \ldots, n+1\} \setminus \{i\}$ mit $p_j = q_{\varphi(j)}$. Zusammen liefern diese Aussagen $A(n+1)$.

$\square$

Dieser Beweis ist ein Beispiel für eine Kombination aus mehreren Beweistechniken. Er enthält mehrere Induktionen, greift aber auch auf vorher schon bewiesene Resultate zurück, die nicht mit Induktion bewiesen wurden. Das ist eine ganz typische

Situation, die auch gut illustriert, warum man in der Mathematik verloren ist, wenn man früher Gelerntes nach bestandener Prüfung wieder vergisst. In dieser Hinsicht hat Mathematik Ähnlichkeit mit einer Fremdsprache.

Als Anwendung des Fundamentalsatzes der Zahlentheorie kann man zeigen, dass $\sqrt{2}$ keine rationale Zahl ist (Abschn. 1.2). Es handelt sich bei dem Beweis von Satz 1.21 um einen Widerspruchsbeweis.

Satz 1.21 $\sqrt{2}$ ist keine rationale Zahl, das heißt, man kann keine Zahlen $n, m \in \mathbb{N}$ mit $\frac{n^2}{m^2} = 2$ finden.

Beweis. Seien $m = p_1 \cdot \ldots \cdot p_r$ und $n = q_1 \cdot \ldots \cdot q_s$ jeweils Darstellungen als Produkte von Primzahlen. Wir nehmen an, dass

$$2\,m^2 = 2p_1^2 \cdot \ldots \cdot p_r^2 = q_1^2 \cdot \ldots \cdot q_s^2 = n^2$$

gilt. Jetzt zählt man ab, wie oft links und rechts der Primfaktor 2 vorkommt. Da jedes p_i und jedes q_j quadriert wird, kommen in m^2 und n^2 jeweils eine gerade Anzahl von Zweien als Primfaktoren vor. In $2m^2$ ist es dann eine ungerade Anzahl von Zweien. Dies steht im Widerspruch zur Eindeutigkeitsaussage in Satz 1.20. □

Nicht alles, was wie ein Induktionsbeweis aussieht, ist auch einer. Man muss die Aussagen sauber formulieren, sonst drohen Fehlschlüsse wie in Beispiel 1.22.

Beispiel 1.22 Man betrachte die Aussage „Alle auf der Erde lebenden Pferde haben dieselbe Farbe".
„Beweis durch Induktion": Es sei

$$X := \{n \in \mathbb{N} \mid \text{Je } n \text{ Pferde haben dieselbe Farbe}\}.$$

Da jedes Pferd dieselbe Farbe hat wie es selbst, gilt $1 \in X$. Nun sei $n \in X$, und wir müssen zeigen, dass auch $n + 1 \in X$ ist. Man nehme eines der $n + 1$ Pferde heraus; die restlichen n Pferde haben dieselbe Farbe (da $n \in X$). Nun füge man das herausgenommene Pferd hinzu und nehme ein anderes heraus. Dann ist der Rest wieder einfarbig. Also haben alle $n + 1$ Pferde dieselbe Farbe.

Man erkennt den Fehler leicht, wenn man das Argument auf eine Menge mit nur zwei Pferden, einem Rappen und einem Schimmel, anwendet.

Näherungsweise konstruktive Beweise

Der euklidische Algorithmus liefert den ggT zweier Zahlen in endlich vielen Schritten. Es gibt auch Beweise, die die Existenz von Elementen in unendlich vielen Schritten zeigen, was dann automatisch bedeutet, dass man das Ergebnis nur näherungsweise angeben kann. Damit ist schon angedeutet, dass es neuer Begriffe bedarf, um solche Resultate zu erzielen. Zumindest wird man erklären müssen, was es heißt, eine Lösung „näherungsweise" anzugeben. Soll das nur heißen, dass es approximative Lösungen gibt, die das gegebene Problem nur ungefähr lösen, aber mit immer höherer Präzision? Oder soll es heißen, dass es eine exakte Lösung des Problems gibt, an die man sich immer näher heranarbeitet?

Wir führen zwei Beispiele vor, die beide den Aspekt der Vollständigkeit der reellen Zahlen verdeutlichen, der schon in Abschn. 1.2 angesprochen wurde. Dazu brauchen wir den Begriff einer *Folge* von Zahlen. Das ist eigentlich nichts anderes als eine Abbildung a von $\mathbb{N}$ in die zu betrachtende Menge von Zahlen (zum Beispiel ganze oder rationale Zahlen). Anstatt $a(n)$ schreibt man aber oft a_n, weil man sich bei einer Folge einfach eine durchnummerierte Menge von Zahlen vorstellt. Die ganze Folge wird als $(a_n)_{n \in \mathbb{N}}$ geschrieben. Die Folge $(a_n)_{n \in \mathbb{N}}$ mit $a_n = 2n - 1$ liefert zum Beispiel eine Aufzählung aller ungeraden natürlichen Zahlen.

Betrachten wir zunächst wie die alten Griechen die Länge der Diagonale eines Quadrats der Seitenlänge 1. Dann kann man nach einer Folge von (rationalen) Zahlen a_n suchen, deren Quadrate immer näher an 2 liegen. So eine Folge kann man in der Tat finden. Will man aber eine Zahl finden, deren Quadrat genau 2 ist, muss man den Zahlenbegriff erst erweitern, weil, wie in Satz 1.21 gezeigt, $\sqrt{2}$ keine rationale Zahl sein kann. Danach lässt sich dann die Frage stellen, ob die Zahlen a_n selbst immer näher an die neue Zahl $\sqrt{2}$ herankommen. Sowohl für die Frage, ob die a_n^2 die Zahl 2 approximieren, als auch für die Frage, ob die a_n die Zahl $\sqrt{2}$ approximieren, braucht man aber eine Vorstellung von „Abstand" und eine Vorstellung von „immer näher". Für den Abstandsbegriff betrachtet man den *Absolutbetrag* $|x|$ einer reellen Zahl x, der durch $|x| = x$ für $x \geq 0$ und durch $|x| = -x$ für $x \leq 0$ definiert ist. Für die präzise Formulierung von „immer näher" *(Konvergenz)* braucht man nicht nur Folgen, sondern auch den Begriff des *Grenzwertes*. Man sieht schon an diesen Ausführungen, dass näherungsweise konstruktive Beweise per se begrifflich zusätzliche Schwierigkeiten im Vergleich mit den bisher vorgeführten konstruktiven Beweisen aufweisen.

Beispiel 1.23 (Approximation von $\sqrt{2}$) Wir betrachten die Folge

$$a_1 = 1, \ a_2 = \frac{a_1^2 + 2}{2a_1} = \frac{3}{2}, \ a_3 = \frac{a_2^2 + 2}{2a_2} = \frac{17}{12}, \ a_4 = \frac{a_3^2 + 2}{2a_3} = \frac{577}{508}, \ \ldots$$

Das heißt, $(a_n)_{n \in \mathbb{N}}$ ist durch $a_1 = 1$ und $a_{n+1} := \frac{a_n^2 + 2}{2a_n} = \frac{a_n}{2} + \frac{1}{a_n}$ definiert. Zunächst stellen wir für $n \geq 1$ fest, dass

$$a_{n+1}^2 - 2 = \frac{1}{4}\left(a_n + \frac{2}{a_n}\right)^2 - 2 = \frac{1}{4}\left(a_n - \frac{2}{a_n}\right)^2 \geq 0.$$

Aber dann gilt für $n \geq 2$

$$a_n - a_{n+1} = \frac{a_n}{2} - \frac{1}{a_n} = \frac{1}{2a_n}(a_n^2 - 2) \geq 0,$$

das heißt, die Folge ist ab $n \geq 2$ *monoton fallend*, besteht aber aus lauter Zahlen, die positiv sind. Aus der *Vollständigkeit* der reellen Zahlen kann man jetzt ableiten, dass so eine Folge einen Grenzwert $a := \lim_{n \to \infty} a_n$ hat. Intuitiv bedeutet das, dass der Abstand $|a_n - a|$ beliebig klein wird, wenn n nur groß genug ist. In diesem Beispiel liefert die Monotonieeigenschaft, dass der Grenzwert die größte reelle Zahl ist, die kleiner oder gleich jeder der Zahlen a_n für $n \geq 2$ ist. Man nennt diese Zahl die „größte untere Schranke" oder das *Infimum* der Folge.

Während wir nachgerechnet haben, dass zum Beispiel 0 eine untere Schranke für die Folge ist, ist die Existenz einer *größten* unteren Schranke keineswegs selbstverständlich: Die Existenz solcher Infima ist eine der wesentlichen Eigenschaften reeller Zahlen. Für rationale Zahlen gilt sie nicht, denn der Grenzwert a erfüllt die Gleichung $a^2 = 2$, kann also keine rationale Zahl sein. Um zu sehen, dass a wirklich die Gleichung $a^2 = 2$ erfüllt, betrachten wir den Grenzwert der linken Seite der Formel

$$a_{n+1} = \frac{a_n}{2} + \frac{1}{a_n}. \tag{$*_n$}$$

Er ist a. Man kann zeigen, dass der Grenzwert der rechten Seite von $(*_n)$ gleich $\frac{a}{2} + \frac{1}{a}$ ist. Die beiden Grenzwerte müssen gleich sein, also gilt $a = \frac{a}{2} + \frac{1}{a}$, das heißt $a^2 = 2$. Da wegen $a_n \geq 0$ für alle $n \in \mathbb{N}$ auch $a \geq 0$ gilt, haben wir $a = \sqrt{2}$. Insbesondere hat die Folge a_n^2 den Grenzwert $a^2 = 2$.

Die Vollständigkeit der reellen Zahlen garantiert die Existenz einer Lösung auch in Satz 1.24, einem Spezialfall des Banach'schen Fixpunktsatzes, der nach dem polnischen Mathematiker Stefan Banach (1892–1945) benannt ist. Er ist prototypisch für näherungsweise konstruktive Existenzsätze, die man zum Gleichungslösen benutzt. Sie werden auch in viel komplizierteren Situationen eingesetzt, in denen es zum Beispiel um Differenzialgleichungen geht.

Satz 1.24 (Banach'scher Fixpunktsatz) Sei $[-1, 1] := \{x \in \mathbb{R} \mid -1 \le x \le 1\}$ und $f : [-1, 1] \to [-1, 1]$ eine Abbildung mit der folgenden Kontraktionseigenschaft:

$$\text{Für alle } x, y \in M \text{ gilt}: \quad |f(x) - f(y)| \le \tfrac{1}{2}|x - y|$$

Dann gibt es genau ein $x_\infty \in [-1, 1]$ mit $f(x_\infty) = x_\infty$.

Beweis. Wir zeigen zunächst die Eindeutigkeit eines solchen *Fixpunkts*. Wenn $f(y) = y$ und $f(z) = z$ gilt, dann haben wir

$$|y - z| = |f(y) - f(z)| \le \tfrac{1}{2}|y - z|,$$

was nur für $|y - z| = 0$, also für $y = z$, möglich ist.

Um die Existenz des Fixpunktes zu zeigen, wählt man ein $x_0 \in [-1, 1]$ und setzt

$$x_1 := f(x_0), x_2 := f(x_1), x_3 := f(x_2), \ldots$$

Dann gilt

$$|x_{n+1} - x_n| \le \tfrac{1}{2}|x_n - x_{n-1}| \le \tfrac{1}{2^2}|x_{n-1} - x_{n-2}| \le \ldots \le \tfrac{1}{2^n}|x_1 - x_0|,$$

und mit der sogenannten *Dreiecksungleichung* $|a + b| \le |a| + |b|$ bekommt man

$$
\begin{aligned}
|x_{n+k} - x_n| &= |x_{n+k} - x_{n+k-1} + x_{n+k-1} - x_{n+k-2} + \ldots \\
&\qquad \ldots + x_{n+2} - x_{n+1} + x_{n+1} - x_n| \\
&\le |x_{n+k} - x_{n+k-1}| + |x_{n+k-1} - x_{n+k-2}| + \ldots \\
&\qquad \ldots + |x_{n+2} - x_{n+1}| + |x_{n+1} - x_n| \\
&\le \tfrac{1}{2^n}\left(\tfrac{1}{2^{k-1}} + \tfrac{1}{2^{k-2}} + \ldots + \tfrac{1}{2} + 1\right)|x_1 - x_0| \\
&\le \tfrac{1}{2^{n-1}}|x_1 - x_0|,
\end{aligned}
$$

wobei man für die letzte Ungleichung die Abschätzung

$$\frac{1}{2^{k-1}} + \frac{1}{2^{k-2}} + \ldots + \frac{1}{2} + 1 \le 2$$

braucht, die man auch in der Form

$$2 + \ldots + 2^{k-1} + 2^k \le 2^{k+1}$$

schreiben kann. Um diese Ungleichung einzusehen, multipliziert man beide
Seiten mit $\frac{1}{2}$, auf der linken Seite aber in der Form $-\frac{1}{2} + 1$. Das liefert rechts
2^k und links

$$-\frac{2}{2} + 2 - \frac{2^2}{2} + 2^2 - \ldots - \frac{2^{k-1}}{2} + 2^{k-1} - \frac{2^k}{2} + 2^k = 2^k - 1,$$

was die gewünschte Ungleichung beweist.

An dieser Stelle muss man die *Vollständigkeit* von $\mathbb{R}$ benutzen, um sicherzustellen, dass die Folge einen Grenzwert $x_\infty = \lim_{n\to\infty} x_n$ hat (siehe Anhang). Es bleibt zu zeigen, dass x_∞ der gesuchte Fixpunkt ist, das heißt $f(x_\infty) = x_\infty$ gilt. Da aber die Folge der $f(x_n)$ nichts anderes ist als die Folge der x_{n+1}, haben beide Folgen denselben Grenzwert, nämlich x_∞. Wieder mit der Dreiecksungleichung findet man

$$|f(x_\infty) - x_\infty| \leq |f(x_\infty) - f(x_n)| + |f(x_n) - x_\infty|$$
$$\leq \tfrac{1}{2}|x_\infty - x_n| + |x_{n+1} - x_\infty|.$$

Da $|x_\infty - x_n|$ und $|x_{n+1} - x_\infty|$ nach Definition des Grenzwertes für große n beliebig klein werden, muss auch die linke Seite der Ungleichung beliebig klein werden. Da dieser Ausdrucks aber gar nicht von n abhängt, muss er gleich 0 sein, und es gilt $f(x_\infty) = x_\infty$. □

Existenz- und Nichtexistenzbeweise

Existenz- und Nichtexistenzbeweise weisen nach, dass Objekte einer bestimmten Art existieren bzw. nicht existieren. Wir haben schon mehrere Beispiele für Existenzbeweise (ggT, Primzahlfaktorisierung, Fixpunkte von Kontraktionen), aber auch schon einen Nichtexistenzbeweis (Lösung von $x^2 = 2$ in $\mathbb{Q}$, der Menge der rationalen Zahlen) gesehen.

Es gibt deutliche Abstufungen im Grad der Information, die ein Existenzbeweis über das Objekt liefert, dessen Existenz nachgewiesen wird. Tatsächlich berechnen konnte man unter den bisher vorgestellten Beispielen insbesondere den ggT. Prinzipiell berechenbar war auch die Primzahlfaktorisierung. Es sind aber alle Algorithmen, die man bis heute auf Computern implementieren kann, so langsam, dass man die Sicherheit im bargeldlosen Bankverkehr Verschlüsselungssystemen anvertraut, deren Funktionsweise darauf basiert, dass man zwar Primzahlen beliebiger Größe schnell miteinander multiplizieren kann, die Primfaktorzerlegung des Resultats aber für große Zahlen länger dauern würde, als man die Lebensdauer des Universums schätzt. (Das könnte sich übrigens ändern, wenn es gelänge, die von der theoretischen Physik postulierten „Quantencomputer" zu bauen. Deren Funktionsweise ließe andere mathematische Algorithmen zu, die so viel schneller wären, dass man die Verschlüsselungssysteme fundamental umstellen müsste.) Auch vom Prinzip her nur näherungsweise berechnen konnte man die Fixpunkte von Kontraktionen (Satz 1.24).

Die reine Existenz von Lösungen für Polynomgleichungen liefert der Fundamentalsatz der Algebra (Satz 1.1). Er sagt nichts darüber aus, wo man die Lösungen zu suchen hat. Andere Existenzsätze sind mehr oder weniger komplizierte Umformungen von Existenzaxiomen. Dazu gehören das *Zorn'sche Lemma* und der *Wohlordnungssatz,* die beide äquivalent zum sogenannten *Auswahlaxiom* sind, das wir in Abschn. 4.2 näher diskutieren.

Wir haben schon angesprochen, dass man Nichtexistenzaussagen wie die Transzendenz von π, das heißt die Nichtexistenz einer Polynomgleichung mit rationalen Koeffizienten, deren Lösung π ist, in geometrische Nichtexistenzaussagen ummünzen kann: Es existiert keine Konstruktion mit Zirkel und Lineal, die zu einem Kreis ein flächengleiches Quadrat liefert. Das ist gemeint, wenn man von der Unmöglichkeit der Quadratur des Kreises spricht (Abschn. 2.1). Es gibt viele unmögliche Konstruktionen, die der „Quadratur des Kreises" verwandt sind, etwa die *Winkeldreiteilung* und die *Würfelverdoppelung.*

Verwandt mit diesen Problemen ist die Frage des Gleichungslösens durch *Wurzelziehen,* wie man es von den quadratischen Gleichungen kennt, für die man Lösungsformeln hat, in denen Quadratwurzeln vorkommen. Diese Formeln waren schon den Griechen bekannt, aber erst in der italienischen Renaissance hat man analoge Formeln für Gleichungen dritten und vierten Grades gefunden [139]. An den Gleichungen fünften Grades versuchten sich Generationen von Mathematikern vergeblich. Erst im frühen 19. Jahrhundert konnte der norwegische Mathematiker Niels Hendrik Abel (1802–1829) nachweisen, dass ab Grad fünf solche Lösungen nicht mehr möglich sind [113]. Kurz darauf zeigte der Franzose Evariste Galois (1811–1832), wie eng diese Frage mit der Gruppentheorie zusammenhängt – eine absolut bahnbrechende Entdeckung, deren Relevanz die mathematische Fachwelt erst 30 Jahre nach dem gewaltsamen Tode Galois' (er wurde in einem Duell verwundet und erlag seinen Verletzungen) zu erkennen begann.

Auf einen speziellen Typus von Unmöglichkeitsbeweisen trifft man, wenn man untersucht, ob zwei verschieden aussehende Mengen (wie die beiden Gruppen aus Beispiel 1.6) durch eine strukturerhaltende bijektive Abbildung (Isomorphismen) ineinander übergeführt werden können. Eine Strategie zu zeigen, dass das *nicht* geht, besteht darin, solchen Mengen *Invarianten,* das heißt eine Art „Kennzahlen", zuzuordnen, die sich unter Isomorphismen nicht ändern; daher der Name Invariante. Wenn man jetzt von zwei Mengen zeigen kann, dass ihre Kennzahlen unterschiedlich sind, dann sind sie auch nicht durch Isomorphismen ineinander überführbar. Als Mathematiker sucht man nach Invarianten, die fein genug sind, die Objekte, die man unterscheiden will, auseinanderzuhalten, aber einfach genug, um bestimmbar zu sein.

Dieses Prinzip sei an einem simplen Beispiel illustriert: Um als Zuschauer eines Fußballspiels die beiden Mannschaften auseinanderhalten zu können, braucht man nicht die Namen der Spieler; es genügt, wenn die Mannschaften unterschiedliche Trikots tragen. Der Schiedsrichter muss auch die einzelnen Spieler der Mannschaften unterscheiden können, daher tragen die Trikots Nummern.

Das folgende Beispiel ist näher am mathematischen Alltag. Um es verstehen zu können, braucht man eine Vorstellung von *stetigen* Abbildungen, einem Begriff, den wir noch nicht vorgestellt haben. Anschaulich bedeutet Stetigkeit von Abbildungen, dass zusammenhängende Mengen durch die Abbildung nicht zerrissen, sondern höchstens gebogen, gestaucht und gedehnt werden können. Etwas präziser ausgedrückt: Man betrachtet Mengen, auf denen es eine Vorstellung von „benachbart" gibt und die man *topologische Räume* nennt. Stetige Abbildungen sind solche, die benachbarte Gegenden benachbart lassen, auch wenn sie die Abstände ändern. Damit sind stetige Abbildungen die „strukturerhaltenden" Abbildungen topologischer Räume. Ein *topologischer Isomorphismus* zwischen zwei solchen Räumen ist dann eine stetige Bijektion, deren Umkehrabbildung auch stetig ist. Man betrachtet in der Topologie zwei Räume als gleich, wenn man einen topologischen Isomorphismus zwischen ihnen finden kann. Das bedeutet, man kann das Objekt A so verbiegen, dass das Objekt B daraus wird, und zwar so, dass die Verbiegung auch wieder rückgängig gemacht werden kann. Die Idee hinter Beispiel 1.25 ist, dass man die Existenz solcher Verbiegungen ausschließen kann, wenn die Objekte aus unterschiedlich vielen zusammenhängenden Stücken bestehen.

Beispiel 1.25 Man betrachte die beiden folgenden Figuren, die jeweils eine Menge von Punkten in der Ebene beschreiben:

Die Frage ist, ob es eine stetige Bijektion zwischen den beiden Mengen gibt, deren Umkehrung auch stetig ist. Die Antwort ist Nein. Um das einzusehen, nehmen wir an, wir haben so eine Abbildung $f : A \to B$ und betrachten das Bild $f(a)$ des Punktes a. Wir nehmen die beiden Punkte aus der jeweiligen Menge heraus (das Bild steht für den Spezialfall $f(a) = b$):

Dann bildet f die Menge $A \setminus \{a\}$ bijektiv auf die Menge $B \setminus \{f(a)\}$ ab, und die Stetigkeit bleibt erhalten. Die Menge $A \setminus \{a\}$ besteht aus vier zusammenhängenden Stücken. Je nachdem, ob $f(a)$ gleich b ist oder nicht, besteht die Menge $B \setminus \{f(a)\}$ aber nur aus drei oder zwei Stücken: Wenn $f(a) = b$, dann sind das die drei Strahlen des „Sterns", und wenn $f(a) \neq b$, dann ist $B \setminus \{f(a)\}$ ein „Stern" mit einem verkürzten Strahl und dem restlichen Stück des Strahls. Da stetige Abbildungen aber zusammenhängende Stücke nicht zerreißen können, kann die Umkehrabbildung $B \setminus \{f(a)\} \to A \setminus \{a\}$ auch nicht stetig sein.

Geometrische Beweise

Geometrische Beweise sind „bildbasierte" Beweise. Sie können unterschiedlicher Natur sein, und meist stellt sich heraus, dass die Bezeichnung „Beweis" für die entsprechenden Argumente ein wenig zu hoch gegriffen ist. Betrachten wir zum Beispiel das *archimedische Axiom*. Es besagt, dass man zu zwei positiven reellen Zahlen x, $y > 0$ eine natürliche Zahl $n \in \mathbb{N}$ mit $nx > y$ finden kann. Stellt man sich x und y auf dem Zahlenstrahl vor, dann ergibt sich das aus der folgenden Skizze, die an die Division mit Rest erinnert, und zeigt, wie man irgendwann y „überholt", wenn man Stücke der Länge x wiederholt aneinanderlegt.

Dieser „Beweis" ist problematisch, denn er appelliert an unsere Intuition von den reellen Zahlen. Genauer gesagt, benutzt er einfach unsere Visualisierung. Das ist gefährlich. Es stellt sich in der Tat heraus, dass es neben den reellen Zahlen, für die wir diese Eigenschaft wirklich haben (Proposition A.8), auch andere Zahlbereiche gibt, für die das archimedische Axiom nicht gilt, beispielsweise für die sogenannten p-adischen Zahlen, die ebenfalls die rationalen Zahlen enthalten. Will man die reellen Zahlen von diesen anderen Zahlbereichen unterscheiden, muss man die Eigenschaft, die das archimedische Axiom beschreibt, voraussetzen. Das erklärt, warum man hier von einem *Axiom* spricht.

Deutlich überzeugender ist der folgende geometrische Beweis des Satzes von Pythagoras, dessen wesentlicher Gehalt einfach nur in zwei Bildern besteht.

Satz 1.26 (Pythagoras) In einem rechtwinkligen Dreieck ist die Summe der Quadrate über den Katheten gleich dem Quadrat über der Hypotenuse.

Beweis. Man betrachte die beiden folgenden Bilder:

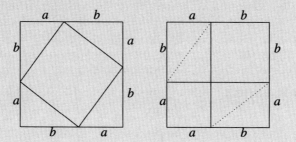

Links hat man aus dem Quadrat der Seitenlänge $a + b$ das Quadrat über der Hypotenuses herausgeschnitten, rechts die beiden Kathetenquadrate. Übrig bleiben auf beiden Seiten vier rechtwinklige Dreiecke mit den Katheten a und b. □

So faszinierend einfach dieser geometrische Beweis des Satzes von Pythagoras auch ist, muss man doch einschränkend sagen, dass man hier stillschweigend einige Tatsachen der euklidischen Geometrie benutzt hat, die zwar sehr einleuchtend sind, aber doch bewiesen werden müssen, zum Beispiel, dass man links wirklich ein Quadrat herausgenommen hat, die Winkel in dem inneren Viereck also wirklich alle 90 Grad sind, oder dass alle rechtwinkligen Dreiecke mit den Katheten a und b die gleiche Fläche haben. Ersteres folgt, weil die Winkelsumme in einem Dreieck immer 180 Grad ist, Letzteres weil Bewegungen, das heißt Abbildungen, die Längen und Winkel erhalten, automatisch auch flächenerhaltend sind. Dass es im Gegensatz zur intuitiven Vorstellung keine Selbstverständlichkeit ist, beim Zerschneiden, Bewegen und Neuzusammensetzen die Flächen unverändert zu lassen, zeigt das *Banach-Tarski-Paradoxon* [141]. Es besagt, dass man für zwei vorgegebene Mengen A und B im dreidimensionalen Raum $\mathbb{R}^3 = \mathbb{R} \times \mathbb{R} \times \mathbb{R}$, falls sie in einer großen Kugel enthalten sind und beide mindestens eine kleine Kugel enthalten, eine Zerlegung von A in Teilmengen finden kann, die man so herumschieben kann, dass die geschobenen Teilmengen sich zu B vereinigen. Insbesondere sagt dieser Satz also, dass man eine Kugel vom Radius 1 zerschneiden und dann die Teile so wieder zusammensetzen kann, dass eine Kugel vom Radius 2 herauskommt. Das widerspricht jeder Intuition, und es ist auch so, dass die „Schnitte", die man hier setzen muss, extrem irregulär sind. Das Banach-Tarski-Paradoxon gehört in den Zoo mengentheoretischer Pathologien, und wir wollen hier gar nicht versuchen zu erläutern, was die Idee hinter dem Beweis ist. Es geht uns eher darum, die Vorsicht zu motivieren, die man als Mathematiker walten lässt, wenn anschauliche Argumente ins Spiel kommen.

Ein weiteres Problem bei geometrischen Argumenten ist, dass man sich zuerst auf eine Geometrie festlegen muss: Euklids Geometrie galt bis ins 19. Jahrhundert als die Geometrie der realen Welt. Eines der Axiome dieser Geometrie, das sogenannte *Parallelenpostulat* (Abschn. 2.1 und Abschn. 4.2), wirkte im Axiomensystem wie ein Fremdkörper, wurde aber für viele Beweise gebraucht. 2000 Jahre hat man vergeblich versucht, das Parallelenpostulat aus den anderen Axiomen herzuleiten. Schließlich stellte man fest, dass es auch eine Geometrie gibt, die alle Axiome bis auf dieses eine erfüllen, und dieses Axiom somit nicht aus den anderen Axiomen abgeleitet werden kann. In dieser *nichteuklidischen Geometrie* ist die Winkelsumme eines Dreiecks kleiner als 180 Grad und der Satz von Pythagoras falsch.

Wie schreibt man einen Beweis auf?
Von einer Bierparty an der University of Chicago Mitte des 20. Jahrhunderts ist folgendes Lied überliefert, in dem der Siegeszug eines gewissen „Bourbaki" durchaus ironisch konstatiert wird:

Analysts, topologists, geometers agree:
When it comes to generality, there's none like Bourbaki!
One theorem by them will equal N by you and me,
Bourbaki goes marching on!

Glory, glory halleluja,
Their generality will fool ya–
They're axiomatically peculiah!
Bourbaki goes marching on!

Algebras and groups and rings suffice for you and me –
cogebras and bigebras abound in Bourbaki;
functors contravariant, defined by their degree,
Bourbaki goes marching on!

In einer Reihe weiterer Strophen wird noch über die Abstraktheit und Allgemeinheit in Bourbaki gelästert. Bourbaki ist das Pseudonym für eine Gruppe junger französischer Mathematiker (darunter der in Abschn. 1.5 bereits erwähnte André Weil), die als Reaktion auf die verkrusteten Strukturen in Frankreichs akademischer Ausbildung ein neues, grundlegendes mathematisches Universallehrwerk mit dem Titel *Éléments de mathématique* zu schreiben begannen [97]. Das war in den 1930er Jahren. Von 1939 bis 1983 erschienen zehn größtenteils mehrbändige Bücher. Das Vorhaben wurde dann aufgegeben, weil es sich als nicht realisierbar entpuppte. Die Gruppe Bourbaki existiert als „Association des Collaborateurs de Nicolas Bourbaki" noch heute und führt dreimal jährlich ein viel beachtetes Seminar zu wichtigen Fortschritten in der Mathematik durch. Zu unserer Überraschung veröffentlichte Bourbaki im Jahr 2016 einen Band mit den ersten vier Kapiteln eines neuen Buches (weitere Kapitel sind darin angekündigt). Es wird sich weisen, ob dieses Buch der Auftakt zu neuen Aktivitäten ist oder ob nur vorhandenes, aber bis dahin nicht aufgearbeitetes Material veröffentlicht wurde.

Die Schwierigkeit in der Konzeption solcher Universalwerke liegt nicht zuletzt darin, dass ein Netzwerk von Zusammenhängen sich nicht vernünftig in einer baumartig angeordneten Buchreihe abbilden lässt. Allerdings bieten die digitalen Technologien neue Optionen. Das Open-Source-Projekt „Stacks", das an der Columbia University in New York angesiedelt ist, ist ein 2005 begonnenes Online-Lehrbuch zu „algebraischen Stacks und der dafür nötigen algebraischen Geometrie". Trotz des im Vergleich zu Bourbaki weit weniger umfassenden Anspruchs umfasst es schon viele tausend Seiten.

Bourbaki und seine Methode, einen Satz und seinen Beweis immer mit der minimalen Menge von Voraussetzungen, das heißt in der größtmöglichen Allgemeinheit zu formulieren, waren zwischenzeitlich sehr in Misskredit geraten. Dem Argument, dass man einen mathematischen Sachverhalt am besten versteht, wenn man sieht, welche Tatsachen wirklich verwendet werden, hielt man entgegen, dass mathematisches Verständnis, wie zuvor schon angedeutet, auf internen Modellen des Lesers oder Zuhörers beruht, deren Bildung durch übertriebene Allgemeinheit eher behindert denn gefördert wird. Umgekehrt produzieren allzu spezielle Varianten der zu behandelnden Resultate beim Lernenden zu einfache interne Modelle, und die Querverbindungen zwischen Teilgebieten sind schwerer zu erkennen.

Es geht also wie immer darum, einen geeigneten Mittelweg zu finden und adressatengerecht zu schreiben. Bücher, in denen Redundanz nach Möglichkeit vermieden wird, haben relativ wenig Fließtext und sind voller Binnenzitate. Das macht sie gut geeignet für kundige Leser, die sich von der Richtigkeit einer bestimmten Aussage überzeugen wollen. Dem Neuling auf dem behandelten Gebiet dagegen erschließt sich in solchen Texten die Einordnung der Ergebnisse nicht. Am anderen Ende der Skala stehen Bücher, die sich an reine Anwender richten und eher Methodensammlungen sind, gut dafür geeignet sind, bestimmte Aufgabentypen einzutrainieren. Auch hier kommt das Verständnis für den größeren Zusammenhang oft zu kurz. Es sei angemerkt, dass die historische Entwicklung Bourbakis Themenauswahl und den hohen Grad an Abstraktion im Nachhinein rechtfertigte. Cogebras und Bigebras gehören heute beispielsweise zum Repertoire der theoretischen Physik.

Der angemessene Abstraktionsgrad bei der Kommunikation über Mathematik hängt auch davon ab, wo im Ausbildungsprozess eine Lehrveranstaltung angesiedelt ist. In einer Einführungsvorlesung wird der Dozent sicher der Bildung von Intuition einen größeren Raum einräumen. In Spezialvorlesungen, in denen Studierende die nötigen Grundlagen zu eigenständiger Forschung erwerben sollen, konzentriert man sich als Dozent besser auf eine stringente Darstellung und verlagert die Intuitionsbildung auf das persönliche Gespräch.

Auf die Gesamtausbildung von Mathematikern bezogen sprechen wir uns, wie viele andere auch, für ein Spiralmodell aus, in dem Konzepte mehrfach, in zunehmender Tiefe, behandelt werden. Die Präsentation des Stoffes ersetzt natürlich in keinem Fall die aktive Auseinandersetzung mit den Themen. Darum sind Lehrbücher für Mathematik voller Übungsaufgaben [70].

Mode und Geschmack: Was soll man beweisen?
Nur den wenigsten Nichtmathematikern ist klar, dass es in der Mathematik Moden gibt und dass Mathematiker voneinander behaupten, der eine hätte einen guten, der andere einen schlechten oder gar keinen Geschmack. Viele Laien glauben, Mathe-

matik sei ein fertig gestelltes Gebäude, in dem es nur um falsch oder richtig gehe. Wenn es nur einen richtigen und einen falschen Weg gibt, bedarf es keines guten Geschmacks bei der Auswahl des Weges. Wenn man sich aber einmal klargemacht hat, dass es zum Beispiel bei allem Reichtum an mathematischer Theorie in der Regel nicht einmal möglich ist, die in der Praxis der Ingenieure auftauchenden Gleichungen zu lösen, dann ist es auch nicht schwer einzusehen, dass die Fülle der offenen Probleme eine Auswahl erzwingt.

Welche Probleme nun ausgesucht werden, hängt von vielen Faktoren ab: außermathematischen, wie einer Nachfrage nach Spezialisten auf einem bestimmten Gebiet, beispielsweise Strömungsmechanik oder Kontrolltheorie für die Entwicklung von Raketen in Kriegszeiten, und innermathematischen. Innerhalb der mathematischen Gemeinschaft kann es zum Beispiel vorkommen, dass ein Mathematiker einen überraschenden Satz beweist und dazu eine neue Querverbindung oder eine unerwartete Anwendung findet. Ein etablierter Forscher stößt dazu und propagiert die neue Erkenntnis. Es bilden sich Seminare zum Thema an den Brennpunkten der Zunft, Nachfolgearbeiten entstehen. Die Ergebnisse werden in hochangesehenen Zeitschriften veröffentlicht und dringen ins Bewusstsein einer breiteren Öffentlichkeit. Wenn die neue Erkenntnis tatsächlich bahnbrechend ist, etabliert sich die Forschungsrichtung längerfristig, wenn nicht, gerät sie nach einiger Zeit in Vergessenheit oder tritt zumindest ins zweite Glied zurück und harrt einer neuen Sternstunde.

Wenn es auch oft keine Übereinstimmung darüber gibt, was guter mathematischer Geschmack und lohnende Forschungsgebiete sind, so kann man doch die folgenden Kriterien anführen:

- Verpönt ist die Verallgemeinerung um ihrer selbst willen. Kein Herausgeber wird eine Arbeit veröffentlichen, in der eine Eigenschaft für 48-mal differenzierbare Funktionen nachgewiesen wird, die vorher nur für 49-mal differenzierbare Funktionen bewiesen war. Es sei denn, der Autor hätte einen triftigen Grund, auf die 49. Ableitung verzichten zu wollen. Und da steckt natürlich das Problem.
- Verpönt sind lange Rechnungen, wenn sie durch begriffliche Begründungen ersetzt werden können. Dahinter steckt die Vorstellung, dass eine komplizierte Rechnung den Aufbau eines geeigneten *internen Modells* (d. h. mentaler Repräsentation) behindert. Manchmal haben solche Rechnungen aber eben doch einen ganz eigenen Erkenntniswert.
- Verpönt sind Sätze, in deren Formulierung 713 Bedingungen vorkommen. Man geht dann davon aus, dass die Sache noch nicht richtig verstanden ist, möglicherweise die richtigen Begriffe noch gar nicht gefunden sind. Vielleicht sind das aber genau die 713 Bedingungen, die in (außermathematisch) natürlicher Weise hier erfüllt sind.
- Gefragt sind Aussagen, die verschiedene Disziplinen (der Mathematik) miteinander verbinden. Vielleicht ist die Verbindung aber banal.
- Gefragt sind Beweise mit neuen Ideen, die transparent, aber nicht trivial sind. Was immer das heißt.
- Gefragt sind *schöne* Beweise. Die Schönheit der Mathematik allerdings ist nur für Eingeweihte sichtbar.

Zusammenfassung

Beweise sind Argumentationsketten für die Richtigkeit mathematischer Aussagen. Im Idealfall bestehen sie aus vollständigen logischen Schlussketten, die von den gemachten Annahmen bis zur gewünschten Aussage führen. Dieser Grad an Genauigkeit wird in der Praxis so gut wie nie erreicht, und es gibt auch grundsätzliche theoretische Probleme mit dem Konzept des Beweises, auf die hier nicht eingegangen werden kann. Dennoch besteht ein breiter Konsens über den Korpus abgesicherter mathematischer Erkenntnisse.

In der mathematischen Praxis gibt es diverse Beweistechniken, die von konstruktiven Problemlösungen bis zu reinen Existenzaussagen reichen. Ebenso gibt es eine ästhetische Wahrnehmung von Beweisen. Welche Aussagen bewiesen werden, hängt davon ab, welche Fragestellungen unter den Mathematikern als relevant betrachtet werden. Dabei unterliegen solche Einschätzungen durchaus auch Modeströmungen.

1.7 Definitionen

Die Bedeutung von Definitionen wird im Allgemeinen unterschätzt. Der Begriff wird häufig im Dreiklang *Definition – Satz – Beweis* genannt, in der Absicht, den Mangel der Mathematiker an Fantasie in der Lehrpraxis anzuprangern. Dabei gerät leicht aus dem Blick, dass es die Definitionen sind, die die Begriffe fassbar machen: In Definitionen fixiert man mathematische Konzepte, mit denen man dann in präziser Art und Weise arbeiten kann. Wie wichtig es ist, die richtigen Begriffe in Definitionen zu fassen, haben wir andeutungsweise schon in Abschn. 1.2 gesehen, in dem das Problem, Gleichungen zu lösen, auf neue Begriffe führte. Je mehr man von der Mathematik und vor allem von ihrer Entwicklungsgeschichte weiß, desto klarer erkennt man die zentrale Rolle, die die Auswahl der Begriffe spielt. Ungünstige Begriffe können den Blick auf das Wesentliche verstellen, und gut gewählte Begriffe erleichtern es, komplexe Einsichten für andere verständlich darzustellen.

Ein gutes Beispiel für die ordnende Funktion von Definitionen ist die höherdimensionale Geometrie, die in der zweiten Hälfte des 19. Jahrhunderts in verschiedenen Ausprägungen insbesondere in Italien enorme Fortschritte machte (Abschn. 1.5). Allerdings gelang es den italienischen Geometern nicht, ihre Intuitionen in klare Begriffe zu gießen, und es mutet wirklich abenteuerlich an, wie sie durch ihre komplizierten Rechnungen voller Indizes zu geometrischen Einsichten gelangen konnten. Mit den klaren Begriffen von *differenzierbaren Mannigfaltigkeiten, algebraischen Varietäten* und *Geradenbündeln,* die wir den Entwicklungen des 20. Jahrhunderts verdanken, wird die Struktur vieler dieser Rechnungen erst allgemein kommunizierbar.

Ein weiteres, elementares Beispiel für die Bedeutung gut gewählter Definitionen ist die Definition der komplexen Zahlen. Schon 1560 hat Raphael Bombelli (1526–1572) in Untersuchungen kubischer Gleichungen formal mit Wurzeln aus negativen Zahlen gerechnet, und Leonhard Euler (1707–1783) benutzte die Wurzel aus -1 virtuos als eigenständige Größe. Die Vorstellung von der Zahlenebene (Abschn. 1.2) prägte aber erst Carl Friedrich Gauß (1777–1855), und den *Körper* der komplexen

Zahlen gibt es unter diesem Namen erst seit Ende des 19. Jahrhunderts. Heute haben die komplexen Zahlen nichts Geheimnisvolles mehr. Man kann sie in der Schule unterrichten, und sie sind jedem Elektrotechniker wohlvertraut.

Das Beispiel der komplexen Zahlen zeigt auch, dass es manchmal Jahrhunderte gedauert hat, bis man die Essenz aus Beispielen und Rechnungen herausdestilliert hatte. Dieses „Auf-den-Punkt-Bringen" von vorhandenem Wissen ist typisch für gute Definitionen. Hin und wieder erlaubt eine neue Definition sogar eine völlig neue Sicht auf altbekannte Probleme. Solche Aspekte spielen in Abschn. 2.5 und 2.6, in denen es um Vereinheitlichung und Perspektivenwechsel geht, eine wichtige Rolle.

In Abschn. 1.6 mussten wir an einigen Stellen an die Anschauung appellieren, weil präzise Definitionen noch nicht eingeführt werden konnten. Mehrfach wurde zum Beispiel die Vollständigkeit der reellen Zahlen bemüht. Um den Begriff „Vollständigkeit" sauber zu erklären, muss man weiter ausholen, was den Rahmen dieses Abschnitts gesprengt hätte. Andererseits ist die Beschreibung der reellen Zahlen über eine Reihe von Eigenschaften oft der Einstieg in das Mathematikstudium und gleichzeitig die erste Begegnung der Studierenden mit der axiomatischen Methode. Die Axiomatik der reellen Zahlen wird deshalb in Abschn. 2.2 (algebraische Aspekte) und im Anhang (Anordbarkeit und Vollständigkeit) im Detail erklärt. Im Anhang wird auch gezeigt, wie man eine Menge, die diesen Axiomen genügt, wirklich konstruiert.

Ergänzende Literatur
Abstraktion und Begriffe: [6,15,37,42,52,75,95]
Konkrete mathematische Resultate: [9,22,33,57,129]
Modellierung und Evidenz: [40,63,112,132]

Gebiete der Mathematik

2

Inhaltsverzeichnis

Die meisten Menschen assoziieren mit dem Namen Mathematik zuerst und vorrangig Zahlen. Zahlen sind auch der Bereich der Mathematik, der dem Laien am ehesten vertraut ist. Aus diesem Grund haben wir viele der einführenden Beispiele in Kap. 1 aus dem Bereich der elementaren Zahlentheorie gewählt. Mathematik besteht aber aus einem ganzen Netzwerk von Gebieten. In diesem Kapitel geben wir einen groben Überblick über dieses Netzwerk und zeigen, dass es sich auch heute noch dynamisch weiterentwickelt. Es stellt zentrale Gebiete anhand ausgewählter Beispiele für typische Fragestellungen, Vorgehensweisen und Beweisgänge dar und bietet erste Informationen zur Entwicklung dieses Netzwerks. Ein systematischer Überblick über die historische Entwicklung der Mathematik findet sich in Kap. 4.

Denkt man an den Mathematikunterricht im Gymnasium, so fallen einem neben „Zahlen" zumindest die folgenden drei Gebiete ein: *Algebra, Geometrie, Analysis*. In der Algebra geht es um Termumformungen und das Lösen von Gleichungen, vor allem solchen, in denen die Unbekannten linear oder quadratisch vorkommen. In der Geometrie betrachtet man Strecken und Winkel, Dreiecke und Kreise. In der Analysis sind Funktionen und ihre Graphen, Nullstellen und Tangenten sowie Extremwerte die zentralen Themen.

Für den Mathematikstudenten stellt sich das Bild schon erheblich komplizierter dar. In Vorlesungsverzeichnissen kann man neben den genannten die Namen *Zahlentheorie, Differenzialgeometrie, Algebraische Geometrie, Topologie, Kombinatorik, Statistik, Differenzialgleichungen, Numerik, Kommutative Algebra, Nichtkommutative Geometrie, Maßtheorie, Fourier-Analyse, Gruppentheorie, Optimierung,*

© Springer-Verlag GmbH Deutschland, ein Teil von Springer Nature 2021
I. Hilgert und J. Hilgert, *Mathematik – ein Reiseführer*,
https://doi.org/10.1007/978-3-662-62599-6_2

Graphentheorie, Körpertheorie, Funktionentheorie, Funktionalanalysis, Wahrscheinlichkeitstheorie und vieles mehr lesen. Manche Vorlesungen bauen auf anderen auf, manche kann man unabhängig von den anderen besuchen. Aber auch wenn man der Übersichtlichkeit halber versucht, die Dinge zu trennen, hat man es insgesamt mit einem komplexen Beziehungsgeflecht zu tun.

Ausgangspunkt für die hier gegebene Beschreibung dieses Beziehungsgeflechts ist die Geometrie. Sie war das erste Gebiet der Mathematik, das sich als wissenschaftliche Disziplin entwickelt hat, und ihr elementarer Charakter macht sie zu einem idealen Startpunkt. Im Laufe des Kapitels stellen wir dann die Gebiete ausführlicher vor, die im Bachelor- und Masterstudium typischerweise vorkommen.

Zwei Gebiete der Mathematik spielen eine gewisse Sonderrolle: die *Logik* und die *Mengenlehre*. Im Vorlesungskanon tauchen sie in ihren einfachsten Fassungen (Kap. 1, genauer Abschn. 1.6 bzw. Abschn. 1.4) im Vorspann zu den Erstsemestervorlesungen auf. Eher selten findet man Vorlesungen, die sich ausschließlich mit diesen Themen befassen. Solche Veranstaltungen heißen dann zum Beispiel *Mathematische Logik* und *Axiomatische Mengenlehre*. Sie sind normalerweise Fragen nach den Grundlagen der Mathematik gewidmet. Da wir in Abschn. 4.2 die Grundlagenproblematik ausführlich diskutieren, gehen wir in diesem Kapitel weder auf die Logik noch auf die Mengenlehre gesondert ein.

Aufgrund seines Überblickscharakters können in diesem Kapitel nicht alle Aussagen bewiesen werden. Trotzdem gibt es aber für einige Aussagen, die auch anderswo in diesem Buch eine Rolle spielen (z. B. Strahlensatz und Kreisquadrierung), relativ vollständige Argumente. Zum Abschluss jedes Abschnitts findet sich eine Auflistung von typischen Vorlesungstiteln, wie sie an deutschen Universitäten zu den jeweils angesprochenen Bereichen angeboten werden, mit einer Kurzbeschreibung der darin behandelten Inhalte.

2.1 Geometrie

Der Name *Geometrie* bedeutet nichts anderes als Erdvermessung, und die historischen Wurzeln der Geometrie liegen auch zweifellos in der Vermessung von realen Flächen und Volumina. Eine Theorie haben daraus die Griechen um 500 v. Chr. gemacht. Insbesondere haben sie eine axiomatische ebene Geometrie entwickelt und damit völliges Neuland in der Geschichte der Wissenschaften betreten. Die Methode, einige wenige Grundannahmen, damals *Postulate,* heute *Axiome* genannt, zu formulieren, aus denen dann mithilfe ebenfalls fixierter Regeln der *Logik* ein ganzes Gedankengebäude errichtet wird, in dem alle bekannten einschlägigen Sachverhalte, die sogenannten *Lehrsätze* oder einfach *Sätze,* enthalten sind, hatte keine Vorläufer und ist eine der großen kulturellen Errungenschaften des antiken Griechenland.

Neben der in Euklids Version nahezu perfekt formulierten ebenen Geometrie gab es auch Anfänge einer räumlichen Geometrie. Euklids Text diente bis ins 19. Jahrhundert, das heißt rund 2400 Jahre lang, als Lehrbuch. Erst dann fand man einige Lücken in der Systematik des Aufbaus. Die geometrischen Figuren, mit denen sich Euklid am meisten befasst, sind Punkte und Geraden, Dreiecke und Kreise. Dazu

Abb. 2.1 Platonische Körper

kommen einige durch ihren hohen Grad an Symmetrie herausgehobene räumliche Figuren wie die fünf *platonischen Körper* (Abb. 2.1). Wesentlich in der Geometrie euklidischer Prägung sind Abstände und Winkel.

Es kann hier keine allgemeine Einführung in die euklidische Geometrie gegeben werden. Wir stellen nur einige wenige Konzepte und Resultate genauer vor, darunter insbesondere solche, die auch an anderen Stellen als Beispiele auftauchen: das Parallelenpostulat (Abschn. 4.2), der Strahlensatz (Abschn. 4.4), das Problem der Kreisquadrierung (Abschn. 4.4), die Konstruktion der pythagoreischen Zahlentripel (Abschn. 1.1) und das Phänomen der Dimension (Abschn. 2.1).

Das Parallelenpostulat

Das Parallelenpostulat ist eines der Axiome, die Euklid seiner ebenen Geometrie zugrunde gelegt hat. Es besagt, dass man zu einer vorgegebenen Geraden g und einem Punkt P, der nicht auf dieser Geraden liegt, genau eine Gerade g' finden kann, die durch diesen Punkt geht, aber die Gerade g nicht schneidet. Diese Gerade g' nennt man dann die *Parallele* zu g durch P (Abschn. 1.6 und Abschn. 4.2).

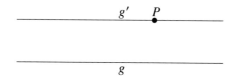

Das Parallelenpostulat hat von Anfang an eine besondere Rolle in der euklidischen Geometrie gespielt, weil schon die Griechen den Eindruck hatten, es sei redundant, das heißt, es sollte sich aus den anderen Axiomen beweisen lassen. 2000 Jahre lang haben Mathematiker vergeblich versucht, das zu zeigen. Umso mehr war die mathematische Welt erschüttert, als im 19. Jahrhundert Mathematiker wie Gauß, Bolyai und Lobatschewski erkannten, dass es Geometrien geben kann, in denen alle euklidischen Axiome *außer* dem Parallelenpostulat erfüllt sind. Diese Erkenntnis führte 2 500 Jahre nach der durch die Entdeckung der irrationalen Zahlen ausgelösten ersten Grundlagenkrise und der daraus resultierenden Trennung von Geometrie und Algebra zur zweiten Grundlagenkrise der Mathematik. Diese hatte eine neue Interpretation der Geometrie(n) zur Folge. Prägnanten Ausdruck fand diese Neubewertung im sogenannten *Erlanger Programm* von Felix Klein, in dem er 1872 sein Forschungsprogramm auf der neu angetretenen Professur in Erlangen darlegte. Er ging nicht mehr von geometrischen Objekten wie Punkten, Geraden, Dreiecken, Kreisen etc. aus und machte sich erst im Zuge ihrer Untersuchung Gedanken darüber, unter welchen Transformationen (Rotationen, Verschiebungen, Spiegelungen etc.) die Eigenschaften dieser Objekte erhalten bleiben. Klein stellte die Menge aller Transformationen, die die geometrischen Eigenschaften erhalten sollen, an den Anfang und betrachtete alles, was unter diesen Transformationen invariant blieb, als die zugehörige Geometrie. Im einfachsten Fall, der ebenen euklidischen Geometrie, sind die relevanten Transformationen aus Rotationen und Verschiebungen zusammengesetzt. Erhalten bleiben dabei dann Längen, Winkel und Flächen. Falls man bei Winkeln nur die Größe, nicht aber die Orientierung (ob man vom rechten oder vom linken Schenkel aus misst) als geometrische Größe betrachten möchte, kann man noch Spiegelungen an Geraden dazunehmen.

Nach der Revolution in der Geometrie und der durch sie verstärkten Fokussierung auf die axiomatische Präzisierung mathematischer Theorien, dauerte es nur wenige Jahre bis zur dritten Grundlagenkrise, die letztlich durch die Entdeckung der Mengenlehre ausgelöst wurde. Dabei spielte die ebene Geometrie eine wichtige Rolle, weil sie sich als geschlossene und wohlverstandene Theorie einer axiomatischen Neufassung, diesmal durch David Hilbert, als Modell anbot (Abschn. 4.2).

Der Strahlensatz
Der Strahlensatz ist ein zentrales Resultat der euklidischen Geometrie und wird in Abschn. 4.4 eine Rolle spielen, weil man ihn dazu benutzen kann, den Sonnendurchmesser zu bestimmen. Um sich die Aussage des Strahlensatzes klarzumachen, stelle man sich zwei Geraden vor, die sich in einem Punkt schneiden. Die Geraden sind die *Strahlen*, den Schnittpunkt nennt man den *Scheitel*. Der Strahlensatz sagt etwas über die Längenverhältnisse von Strecken aus, die von zwei parallelen Geraden aus dieser Konfiguration ausgeschnitten werden.

> **Satz 2.1 (Strahlensatz)** *Wenn zwei durch einen Punkt (Scheitel) verlaufende Geraden von zwei parallelen Geraden geschnitten werden, die nicht durch den Scheitel gehen, dann gelten die folgenden Aussagen:*
>
> (i) *Es verhalten sich je zwei Abschnitte auf dem einen Strahl zueinander so wie die ihnen entsprechenden Abschnitte auf dem anderen Strahl.*
> (ii) *Es verhalten sich die ausgeschnittenen Strecken auf den Parallelen wie die ihnen entsprechenden, vom Scheitel aus gemessenen Strecken auf den Strahlen.*

Geometrische Sätze wie der Strahlensatz sind gute Beispiele dafür, dass mathematische Aussagen einfacher zu verstehen sind, wenn man ihre Aussage visualisiert und in einer an die Fragestellung angepassten abstrakten Form formuliert. Man wird hier die relevanten Strecken benennen und dann die entsprechenden Verhältnisse durch Formeln ausdrücken.

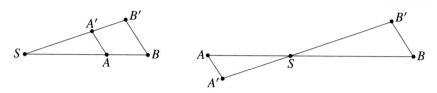

Die beiden Bilder korrespondieren zu den beiden möglichen Fällen, dass nämlich der Scheitel S zwischen den beiden parallelen Geraden liegt oder eben nicht.

Man kann sich auf die Betrachtung des Falles beschränken, in dem der Scheitel *nicht* zwischen den parallelen Geraden liegt. Um das einzusehen, betrachtet man eine spezielle geometrische Transformation, die *Punktspiegelung*. Die Punktspiegelung in einem Punkt M ist eigentlich die Rotation um 180 Grad um den Punkt M, aber sie bildet jeden Punkt P auf einer Geraden durch M auf den an M gespiegelten Punkt ab. Punktspiegelungen erhalten Längen, Flächen und Winkel. Insbesondere ändert die Punktspiegelung in S nichts an den Längenverhältnissen.

Nach Voraussetzung sind die Geraden, auf denen die Strecken AA' und BB' liegen, parallel. Wenn die Länge einer Strecke mit ℓ bezeichnet wird, so werden Aussage (i) und (ii) aus Satz 2.1 zu den Gleichungen

$$\frac{\ell(SB)}{\ell(SA)} = \frac{\ell(SB')}{\ell(SA')} \quad \text{und} \quad \frac{\ell(BB')}{\ell(AA')} = \frac{\ell(SB)}{\ell(SA)}.$$

Man kann den Beweis für den Strahlensatz führen, indem man mehrere Hilfslinien einzeichnet und die Flächen der durch die Hilfslinien markierten Dreiecke vergleicht. Dazu muss man zunächst wissen, wie man die Fläche eines Dreiecks aus der Länge der Grundlinie und der Höhe des Dreiecks bezüglich dieser Grundlinie berechnet: Die Fläche ist die Hälfte des Produkts von Grundlinie und Höhe. Für Dreiecke mit einem rechten Winkel ist das leicht einzusehen, indem man zwei Exemplare des Dreiecks zu einem Rechteck zusammenfügt.

In Beispiel 2.2 zeigen wir, wie man den allgemeinen Fall auf diesen Spezialfall zurückführt.

Beispiel 2.2 (Dreiecksflächen) Um die Formel für die Berechnung der Dreiecks-
fläche zu beweisen, setzt man das Parallelenpostulat ein.

Die Höhe eines Dreiecks findet man, wenn man die Parallele zur Grundlinie
durch den dritten Eckpunkt des Dreiecks zieht, der nicht auf der Grundlinie
liegt. Die *Höhe* ist dann der Abstand der beiden parallelen Geraden (zu messen
an der Länge eines beliebigen Lotes auf diese Parallele).

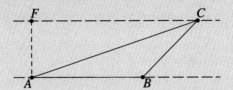

Bezeichnen wir die Fläche des Dreiecks ABC mit $\mathcal{F}(ABC)$, die Länge der
Grundlinie mit $\ell(AB)$ und die Höhe bezüglich der Grundlinie AB mit h, so
wollen wir die Formel

$$\mathcal{F}(ABC) = \frac{\ell(AB) \cdot h}{2} \tag{2.1}$$

zeigen. Dazu fügen wir den Mittelpunkt M der Strecke AC ein und drehen
die Figur um 180 Grad. Dabei werden A und C vertauscht, und beide Figuren
zusammen ergeben das Parallelogram $ABCB'$.

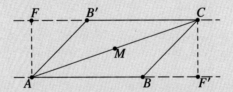

Das Dreieck ACB' entsteht durch Punktspiegelung an M aus dem Dreieck
ABC, hat also die gleiche Fläche. Das heißt, um Gleichung (2.1) zu beweisen,
ist zu zeigen, dass das Parallelogramm $ABCB'$ die gleiche Fläche hat wie das
Rechteck, das durch die drei Ecken FAB bestimmt ist.

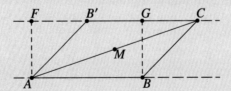

Das ist aber klar, weil man auf der einen Seite genau das Dreieck weggeschnit-
ten hat, das man an der anderen Seite dazunimmt.

Mit der Flächenformel (2.1) kann man jetzt den Strahlensatz beweisen.

Beweis des Strahlensatzes. Zunächst stellen wir fest, dass die Flächen $\mathcal{F}(AB'A')$ und $\mathcal{F}(ABA')$ der Dreiecke $AB'A'$ und ABA' gleich sind: Sie haben die gleiche Grundlinie AA', und ihre Höhe ist jeweils der Abstand der beiden parallelen Geraden. Aber dann sind auch die Flächen $\mathcal{F}(SAB')$ und $\mathcal{F}(SBA')$ der Dreiecke SAB' und SBA' gleich. Um diese Flächen zu berechnen, bestimmt man die Höhen der Dreiecke bezüglich der Grundlinien SB' und SB.

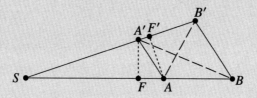

Wenn $\ell(FA')$ und $\ell(F'A)$ die Längen der Strecken FA' und $F'A$ bezeichnen, finden wir also

$$\frac{\ell(SB')\,\ell(F'A)}{2} = \mathcal{F}(SAB') = \mathcal{F}(SBA') = \frac{\ell(SB)\,\ell(FA')}{2}. \qquad (2.2)$$

Es ist $\ell(FA')$ aber auch die Höhe des Dreiecks SAA' bezüglich der Grundlinie SA. Analog ist $\ell(F'A)$ die Höhe des Dreiecks SAA' bezüglich der Grundlinie SA'. Also bekommen wir zusätzlich die Formel

$$\frac{\ell(SA)\,\ell(FA')}{2} = \mathcal{F}(SAA') = \frac{\ell(SA')\,\ell(F'A)}{2}.$$

Setzt man dies in Gleichung (2.2) ein, so erhält man

$$\frac{\ell(SB')}{\ell(SA')} = \frac{\ell(SB)}{\ell(SA)}.$$

Damit ist Teil (i) des Strahlensatzes bewiesen.

Teil (ii) lässt sich jetzt mit einem Trick auf Teil (i) zurückführen: Man vervollständigt das Dreieck SBB' zu einem Parallelogramm $SBB'B''$

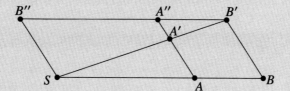

und wendet Teil (i) auf den Scheitel A' an. Als Ergebnis erhält man

$$\frac{\ell(A'A'')}{\ell(AA')} = \frac{\ell(A'B')}{\ell(SA')}.$$

Fällt man die Lote von A'' bzw. B' auf die Gerade durch S und B, so erhält man zwei rechtwinklige Dreiecke gleicher Höhe mit den Hypotenusen AA'' bzw. BB'. Weil auch die Winkel in A'' und B' gleich sind, gilt $\ell(AA'') = \ell(BB')$, und mit $\ell(AA'') = \ell(A'A'') + \ell(AA')$ finden wir

$$\frac{\ell(BB')}{\ell(AA')} = \frac{\ell(AA'')}{\ell(AA')} = \frac{\ell(A'A'')}{\ell(AA')} + 1 = \frac{\ell(A'B')}{\ell(SA')} + 1 = \frac{\ell(SB')}{\ell(SA')}.$$

Kreisquadrierung

Unter *Kreisquadrierung* versteht man die Aufgabe, zu einem gegebenen Kreis ein dazu flächengleiches Quadrat mit *Zirkel und Lineal zu konstruieren.* Das heißt, man darf ausschließlich Folgendes tun:

- eine Gerade durch zwei gegebene Punkte legen,
- den Abstand zwischen zwei Punkten mit dem Zirkel abgreifen und einen Kreis mit diesem Abstand um einen beliebigen Punkt ziehen.

Insbesondere hat man dabei keine Möglichkeit, Längen zu *messen.*

Die Kreisquadrierung besprechen wir hier im Detail, weil sie in der Diskussion der Wiederentdeckung von Aristoteles im Mittelalter in Abschn. 4.4 eine wichtige Rolle spielt. Zur Vorbereitung braucht man einige Konstruktionen, die sich mit Zirkel und Lineal tatsächlich durchführen lassen. Man kann zum Beispiel eine Strecke für jede natürliche Zahl n in n gleiche Teile zerlegen.

Beispiel 2.3 (Streckenaufteilung) Man beginnt damit, zwei Punkte P_1 und P_2 im Abstand a auf einer Geraden zu einer Kette von beliebig vielen Punkten zu ergänzen, für die alle benachbarten Punkte den gleichen Abstand a haben: Man schlage einfach einen Kreis um P_2 mit Radius a. Der schneidet die Gerade dann in P_1 und in einem weiteren Punkt P_3. Diese Konstruktion kann man beliebig wiederholen.

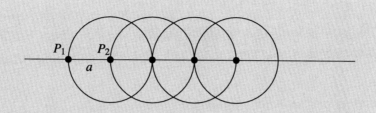

Mithilfe des Strahlensatzes und des Parallelenpostulats kann man jetzt auch eine vorgegebene Strecke AB in n gleiche Teile aufteilen. Dazu wählt man sich eine Gerade g, die die Strecke AB (nur) in A schneidet, und baut sich auf g eine Reihe von Punkten $P_0 = A, P_1, P_2, \ldots, P_n$, für die benachbarte Punkte alle denselben Abstand haben. Dann legt man eine Gerade durch P_n und B sowie dazu parallele Geraden durch P_{n-1} bis P_1. Dass es solche Parallelen gibt, folgt aus dem Parallelenpostulat. Konstruieren lassen sie sich zum Beispiel, indem man erst das Lot durch den Punkt auf die Gerade fällt und dann eine Senkrechte durch den Punkt auf das Lot konstruiert. Die Schnittpunkte der konstruierten Parallelen mit der Strecke AB liefern die gewünschte Unterteilung.

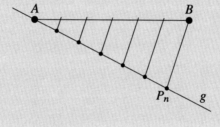

In der Diskussion der Kreisquadrierung wird eine Tatsache aus der euklidischen Geometrie gebraucht, die unter dem Stichwort *Thaleskreis* bekannt ist: Jedes Dreieck, dessen Grundlinie der Durchmesser eines Kreises ist und dessen dritter Punkt auf dem Kreis liegt, hat in diesem dritten Punkt einen rechten Winkel.

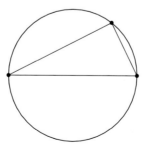

Der Beweis dazu benutzt die folgenden beiden Tatsachen:

(1) Die Winkelsumme in einem Dreieck ist 180 Grad.
(2) Die beiden Basiswinkel eines gleichschenkligen Dreiecks sind gleich.

Der Thaleskreis ist benannt nach dem ersten historisch bekannten griechischen
Mathematiker Thales von Milet (ca. 624–547 v. Chr.).

Die *Kreiszahl* π und ihre Eigenschaften spielen in der Frage, ob eine Kreisquadrierung möglich ist, eine entscheidende Rolle. π ist definiert als das Verhältnis von
Umfang und Durchmesser eines Kreises. Nach einem Satz der euklidischen Geometrie ist es dabei unerheblich, welchen Radius der Kreis hat. Ein weiterer Satz aus der
euklidischen Geometrie besagt, dass die Fläche eines Kreises mit Radius r gleich
$r^2\pi$ ist. Insbesondere hat der *Einheitskreis* (Radius gleich 1) die Fläche π. Damit
kann man aus der nachfolgenden Skizze ablesen, dass $2 < \pi < 4$ gilt, weil die darin
enthaltenen Dreiecke alle die Fläche $\frac{1}{2}r^2$ haben.

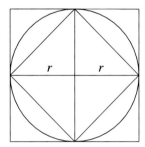

Da sich Konstruktionen mit Zirkel und Lineal nicht ändern, wenn man den Maßstab
ändert, reduziert sich die Kreisquadrierung auf die Aufgabe, mit Zirkel und Lineal
ein Quadrat der Fläche π zu konstruieren.

Man kann mit Zirkel und Lineal leicht zu einer vorgegebenen Länge ein Quadrat
mit dieser Seitenlänge konstruieren, indem man die Strecke zu einer Geraden verlängert und Senkrechten dazu durch die beiden Endpunkte der Strecke konstruiert. Auf
den Senkrechten trägt man den Abstand ab und findet so die beiden anderen Ecken
des Quadrats. Es genügt daher, eine Strecke der Länge $\sqrt{\pi}$ zu konstruieren. Man
kann zeigen, dass das nicht geht, weil π eine transzendente Zahl ist (Abschn. 1.2).
Wäre π aber rational, dann ginge das sehr wohl, wie in Beispiel 2.4 ausgeführt wird.
Insbesondere gälte das für den Wert $\frac{22}{7}$, den man im 11. Jahrhundert als Kreiszahl
benutzte (Abschn. 4.4).

Beispiel 2.4 (Kreisquadrierung für $\pi = \frac{22}{7}$)

Es soll gezeigt werden, wie man eine Strecke der Länge $\sqrt{\frac{22}{7}}$ konstruiert. Wie immer braucht man dafür eine Beweisidee. In diesem Fall besteht sie darin, ein rechtwinkliges Dreieck so zu bauen, dass die Höhe über der Hypotenuse diese in passender Weise aufteilt.

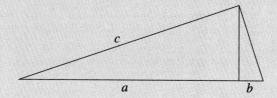

Da die zwei entstehenden Dreiecke beide zu dem großen Dreieck ähnlich sind (sie haben jeweils zwei, also alle drei, Winkel gemein mit dem großen Dreieck), gilt

$$\frac{c}{a} = \frac{a+b}{c},$$

also

$$c^2 = a(a+b). \qquad (2.3)$$

Wenn wir jetzt $a = \frac{11}{7}$ und $b = \frac{3}{7}$ wählen, dann gilt $a + b = 2$ und $c^2 = \frac{22}{7}$.

Es bleibt noch die Frage zu klären, ob man ein rechtwinkliges Dreieck der geforderten Art konstruieren kann. Wir haben aber schon gesehen, dass man Strecken vervielfachen und zum Beispiel in sieben gleiche Teile zerlegen kann. Also kann man Strecken der Länge $a = \frac{11}{7}$ und $b = \frac{3}{7}$ konstruieren. Jetzt muss man die beiden Strecken nur noch aneinanderlegen und einen Thaleskreis darüber schlagen. Der Schnittpunkt des Thaleskreises mit der Senkrechten durch den Punkt, wo die beiden Strecken zusammenstoßen, ist der gesuchte dritte Punkt für das rechtwinklige Dreieck.

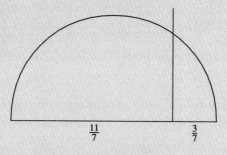

Der Ausdruck $a(a+b)$ in Formel (2.3) liefert gerade die Fläche eines Rechtecks mit den Seitenlängen a und $a+b$. Das bedeutet, die beschriebene Konstruktion ist nichts anderes als eine „Rechteckquadrierung"!

Konstruktion der pythagoreischen Zahlentripel

Im 17. Jahrhundert, also mehr als 2000 Jahre nach der Trennung von Geometrie und Arithmetik im Gefolge der Entdeckung inkommensurabler Strecken, haben Pierre de Fermat und René Descartes die von Indern und Arabern entwickelte Algebra mit der Geometrie zusammengebracht und begonnen, geometrische Objekte durch Koordinaten, also mithilfe von Zahlen, zu beschreiben. Dies war die Geburtsstunde der *analytischen Geometrie.*

Wendet man diese Ideen auf Kreise an, so stößt man in natürlicher Weise auf die pythagoreischen Zahlentripel ganzer Zahlen a, b, c, die die Gleichung $a^2 + b^2 = c^2$ erfüllen: Ein Punkt auf dem Einheitskreis ist nach dem Satz von Pythagoras durch Koordinaten (x, y) mit der Eigenschaft $x^2 + y^2 = 1$ gegeben.

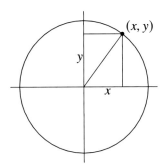

Wenn x und y rationale Zahlen sind, das heißt Brüche der Form $x = \frac{a}{c}$ und $y = \frac{b}{c}$ mit ganzen Zahlen a, b, c, dann findet man die Gleichung $(\frac{a}{c})^2 + (\frac{b}{c})^2 = 1$, die sich als $a^2 + b^2 = c^2$ umschreiben lässt. Also liefern *rationale Punkte* auf dem Einheitskreis, das heißt Punkte auf dem Einheitskreis mit rationalen Koordinaten, pythagoreische Zahlentripel. Umgekehrt liefert jedes pythagoreische Zahlentripel (a, b, c) einen rationalen Punkt $\left(\frac{a}{c}, \frac{b}{c}\right)$ auf dem Einheitskreis. Mit dieser geometrischen Interpretation der pythagoreischen Zahlentripel erkennt man, dass solche Tripel sich genau dann ergeben, wenn alle Seitenlängen eines rechtwinkligen Dreiecks ganzzahlige Vielfache einer Einheitslänge sind (Abb. 2.2).

Beispiele für pythagoreische Zahlentripel kannten neben den Babyloniern (schon um 1500 v. Chr.) auch die Chinesen (um 200) und die Inder (um 500). Eine Konstruktionsvorschrift, die man in etwas anderer Form bei Euklid findet, lautet: Für $p, q, r \in \mathbb{N}$ setze

Abb. 2.2 Pythagoreisches
Zahlentripel $4^2 + 3^2 = 5^2$

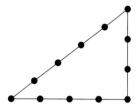

$$a = (p^2 - q^2)r,$$
$$b = 2pqr,$$
$$c = (p^2 + q^2)r.$$

Sie liefert alle pythagoreische Zahlentripel.

Der beschriebene geometrische Zugang zu den pythagoreischen Zahlentripeln hat sich auch für das Fermat'sche Problem (Abschn. 1.1)

Finde natürliche Zahlen a, b, c mit $a^n + b^n = c^n$

als sehr nützlich erwiesen. Man fragt dabei nach den rationalen Punkten auf der durch die Gleichung $x^n + y^n = 1$ gegebenen Kurve. Solche Gleichungen sind Beispiele für *diophantische Gleichungen*. Ihre Behandlung fällt in das Gebiet der *arithmetischen Geometrie*. In diesem Spezialgebiet der Mathematik geht es darum, zahlentheoretische Probleme (Gleichungen) durch die Anwendung geometrischer Methoden zu lösen.

Dimensionen

Bisher wurde fast ausschließlich von ebener, also zweidimensionaler Geometrie gesprochen. Ebener Geometrie begegnet man täglich, zum Beispiel wenn man einen Stadtplan liest. Der uns umgebende Raum ist dreidimensional, und im Alltag benutzt man ständig Ergebnisse räumlicher, das heißt dreidimensionaler, Geometrie. Besonders augenfällig wird das beim Global Positioning System (GPS), das aus den Abständen zu verschiedenen Peilsatelliten und deren Positionen die Position des Empfangsgeräts bestimmt (Beispiel 3.1).

Eine erste Präzisierung des Dimensionsbegriffs lässt sich durch die Koordinaten der analytischen Geometrie erreichen: In der Ebene benötigt man zwei reelle Zahlen zur Bestimmung eines Punktes, in der räumlichen drei. Dementsprechend spricht man bei $\mathbb{R}^2 = \mathbb{R} \times \mathbb{R}$ vom zweidimensionalen und bei $\mathbb{R}^3 = \mathbb{R} \times \mathbb{R} \times \mathbb{R}$ vom dreidimensionalen Zahlenraum.

Für den Mathematiker liegt es nun nahe, gleich allgemein den n-dimensionalen Zahlenraum $\mathbb{R}^n = \{(a_1, \dots, a_n) \mid a_j \in \mathbb{R}\}$ einzuführen. Laien und Erstsemester finden das oft weniger naheliegend. Eine einfache Überlegung kann hier hilfreich sein. Ein Punkt A auf einer Geraden (eine Dimension) ist durch eine Koordinate bestimmt. Setzt man einen zweiten Punkt B auf dieselbe Gerade, so lässt sich die Konstellation von Punkt A und Punkt B durch ein Koordinatenpaar (a, b) beschreiben. Möchte man alle Koordinatenpaare (a, b) visualisieren, so liegen sie in einer Ebene (zwei Dimensionen). Führt man diese Überlegung fort, so gelangt man schnell zu höherdimensionalen Räumen, wie ein weiteres Beispiel zeigt: In der Physik spricht man statt von *Dimensionen* gerne auch von *Freiheitsgraden*. Ein Teilchen, das sich im Raum bewegt, hat drei Freiheitsgrade. Seine Position wird durch drei Koordinaten bestimmt, die den sogenannten *Ortsvektor* bilden. Zwei unabhängige Teilchen, die sich im Raum bewegen, haben insgesamt sechs Freiheitsgrade. Die Positionen beider Teilchen werden durch insgesamt sechs Koordinaten bestimmt. In der Newton'schen Mechanik wird das Verhalten einer punktförmigen Masse durch ihre Position *und* ihre Geschwindigkeit bestimmt. Die Geschwindigkeit ist aber wieder ein Vektor mit drei Freiheitsgraden. Eine Punktmasse allein hat also sechs Freiheitsgrade, und zwei Punktmassen haben zwölf Freiheitsgrade. Je mehr Teilchen man betrachtet, desto mehr Freiheitsgrade hat man. Da viele Rechnungen völlig unabhängig davon durchgeführt werden können, wie viele Freiheitsgrade man hat, ist es in der Tat sinnvoll, den Zahlenraum $\mathbb{R}^n$ gleich in beliebiger Dimension n einzuführen.

Der Zahlenraum $\mathbb{R}^n$ hat zusätzliche Struktur: Man kann seine Elemente addieren,

$$(a_1, \ldots, a_n) + (b_1, \ldots, b_n) := (a_1 + b_1, \ldots, a_n + b_n),$$

und mit einer reellen Zahl $r \in \mathbb{R}$ multiplizieren:

$$r \cdot (a_1, \ldots, a_n) := (ra_1, \ldots, ra_n)$$

Man spricht hier von *skalarer Multiplikation*. Diese Verknüpfungen erfüllen ähnliche Rechengesetze (Assoziativität, Kommutativität, Distributivität) wie die Zahlen selbst, und die abstrakte Struktur, die man so erhält, heißt *Vektorraum*. Als Dimension von $\mathbb{R}^n$ setzt man n. Der Begriff des Vektorraumes ist das zentrale Konzept der *linearen Algebra,* der eine der beiden grundlegenden Anfängervorlesungen in den mathematischen Studiengängen gewidmet ist (Abschn. 2.2).

Betrachtet man die Erde im Raum, so sind die Punkte auf der Erdoberfläche Punkte in $\mathbb{R}^3$. Die Position von Schiffen wird aber schon durch zwei Koordinaten festgelegt (Längen- und Breitengrad). Man sollte die Erdoberfläche also als etwas Zweidimensionales betrachten. Allerdings ist das kein zweidimensionaler Vektorraum, denn die Summe der Koordinaten in $\mathbb{R}^3$ von zwei Punkten auf der Erdoberfläche ist nicht mehr der Koordinatensatz eines Punktes auf der Erdoberfläche: Die Erdoberfläche ist ein zweidimensionaler gekrümmter Raum. Von der allgemeinen Relativitätstheorie weiß man, dass sie ein vierdimensionales gekrümmtes Raum-Zeit-Kontinuum postuliert. Das klingt mysteriös, verliert aber seinen Schrecken, wenn man sich klarmacht, wie natürlich es ist, auch höherdimensionale gekrümmte Objekte zu betrachten: Man stelle sich vor, zwei Massepunkte seien durch eine (idealisiert massefreie) Stange miteinander gekoppelt. Dann sind nicht mehr alle Kombinationen von Koordinaten für das gekoppelte System möglich, da der Abstand der Teilchen ja fest ist und damit auch die Geschwindigkeiten der beiden Teilchen nicht mehr unabhängig. Die Physiker sprechen hier von *Zwangsbedingungen*. Der Einfachheit halber betrachten wir jetzt nur die Orte der Teilchen, die durch die Koordinaten $(a_1, a_2, a_3, b_1, b_2, b_3)$ beschrieben werden. Wenn das erste Teilchen am Punkt (a_1, a_2, a_3) ist und das zweite Teilchen am Punkt (b_1, b_2, b_3), dann muss der Abstand der beiden Punkte die Länge der Stange sein, die wir mit ℓ bezeichnen. Nach dem Satz von Pythagoras gilt also

$$(a_1 - b_1)^2 + (a_2 - b_2)^2 + (a_3 - b_3)^2 = \ell^2. \tag{2.4}$$

Damit hat das System einen Freiheitsgrad eingebüßt, und die Menge aller möglichen Koordinaten $(a_1, a_2, a_3, b_1, b_2, b_3)$ bildet keinen Vektorraum mehr, sondern nur noch eine fünfdimensionale gekrümmte Teilmenge von $\mathbb{R}^6$, die nicht mehr unter Addition und skalarer Multiplikation stabil ist. Allerdings kann man zeigen, dass man diese gekrümmte Teilmenge lokal durch Stücke eines fünfdimensionalen Raumes parametrisieren kann. Das bedeutet anschaulich, dass man für die durch Gleichung (2.4) gegebene Menge sogenannte fünfdimensionale Karten produzieren kann, so wie man für die krumme Erdoberfläche zweidimensionale Landkarten hat. Mathematisch heißt das, dass man die Abbildung, welche die Realität in einen fünfdimensionalen Raum abbildet, umkehrt und jeden Punkt im gekrümmten Raum durch fünf Koordinaten parametrisiert. Die mathematische Disziplin, die solche gekrümmten Objekte zum Gegenstand hat, heißt *Differenzialgeometrie*. Sie erfordert zusätzliche Werkzeuge aus der Analysis. Wir kommen in Abschn. 2.5 noch einmal darauf zurück.

Typischer Vorlesungstitel und Inhalte
Geometrie: Vorlesungen mit diesem Titel findet man heutzutage fast nur noch in den Lehramtsstudiengängen. Normalerweise wird in diesen Veranstaltungen der Schulstoff der Geometrie von einer höheren Warte betrachtet. Je nach Anspruch findet man in solchen Vorlesungen aber auch strenge axiomatische Zugänge oder eine Einführung in die nichteuklidische Geometrie.

Geometrische Inhalte findet man jedoch in vielen, gerade anspruchsvolleren Vorlesungen. Meist handelt es sich um die Synthese geometrischer und anderer Strukturen (Abschn. 2.5) wie in der arithmetischen Geometrie oder der Differenzialgeometrie.

2.2 Algebra

Das Wort „Algebra" ist arabischen Ursprungs und bedeutet „das Ergänzen" oder „das Einrichten", Letzteres auch im medizinischen Sinne von „Knochen einrichten". Seinen Eingang in die Mathematik hat das Wort mit dem Rechenbuch *Hisab al-jabr w'al-muqabala* des persischen Mathematikers al-Khwarizmi (790–850) gefunden. Der Terminus *Algebra* in der Schulmathematik bezieht sich auf Termumformungen, wie sie al-Khwarizmi behandelt. Im Laufe der Zeit haben sich Schwerpunkte der Disziplin vom Rechnen zur Untersuchung von Strukturen verschoben, sodass die Algebra als wissenschaftliche Disziplin heute in erster Linie mit dieser Art von Strukturuntersuchung identifiziert wird. Allerdings spielen Algorithmen (das Wort leitet sich von dem Namen al-Khwarizmi ab), das heißt Berechnungsvorschriften, in der Algebra wieder eine stark wachsende Rolle, seit man mithilfe des Computers auch sehr komplexe Termumformungen bewältigen kann.

Eine *algebraische Struktur* ist eine Menge zusammen mit einer oder mehreren Verknüpfungen, die einem Satz von Axiomen genügen. Die ganzen Zahlen $\mathbb{Z}$ zusammen mit der Addition und der Multiplikation sind ein Beispiel für eine algebraische Struktur, ebenso wie die Restklassen modulo m aus Beispiel 1.4 mit ihrer Addition und ihrer Multiplikation. Betrachtet man jeweils nur die Addition, so erhält man jeweils eine sogenannte *abelsche Gruppe* (Beispiel 2.5). Das Adjektiv *abelsch* leitet sich von Niels Hendrik Abel ab.

Beispiel 2.5 (Abelsche Gruppen) Sei Z eine feste nichtleere Menge. Auf Z sei eine *Addition* gegeben, das heißt eine Abbildung $a \colon Z \times Z \to Z$, für die wir die Notation $x + y := a(x, y)$ einführen. Man nennt $(Z, +)$ eine *kommutative* oder *abelsche Gruppe*, wenn die drei folgenden Axiome erfüllt sind:

Axiom (Kommutativität): Für alle $x, y \in Z$ gilt $x + y = y + x$.
Axiom (Assoziativität): Für alle $x, y, z \in Z$ gilt $x + (y + z) = (x + y) + z$.
Axiom (Lösbarkeit): Zu $a, b \in Z$ existiert ein $x \in Z$ mit $a + x = b$.

Verzichtet man auf das Lösbarkeitsaxiom, so spricht man von einer *kommutativen Halbgruppe*.

Welche Axiome man für die Verknüpfungen betrachten sollte, ist nicht von vornherein klar. Je schwächer die Bedingungen sind, die man in den Axiomen stellt, desto mehr Beispiele wird es geben. Andererseits, wenn die Bedingungen zu schwach sind, gibt es so unterschiedliche Beispiele, dass man keine interessanten Eigenschaften mehr aus den Axiomen ableiten kann. Es hat in der Tat nach den ersten Erfolgen der strukturellen Algebra Anfang des 20. Jahrhunderts in der Forschung einen gewissen Wildwuchs an strukturellen Untersuchungen recht beliebiger algebraischer Strukturen gegeben. Heutzutage begründet man meist sorgfältig, warum man ein neues Axiomensystem für eine algebraische Struktur einführen will.

Aus den Axiomen für abelsche Gruppen kann man sehr schnell interessante Folgerungen ableiten. Zum Beispiel findet man in so einer Gruppe immer eine *Null,* das heißt ein Element, das man addieren kann, ohne etwas zu ändern.

Proposition 2.6 (Null in abelschen Gruppen) *Sei $(Z, +)$ eine abelsche Gruppe. Dann gibt es genau ein $n \in Z$ mit*

$$\text{Für alle } x \in Z \text{ gilt } x + n = x.$$

Dieses Element heißt Null *oder* neutrales Element *bezüglich* +. *Normalerweise wird es mit* 0 *bezeichnet.*

Beweis. Wir zeigen zuerst die Existenz von n: Wähle ein $a \in Z$, dann garantiert das Lösbarkeitsaxiom aus Beispiel 2.5 die Existenz einer Lösung der Gleichung $a + z = a$, das heißt eines Elements $n \in Z$ mit $a + n = a$. Wir zeigen, dass mit diesem n für alle $x \in Z$ die Gleichung $x + n = x$ gilt. Wähle dazu ein $x \in Z$. Wieder mit dem Lösbarkeitsaxiom finden wir ein $y \in Z$ mit $a + y = x$. Dann rechnet man

$$
\begin{aligned}
x + n &= (a + y) + n \\
&\overset{\text{Ass}}{=} a + (y + n) \\
&\overset{\text{Kom}}{=} a + (n + y) \\
&\overset{\text{Ass}}{=} (a + n) + y \\
&\overset{\text{Def}}{=} a + y \\
&= x.
\end{aligned}
$$

Um die Eindeutigkeit von n zu zeigen, nimmt man an, man hat zwei Elemente n_1 und n_2, die beide Nullen sind. Es gilt dann

$$
n_1 = n_1 + n_2 = n_2 + n_1 = n_2. \qquad \square
$$

Wenn man in einer algebraischen Struktur $(Z, +)$ eine Null hat, so wie in den ganzen Zahlen, dann liegt es nahe zu fragen, ob es zu einem gegebenen Element $a \in Z$ auch das „Negative" gibt. In Analogie zu den ganzen Zahlen möchte man das Negative b von a durch $a + b = 0$ definieren. Es ist aber zunächst nicht klar, dass es so ein $b \in Z$ gibt. Und wenn es ein solches b gibt, könnte es auch mehrere geben, sodass es unsinnig wäre, von *dem* Negativen zu sprechen. Für abelsche Gruppen tauchen diese Schwierigkeiten nicht auf, wie die folgende Überlegung zeigt.

Proposition 2.7 (Negatives in abelschen Gruppen) *Sei* $(Z, +)$ *eine abelsche Gruppe. Dann gibt es zu allen* $a, b \in Z$ *genau ein* $x \in Z$ *mit* $a + x = b$.

Beweis. Die Existenz einer Lösung ist durch das Lösbarkeitsaxiom aus Beispiel 2.5 garantiert. Seien x_1 und x_2 zwei Lösungen, das heißt $a + x_1 = b = a + x_2$. Wieder mit dem Lösbarkeitsaxiom findet man ein $z \in Z$ mit $z + a =$

$a + z = 0$. Dann rechnet man mit Proposition 2.6 sowie der Assoziativität

$$x_1 = 0 + x_1 = (z + a) + x_1 = z + (a + x_1)$$
$$= z + (a + x_2) = (z + a) + x_2 = 0 + x_2 = x_2.$$ $\square$

Die eindeutige Lösung $x \in Z$ der Gleichung $a + x = b$ für $a, b \in Z$ heißt die *Differenz* von b und a und wird mit $b - a$ bezeichnet. Die Zahl $-a := 0 - a \in Z$ heißt das *Negative* oder das *additive Inverse* von $a \in Z$.

Jetzt kann man die Differenz, ähnlich wie die Addition, als eine Verknüpfung $d: Z \times Z \to Z, (a, b) \mapsto d(a, b) := a - b$ betrachten. Sie erfüllt eine Reihe von Rechenregeln, die von den ganzen Zahlen her bekannt sind.

Proposition 2.8 *Sei* $(Z, +)$ *eine abelsche Gruppe und* $a, b \in Z$. *Dann gilt:*

(i) $a + (b - a) = b$.
(ii) $a - a = 0$.
(iii) $a + (-a) = 0$.
(iv) $b + (-a) = b - a$.
(v) $-(-b) = b$.
(vi) $(b + a) - a = b$.

Beweis.
(i) Dies folgt unmittelbar aus der Definition der Differenz.
(ii) Mit (i) und Proposition 2.7 folgt aus $a + 0 = a$ die Gleichung $a - a = 0$.
(iii) Setze $b = 0$ in (i).
(iv) Wegen (iii) gilt $(a + (-a)) + b = 0 + b = b$, also wegen Kommutativität und Assoziativität $a + (b + (-a)) = b$ und damit $b + (-a) = b - a$.
(v) $0 = b + (-b) = (-b) + b$ impliziert $b = 0 - (-b) = -(-b)$, wobei die letzte Gleichheit gerade die Definition von $-x$ ist.
(vi) Mit (iv) und (iii) rechnen wir

$$(b + a) - a = (b + a) + (-a) = b + (a + (-a)) = b + 0 = b.$$

Die ganzen Zahlen $\mathbb{Z}$ bilden zusammen mit der *Addition* eine kommutative Gruppe. Die *Multiplikation* auf den ganzen Zahlen ist sowohl kommutativ als auch assoziativ im Sinne von Beispiel 2.5. Dagegen ist das Lösbarkeitsaxiom aus Beispiel 2.5 für

$(\mathbb{Z}, \cdot)$ *nicht* erfüllt, weil zum Beispiel die Gleichung $2 \cdot x = 1$ keine Lösung in $\mathbb{Z}$ hat. Also ist $(\mathbb{Z}, \cdot)$ nur eine kommutative Halbgruppe (Beispiel 2.5). Trotzdem gibt es in $\mathbb{Z}$ ein neutrales Element bezüglich der Multiplikation, nämlich die 1, die für alle $x \in \mathbb{Z}$ die Gleichung $1 \cdot x = x$ erfüllt.

Es gibt in den ganzen Zahlen auch eine Rechenregel, die einen Zusammenhang zwischen Addition und Multiplikation herstellt: Für alle $x, y, z \in \mathbb{Z}$ gilt $x(y+z) = (xy) + (xz)$. Diese Art von Zusammenspiel von Addition und Multiplikation trifft man in der Mathematik so oft an, dass man einer solchen algebraischen Struktur einen Namen gibt: *kommutativer Ring mit Eins* (Beispiel 2.9). Insbesondere sind auch die Restklassen modulo m aus Beispiel 1.4 mit ihrer Addition und ihrer Multiplikation kommutative Ringe mit Eins. Man spricht deshalb auch von den *Restklassenringen.*

Beispiel 2.9 (Kommutative Ringe) Sei Z eine Menge mit zwei Verknüpfungen, einer Addition „+" und einer Multiplikation „·". Sei $(Z, +)$ eine abelsche Gruppe und $(Z, \cdot)$ eine kommutative Halbgruppe. Man nennt $(Z, +, \cdot)$ einen *kommutativen Ring*, wenn das folgende Axiom gilt:

Axiom (Distributivität): Für alle $x, y, z \in Z$ gilt $x(y + z) = (xy) + (xz)$.

Wenn außerdem das folgende Axiom gilt, dann nennt man $(Z, +, \cdot, e)$ einen *kommutativen Ring mit Eins.*

Axiom (Eins): Es gibt ein $e \in Z$ mit $e \cdot x = x$ für alle $x \in Z$.

Auch für kommutative Ringe leitet man sehr schnell diverse Rechenregeln ab, die man von den ganzen Zahlen her kennt. Insbesondere findet man, dass Multiplikation mit der Null immer Null ergibt.

Proposition 2.10 *Sei $(Z, +, \cdot)$ eine kommutativer Ring und 0 die Null in $(Z, +)$. Für alle $x, y, z \in Z$ gilt dann unter Verwendung der Punkt-vor-Strich-Konvention:*

  (i) $(x + y)z = xz + yz$.
 (ii) $x(y - z) = xy - xz$.
(iii) $0 \cdot x = 0$.
 (iv) $(-x)y = -xy$.
  (v) *$(Z, +, \cdot)$ hat höchstens eine Eins. Sie wird normalerweise mit 1 bezeichnet.*

Beweis.
  (i) $(x + y)z = z(x + y) \stackrel{\text{Dist}}{=} (zx) + (zy) = (xz) + (yz)$.
 (ii) $xy \stackrel{2.8}{=} x(z + (y - z)) \stackrel{\text{Dist}}{=} (xz) + x(y - z)$, also gilt $x(y - z) = (xy) - (xz)$
      wegen Proposition 2.7.

(iii) $0 \cdot x = x \cdot 0 = x(y - y) = (xy) - (xy) = 0$ nach Proposition 2.8.

(iv) $(-x)y = (0 - x)y \overset{(ii)}{=} 0 \cdot y - (xy) \overset{(iii)}{=} 0 - (xy) = -(xy)$.

(v) Wenn e und e' beides Einsen sind, dann gilt $e = e' \cdot e = e \cdot e' = e'$.

$\square$

Die vom Bruchrechnen bekannten Rechenregeln für die rationalen Zahlen $\mathbb{Q}$ zeigen, dass auch $(\mathbb{Q}, +, \cdot)$ ein kommutativer Ring mit Eins ist. Aber dieser Ring hat noch eine zusätzliche Eigenschaft: Jedes von der Null verschiedene Element $a \in \mathbb{Q}$ hat ein *multiplikatives Inverses*. Das heißt, es gibt ein $x \in \mathbb{Q}$ mit $a \cdot x = 1$. Mehr noch, die Gleichung $a \cdot x = b$ lässt sich für jede rechte Seite $b \in \mathbb{Q}$ lösen. Weil das Produkt zweier von Null verschiedener rationaler Zahlen immer von Null verschieden ist, bedeutet das, dass die Menge $\mathbb{Q}^\times := \mathbb{Q} \setminus \{0\}$ bezüglich der Multiplikation eine abelsche Gruppe ist. Kommutative Ringe mit Eins, die diese Eigenschaft haben, heißen *Körper*.

Beispiel 2.11 (Körper) Sei $(Z, +, \cdot)$ ein kommutativer Ring mit Eins und $Z^\times := Z \setminus \{0\}$ nicht leer. Wenn das Produkt zweier Elemente von $Z^\times$ wieder in $Z^\times$ liegt und $(Z^\times, \cdot)$ eine abelsche Gruppe ist, dann heißt $(Z, +, \cdot)$ ein *Körper*.

Die ganzen Zahlen bilden keinen Körper. Es stellt sich aber heraus, dass unter den Restklassenringen modulo einer festen Zahl m durchaus Körper sind, nämlich genau diejenigen, für die m eine Primzahl ist.

Satz 2.12 (Restklassenkörper) *Sei $(Z_m, +, \cdot)$ der Restklassenring modulo $m \in \mathbb{N}$. Dann sind folgende Aussagen äquivalent:*

(1) *$(Z_m, +, \cdot)$ ist ein Körper.*

(2) *m ist eine Primzahl.*

Beweis. Es gilt $Z_m = \{[0], [1], \ldots, [m-1]\}$, und $[0]$ ist die Null in Z_m, das heißt, es gilt $Z_m^\times = \{[1], \ldots, [m-1]\}$. Wenn $[k] \cdot [k'] = [kk'] = [0]$, dann ist m ein Teiler von kk'.

(1) $\Rightarrow$ (2): Wenn m nicht prim ist, findet man zwei Zahlen $k, k' \in \{2, 3, \ldots, m - 1\}$ mit $m = kk'$. Für diese Zahlen gilt dann $[k] \neq [0] \neq [k']$ und $[k] \cdot [k'] = [kk'] = [m] = [0]$. Also kann $(Z_m, +, \cdot)$ kein Körper sein.

(2) $\Rightarrow$ (1): Wenn m prim ist, dann teilt m nach Proposition 1.17 k oder k'. Also gilt entweder $[k] = [0]$ oder $[k'] = [0]$. Damit ist die erste in Beispiel 2.11 geforderte Eigenschaft erfüllt. Wenn jetzt $[a], [b] \in Z_m^\times$, dann ist a teilerfremd zu m. Also gibt es nach Korollar 1.15 zwei ganze Zahlen x, y mit $ax + my = 1$. Es folgt $[a] \cdot [x] = [1]$ und daraus $[a] \cdot [xb] = [b]$. Das heißt, $(Z_m^\times, \cdot)$ erfüllt das Lösbarkeitsaxiom, ist also eine abelsche Gruppe. $\square$

Zu Beginn dieses Abschnitts wurde gesagt, es ginge in der Algebra heutzutage um die „Untersuchung von Strukturen". Damit ist gemeint, dass man versucht, sich möglichst viele Informationen über die Beispiele einer vorgegebenen algebraischen Struktur (z. B. abelscher Gruppen) zu verschaffen. Je vollständiger die Liste der bekannten Beispiele, desto besser. Außerdem möchte man verstehen, ob es Zusammenhänge zwischen den Beispielen gibt. So könnte ein Beispiel einfach in einem anderen enthalten sein. Dann spricht man von einer *Unterstruktur*, zum Beispiel einer Untergruppe.

Wie schon in Abschn. 1.4 für allgemeine Mengen erläutert, studiert man Zusammenhänge zwischen unterschiedlichen Beispielen einer algebraischen Struktur über Abbildungen, die man sich als ein „Nebeneinanderlegen zum Vergleich" vorstellen kann. Damit man aber nicht nur die Mengen vergleicht, sondern auch ihre Strukturen, verlangt man jetzt, dass die Abbildungen *strukturerhaltend* sind. Das heißt zunächst einmal, dass die Verknüpfungen auf den Mengen ineinander überführt werden.

Man betrachte zum Beispiel die ganzen Zahlen $\mathbb{Z}$ mit der Addition und die Menge der Restklassen modulo $m \in \mathbb{Z}$, ebenfalls mit der Addition. Die Abbildung ϕ, die jedem $z \in \mathbb{Z}$ seine Restklasse $[z]$ modulo m zuordnet, ist so eine strukturerhaltende Abbildung (Beispiel 1.4). In Beispiel 2.13 wird anhand von abelschen Gruppen näher erläutert, wie das Konzept der strukturerhaltenden Abbildung es ermöglicht, Mengen mit algebraischen Strukturen qualitativ und quantitativ zu vergleichen.

Beispiel 2.13 (Strukturerhaltende Abbildungen für abelsche Gruppen) Seien $(G_1, +_1)$ und $(G_2, +_2)$ zwei abelsche Gruppen.

Eine *strukturerhaltende* Abbildung $\phi \colon G_1 \to G_2$ ist eine Abbildung, die

$$\phi(g +_1 g') = \phi(g) +_2 \phi(g') \text{ für alle } g, g' \in G_1$$

erfüllt. Man nennt so ein ϕ einen *Gruppenhomomorphismus*. Für einen solchen Gruppenhomomorphismus gilt $\phi(-g) = -\phi(g)$. Man kann außerdem verifizieren, dass das Bild

$$\text{Bild}(\phi) := \phi(G_1) := \{\phi(g) \mid g \in G_1\} \subseteq G_2$$

bezüglich der Verknüpfung $+_2$ selbst eine abelsche Gruppe ist (mit demselben neutralen Element wie G_2). Also ist $\phi(G_1)$ eine *Untergruppe* von G_2.

Wenn ϕ injektiv ist, das heißt keine zwei verschiedenen Elemente von G_1 auf dasselbe Elemente von G_2 abgebildet werden, kann man $\phi(G_1)$ als Kopie von G_1 in G_2 betrachten. Man identifiziert die Gruppe G_1 mit ihrer Kopie und betrachtet so G_1 als Untergruppe von G_2.

Wenn ϕ nicht injektiv ist, dann bildet ϕ die Gruppe G_1 nicht auf eine Kopie in G_2 ab, sondern identifiziert gewisse Elemente, nämlich diejenigen mit dem gleichen Bild unter ϕ. Dies liefert eine Äquivalenzrelation (Beispiel 1.10), deren Äquivalenzklassen gerade die Urbilder einzelner Elemente von G_2 sind. Das bedeutet, man hat eine injektive Abbildung $[g] \mapsto \overline{\phi}([g]) := \phi(g)$ von der Menge der Äquivalenzklassen unter dieser Relation nach G_2 (hier bezeichnet $[g]$ die Äquivalenzklasse, zu der g gehört). Man kann durch

$$[g] + [g'] := [g +_1 g']$$

die Struktur einer abelschen Gruppe auf der Menge dieser Äquivalenzklassen definieren. Bezüglich dieser Struktur ist $\overline{\phi}$ ein injektiver Gruppenhomomorphismus, das heißt, man kann die Gruppen der Äquivalenzklassen mit dem Bild von ϕ identifizieren.

Die Äquivalenzklasse des neutralen Elements $n_1 \in G_1$, also die Menge derjenigen Elemente von G_1, die auf das neutrale Element n_2 von G_2 abgebildet werden, nennt man den *Kern* von ϕ:

$$\text{Kern}(\phi) := \{g \in G_1 \mid \phi(g) = n_2\} = \{g \in G_1 \mid \phi(g) = \phi(n_1)\} = [n_1]$$

Weil $\phi(g) = \phi(g')$ genau dann gilt, wenn

$$n_2 = (-\phi(g)) +_2 \phi(g') = \phi(-g) +_2 \phi(g') = \phi((-g) +_1 g'),$$

das heißt wenn $(-g) +_1 g' \in \text{Kern}(\phi)$, sind die Äquivalenzklassen gerade die sogenannten *Nebenklassen*

$$g +_1 \text{Kern}(\phi) = \{g +_1 k \in G_1 \mid k \in \text{Kern}(\phi)\}$$

von $\text{Kern}(\phi)$, wobei g ganz G durchläuft. Man nennt die Gruppe der Äquivalenzklassen auch die *Quotientengruppe* von G_1 bezüglich $\text{Kern}(\phi)$ und bezeichnet sie mit $G/\text{Kern}(\phi)$.

Zusammenfassend kann man sagen: Je größer das Bild von ϕ und je kleiner der Kern von ϕ, desto „ähnlicher" sind sich Gruppenstrukturen von G_1 und G_2. Die Konzepte *Homomorphismus, Bild* und *Kern* erlauben also, unterschiedliche Gruppen zu vergleichen und die Unterschiede sogar quantitativ zu beschreiben.

Man betrachte zum Beispiel die ganzen Zahlen $\mathbb{Z}$ mit der Addition als Gruppe G_1 und die Menge der Restklassen modulo $m \in \mathbb{Z}$, ebenfalls mit der Addition, als Gruppe G_2. Die Abbildung $\phi \colon \mathbb{Z} \to G_2$, die jedem $z \in \mathbb{Z}$ seine Restklasse $[z]$ modulo m zuordnet, ist ein surjektiver (Abschn. 1.4) Gruppenhomomorphismus, der $m\mathbb{Z}$ als Kern hat. Damit ist die durch ϕ definierte Äquivalenzrelation genau die Relation der Gleichheit modulo m, und man kann die Menge der Restklassen als Gruppe mit der Quotientengruppe $\mathbb{Z}/m\mathbb{Z}$ identifizieren.

Die abschließende Überlegung in Beispiel 2.13 zeigt, dass die dort erläuterten Konstruktionen als Verallgemeinerung der (additiven) Restklassenrechnung aufgefasst werden können. Damit allein wäre natürlich der Aufwand einer solch abstrakten Konstruktion wie der von Quotientengruppen nicht gerechtfertigt. Viel überzeugender als dieses relativ einfache Beispiel, aber eben auch aufwendiger zu erklären, ist die Galoistheorie, in der polynomialen Gleichungen Gruppen zugeordnet werden. Allerdings sind diese Gruppen nicht mehr abelsch (Beispiel 2.14), was die Sache deutlich komplizierter macht. Dennoch liefern Strukturüberlegungen der eben beschriebenen Art in dieser Theorie nachprüfbare Bedingungen, unter denen eine polynomiale Gleichung durch Formeln lösbar ist, die denen für quadratische Gleichungen ähneln (Abschn. 4.1).

Beispiel 2.14 (Gruppen) Eine Menge G mit einer Verknüpfung $\circ \colon G \times G \to G$ heißt eine *Gruppe*, wenn folgende Axiome erfüllt sind:

Axiom (Assoziativität): Für alle $x, y, z \in G$ gilt $x \circ (y \circ z) = (x \circ y) \circ z$.
Axiom (Eins): Es gibt ein $e \in G$ mit $e \circ x = x \circ e = x$ für alle $x \in G$.
Axiom (Inverses): Zu $x \in G$ gibt es ein $y \in G$ mit $y \circ x = x \circ y = e$.

In Beispiel 1.6, in dem es um die Symmetrien regelmäßiger Vielecke ging und der Begriff „Gruppe" schon angesprochen wurde, ist $\circ$ die Verknüpfung von Abbildungen und e die identische Abbildung, die jedes Element fest lässt. Aus Proposition 2.6 und 2.7 folgt, dass jede abelsche Gruppe in der Tat eine Gruppe ist.

Umgekehrt kann man zeigen, dass jede Gruppe $(G, \circ)$, für die die Verknüpfung kommutativ ist, das heißt $x \circ y = y \circ x$ für alle $x, y \in G$ erfüllt, schon eine abelsche Gruppe ist. Dazu weist man nach, dass das Lösbarkeitsaxiom in diesem Fall eine Konsequenz der Existenz von Eins und Inversem ist.

Das Schema für die Untersuchungen algebraischer Strukturen ist in etwa folgendes: Zunächst studiert man die sogenannten *einfachen* Objekte, von denen aus es nur konstante oder injektive strukturerhaltende Abbildungen *(Morphismen)* gibt. Dann untersucht man, wie man allgemeine Objekte aus einfachen Objekten zusammensetzen kann, und versucht, die einfachen Objekte zu klassifizieren.

Im Falle der endlichen Gruppen ist dieses Projekt so gut wie abgeschlossen, aber allein die Klassifikation der einfachen endlichen Gruppen erforderte jahrzehntelange Arbeit von Heerscharen von Mathematikern, und ihre vollständige Darstellung (mit Beweisen) füllt Tausende von Seiten mit komplizierter Mathematik. Dass man mit so großer Ausdauer an diesem Problem gearbeitet hat, liegt daran, dass endliche Gruppen in sehr vielen Fragestellungen auftauchen, Wissen über ihre Struktur also oft gebraucht wird.

Andere algebraische Strukturen, die sich durch ihre Omnipräsenz in mathematischen Fragestellungen auszeichnen, sind die schon erwähnten Körper und Ringe, ebenso wie Vektorräume und *Moduln,* die so etwas sind wie Vektorräume, nur dass die Skalare nicht aus einem Körper kommen, sondern aus einem Ring. Es gibt aber auch viele andere Strukturen, die teilweise durch die Physik motiviert sind und inzwischen allgemein als wichtig eingestuft werden. Es kann natürlich sein, dass eine der Strukturen, die man heutzutage als etwas abseitig einstuft, in der Zukunft große Bedeutung erlangt, weil man eine Querverbindung zu einer als wichtig angesehenen Fragestellung neu entdeckt.

Typische Vorlesungstitel und Inhalte

Lineare Algebra: In dieser Anfängervorlesung geht es um Vektorräume und lineare Abbildungen zwischen Vektorräumen, das heißt Abbildungen, die die Addition und die skalare Multiplikation erhalten. Solche Abbildungen lassen sich durch Matrizen charakterisieren. Daher nehmen auch das Rechnen mit Matrizen und die Lösung linearer Gleichungssysteme einen großen Raum in dieser Vorlesung ein, die meist über zwei Semester angeboten wird. Algorithmische Aspekte spielen in der linearen Algebra eine wichtige Rolle. Insbesondere wird hier der schon früher angesprochene Gauß-Algorithmus behandelt. Etwas überspitzt formuliert kann man sagen, dass alles, was man in der Mathematik wirklich berechnen kann, entweder durch Abzählen oder durch (bisweilen sehr tiefsinnige) Reduktion auf Methoden der linearen Algebra berechnet wird. Dementsprechend ist es nicht verwunderlich, dass die Inhalte dieser Vorlesung in praktisch jedem weiterführenden Mathematikkurs von hoher Relevanz sind.

Algebra: Typischerweise wird in dieser Vorlesung, die sich an Studierende im zweiten Studienjahr richtet, die Struktur von Gruppen, Ringen und Körpern näher beleuchtet. Wenn die Vorlesung zweisemestrig angelegt ist, werden, je nach Anspruch und Vorlieben der Dozenten, im zweiten Teil Anwendungen in der Galoistheorie, der Zahlentheorie, der algebraischen Geometrie oder der Darstellungstheorie behandelt.

Zahlentheorie: Vorlesungen über Zahlentheorie findet man auf jedem Level, von sehr elementar (etwa im Stile der zahlentheoretischen Inhalte von Kap. 1) bis zu sehr fortgeschrittenen Vorlesungen auf der Basis technisch anspruchsvoller analytischer oder algebraischer Werkzeuge. Ziel solcher Vorlesungen sind normalerweise Aussagen über ganzzahlige Lösungen von Gleichungen oder über die Menge aller Primzahlen.

2.3 Analysis

In der Analysis geht es um Approximationen und verschiedene Ausprägungen des Phänomens der Unendlichkeit. Einerseits führt schon das einfache Zählen mit natürlichen Zahlen oder das gedankliche Verfolgen einer Gerade auf einen ersten Begriff von Unendlichkeit, andererseits steht dem die Endlichkeit der realen Welt gegenüber. Physiker sprechen davon, dass unser Universum nur endlich viele Atome enthält, Ausdehnungen und Lebensdauer scheinen prinzipiell endlich zu sein. Wenn man dazu noch berücksichtigt, dass unendliche Mengen in der Mathematik jede Menge Schwierigkeiten (Abschn. 4.2) bereiten, ist es nicht selbstverständlich, dass sich Mathematiker überhaupt mit unendlichen Mengen auseinandersetzen. Der Grund für die Beschäftigung mit dem Phänomen der Unendlichkeit liegt darin, dass man mithilfe von unendlichen Mengen Idealisierungen beschreiben kann, die mehr Struktur aufweisen als Anhäufungen von endlich vielen Punkten. Mit diesen Idealisierungen lassen sich mehr beobachtbare Phänomene modellieren, und es steht ein reichhaltigeres Methodenarsenal zur Untersuchung bereit. Es stellt sich angesichts der Schwierigkeiten in Grundlagenfragen im Kontext unendlicher Mengen natürlich die Frage, ob die angesprochenen Idealisierungen wirklich existieren. Diese Frage war in der Grundlagenkrise des frühen 20. Jahrhunderts zentral und ist im Grunde immer noch aktuell. Auch dieser Aspekt wird in Abschn. 4.2 näher beleuchtet.

Ableitungen
Ein klassisches Beispiel für die Methodenerweiterung durch unendliche Prozesse ist die Grenzwertbildung in der Differenzialrechnung. Die Differenzialrechnung erlaubt es, die Bewegung von Massepunkten nach Newton elegant zu modellieren, und liefert auch die Methoden, aus Positions- und Geschwindigkeitsmessungen Vorhersagen für die weitere Entwicklung zu machen. Auch wenn Newton die Begrifflichkeiten dafür noch nicht hatte, kann man sehen, dass die Grundlage der Differenzialrechnung die reellen Zahlen sind. Wie in Abschn. 1.2 angedeutet und im Anhang ausgeführt, startet die Konstruktion der reellen Zahlen mit den natürlichen Zahlen, die für sich schon eine „milde" Form von unendlicher Menge bilden. Die Konstruktion selbst beinhaltet dann aber nochmals einen Grenzprozess, der dazu führt, dass die reellen Zahlen nicht mehr durchgezählt werden können, das heißt *überabzählbar* sind.

Warum braucht man die reellen Zahlen für die Differenzialrechnung? Der Schlüsselbegriff der Differenzialrechnung sind momentane Änderungsraten, mit denen man zum Beispiel Geschwindigkeiten (als Änderungsraten von Positionen) oder Beschleunigungen (als Änderungsraten von Geschwindigkeiten) modellieren kann. Momentane Änderungsraten sind aber Idealisierungen, die man als Grenzwerte von Änderungsraten für kleine Zeiten gewinnt. Die Existenz von Grenzwerten hängt wiederum sehr stark an der Vollständigkeit, das heißt an der Verfügbarkeit der reellen Zahlen (Beispiel 1.23).

Sei die Position eines Teilchens zur Zeit t durch die Zahl $x(t)$ beschrieben. Dann ist die Position nach Ablauf einer kleinen Zeitdifferenz Δt durch $x(t + \Delta t)$ gegeben. Die Notation Δt mit dem griechischen Buchstaben *Delta* ist weit verbreitet und wird gerne verwendet, wenn man von kleinen Differenzen spricht. Die durchschnittliche Änderung der Position zwischen den Zeitpunkten t und $t + \Delta t$ ist dann durch

$$\frac{x(t + \Delta t) - x(t)}{\Delta t}$$

gegeben. Die *momentane* Änderungsrate zum Zeitpunkt t sollte dann der „Wert" dieser Änderungsrate für $\Delta t = 0$ sein. In dieser Form ist diese Aussage jedoch sinnlos, weil man ja nicht durch 0 teilen kann. Man kann sich aber die Frage stellen, ob es nicht eine Zahl gibt, der sich $\frac{x(t+\Delta t)-x(t)}{\Delta t}$ immer weiter annähert, wenn man Δt immer kleiner macht. Diese Zahl würde man dann den *Grenzwert* von $\frac{x(t+\Delta t)-x(t)}{\Delta t}$ für Δt gegen 0 nennen, mit

$$\lim_{\Delta t \to 0} \frac{x(t + \Delta t) - x(t)}{\Delta t}$$

bezeichnen und als momentane Änderungsrate von x zum Zeitpunkt t interpretieren. Diese „Definition" eines Grenzwertes ist noch nicht brauchbar, weil sie nicht präzise angibt, was mit „immer weiter annähert" gemeint ist und in welcher Weise diese Annäherung von der Größe von Δt abhängen soll. Eine präzise Beschreibung dieses Vorgangs, die noch heute benutzt wird, stammt von Karl Weierstraß (1815–1897), ist also fast 200 Jahre jünger als Newtons Theorie. Nach Weierstraß ist die Zahl a der Grenzwert von $\frac{x(t+\Delta t)-x(t)}{\Delta t}$ für Δt gegen 0, wenn es zu jeder positiven Zahl ε (man stelle sich sehr kleine positive Zahlen vor) eine positive Zahl δ mit folgender Eigenschaft gibt:

$$|\Delta t| \leq \delta \quad \Longrightarrow \quad \left| \frac{x(t + \Delta t) - x(t)}{\Delta t} - a \right| \leq \varepsilon \qquad (2.5)$$

Diese Eigenschaft präzisiert die eben noch schwammig angegebenen Zusammenhänge. Es lässt sich aus der Bedingung (2.5) auch schnell ableiten, dass es höchstens ein solches a geben kann. Wenn dieser Grenzwert existiert, nennt man ihn die *Ableitung* von x in t und bezeichnet ihn mit $x'(t)$ oder $\frac{dx}{dt}(t)$.

Beispiel 2.15 (Parabel) Sei $x(t) := t^2$. Dann ist

$$\frac{x(t + \Delta t) - x(t)}{\Delta t} = \frac{(t + \Delta t)^2 - t^2}{\Delta t} = 2t + \Delta t,$$

und man kann zu $\varepsilon > 0$ die Zahl $\delta := \varepsilon$ wählen. Es ergibt sich dann für $a = 2t$

$$\left| \frac{x(t + \Delta t) - x(t)}{\Delta t} - a \right| = |\Delta t| \le \delta = \varepsilon,$$

sofern $|\Delta t| \le \delta$. Dies liefert $x'(t) = 2t$.

In der hier eingeführten Sprache kann man auch sauber erklären, was eine *stetige* Funktion $f : \mathbb{R} \to \mathbb{R}$ ist (Abschn. 1.6).

Beispiel 2.16 (Stetigkeit) Eine Funktion $f : \mathbb{R} \to \mathbb{R}$ ist stetig in x, wenn es zu jedem $\varepsilon > 0$ ein $\delta > 0$ mit

$$\text{für alle } x' \in \mathbb{R} \text{ gilt}: \quad |x - x'| \le \delta \implies |f(x) - f(x')| \le \varepsilon$$

gibt. Die Funktion f ist stetig, wenn sie in jedem $x \in \mathbb{R}$ stetig ist.

Die Ableitung einer Funktion muss nicht für jedes t existieren, wie das folgende Beispiel zeigt.

Beispiel 2.17 (Betragsfunktion) Sei $x(t) := |t|$. Dann ist

$$\frac{x(0 + \Delta t) - x(0)}{\Delta t} = \frac{|\Delta t|}{\Delta t} = \begin{cases} 1 & \text{für } \Delta t > 0, \\ -1 & \text{für } \Delta t < 0. \end{cases}$$

Weil für jede Zahl a

$$\left| \left(\frac{x(0 + \Delta t) - x(0)}{\Delta t} - a \right) - \left(\frac{x(0 - \Delta t) - x(0)}{-\Delta t} - a \right) \right| = 2$$

gilt, lassen sich zu $1 > \varepsilon > 0$ keine Zahlen a und $\delta > 0$ finden, für die

$$|\Delta t| \le \delta \implies \left| \frac{x(0 + \Delta t) - x(0)}{\Delta t} - a \right| \le \epsilon$$

gilt. Andernfalls hätte man nämlich

$$\left| \left(\frac{x(0 + \Delta t) - x(0)}{\Delta t} - a \right) - \left(\frac{x(0 - \Delta t) - x(0)}{-\Delta t} - a \right) \right|$$

$$\leq \left| \frac{x(0 + \Delta t) - x(0)}{\Delta t} - a \right| + \left| \frac{x(0 - \Delta t) - x(0)}{-\Delta t} - a \right| \leq 2\epsilon < 2.$$

Die Existenz von Ableitungen lässt sich geometrisch als Existenz von eindeutig bestimmten Tangenten an den Graphen der Funktion interpretieren, was wiederum sehr gut zur Interpretation von momentanen Änderungsraten als Geschwindigkeiten passt und auch das Newton'sche Trägheitsgesetz sehr schön illustriert, nach dem eine Masse tangential „aus der Kurve fliegt", wenn die Kräfte (z. B. Reibungskräfte) aufhören zu wirken. Stellen, an denen keine Ableitungen existieren, heißen *singulär*. An solchen Stellen ist der Graph normalerweise nicht mehr glatt, sondern weist Ecken oder Spitzen auf (Abb. 2.3).

Dieser Ideenstrang soll hier nicht weiter vertieft werden, es ist jedoch von großer Bedeutung, dass die Begriffsbildung der momentanen Änderungsrate die Möglichkeit eröffnet, Abhängigkeiten zwischen Positionen und Änderungsraten zu formulieren, wie man sie in der Physik, aber auch in anderen Bereichen, zum Beispiel in der Volkswirtschaftslehre (Produktionsmodelle) oder der Biologie (Räuber-Beute-Modelle), ständig findet. Die resultierenden Gleichungen nennt man *Differenzialgleichungen*. Die Suche nach Methoden, solche Differenzialgleichungen zu lösen, hat seit Newton immer eine ganz wesentliche Rolle in der Mathematik und ihren Anwendungen gespielt.

Integration

Wir haben die Idealisierung der momentanen Änderungsrate als Grenzwert aus Änderungsraten für von Null verschiedene Abstände gewonnen. Sobald man momentane Änderungsraten wie Geschwindigkeiten und Beschleunigungen als mathematische Begriffe zur Verfügung hat, stellt sich die Frage, wie man solche momentanen Änderungsraten in praktischen Problemen berechnen soll. In den meisten Fällen kann man keine Formeln angeben und ist auf Approximationen angewiesen. Man kann die momentanen Änderungsraten durch Änderungsraten, zum Beispiel in kleinen Zeitintervallen zurückgelegte Strecken, approximieren. Das heißt, die Größen, die

Abb. 2.3 Existenz und Nichtexistenz von Ableitungen

man zunächst eingesetzt hat, um die momentanen Änderungsraten (als Grenzwert) zu definieren, benutzt man jetzt zu ihrer näherungsweisen Berechnung. Man könnte sich an dieser Stelle die Frage stellen, wieso man überhaupt momentane Änderungsraten betrachtet, obwohl dies doch so komplizierte Begriffe wie Grenzwerte erfordert. Die Antwort ist dieselbe wie für die Zahl $\sqrt{2}$, die man auch erst über Grenzwerte in den Griff bekommen hat und die man in Berechnungen auch immer annähern muss: Die Theorie erlaubt stärkere und einfachere Aussagen *mit* diesen zusätzlichen neuen Objekten. Oft kann man über diese stärkere Theorie die Anzahl von notwendigen expliziten Rechnungen stark reduzieren und damit auch die Fehler, die durch unvermeidbare Näherungen entstehen, weitgehend vermeiden.

Diese Idee wird in der Mathematik immer wieder eingesetzt: Man gewinnt neuartige Objekte aus bekannten Objekten durch Grenzwertbildung, verschafft sich damit mehr Flexibilität im Einsatz seiner Werkzeuge, berechnet aber letztendlich doch wieder Approximationen durch die einfacheren Objekte.

Beispiele für diese Vorgehensweise sind Funktionenklassen, die man als Grenzwerte von Polynomfunktionen der Form

$$t \mapsto a_n t^n + a_{n-1} t^{n-1} + \ldots + a_1 t + a_0$$

gewinnt und dann durch Polynome approximiert. Ein anderes Beispiel für diese Vorgehensweise ist die Bestimmung von Flächeninhalten krummlinig berandeter Flächen, die man als Grenzwerte von Flächeninhalten stückweise durch Geraden begrenzter Flächen definiert und dann durch diese Flächeninhalte approximiert. In der etwas einfacheren Situation, in der die Fläche durch drei Strecken (zwei vertikale und eine horizontale) und einen Funktionsgraphen begrenzt wird, ist das gerade die Flächenberechnung durch Integration (Abb. 2.4).

Auf das Beispiel der Flächenberechnung wollen wir hier kurz eingehen, wobei wir zwei Zugänge nebeneinanderstellen. Der erste ist der üblicherweise in der Schule und einführenden Vorlesungen betrachtete und geht auf Augustin-Louis Cauchy (1789–1857) und Bernhard Riemann (1826–1866) zurück. Der zweite und wesentlich leistungsfähigere ist die Integrationstheorie von Henri Lebesgue (1875–1941).

Cauchy und Riemann gewinnen die Fläche unter einem Funktionsgraphen (hier wird angenommen, dass die Funktion keine negativen Werte hat), indem sie sie als Grenzwert der Flächeninhalte von Vereinigungen von Rechtecksflächen betrachten, deren Flächeninhalt man berechnen kann, wenn man die Funktionswerte kennt (Abb. 2.4). Dazu teilt man das Intervall, auf dem die Funktion lebt, in kleine Segmente auf und betrachtet darüber zwei Rechtecke: eines von einer Höhe, die kleiner ist als der minimale Funktionswert in diesem Segment, und eines von einer Höhe, die größer ist als der maximale Funktionswert in diesem Segment. Damit liegt die Fläche des Funktionsgraphen in diesem Segment zwischen den Flächen der beiden Rechtecke. Die Summe der größeren Rechtecksflächen nennt man dann die *Obersumme* der Segmentaufteilung. Analog heißt die Summe der kleineren Rechtecksflächen die *Untersumme* der Segmentaufteilung. Wenn die Funktion jetzt keine zu wilden Sprünge macht, kann man durch feinere Segmentaufteilung erreichen, dass der Unterschied zwischen Ober- und Untersumme beliebig klein wird. Der resultierende Grenzwert heißt dann das *Integral* der Funktion über das gegebene Intervall

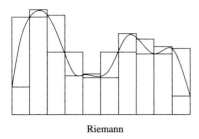
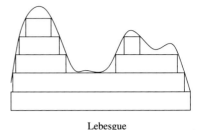

Riemann   Lebesgue

Abb. 2.4 Integrale als Approximationen

und wird als Fläche unter dem Graphen interpretiert. Die Ober- und Untersummen
sind Approximationen für das Integral.

Den Einstieg in Lebesgues Integrationstheorie findet man, wenn man nicht den
Definitionsbereich der Funktion in kleine Stücke aufteilt, sondern den Wertebereich
(Abb. 2.4). Es stellt sich dann die Aufgabe, die „Länge" ℓ des möglicherweise ziemlich zerfransten Gebiets zu messen, für das der Wert der Funktion zwischen zwei
nahe beieinanderliegenden Zahlen y und $y + \Delta y$ liegt. Dann trägt der Funktionswert
y in etwa $\Delta y \cdot \ell$ zum approximativen Integral bei. Mit diesem Ansatz lässt sich ebenfalls ein Grenzwert für kleine Δy bilden, den man als Integral betrachtet. Einerseits
ist das komplizierter als im Falle der Riemann'schen Unter- und Obersummen, aber
andererseits muss man viel weniger Regularität von den zu integrierenden Funktionen fordern, was letztendlich zu viel stärkeren Werkzeugen für die Berechnung
von Integralen führt. Außerdem lässt sich Lebesgues Zugang viel besser auf Funktionen in mehreren Variablen und letztendlich auch auf Funktionen mit beliebigen
Definitionsbereichen, für die man eine Vorstellung von „Größenmessung" hat, verallgemeinern. Bei Größenmessung denke man an Längen, Flächen und Volumina,
aber auch an Anzahlen. Das führt in die *Maßtheorie* und ist für die mathematische
Beschreibung von Wahrscheinlichkeiten von größter Bedeutung (Abschn. 2.4). Der
wesentliche Grund dafür, das Riemanns Zugang immer noch unterrichtet wird, ist
die leichtere Zugänglichkeit.

Die geometrische Reihe
Der griechische Philosoph Zenon beschreibt folgendes Paradoxon: Der griechische
Held Achilles aus der *Ilias* ist ein schneller Läufer. Aber obwohl er 100-mal so
schnell läuft wie eine Schildkröte, wird er sie nie einholen, wenn sie einmal einen
Vorsprung hat! Begründung: Wenn Achilles dort angekommen ist, wo die Schild-
kröte zu Anfang war, dann ist Schildkröte schon wieder ein Stückchen weiter und
hat wieder einen Vorsprung, den Achilles aufholen muss. Jetzt wiederholt man das
Argument ad infinitum.

Wir untersuchen dieses Paradoxon quantitativ: Die Schildkröte habe 100 Meter
Vorsprung und Achilles sei ein 10,0-Sprinter, das heißt, er läuft die 100 Meter in
zehn Sekunden. Also ist er nach zehn Sekunden an der Stelle, an der die Schildkröte
gestartet ist. Derweil ist die Schildkröte einen Meter weiter gekommen. Nach einer

weiteren zehntel Sekunde ist Achilles an der 101-Meter-Markierung, während die Schildkröte bei 101,01 m angekommen ist. Achilles braucht jetzt nochmal eine tausendstel Sekunde um bei 101,01 m anzukommen, während die Schildkröte dann bei 101,0101 m ist.

Der Punkt ist, dass die Zeitintervalle, nach denen Achilles den vorhergehenden Aufenthaltsort der Schildkröte erreicht, immer kürzer werden. Wenn man sie aufaddiert, kommt man auf

$$10 + \frac{10}{100} + \frac{10}{100^2} + \frac{10}{100^3} + \frac{10}{100^4} + \dots$$

Sowohl für Achilles als auch für die Schildkröte kommt man zu diesem Zeitpunkt (wenn es ihn denn gibt) auf

$$101{,}010101\dots$$

Jetzt berechnen wir die Aufenthaltsorte von Achilles und der Schildkröte aus der einfachen Formel

$$\text{durchschnittliche Geschwindigkeit} = \frac{\text{zurückgelegter Weg}}{\text{verstrichene Zeit}}.$$

Sei $a(t)$ der Aufenthaltsort von Achilles und $s(t)$ der Aufenthaltsort der Schildkröte in Abhängigkeit vom Zeitpunkt t. Zum Zeitpunkt $t = 0$ gilt $s(t) = a(t) + 100$. Die obige Formel liefert $s(t) = 100 + \frac{1}{10}t$ und $a(t) = 10t$. Aber dann gilt $s(t_o) = a(t_o)$, wenn $100 + \frac{1}{10}t_o = 10t_o$, das heißt wenn

$$t_o = \frac{100}{10 - \frac{1}{10}} = \frac{10}{1 - \frac{1}{100}}.$$

In der Tat werden wir in Beispiel 2.18 verifizieren, dass

$$1 + \frac{1}{100} + \frac{1}{100^2} + \frac{1}{100^3} + \frac{1}{100^4} + \dots = \frac{1}{1 - \frac{1}{100}}.$$

Die Auflösung des Zenon'schen Paradoxons besteht also darin zu erkennen, dass hier ein endliches Zeitintervall (nämlich die Zeit, die Achilles braucht, um die Schildkröte einzuholen) in unendlich viele Teilintervalle positiver Länge zerstückelt wird.

Beispiel 2.18 (Geometrische Reihe) Die unendliche Summe (man nennt so etwas auch eine *Reihe*)

$$\sum_{k=0}^{\infty} x^k = 1 + x + x^2 + x^3 + \dots$$

hat für $0 \leq x < 1$ den Grenzwert $\frac{1}{1-x}$, denn die Länge h der horizontalen

Seite des Dreiecks

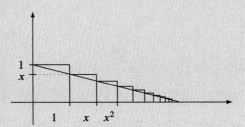

ist nach dem Strahlensatz durch $\frac{1}{h} = \frac{x}{h-1}$ gegeben. Das heißt, es gilt $h = \frac{1}{1-x}$, und der Schnittpunkt der Hypothenuse mit der x-Achse ist in $\frac{1}{1-x}$. Allgemeiner sei $z \in \mathbb{C}$ mit $0 \neq |z| < 1$ und für $s_n := \sum_{k=1}^{n} z^{n-1} := 1+z+z^2+\ldots+z^{n-1}$. Mit Induktion (Satz 1.18) sieht man sofort

$$(1 - z)s_n = 1 - z^n,$$

das heißt $s_n = \frac{1-z^n}{1-z}$. Es ist nicht sehr schwer einzusehen, dass wegen $|z| < 1$ $\lim_{n \to \infty} z^n = 0$ gelten muss. Aber dann folgt fast unmittelbar

$$\sum_{k=1}^{\infty} z^{k-1} = \lim_{n \to \infty} s_n = \lim_{n \to \infty} \frac{1 - z^n}{1 - z} = \frac{1}{1 - z}.$$

Wenn $|z| > 1$ ist, dann ist die Folge $(|z^n|)_{n \in \mathbb{N}}$ nicht durch eine Konstante zu beschränken, weil die Kehrwerte $(z^{-1})^n$ beliebig klein werden. Also konvergiert die Folge $(s_n)_{n \in \mathbb{N}}$ nicht.

Die geometrische Reihe ist nicht nur wegen des Zenon'schen Paradoxons von Interesse. Der Vergleich mit der geometrischen Reihe liefert grundlegende Techniken für die Behandlung von Grenzwerten verschiedenster Art. Sie spielt auch eine Rolle in der *Dezimaldarstellung* der reellen Zahlen.

Beispiel 2.19 (Dezimaldarstellung) Die Dezimalzahl 213,47 steht für

$$2 \cdot 10^2 + 1 \cdot 10^1 + 3 \cdot 10^0 + 4 \cdot 10^{-1} + 7 \cdot 10^{-2}.$$

Ganz allgemein ist $a_n a_{n-1} \cdots a_0, a_{-1} a_{-2} \cdots$ nichts anderes als der Grenzwert der Reihe

$$a_n \cdot 10^n + a_{n-1} \cdot 10^{n-1} + \ldots + a_0 \cdot 10^0 + a_{-1} \cdot 10^{-1} + a_{-2} \cdot 10^{-2} + \ldots$$

Insbesondere liefert jede Folge $a_n, a_{n-1}, a_{n-2}, \ldots$ eine reelle Zahl. Wenn jetzt $a_{-k} = 9$ für alle $k \in \mathbb{N}$ gilt, dann ist

$$a_{-1} \cdot 10^{-1} + a_{-2} \cdot 10^{-2} + \ldots = 9 \cdot \sum_{k=1}^{\infty} \frac{1}{10^k} = 9 \cdot \frac{1}{10 - 1} = 1.$$

In anderen Worten, wir haben $0{,}9999\ldots = 1$. Es ist nicht allzu kompliziert nachzuweisen, dass dies die einzige Art von Zweideutigkeit in der Darstellung von reellen Zahlen durch Dezimalbrüche ist, das heißt, zwei unterschiedliche Dezimalbrüche stellen genau dann die gleiche reelle Zahl dar, wenn die ersten k Stellen gleich und die weiteren Stellen durch $a\overline{9}$ bzw. $(a+1)\overline{0}$ gegeben sind. Hier sind $\overline{9}$ und $\overline{0}$ Abkürzungen für unendliche Wiederholungen von 9 bzw. 0.

Allgemeiner, wenn sich eine Zahlenfolge in einer Dezimaldarstellung periodisch wiederholt, schreibt man das als diese Folge mit einem Oberstrich, zum Beispiel

$$13{,}45721721721\ldots = 13{,}45\overline{721}.$$

Beachte, dass

$$0{,}\overline{a_{-1} \ldots a_{-k}} = (a_{-1} \ldots a_{-k}) \cdot 0{,}\underbrace{0 \ldots 0}_{k-1}1 + (a_{-1} \ldots a_{-k}) \cdot 0{,}\underbrace{0 \ldots 0}_{2k-1}1 + \ldots,$$

das heißt

$$0{,}\overline{a_{-1} \ldots a_{-k}} = (a_{-1} \ldots a_{-k}) \cdot \sum_{j=1}^{\infty} \frac{1}{(10^k)^j} = (a_{-1} \ldots a_{-k}) \cdot \frac{1}{10^k - 1}.$$

Dies zeigt insbesondere, dass reelle Zahlen mit periodischer Dezimaldarstellung rational sind.

Stufen der Unendlichkeit

In der Mathematik gibt es nicht nur eine Art von Unendlichkeit. Die einfachste Form sind solche Mengen, die man mit den natürlichen Zahlen durchnummerieren kann. Solche Mengen nennt man *abzählbar*. Beispiele für abzählbare Mengen sind die ganzen Zahlen, für die das sehr leicht einzusehen ist, aber auch die rationalen Zahlen.

Beispiel 2.20 (Abzählbarkeit von $\mathbb{Z}$ und $\mathbb{Q}$)

(i) Die Menge $\mathbb{Z}$ der ganzen Zahlen ist abzählbar:

$$0, -1, 1, -2, 2, -3, 3, \ldots,$$

das heißt

$$z_j := \begin{cases} k - 1 & \text{für } j = 2k - 1, \\ -k & \text{für } j = 2k. \end{cases}$$

(ii) Die Menge $\mathbb{Q}^+$ der rationalen Zahlen größer 0 ist abzählbar:

$$\frac{1}{1}, \frac{2}{1}, \frac{1}{2}, \frac{1}{3}, \frac{3}{1}, \frac{4}{1}, \frac{3}{2}, \frac{2}{3}, \frac{1}{4}, \frac{1}{5}, \frac{5}{1}, \frac{6}{1}, \frac{5}{2}, \frac{4}{3}, \frac{3}{4}, \frac{2}{5}, \frac{1}{6}, \ldots$$

Das Prinzip hinter dieser Aufzählung ist es, die Brüche, für die die Summe von Nenner und Zähler gleich ist, zusammenzufassen und nach der Größe der Nenner zu sortieren. Außerdem lässt man die kürzbaren Brüche weg.

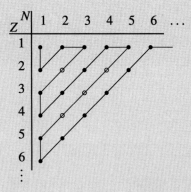

Will man *alle* rationalen Zahlen aufzählen, nennt man einfach erst die 0 und hinter jeder positiven rationalen Zahl auch gleich noch ihr Negatives.

Noch komplizierter ist der Nachweis, dass die reellen Zahlen *nicht* abzählbar sind. Man sagt auch, $\mathbb{R}$ ist *überabzählbar*.

Beispiel 2.21 (Cantor-Diagonalverfahren) Die Menge der reellen Zahlen zwischen 0 und 1 ist nicht abzählbar. Wir beweisen dies durch Widerspruch (Abschn. 1.6) und nehmen dazu an, dass $\mathbb{R} = \{z_1, z_2, z_3, \ldots\}$. Jetzt stellen wir jedes z_j durch einen Dezimalbruch $0, a_{j,1} a_{j,2} \cdots$ dar, der nicht mit periodischen Neunern endet (und damit eindeutig bestimmt ist). Als Nächstes wählt man $b_j \in \{0, 1, \ldots, 8\}$ mit $b_j \neq a_{j,j}$ und betrachtet den Dezimalbruch $0, b_1 b_2 \cdots$. Da die j-te Stelle dieses Dezimalbruchs nicht mit der j-ten Stelle des Dezimalbruchs für z_j übereinstimmt, ist die durch $0, b_1 b_2 \cdots$ dargestellte reelle Zahl für jedes j ungleich z_j, was im Widerspruch zu $\mathbb{R} = \{z_1, z_2, z_3, \ldots\}$ steht.

	b_1	b_2	b_3	b_4	b_5	b_6	$\ldots$
z_1	$\mathbf{a_{1,1}}$	$a_{1,2}$	$a_{1,3}$	$a_{1,4}$	$a_{1,5}$	$a_{1,6}$	$\ldots$
z_2	$a_{2,1}$	$\mathbf{a_{2,2}}$	$a_{2,3}$	$a_{2,4}$	$a_{2,5}$	$a_{2,6}$	$\ldots$
z_3	$a_{3,1}$	$a_{3,2}$	$\mathbf{a_{3,3}}$	$a_{3,4}$	$a_{3,5}$	$a_{3,6}$	$\ldots$
$\vdots$	$\vdots$		$\ddots$				

Als Nachtrag zum Zenon'schen Paradoxon sei festgehalten, dass man ein endliches Zeitintervall nicht in überabzählbar viele Intervalle positiver Länge zerstückeln kann. Um das einzusehen, teilt man die Teilintervalle der Länge nach in Klassen auf: Alle Intervalle, deren Längen in

$$\left]\tfrac{1}{n+1}, \tfrac{1}{n}\right] := \left\{x \in \mathbb{R} \mid \tfrac{1}{n+1} < x \leq \tfrac{1}{n}\right\}$$

liegen, bilden die Klasse K_n. Da die Gesamtlänge endlich ist und Intervalle aus der Klasse K_n eine Länge von mindestens $\frac{1}{n+1}$ haben, kann jede Klasse K_n nur endlich viele Teilintervalle enthalten. Aber da die Menge der Klassen abzählbar ist, kann man auch die Menge der Teilintervalle abzählen.

Typische Vorlesungstitel und Inhalte

Analysis: Typischerweise gibt es zu Beginn des Studiums einen zwei- bis viersemestrigen Vorlesungszyklus unter dem Titel *Analysis*. Die ersten beiden Semester laufen auch manchmal unter der Überschrift *Differenzial- und Integralrechnung,* während die Inhalte der Semester drei und vier oft als separate Vorlesungen unter den Titeln *Differenzialgleichungen, Reelle Analysis* und *Funktionentheorie* ausgelagert sind. In der Vorlesung *Analysis I* wird der Grenzwertbegriff sauber eingeführt und in mehreren Kontexten eingeübt: Grenzwerte von Folgen und Reihen, Stetigkeit von Funktionen, Differenzierbarkeit und Integration von Funktionen in einer Variablen. In der Vorlesung *Analysis II* erweitert man die genannten Begriffe auf Funktionen in mehreren Variablen und greift dabei für Begriffe und Beweistechniken auf Inhalte der linearen Algebra zurück.

Differenzialgleichungen: In diesen Vorlesungen werden normalerweise Gleichungen behandelt, in denen Funktionen einer reellen Variablen sowie deren Ableitungen vorkommen. In der Regel werden dort eine Reihe von Beispielen für Lösungsstrategien und einige Existenz- und Eindeutigkeitssätze für solche Differenzialgleichungen vorgeführt. Meist gibt es auch einen Abschnitt, der den sogenannten linearen Differenzialgleichungen gewidmet ist, in denen die Funktionen und ihre Ableitungen nur linear (also insbesondere nicht als höhere Potenzen) vorkommen. Sehr viel anspruchsvoller ist die Theorie der *partiellen Differenzialgleichungen,* in der die beteiligten Funktionen und Ableitungen von mehreren Variablen abhängen können und die Ableitungen nach jeder dieser Variablen vorkommen dürfen. Sie greift nicht nur auf die Anfängervorlesungen zur Analysis und zur linearen Algebra zurück, sondern erfordert auch diverse Techniken aus der Funktionalanalysis und der Funktionentheorie (siehe unten).

Reelle Analysis: Hierunter versteht man normalerweise diejenigen Techniken in der Untersuchung von Funktionen (mehrerer) reeller Variablen, die auf einer leistungsfähigen Integrationstheorie aufbauen. Ist so eine Vorlesung im Bachelorstudium angesiedelt, wird in ihr normalerweise eine solche Theorie (zum Beispiel die *Lebesgue'sche Integrationstheorie*) überhaupt erst sorgfältig eingeführt.

Funktionentheorie: Der deutsche Name *Funktionentheorie* ist historisch speziell besetzt für Funktionen in einer komplexen Variablen (in der englischsprachigen Literatur heißt das Gebiet *complex analysis* oder *complex variables*). In dieser Vorlesung wird der Differenzierbarkeitsbegriff auf solche Funktionen übertragen und gezeigt, welch starke Folgerungen man aus der komplexen Differenzierbarkeit ableiten kann. Meist werden auch diverse Anwendungen, wie zum Beispiel ein Beweis des Fundamentalsatzes der Algebra oder die Berechnung von bestimmten Integralen von Funktionen einer reellen Variablen, vorgeführt. Auch in diesem Kontext ist die Theorie für mehrere Variablen sehr viel schwieriger und wird, wenn überhaupt, als Vorlesung *Funktionentheorie mehrerer Variablen* im Masterstudium angeboten.

Funktionalanalysis: Die Funktionalanalysis ist eine Sammlung von Methoden, mit denen man Vektorräume unendlicher Dimension, zum Beispiel diverse Räume von Funktionen, untersuchen kann. Dabei stützt man sich anstatt auf Basen und Dimensionsformeln, die in erster Linie für endlich dimensionale Vektorräume von Nutzen sind, auf Approximationen und Stetigkeitseigenschaften. Die Funktionalanalysis baut also auf den einführenden *Analysis*-Vorlesungen und der linearen Algebra auf. Man kann sie in unterschiedlichen Abstraktionsgraden gestalten, und so kommen Vorlesungen mit funktionalanalytischen Inhalten sowohl im Bachelor- als auch im Masterstudium vor. Manchmal laufen sie dann unter Titeln wie *Hilberträume* oder *Distributionen.* Oft werden in Vorlesungen zur Funktionalanalysis auch einige der vielfältigen Anwendungen angesprochen, die von der Quantenphysik bis zu den Differenzialgleichungen reichen.

2.4 Stochastik und Statistik

Die *Stochastik* ist die Mathematik des Zufalls. Sie stellt Methoden und Verfahren zur Beschreibung und Analyse von Zufallsvorgängen zur Verfügung. Stochastische Problemstellungen sind zum Beispiel:

- Gewinnchancen bei Glücksspielen,
- Prognose von Wirtschaftswachstum,
- Analyse der Ausbreitung von Krankheiten,
- Schließen von Meinungsumfragen auf die Meinung der Gesamtbevölkerung,
- Analyse der Wirkung von Maßnahmen zur Bekämpfung von Arbeitslosigkeit,
- Nachweis der Wirksamkeit von Medikamenten,
- Zuverlässigkeit technischer Systeme,
- Fragen nach der Genauigkeit von Messergebnissen,
- Krankheits- oder Unfallrisiken für bestimmte Personengruppen.

Zufallsexperiment und Wahrscheinlichkeit
Die Ursprünge der Statistik liegen vermutlich im Bestreben, die Chancen im Glücksspiel quantitativ zu erfassen. Schon im alten Ägypten haben Menschen Würfel oder Tierknöchelchen mit mehreren klar unterscheidbaren Seitenflächen für Prophezeiungen oder Glücksspiele benutzt. Es ist anzunehmen, dass dabei empirisches Wissen über relative Häufigkeiten zufälliger Ereignisse gesammelt worden ist. Dennoch wurde die Problematik der Gewinnchancen lange Zeit nicht untersucht. Die griechischen Mathematiker haben sich damit nicht beschäftigt. Erst aus dem Mittelalter gibt es mehrere Texte, in denen die 21 verschiedenen Ausgänge für das Werfen zweier und die 56 Möglichkeiten für das Werfen dreier Würfel aufgezählt werden. In dem anonymen Gedicht *De Vetula* wird angemerkt, dass diese 56 Möglichkeiten nicht alle gleichwertig sind (das heißt unterschiedlich oft realisiert werden können).

Aus einem italienischen Rechenbuch von 1494 stammt folgende Aufgabe: „A und B spielen ein faires Spiel (d. h. die Gewinnchancen sind 1 : 1) auf sechs Gewinnpunkte. Sie müssen das Spiel unterbrechen, als A fünf Punkte hat und B drei Punkte. Wie müssen sie den Einsatz aufteilen?" Die Motivation für solche Aufgaben lag in der Gefahr, dass (illegale) Glücksspielrunden durch Razzien vorzeitig unterbrochen werden konnten. Der Autor des Buches gibt als faires Aufteilungsverhältnis 5 : 3 an. Eine erste systematische Lösung der Aufgabe stammt von dem Mathematiker und Philosophen Blaise Pascal (1623–1662).

Beispiel 2.22 (Gewinnaufteilung nach Pascal) Pascal bekommt beim Abbruch des Spiels beim Stande von 5 : 3 als faires Aufteilungsverhältnis 7 : 1 heraus. Seine Lösung basiert auf den folgenden zwei Prinzipien:

(i) Wenn ein Geldbetrag dem Spieler A unabhängig vom weiteren Spielverlauf zufällt, dann bekommt er diesen Betrag auch, wenn das Spiel abgebrochen wird.

(ii) Wenn ein Betrag dem Spieler A zufällt, wenn A gewinnt, aber B zufällt, wenn A verliert, dann wird im Falle des Abbruchs das Geld in zwei Hälften aufgeteilt (hier wird angenommen, dass das Spiel fair ist).

Dann muss Pascal abzählen, welche weiteren Spielausgänge zu einem Sieg von A bzw. B führen würden:

(i) A: A hat gewonnen – die möglichen Spielausgänge nach drei Runden, AAA, AAB, ABA und ABB, ändern das Ergebnis nicht mehr.

(ii) BA: A hat gewonnen – die Spielausgänge BAA und BAB ändern das Ergebnis nicht mehr.

(iii) BBA: A hat gewonnen.

(iv) BBB: B hat gewonnen.

Dabei bedeutet die Schreibweise BBA, dass B die ersten zwei Runden gewinnt und A die dritte. Von den maximal drei Runden (mit prinzipiell acht verschiedenen Ausgängen), die noch gespielt werden müssen, bis ein Sieger feststeht, führt nur ein Ausgang zum Sieg von B. Da die Gewinnchancen fair verteilt sind, wird A in sieben von acht Fällen gewinnen und B in einem von acht Fällen. Pascal bekommt sein Ergebnis als Spezialfall einer allgemeinen Formel heraus, die beliebige Spielstände und nötige Gewinnrunden erfasst. In diesem Kontext wird übrigens zum ersten Mal das Prinzip der vollständigen Induktion erwähnt.

Interpretiert man die obige Überlegung im Sinne von Wahrscheinlichkeiten, kommt man mit Pierre-Simon de Laplace (1749–1827) zu der Definition, dass die Gewinnwahrscheinlichkeit für A gegeben ist als

$$\frac{\text{Anzahl der für A günstigen Spielausgänge}}{\text{Anzahl der möglichen Spielausgänge}}.$$

Bei einem einzelnen (fairen) Spiel kommt dabei $\frac{1}{2}$ heraus. Rechnet man die Wahrscheinlichkeiten für die oben aufgeführten Spielausgänge aus, so kommt man auf

$$\frac{1}{2}, \quad \frac{1}{2} \cdot \frac{1}{2}, \quad \frac{1}{2} \cdot \frac{1}{2} \cdot \frac{1}{2}, \quad \frac{1}{2} \cdot \frac{1}{2} \cdot \frac{1}{2}.$$

Die ersten drei Wahrscheinlichkeiten addieren sich zu $\frac{7}{8}$ auf, die letzte gibt $\frac{1}{8}$. Also ist die Wahrscheinlichkeit, dass A gewinnt, $\frac{7}{8}$ und die Wahrscheinlichkeit, dass B gewinnt, $\frac{1}{8}$.

Pascals Lösung ist intuitiv sofort einleuchtend. Aber es werden dabei mehrere implizite Annahmen gemacht, die in sich nicht unproblematisch sind:

(1)   Das Experiment wird als „fair" klassifiziert. Dabei wird davon ausgegangen, dass die Gleichheit der Gewinnchancen bekannt ist. Pascal kennt aber kein Verfahren und keine Definition, eine Gewinnchance zu bestimmen oder solche Chancen zu vergleichen.
(2)   Seine Überlegungen gelten nur für Experimente, für die es eine abzählbare Menge an möglichen Ausgängen gibt.
(3)   In Pascals Lösung wird davon ausgegangen, dass ein bestimmter Ausgang des Experiments den Ausgang des folgenden Experiments nicht beeinflusst, obwohl das nicht automatisch der Fall sein muss.

Aus heutiger Sicht erkennt man, dass Pascal seiner Lösung eine bestimmte Vorstellung von Zufälligkeit zugrunde legt, die später von Laplace allgemein gefasst wurde. Laplace definiert die Wahrscheinlichkeit eines Ereignisses als das Verhältnis zwischen den „günstigen" (d. h. diesem Ereignis zuzurechnenden) und „allen" Möglichkeiten. Diese Definition wird heute im Mathematikunterricht an den Schulen gelehrt. Damit wird die Berechnung von Wahrscheinlichkeiten zu einer kombinatorischen Aufgabe. Die Ergebnisse stehen im Einklang mit den Häufigkeitsverteilungen, die sich bei oftmaligen Wiederholungen von solchen Versuchen, zum Beispiel der Ziehung von Lottozahlen, ergeben.

Pascal und Laplace arbeiten mit dem Konzept des Zufallsexperiments. Darunter versteht man einen im Prinzip beliebig oft wiederholbaren Vorgang mit ungewissem Ausgang. Beispiele für Zufallsexperimente in diesem Sinne sind:

• der einmalige Wurf einer Münze,
• die Wartezeit am Postschalter oder an einer Ampel,
• die Gewinnausschüttung an einem Spielautomaten,
• die Parteienpräferenz eines befragten Passanten.

Keine Beispiele für Zufallsexperimente in obigem Sinne sind dagegen:

• der Ausgang der nächsten Bundestagswahl,
• die Niederschlagsmenge am 20. Oktober 2029.

Die Laplace'sche Definition krankt ebenso wie Pascals Vorstellung daran, dass sie nur für endliche Alternativen taugt, die auch noch alle „gleich wahrscheinlich" sein müssen. Weil auch Laplace nicht bestimmen kann, was „gleich wahrscheinlich" bedeutet, enthält seine Definition eine gewisse Zirkularität.

Andrei N. Kolmogorov (1903–1987) beschreitet daher einen anderen Weg. Er betrachtet Wahrscheinlichkeiten als objektiv messbare Größen und interessiert sich nicht dafür, wie sie zu berechnen sind. Er stellt vielmehr ein Axiomensystem auf, das Aussagen darüber macht, wie Wahrscheinlichkeiten von zusammengesetzten Ereignissen mit den Wahrscheinlichkeiten der einzelnen Ereignisse zusammenhängen. Man kann seinen Zugang zur Modellierung des Zufalls als in der Tradition von Laplace stehend betrachten, wenn man die Laplace'schen Ereignisse als prädefinierte Alternativen eines Modells interpretiert. Das Kolmogorov'sche System ist eine Art Katalog von Minimalforderungen an die Konsistenz von Wahrscheinlichkeiten verschiedener Ereignisse. Es ist fast vollständig der *Maßtheorie* (Abschn. 2.3 und 2.5) entlehnt, die wiederum eine Weiterentwicklung der Integrationstheorie im Sinne von Lebesgue (Abschn. 2.3) ist. Kolmogorov geht hier nicht wie Laplace von endlich vielen gleich wahrscheinlichen Elementarereignissen aus, sondern betrachtet eine Menge von Teilmengen A eines Raumes X, denen man jeweils eine „Größe" oder „Masse" $P(A)$ zuschreiben kann (das P steht hier für das französische *probabilité* oder das englische *probability*). Der ganze Raum soll dabei die „Masse" $P(X) = 1 = 100\%$ haben. Die Zahl $P(A)$ wird letztlich als Wahrscheinlichkeit für A interpretiert, aber die Axiome sagen nur etwas über die Eigenschaften von P als Funktion aus. Die Vorgabe einer solchen Funktion P stellt dann ein Modell dar, und die Axiome erlauben es dem Mathematiker, Sätze über dieses Modell zu beweisen, deren Aussagen man gegen die Realität stellen kann. Vom Ergebnis dieser Gegenüberstellung hängt es dann ab, ob man das Modell beibehalten will oder nicht.

Unter dem Blickwinkel dieser objektivistischen Sichtweise von Wahrscheinlichkeit ist die Bestimmung des Modells, das heißt der zugrunde gelegten Funktion P, eine experimentelle Aufgabe. Es sind Daten zu sammeln, und die *schließende Statistik* liefert Methoden zur Entwicklung von Hypothesen und Tests, die Rückschlüsse von den Daten auf die vorliegende Wahrscheinlichkeitsverteilung zulassen.

Mit Kolmogorov lässt sich der Begriff des Zufallsexperiments auf der Basis der Mengenlehre präzisieren.

Beispiel 2.23 (Ergebnisse und Ereignisse) Die konkreten Ergebnisse eines Zufallsexperiments heißen *Elementarereignisse*. Die Menge aller Elementarereignisse wird *Ergebnisraum*, *Ergebnismenge* oder auch *Stichprobenmenge* genannt und in der Regel mit Ω bezeichnet.

Beispiele für Ergebnisräume sind:

- Werfen eines Würfels: $\Omega = \{1, 2, 3, 4, 5, 6\}$,
- Wartezeit an einer Ampel: $\Omega = \{\omega \in \mathbb{R} \mid \omega \geq 0\}$,
- Betriebszustand von n Maschinen, defekt ($\equiv 1$) oder intakt ($\equiv 0$): $\Omega = \{(\omega_1, \ldots, \omega_n) \mid \omega_i \in \{0, 1\}, i = 1, \ldots, n\}$.

Falls Ω endlich oder höchstens abzählbar unendlich ist, versteht man unter einem *Ereignis* irgendeine Teilmenge A der Stichprobenmenge Ω. Das heißt, die Menge aller Ereignisse ist gerade die Potenzmenge $\mathfrak{P}(\Omega) = \{N \mid N \subseteq \Omega\}$ von Ω. Man nennt $(\Omega, \mathfrak{P}(\Omega))$ dann einen *diskreten Mess-* oder *Ereignisraum*. Die übliche Sprechweise ist: „Das Ereignis A ist eingetreten, wenn der beobachtete Ausgang ω des Zufallsexperiments in A liegt ($\omega \in A$)."

Beispiele für Ereignisse sind:

- das Ereignis „gerade Augenzahl": $A = \{2, 4, 6\}$,
- das Ereignis, dass mindestens zwei Geräte defekt sind:
  $A = \{\omega \in \Omega \mid \omega_1 + \cdots + \omega_n \geq 2\}$

Die mengentheoretischen Operationen haben intuitive Interpretationen im Sinne von Ereignissen.

Beispiel 2.24 Seien $A, B, A_1, A_2, \ldots$ Ereignisse. Dann gilt:

$$\Omega \quad := \text{„Sicheres Ereignis, das immer eintritt"}$$
$$\emptyset \quad := \text{„Unmögliches Ereignis, das nie eintreten kann"}$$
$$A \cup B := \text{„}A \text{ oder } B \text{ treten ein"}$$
$$A \cap B := \text{„}A \text{ und } B \text{ treten ein"}$$
$$A \backslash B \quad := \text{„}A, \text{ aber nicht } B, \text{ tritt ein"; kurz: „}A \text{ ohne } B\text{"}$$
$$\overline{A} = \Omega \backslash A := \text{„}A \text{ tritt nicht ein"}$$
$$\textstyle\bigcup_{n \in \mathbb{N}} A_n \quad := \text{„Mindestens ein } A_n \text{ tritt ein"}$$
$$\textstyle\bigcap_{n \in \mathbb{N}} A_n \quad := \text{„Alle } A_n \text{ treten ein"}$$

Ziel einer wahrscheinlichkeitstheoretischen Modellbildung ist es nun, jedem Ereignis A eine Maßzahl $P(A)$ zuzuordnen, die angibt, welche Chance A hat, bei einem Zufallsexperiment einzutreten. Die Zahl $P(A)$ wird dann als *Wahrscheinlichkeit* für das Eintreten des Ereignisses A interpretiert.

Im Beispiel der fairen Einsatzaufteilung geht man von einer festen Gewinnchance bei einem einzelnen Spielzug aus und ermittelt die Gewinnchance des zusammengesetzten komplizierteren Spiels durch Abzählen der „günstigen" Ausgänge. Wenn man die Gewinnchancen der einzelnen Spielzüge nicht kennt (z. B. beim Wurf eines gezinkten Würfels) oder das Spiel nicht in überschaubare Spielzüge zerlegen kann (z. B. beim Pferderennen), kann man nicht berechnen, wie die Gewinnwahrscheinlichkeiten des Zufallsexperiments sind. In diesem Fall ist es ein naheliegender Weg, die Wahrscheinlichkeiten empirisch zu ermitteln: Das Zufallsexperiment wird n-mal unter gleichen Bedingungen durchgeführt. Dabei wird beobachtet, wie oft das Ereignis A eingetreten ist. Diese Zahl wird mit $H(A)$ bezeichnet und *absolute Häufigkeit* genannt. Für jedes Ereignis A heißt

$$h(A) = \frac{H(A)}{n}$$

die *relative Häufigkeit* von A (in einer Versuchsreihe der Länge n). Der Nachteil dieser Maßzahl ist, dass $h(A)$ von n und der jeweiligen Versuchsreihe mit deren Bedingungen abhängt. Die Erfahrung zeigt jedoch, dass sich die relativen Häufigkeiten für immer größer werdende n stabilisieren. Man benutzt diese Erfahrung, um Gewinnwahrscheinlichkeiten für ein einzelnes Spiel empirisch zu „bestimmen". Es ist eine Aufgabe der Statistik, Methoden für diese Bestimmung sowie Qualitätskriterien für diese Methoden zu entwickeln. Hat man erst mal Gewinnwahrscheinlichkeiten von Einzelereignissen bestimmt (unabhängig davon, wie man dazu kommt), kann man Gewinnwahrscheinlichkeiten von kombinierten Ereignissen berechnen. Allerdings muss man festlegen, welche Rechenoperationen man dabei zulässt. Kolmogorovs Axiomensystem abstrahiert die folgenden Eigenschaften relativer Häufigkeiten:

- Nichtnegativität: $H(A) \geq 0$, das heißt $h(A) \geq 0$.
- Normiertheit: $H(\Omega) = n$, das heißt $h(\Omega) = 1$.
- Additivität: Für $A \cap B = \emptyset$ gilt $H(A \cup B) = H(A) + H(B)$, das heißt $h(A \cup B) = h(A) + h(B)$.

Zunächst führt Kolmogorov eine Teilmenge $\mathfrak{F} \subseteq \mathfrak{P}(\Omega)$ von *zulässigen* Ereignissen ein, die bestimmte Eigenschaften haben muss (die sie zu einer sogenannten *σ-Algebra* machen).

Definition 2.25 (Kolmogorov-Axiome) Ein *Wahrscheinlichkeitsmaß* ist eine Abbildung $P : \mathfrak{F} \to \mathbb{R}$ mit folgenden Eigenschaften:

(i) *Nichtnegativität*: Für alle $A \in \mathfrak{F}$ gilt $P(A) \geq 0$.
(ii) *Normiertheit*: $\Omega \in \mathfrak{F}$ und $P(\Omega) = 1$.
(iii) P ist *σ-additiv*, das heißt, für jede Folge $A_1, A_2, \ldots$ von paarweise unvereinbaren Ereignissen ($A_i \cap A_j = \emptyset$ für $i \neq j$) gilt

$$P\left(\bigcup_{j \in \mathbb{N}} A_j\right) = \sum_{j \in \mathbb{N}} P(A_j).$$

Das Tripel $(\Omega, \mathfrak{F}, P)$ heißt dann *Wahrscheinlichkeitsraum* über Ω.

Die Notwendigkeit der Einführung einer σ-Algebra ergibt sich dadurch, dass für nichtdiskrete Stichprobenmengen die Existenz von passenden Maßen in der Regel nicht gewährleistet werden kann. Je größer $\mathfrak{F}$ ist, desto schwieriger ist es, ein Wahrscheinlichkeitsmaß P darauf zu finden.

Man kann sich weiter die Frage stellen, warum Kolmogorov auf der σ-Additivität besteht und sich nicht mit der einfachen Additivität zufriedengibt. Die Antwort ist, dass Additivität allein für die Gültigkeit diverser Rechen- und Beweismethoden, die man in diesem Kontext gerne benutzt, nicht ausreicht.

Das heißt, wenn man hier die Anforderungen im Axiomensystem etwas verschärft, hat man hinterher einen sehr viel leistungsfähigeren Werkzeugkasten.

Wir betrachten als Beispiel die wahrscheinlichkeitstheoretische Modellierung des Würfelns. Weil Kolmogorovs Axiome nichts darüber aussagen, was die Wahrscheinlichkeiten für das Würfeln bestimmter Zahlen sind, kann man sie auch dazu benutzen, Würfelspiele mit gezinkten Würfeln zu modellieren.

Beispiel 2.26 (Würfeln) Der Ergebnisraum ist $\Omega = \{1, 2, 3, 4, 5, 6\}$, und wir können $\mathfrak{F} = \mathfrak{P}(\Omega)$ wählen.

(i) Ein fairer Würfel muss für jedes Ergebnis die gleiche Wahrscheinlichkeit liefern, das heißt, es muss $P(\{j\}) = \frac{1}{6}$ für jedes $j = 1, 2, 3, 4, 5, 6$ gelten. Möchte man jetzt die Wahrscheinlichkeit dafür berechnen, dass man eine gerade Zahl würfelt, so hat man $P(\{2, 4, 6\})$ zu berechnen. Wegen der Additivität von P ergibt sich

$$P(\{2, 4, 6\}) = P(\{2\}) + P(\{4\}) + P(\{6\}) = \frac{1}{6} + \frac{1}{6} + \frac{1}{6} = \frac{1}{2}.$$

(ii) Wir betrachten einen gezinkten Würfel mit $P(\{1\}) = \frac{1}{4}$ und $P(\{j\}) = \frac{1}{6}$ für $j = 2, 3, 4, 5$. Die Normiertheit von P erzwingt, dass

$$P(\{6\}) = 1 - \frac{1}{4} - 4 \cdot \frac{1}{6} = \frac{1}{12}.$$

Damit erhält man

$$P(\{2, 4, 6\}) = P(\{2\}) + P(\{4\}) + P(\{6\}) = \frac{1}{6} + \frac{1}{6} + \frac{1}{12} = \frac{5}{12}.$$

Ganz allgemein lässt sich aus dem Axiomensystem eine Reihe von Rechenregeln für Wahrscheinlichkeiten ableiten, die weit über die intuitiv sofort fassbaren Interpretationen aus Beispiel 2.24 hinausführen.

Beispiel 2.27 (Rechenregeln)

(i) $P(\emptyset) = 0$, da $1 = P(\Omega) = P(\Omega \cup \emptyset \cup \cdots \cup \emptyset \cup \ldots) = P(\Omega) + P(\emptyset) + \ldots$

(ii) *Additivität*: Wenn $A \cap B = \emptyset$, dann gilt $P(A \cup B) = P(A) + P(B)$.

(iii) $P(\overline{A}) = 1 - P(A)$ gilt wegen der disjunkten Zerlegung $\Omega = A \,\dot\cup\, \overline{A}$.

(iv) *Monotonie*: Wenn $A \subseteq B$, dann gilt $P(A) \leq P(B)$, wie man aus der Zerlegung $B = A \,\dot\cup\, (B \setminus A)$ sieht. Aus dieser Eigenschaft folgt insbesondere $P(A) \leq 1$ für alle $A \in \mathfrak{F}$, da stets $A \subseteq \Omega$ gilt.

(v) *Additionssatz*: Für beliebige $A, B \in \mathfrak{F}$ gilt

$$P(A \cup B) = P(A) + P(B) - P(A \cap B).$$

Den Additionssatz sieht man wie folgt ein: Die Relationen $A \cup B = A \cup (B \setminus A)$ und $A \cap (B \setminus A) = \emptyset$ liefern

$$P(A \cup B) = P(A \cup (B \setminus A)) = P(A) + P(B \setminus A).$$

Die Relationen $(A \cap B) \cup (B \setminus A) = B$ sowie $(A \cap B) \cap (B \setminus A) = \emptyset$ ergeben

$$P(B) = P((A \cap B) \cup (B \setminus A)) = P(A \cap B) + P(B \setminus A).$$

Zusammen findet man $P(B \setminus A) = P(B) - P(A \cap B)$ und schließlich

$$P(A \cup B) = P(A) + P(B) - P(A \cap B).$$

Die angegebenen Rechenregeln für Wahrscheinlichkeiten sind Anfang und Grundlage für diverse Rechenverfahren zur Berechnung von Wahrscheinlichkeiten komplizierter stochastischer Konfigurationen.

Ein weiteres zentrales Konzept, das es in vielen Fällen überhaupt erst ermöglicht, Wahrscheinlichkeiten komplexer Konfigurationen von Ereignissen zu berechnen, ist die *stochastische Unabhängigkeit*: Sie wird durch das Axiomensystem von Kolmogorov quantitativ fassbar. Zwei Ereignisse A und B heißen unabhängig, wenn

$$P(A \cap B) = P(A) \cdot P(B).$$

Beispiel 2.28 Wir betrachten zwei unterscheidbare Würfel (einer rot, einer blau). Der Ergebnisraum Ω besteht dann aus allen Paaren (i, j) mit $i, j \in \{1, 2, 3, 4, 5, 6\}$, wobei die erste Zahl das Ergebnis des ersten Würfels ist (sagen wir des roten) und die zweite Zahl das Ergebnis des zweiten Würfels. Insgesamt sind $6 \cdot 6 = 36$ verschiedene Ergebnisse möglich. Wenn die Würfel nicht gezinkt sind und sich gegenseitig nicht beeinflussen, sollten alle Ergebnisse gleich wahrscheinlich sein, das heißt $P(\{(i, j)\}) = \frac{1}{36}$.

(i) Seien jetzt $M, N \subseteq \{1, 2, 3, 4, 5, 6\}$ beliebige Teilmengen und A, B die Ereignisse „Das Ergebnis des roten Würfels liegt in M" bzw. „Das Ergebnis des blauen Würfels liegt in N". Dann besteht A aus $m \cdot 6$ Paaren, wobei m die Anzahl der Elemente von M ist. Analog besteht B aus $n \cdot 6$ Paaren, wobei n die Anzahl der Elemente von N ist. Das Ereignis $A \cap B$ ist gerade $M \times N$, besteht also aus $m \cdot n$ Paaren. Zusammen finden wir

$$P(A \cap B) = \frac{m \cdot n}{36} = \frac{m \cdot 6}{36} \cdot \frac{n \cdot 6}{36} = P(A) \cdot P(B),$$

das heißt, A und B sind unabhängig. Das entspricht der Anschauung, dass die Würfelergebnisse des roten und des blauen Würfels unabhängig voneinander sein sollten, wenn sich die Würfel nicht gegenseitig beeinflussen.

(ii) Man kann aber auch unabhängige Ereignisse finden, denen man das nicht von vornherein ansieht. Sei zum Beispiel A das Ereignis „Die Summe der beiden Ergebnisse ist gerade" und B das Ereignis „Das Ergebnis des blauen Würfels ist gerade". Dann besteht

$$A = \big\{(i, j) \mid i, j \in \{2, 4, 6\}\big\} \cup \big\{(i, j) \mid i, j \in \{1, 3, 5\}\big\}$$

aus $3 \cdot 3 + 3 \cdot 3 = 18$ Paaren und

$$B = \big\{(i, j) \mid i \in \{1, 2, 3, 4, 5, 6\}, j \in \{2, 4, 6\}\big\}$$

aus $6 \cdot 3 = 18$ Paaren. Mit der Additivität von P erhält man $P(A) = P(B) = \frac{18}{36} = \frac{1}{2}$. Andererseits besteht

$$A \cap B = \big\{(i, j) \mid i, j \in \{2, 4, 6\}\big\}$$

aus $3 \cdot 3 = 9$ Paaren, das heißt $P(A \cap B) = \frac{9}{36} = \frac{1}{4}$. Insgesamt finden wir

$$P(A \cap B) = \frac{1}{4} = \frac{1}{2} \cdot \frac{1}{2} = P(A) \cdot P(B),$$

das heißt, A und B sind unabhängig.

(iii) Sei jetzt A das Ereignis „Die Summe der beiden Ergebnisse ist größer als
9" und B das Ereignis „Das Ergebnis des blauen Würfels ist kleiner als 5".
Dann besteht

$$A = \{(4,6), (6,4), (5,5), (5,6), (6,5), (6,6)\}$$

aus sechs Paaren und

$$B = \big\{(i,j) \mid i \in \{1,2,3,4,5,6\}, j \in \{1,2,3,4\}\big\}$$

aus $6 \cdot 4 = 24$ Paaren. Andererseits ist

$$A \cap B = \{(6,4)\},$$

das heißt $P(A \cap B) = \frac{1}{36}$. Insgesamt finden wir

$$P(A \cap B) = \frac{1}{36} \neq \frac{1}{9} = \frac{6}{36} \cdot \frac{24}{36} = P(A) \cdot P(B),$$

das heißt, A und B sind nicht unabhängig.

Von besonderer Bedeutung ist die Unabhängigkeit für die Berechnung von Wahrscheinlichkeiten vielfach iterierter Zufallsexperimente. Nur wenn sich der Würfel
nicht an die früheren Würfe „erinnert", ergeben sich aus den Kolmogorov-Axiomen
Wahrscheinlichkeiten, die mit den beobachteten relativen Häufigkeiten kompatibel
sind (Gesetz der großen Zahlen; Satz 2.32), und Gauß'sche Glockenkurven für die
Verteilung von gemittelten Größen (zentraler Grenzwertsatz).

Zufallsvariablen
Der Begriff des Wahrscheinlichkeitsraumes erlaubt es, ausgehend von einem Wahrscheinlichkeitsmaß, die Wahrscheinlichkeiten von zusammengesetzten Ereignissen
zu berechnen. Dabei kann das Wahrscheinlichkeitsmaß durch eine Modellierung
oder ein empirisches Experiment vorgegeben sein.

Oftmals interessiert man sich aber gar nicht in allen Details für diese Wahrscheinlichkeiten, sondern nur für gewisse abgeleitete Größen wie etwa Gewinnerwar-
tungen. Typischerweise modelliert man solche abgeleiteten Größen als Funktionen
$X \colon \Omega \to \mathbb{R}$, die man *Zufallsvariablen* nennt.

Man kann durch eine Zufallsvariable $X(\omega)$ zum Beispiel die Gewinnausschüttung
eines Glücksspiels modellieren und dann nach der Wahrscheinlichkeit dafür fragen,
dass der Gewinn eine gewisse Höhe hat. Betrachtet man die Wahrscheinlichkeit, dass
die Zufallsvariable eine gewisse Höhe nicht überschreitet, als Funktion dieser Höhe,
so erhält man die *Verteilungsfunktion* der Zufallsvariablen.

Beispiel 2.29 (Verteilungsfunktion) Sei $X(\omega)$ die Gewinnausschüttung beim Spielausgang $\omega \in \Omega$. Man interessiert sich dann beispielsweise für die Wahrscheinlichkeit dafür, dass X einen bestimmten Wert annimmt. Wenn $\Omega = \{\omega_1, \omega_2, \ldots\}$ abzählbar und der zugehörige Wahrscheinlichkeitsraum gleich $(\Omega, \mathfrak{P}(\Omega), P)$ ist, dann ist die Wahrscheinlichkeit $P(X = t)$ dafür, dass die Gewinnausschüttung gleich t ist, durch

$$P(X = t) = \sum_{X(\omega) = t} P(\omega)$$

gegeben. In solchen Fällen spricht man von *diskreten Verteilungen*. Die Wahrscheinlichkeit $P(X \leq t)$ dafür, dass die Gewinnausschüttung kleiner oder gleich t ist, ist dann durch $P(X \leq t) = \sum_{X(\omega) \leq t} P(\omega)$ gegeben. Die Funktion $F_X(t) := P(X \leq t)$ heißt die *Verteilungsfunktion* der Zufallsvariablen. Sie ist stufenförmig mit Stufen der Höhe $P(X = t)$ an den Stellen t.

Allgemein setzt man $P(X \in A) = \sum_{X(\omega) \in A} P(\omega)$ für jede Teilmenge A von $\mathbb{R}$. Damit kann man die Unabhängigkeit zweier Zufallsvariablen X und Y definieren, indem man verlangt, dass für $A, B \subseteq \mathbb{R}$ immer

$$P(X \in A, Y \in B) := \sum_{\substack{X(\omega_1) \in A \\ Y(\omega_2) \in B}} P(\omega_1) P(\omega_2) = P(X \in A) \cdot P(Y \in B)$$

gilt. Es ist möglich, wenn auch technisch etwas aufwendiger, all diese Definitionen auf überabzählbare (Abschn. 2.3) Wahrscheinlichkeitsräume auszudehnen. Insbesondere tritt dann oft die Situation auf, dass sich $F_X(t)$ als Integral $\int_{-\infty}^{t} f_X(\tau) \, d\tau$ schreiben lässt. In diesem Fall nennt man die Funktion f_X die zu F_X gehörige *Dichtefunktion*.

Beispiel 2.30

(i) Die *Binomialverteilung* hängt von zwei Parametern ab: einer natürlichen Zahl n und einer reellen Zahl $p \in [0, 1]$. In diesem Beispiel interessiert man sich nur für ganzzahlige t. Für $t \in 0, 1, 2, \ldots, n$ lässt sich die zugehörige Funktion $P(X = t)$ durch die Formel

$$B(n, p)(t) = \binom{n}{t} p^t (1-p)^{n-t} = \frac{n \cdot (n-1) \cdots (n-t+1)}{t \cdot (t-1) \cdots 1} p^t (1-p)^{n-t}$$

angeben.

Auf diese Weise erhält man diskrete Binomialverteilungen, die man zum
Beispiel bei mehrfach wiederholten Zufallsexperimenten mit zwei alternativen Ausgängen wie mehrfachem Münzwurf oder mehrfach durchgeführten Stichproben in der Qualitätskontrolle findet. Der Parameter n modelliert dann die Anzahl der Versuche, und der Parameter p modelliert die
Wahrscheinlichkeit, dass bei einem einzelnen Versuch das zu untersuchende
Ereignis eintritt. Zum Beispiel kann beim Münzwurf mit einer fairen Münze
$p = 0,5$ die Wahrscheinlichkeit für „Zahl" sein. In der Qualitätskontrolle
kann das Ereignis „Das geprüfte Teil ist fehlerhaft" sein, und p ist dann
die Fehlerquote, zum Beispiel 0,01. Die Zahl $B(n, p)(t)$ gibt an, wie groß
die Wahrscheinlichkeit ist, dass das Ereignis t-mal eintritt. In der folgenden Grafik findet man die Funktionen $B(100, p)$ für Parameter $p = 0,3$,
$p = 0,4$ und $p = 0,5$.

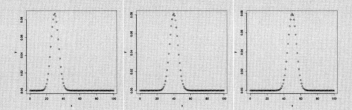

Für allgemeine Zahlen $t \in [0, \infty]$ gewinnt man $B(n, p)(t)$ durch eine
relativ komplizierte Interpolation aus den Werten $B(n, p)(t)$ für $t = 0, 1, 2, \ldots, n$. Diese Interpolationen kann man in einer Grafik zusammen-
fassen und so besser sehen, wie die Verteilungen sich mit p verändern.

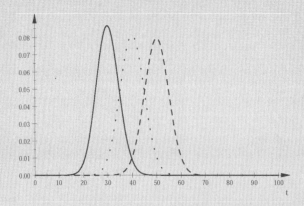

Parameter $p = 0,3$ (—), $p = 0,4$ ($\cdots$) und $p = 0,5$ (- - -).

(ii) Die *Poisson-Verteilung* hängt von einem reellen Parameter λ ab. Die zugehörige Dichtefunktion ist durch die Formel

$$P(\lambda)(t) = \begin{cases} \frac{\lambda^t e^{-\lambda}}{\lambda!} & t \geq 0 \\ 0 & t < 0 \end{cases}$$

gegeben. In der folgenden Grafik findet man $P(\lambda)$ für $\lambda = 1$ (—), $\lambda = 0,5$ ($\cdots$) und $\lambda = 2$ (- - -).

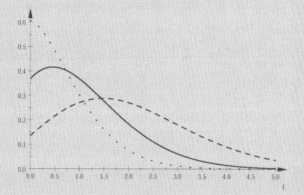

Die Poisson-Verteilung taucht in ähnlichen Kontexten wie die Binomialverteilung auf und lässt sich mathematisch sogar als Grenzwert von Binomialverteilungen für große n auffassen. Allerdings muss man dann kleine p nehmen. Genauer gesagt, muss man $\frac{\lambda}{n} = p$ in der Formel für $B(n, p)$ setzen und den Grenzwert für $n \to \infty$ betrachten. Der Parameter λ ist dann so etwas wie eine durchschnittliche Rate. Man benutzt die Poisson-Verteilung zur Modellierung von Häufigkeitsverteilungen voneinander unabhängiger Ereignisse wie die Anzahl von Kunden an einem Bedienungsschalter.

(iii) Die *Exponentialverteilung* hängt von einem positiven Parameter λ ab. Die zugehörige Dichtefunktion ist durch die Formel

$$E(\lambda)(t) = \begin{cases} \frac{e^{-\frac{t}{\lambda}}}{\lambda} & t \geq 0 \\ 0 & t < 0 \end{cases}$$

gegeben. In der folgenden Grafik findet man $E(\lambda)$ für $\lambda = 1$ (—), $\lambda = 2$ ($\cdots$) und $\lambda = 3$ (- - -).

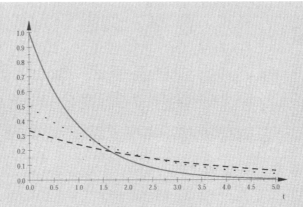

In den Anwendungen tauchen Exponentialverteilungen in der Modellierung
von Wartezeiten auf. Das kann zum Beispiel die Restlebensdauer elektronischer Bauteile sein.

(iv) Die *Normalverteilung* hängt von zwei Parametern ab: einer reellen Zahl μ
und einer positiven Zahl σ. Die zugehörige Dichtefunktion ist durch die
Formel

$$N(\mu, \sigma)(t) = \frac{1}{\sigma\sqrt{2\pi}}\, e^{-\frac{1}{2}\left(\frac{t-\mu}{\sigma}\right)^2}$$

gegeben. In der folgenden Grafik findet man $N(0, \sigma)$ für $\sigma = 1$ (—),
$\sigma = 0{,}5$ ($\cdots$) und $\sigma = 2$ (- - -).

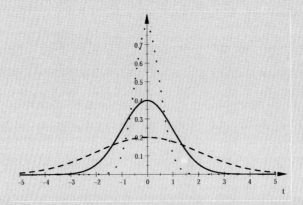

Die Normalverteilung hat eine ganz besondere Bedeutung, weil sie im
Grenzwert als Verteilung von Durchschnittswerten vieler unabhängiger
Zufallsexperimente mit identischen Verteilungsfunktionen auftaucht. Die
Dichtefunktion der Normalverteilung heißt auch *Gauß'sche Glockenkurve*.
Die Parameter μ und σ beschreiben die Lage des Maximums der Dich-

tefunktion und die „Breite" der Glocke. Beide Zahlen haben wahrscheinlichkeitstheoretische Interpretationen: μ ist der Erwartungswert und σ^2 die
Varianz der Normalverteilung (Definition 2.31).

Wenn man entscheiden muss, ob man sich an einem Glücksspiel beteiligen will,
möchte man die Gewinnchancen kennen. Die Gewinnerwartung ist bei einer ange-
dachten Investition eine ganz entscheidende Größe. Die relevante stochastische
Größe in diesem Kontext ist der *Erwartungswert* einer Zufallsgröße.

Definition 2.31 (Erwartungswert) Der Erwartungswert $E[X]$ einer Zufallsgröße X ist ein gewichteter Durchschnitt aller möglichen Auszahlungen. Das
Gewicht ist dabei die Wahrscheinlichkeit dafür, dass es zu dieser Auszahlung
kommt:

$$E[X] := \sum_{X(\omega)=t} t\, P(\omega) = \sum_t t\, P(X = t)$$

In dieser Summe wird über alle Paare (ω, t) mit $X(\omega) = t$ summiert. Wenn der
Erwartungswert höher ist als der Einsatz (die Kosten), wird man dazu tendieren,
sich auf das Spiel (die Investition) einzulassen. Es besteht allerdings das Risiko,
dass man trotzdem verliert. Eine mögliche Maßzahl für dieses Risiko ist die
Varianz $\mathbf{Var}(X)$ der Zufallsvariable, die durch

$$\mathbf{Var}[X] := \sum_{X(\omega)=t} \left(t - E[X]\right)^2 P(\omega) = \sum_t \left(t - E[X]\right)^2 P(X = t)$$

gegeben ist.

Ist die Wahrscheinlichkeit dafür, dass die Zufallsvariable vom Erwartungswert (stark)
abweicht, sehr klein, dann ist die Varianz eher klein. Umgekehrt, wenn der Erwartungswert durch Mittelung sehr unterschiedlicher Ergebnisse zustande kommt, ist
die Varianz eher groß. Allerdings hängen Erwartungswert und Varianz von der Ska-
lierung der Zufallsgröße ab, das heißt zum Beispiel davon, welche Einheit man für
die zu beschreibenden Größen verwendet. Es gelten zum Beispiel für einen Skalie-
rungsfaktor $c > 0$ die Identitäten

$$E[c \cdot X] = c \cdot E[X] \quad \text{und} \quad \mathbf{Var}[c \cdot X] = c^2 \cdot \mathbf{Var}[X].$$

Will man ein skalierungsinvariantes Maß für das Risiko, ein Ergebnis „weit weg"
vom Erwartungswert zu erhalten, so kann man den Quotienten $\frac{\mathbf{Var}[X]}{E[X]^2}$ benutzen.

Ein Grund, warum Erwartungswert und Varianz in der Stochastik eine so wichtige Rolle spielen, ist, dass für viele Familien von Verteilungsfunktionen Erwartungswert und Varianz ausreichen, um eine spezielle Verteilung zu kennzeichnen.

Der Erwartungswert ist als Entscheidungsparameter relevant, weil bei oftmaliger Wiederholung eines Spiels die durchschnittlichen „Gewinnausschüttungen" mit hoher Wahrscheinlichkeit nahe beim Erwartungswert liegen. Dies spiegelt die empirische Beobachtung wider, nach der sich die relativen Häufigkeiten für große Stichprobenumfänge stabilisieren. Die mathematisch präzise gefasste Aussage dieser Art nennt man das *Gesetz der großen Zahlen.*

Satz 2.32 (Gesetz der großen Zahlen) *Für* $\varepsilon > 0$ *gilt*

$$P\left(\left|\frac{1}{n}\sum_{i=1}^{n}X_i - \mathbf{E}[X]\right| \geq \varepsilon\right) \leq \frac{1}{n\varepsilon^2}\mathbf{Var}[X],$$

wobei die X_i die Zufallsvariable für die i-te Iteration des Zufallsexperiments ist, das durch die Zufallsvariable X beschrieben wird.

Das Gesetz der großen Zahlen sagt also, die *Wahrscheinlichkeit* dafür, dass der durchschnittliche Wert einer Zufallsvariable sich vom Erwartungswert mehr als ε unterscheidet, wird für große n klein (in Abhängigkeit von ε). Es ist aber keinesfalls sicher, dass der Mittelwert nahe beim Erwartungswert liegt.

Wie schon bei der Einführung der Unabhängigkeit erwähnt, lässt sich diese Aussage nur zeigen, wenn die Iterationen des Versuchs unabhängig sind. Für das Beispiel des Würfelns ist der entscheidende Punkt, dass die Wahrscheinlichkeit, beim 1000. Versuch, eine Eins zu würfeln, immer noch $\frac{1}{6}$ ist, wenn man schon 999 Einsen gewürfelt hat. Natürlich würde man unter diesen Umständen vermuten, dass der Würfel gezinkt ist. Wenn dem aber nicht so ist, ist es zwar unwahrscheinlich, aber nicht unmöglich, 999 Einsen am Stück zu würfeln. Genauer gesagt, die Wahrscheinlichkeit 999 Einsen am Stück zu würfeln, ist $\frac{1}{6^{999}}$, und die Wahrscheinlichkeit, 1000 Einsen am Stück zu würfeln, ist $\frac{1}{6^{1000}} = \frac{1}{6} \cdot \frac{1}{6^{999}}$. Das eine Sechstel ist dabei gerade die Wahrscheinlichkeit, beim 1000. Wurf eine Eins zu würfeln.

Auch andere Eigenschaften von stochastischen Experimenten, die durch Zufallsvariablen beschrieben werden, lassen sich einfacher bestimmen, wenn man sie als Durchschnitte oftmaliger Wiederholungen desselben Experiments betrachten kann. Das bekannteste Resultat in diese Richtung ist der *zentrale Grenzwertsatz*, der besagt, dass Mittelungen von identisch verteilten (unabhängigen) Zufallsvariablen mit festem Mittelwert μ und fester Varianz σ^2 im Grenzwert (für die Mittelung über unendlich viele Wiederholungen) normalverteilt mit den Parametern μ und σ sind (Beispiel 2.30).

Dieser Satz erklärt, warum die Glockenkurve in der Stochastik eine so wichtige Rolle spielt. Man sollte dabei allerdings nicht übersehen, dass die Unabhängigkeitsannahme eine sehr starke Annahme ist und für viele Modellbildungen wohl nur schwer gerechtfertigt werden kann. Auch die Existenz einer endlichen Varianz ist in der Modellierung von Situationen, in denen es extreme Ausreißer gibt, wie zum Beispiel in den Finanzmärkten, nicht evident. Zudem werden Zufallsvariablen oft als normalverteilt angenommen, obwohl sie keine Mittelungen sind. Die Annahme einer Normalverteilung wird also nicht ohne Grund scharf kritisiert. Ein interessantes Beispiel dafür ist [137], wo der Autor den Einsatz von „Gauß-Mathematik" in der quantitativen Analyse von Finanzmarktinstrumenten in Bausch und Bogen verdammt. Seine These ist, dass in den einschlägigen Modellen den sehr unwahrscheinlichen Ereignissen (*black swans* in seiner Diktion) nicht genügend Platz eingeräumt wird. Dieser Einwand ist berechtigt, wird aber in der Forschung schon seit längerer Zeit berücksichtigt.

Aussagen wie das Gesetz der großen Zahlen oder der zentrale Grenzwertsatz, die auf Mittelungen über (unendlich) viele Einzelexperimente beruhen, nennt man oft *asymptotische* Aussagen. Solche asymptotischen Aussagen können zum Beispiel das Verhalten für große Zeiten oder für viele beteiligte Teilchen betreffen. Die Gültigkeit asymptotischer Aussagen rechtfertigt letztendlich den Einsatz stochastischer Methoden in vielen Bereichen: Obwohl die zugrunde liegenden Einzelmechanismen viel zu komplex sind, um präzise modelliert werden zu können, lassen sich bei hinreichend großen Populationen Gesetzmäßigkeiten erkennen. Beispiele für solche Situationen sind das Wahlverhalten eines einzelnen Bürgers, das Kaufverhalten eines einzelnen Kunden, die Bahn einer einzelnen Roulettekugel oder der zeitliche Verlauf eines einzelnen Aktienkurses. Die Gebiete, in denen mit asymptotischen Aussagen gearbeitet wird, reichen von der Physik der Gase und Flüssigkeiten über die Finanz- und Volkswirtschaft bis hin zur Soziologie und zur Qualitätskontrolle und Logistik. Es stellt sich sogar heraus, dass man bei strategischen Planungen (beschrieben im Kontext der Spieltheorie, d. h. formuliert in spieltheoretischen Modellen) oft Optimierungen dadurch erreichen kann, dass man an geeigneten Stellen zufällige Entscheidungen (mit präzise vorgegebenen Wahrscheinlichkeiten) einbaut. In der Quantenphysik sind wahrscheinlichkeitstheoretische Interpretationen schon in die mathematische Modellbildung eingebaut.

Wenn die Quantenmechanik fundamental und die klassische Mechanik nur als Grenzfall der Quantenmechanik zu betrachten ist, kann man fragen, wieso die Modelle der klassischen Mechanik, die auf der Differenzialrechnung beruhen, überhaupt funktionieren. Der Grund liegt in der Durchschnittsbildung. Wenn man viele Freiheitsgrade in einem System hat, wie bei einem makroskopischen Körper, der aus vielen Elementarteilchen besteht, oder einem Gas, das aus vielen Molekülen besteht, lassen sich präzise Aussagen über die einzelnen Objekte nicht treffen, und man tendiert zu wahrscheinlichkeitstheoretischen Modellen. Dann interessiert man sich aber für durchschnittliches Verhalten, also für Mittelwerte verschiedenster Art, und Mittelwerte haben einen glättenden Effekt. Es kann gut sein, dass sich die Mittelwerte in sehr guter Approximation so verhalten wie deterministische Systeme mit wenigen

Freiheitsgraden, die sich mit den Methoden der Differenzialrechnung beschreiben lassen.

Statistik

Statistik hat als wesentliches Ziel, aus Daten Erkenntnisse zu gewinnen. Ihre erste Aufgabe besteht darin, Datenmengen angemessen zu beschreiben. Dazu gehören geeignete grafische Darstellungen genauso wie die Bestimmung von Kenngrößen wie Mittelwert oder Streuung. Das Teilgebiet der Statistik, das sich mit diesen Aufgaben beschäftigt, ist die *deskriptive Statistik*.

Die zweite Aufgabe ist die Entwicklung von Methoden, die es erlauben, aus den gesammelten Daten Rückschlüsse zu ziehen. Diese Rückschlüsse können beschreibender Natur sein, wie die Bestimmung der Häufigkeit eines Merkmals in einer Gesamtbevölkerung. Man versucht aber auch, Hinweise auf kausale Zusammenhänge zwischen verschiedenen Merkmalen zu finden bzw. zu testen. Wir stellen einige wichtige Ideen der *schließenden Statistik* vor, die sich auf die oben besprochenen stochastischen Begriffe stützen: Hypothesentests, Maximum-Likelihood-Ansatz, Bayes'scher Ansatz, Regressionen sowie Korrelation und Chancenverhältnis.

Die Erfahrung zeigt, dass typische stochastische Fragestellungen (etwa die nach Ausschussquoten in Produktionsprozessen, Erkrankungswahrscheinlichkeiten bei Epidemien oder Zerfallswahrscheinlichkeiten in radioaktiven Prozessen) immer wieder auf dieselben Typen von Wahrscheinlichkeitsverteilungen führen, zum Beispiel Normalverteilung, Binomialverteilung oder Poisson-Verteilung. Diese Verteilungen zeichnen sich dadurch aus, dass sie durch eine geringe Anzahl von Parametern festgelegt werden und somit mathematisch handhabbar sind. Für die Familie der Normalverteilungen beispielsweise sind diese Parameter Mittelwert und Varianz.

Ein großer Teil der mathematischen Statistik (parametrische Methoden) lässt sich in die folgende grobe Beschreibung packen: Man hat eine präzise definierte Familie von Wahrscheinlichkeitsräumen und versucht, mit mathematischen Methoden herauszufinden, welches dieser Modelle am besten zu den empirischen Daten passt. Traditionell kamen die mathematischen Methoden, die dabei eingesetzt wurden, aus der Analysis. In den letzten Jahren wurden zunehmend auch Techniken aus anderen Bereichen eingesetzt, zum Beispiel aus der Differenzialgeometrie („Information Geometry" [7]) oder der algebraischen Geometrie („Algebraic Statistics" [35,136]).

Bei den *Hypothesentests* wird über den Wert des Parameters des zugrunde liegenden Modells eine Hypothese aufgestellt, die dann durch Stichproben zu testen ist. Natürlich lassen sich hier die Parameter nicht mit absoluter Sicherheit bestimmen; man muss sich damit zufriedengeben, die Wahrscheinlichkeit dafür zu bestimmen, dass ein Parameter in einem bestimmten Intervall liegt. Bei der Konstruktion von Hypothesentests geht man folgendermaßen vor: Zuerst entscheidet man sich für eine mathematische Modellierung der stochastischen Fragestellung, danach entwirft man eine durch Stichproben messbare Zufallsgröße, aus der man bei voller Stichprobenlänge die gesuchten Parameter berechnen könnte. Diese Zufallsgröße nennt man einen *Schätzer*. Dann muss man die Wahrscheinlichkeiten dafür bestimmen, dass der geschätzte Parameter in einem gegebenen Intervall um den wahren Parameter liegt.

Es gibt bei Hypothesentests diverse Fehlerquellen: Man kann von vornherein ein unbrauchbares mathematisches Modell gewählt haben, sodass alle weiteren Bemühungen zum Scheitern verurteilt sind. Vielleicht hat man einen ungünstigen Schätzer gewählt, der unrealistisch hohe Stichprobenlängen braucht, um einigermaßen verlässliche Aussagen über den wahren Parameter zu liefern. Aber selbst wenn man ein brauchbares Modell mit einem ordentlichen Schätzer hat, bleiben immer noch Wahrscheinlichkeiten für zwei unterschiedliche systematische Fehler: Man kann fälschlicherweise schließen, dass der wahre Parameter im vorgegebenen Intervall liegt, und man kann fälschlicherweise schließen, dass der wahre Parameter im nicht vorgegebenen Intervall liegt. Anders ausgedrückt, man kann die Hypothese akzeptieren, obwohl sie falsch ist, und man kann die Hypothese zurückweisen, obwohl sie richtig ist. Man spricht hierbei von *Fehlern erster* und *zweiter Art*.

Hypothesentests zielen auf konkrete Entscheidungen, wie zum Beispiel darauf, ob man eine Lieferung akzeptieren oder zurückweisen soll. Andere Techniken zielen mehr auf die Verbesserung des zugrunde gelegten mathematischen Modells.

Beim *Maximum-Likelihood-Ansatz* geht man von einer parametrisierten Familie von Modellen mit endlich vielen Zuständen aus und möchte herausfinden, welches der Modelle die konkrete Situation am besten beschreibt. Dazu betrachtet man für jeden möglichen Zustand x die Wahrscheinlichkeit $P_\vartheta(x)$ dafür, diesen Zustand zu finden, wenn man das Modell zum Parameter ϑ zugrunde legt. Ein Schätzer für ϑ ist dann eine Funktion T vom Zustandsraum X in den Parameterraum Θ, die wie folgt interpretiert wird: „Wenn ich x messe, halte ich $T(x)$ für den Parameter des richtigen Modells." So eine Funktion $T : X \to \Theta$ heißt ein *Maximum-Likelihood-Schätzer*, wenn für jedes $x \in X$ die Wahrscheinlichkeit $P_{T(x)}(x)$ die größte aller Wahrscheinlichkeiten $P_\vartheta(x)$ ist. Überraschenderweise gibt es für eine Reihe von Modellfamilien tatsächlich solche optimalen Schätzer.

Der *Bayes'sche Ansatz* zur Ermittlung des besten aus einer Familie von Modellen verwendet das Konzept der *bedingten Wahrscheinlichkeit*. Dabei interessiert man sich für die Wahrscheinlichkeit von Ereignissen, zum Beispiel das Risiko, an Lungenkrebs zu erkranken, unter separaten Voraussetzungen (Raucher/Nichtraucher oder Männer/Frauen). Daraus kann man umgekehrt mithilfe des *Satzes von Bayes* berechnen, wie hoch die Wahrscheinlichkeit eines Krebspatienten ist, zu einer der unterschiedlichen Risikogruppen zu gehören. Man kann dieses Prinzip dazu nutzen, aus Erfahrung zu lernen. Angenommen, eine Haftpflichtversicherung nimmt einen neuen Kunden auf, weiß aber nicht, zu welcher Risikogruppe er gehört (vorsichtig/tollkühn). Sie hat Erfahrungswerte hinsichtlich der Schadenshäufigkeiten der einzelnen Risikogruppen. Nach einer gewissen Zeitperiode stellt die Versicherung alle Schadensfälle des neuen Kunden auf und berechnet mithilfe des Bayes'schen Satzes die Wahrscheinlichkeiten dafür, dass jemand mit der gemessenen Schadenshäufigkeit zu den jeweiligen Risikogruppen gehört. Während die Versicherung zu Anfang von einer A-priori-Verteilung ausgegangen ist (zum Beispiel „Die Zugehörigkeit des Kunden zu einer Risikogruppe ist für jede Risikogruppe gleich wahrscheinlich"), arbeitet sie nach Erhebung der Schadensfälle mit einer A-posteriori-Verteilung, die die Ergebnisse der Erhebung berücksichtigt.

Von *Regression* spricht man, wenn man die Abhängigkeit einer Größe von Einflussgrößen bestimmen will, und aus den zur Verfügung stehenden Graphen denjenigen bestimmt, der am besten zu den Daten passt. Als Beispiel können wir die Bestimmung des Wärmeausdehnungskoeffizienten eines Metallstabs nehmen. Bei steigender Temperatur dehnt sich das Metall aus. Das physikalische Modell sagt, dass die Ausdehnung proportional zur Erwärmung ist. Der Ausdehnungskoeffizient ist eine Materialkonstante, die empirisch bestimmt werden muss. Man misst also die Länge bei unterschiedlichen Temperaturen und versucht, durch die Datenpunkte eine Gerade zu legen, die man dann *Regressionsgerade* nennt. Was dabei „am besten zu den Daten passend" heißt, hängt vom Verfahren ab. Eine Variante ist, die Summe der Quadrate des Abstands der Datenpunkte von der Geraden zu minimieren.

Kausalität, Korrelation und Chancenverhältnis

In allen Wissenschaften sucht man nach Begründungszusammenhängen, das heißt dem *kausalen* Zusammenhang zwischen beobachtbaren Phänomenen. Ein Beispiel illustriert, dass man sehr vorsichtig sein muss, wenn man Zusammenhänge als Kausalitäten interpretieren möchte.

Einer Studie des *Zentrum für Gesundheit (ZfG) der Deutschen Sporthochschule Köln* aus dem Jahr 2009 zufolge haben Schüler, die regelmäßig Sport treiben, im Durchschnitt bessere Noten. Als Ergebnisse der Studie werden genannt:

Sport macht gute Schulnoten! Anhand der Ergebnisse wird deutlich, dass offensichtlich ein Zusammenhang zwischen sportlicher Betätigung und Leistungsfähigkeit besteht. Diejenigen die im Vergleich zu inaktiven Schülern angaben regelmäßig Sport zu treiben, konnten im Durchschnitt einen 0,5 Noten besseren Schnitt vorweisen. Diese Tatsache lässt die Vermutung aufstellen, dass regelmäßige Bewegung zu einem Anstieg der Konzentrations- bzw. Leistungsfähigkeit führt und „bessere" Schulleistungen hervorbringt.

Tischtennis und Turnen machen schlau! So konnte heraus gefunden werden, das Unterschiede in der Sportwahl der„erfolgreichen" bzw. „nicht so erfolgreichen" Schüler bestehen. Diejenigen die angaben Tischtennis zu spielen oder Turnen, erhielten in der Untersuchung die besten Noten. Sie hatten einen Notendurchschnitt von 2,0. Dem gegenüber schnitten diejenigen, die angaben Tennis zu spielen mit einem Schnitt von 2,5 am schlechtesten ab. Gefolgt wurden diese von den Fußballern und den Schwimmern. Das Mittelfeld bildeten Sportarten wie Joggen, Fahrrad fahren, Handball, Reiten und Volleyball. [146]

Das Fazit der Studie ist:

So wird das schulische Geschick nicht allein durch den Fleiß beziehungsweise die Intelligenz des Schülers bestimmt, sondern hängt stark von dem positiven wie negativen Einfluss des sozialen Umfelds des Jugendlichen ab. Auch die körperliche Betätigung kann in diesem Zusammenhang einen entscheidenden Beitrag leisten. Die richtige Sportart führt offensichtlich zu einem anderen Lernerfolg, weil spezielle Ressourcen und Stärken herausgearbeitet werden, von denen Kinder auch in der Schule profitieren. Deswegen sollte nicht nur Nachhilfe auf dem Programm schlechter Schüler stehen – die Eltern sollten ihre Kinder einfach im richtigen Sportverein anmelden. [146]

Aus den Notenunterschieden von Schülern mit unterschiedlichen Sportvorlieben in der Freizeit derart weitreichende Schlüsse über ursächliche Zusammenhänge zu ziehen, ist höchst problematisch. Es ist durchaus denkbar,

- dass weniger begabte Schüler keine Zeit haben, Sport zu treiben,
- dass intelligente Schüler eher Sport treiben, weil sie wissen, dass es ihnen gut tut,
- dass Eltern, die ihre Kinder mehr fördern, auch dafür sorgen, dass sie Sport treiben.

Der Fehler in dieser Studie ist die Postulierung von Kausalität an einer Stelle, an der möglicherweise nur das zufällige gleichzeitige Auftreten zweier Phänomene vorliegt.
  Korrelation ist eine Messgröße dafür, wie wahrscheinlich es ist, dass zwei messbare Größen, aus welchen Gründen auch immer, gemeinsam auftreten.

Definition 2.33 (Korrelation) Die *Korrelation* zwischen zwei Zufallsvariablen X und Y wird über die *Kovarianz*

$$\mathbf{Cov}[X, Y] := \mathbf{E}[(X - \mathbf{E}[X])(Y - \mathbf{E}[Y])] = \mathbf{E}[X \cdot Y] - \mathbf{E}[X] \cdot \mathbf{E}[Y]$$

als

$$\kappa(X, Y) := \frac{\mathbf{Cov}[X, Y]}{\sqrt{\mathbf{Cov}[X, X]\mathbf{Cov}[Y, Y]}} = \frac{\mathbf{Cov}[X, Y]}{\sqrt{\mathbf{Var}[X]\mathbf{Var}[Y]}}$$

berechnet.
  Die Korrelation ist eine Zahl zwischen -1 und 1. Der Wert 1 wird zum Beispiel erreicht, wenn $X = aY + b$ mit zwei reellen Konstanten a und b ist, wobei a positiv ist. Den Wert -1 findet man für negatives a. Es ist in der Tat gar nicht schwer nachzuweisen, dass dies die einzigen Möglichkeiten sind, eine Korrelation vom Betrag 1 zu generieren. Wenn $\kappa(X, Y) = 0$, dann nennt man X und Y *unkorreliert*. Mithilfe der hier besprochenen Eigenschaften von Zufallsvariablen lässt sich problemlos zeigen, dass unabhängige Zufallsvariablen unkorreliert sind.

Neben der Korrelation ist auch das *Chancenverhältnis* ein Instrument, mit dem man untersuchen kann, ob systematische Zusammenhänge zwischen zwei messbaren Größen bestehen. Es eignet sich besonders, um etwas über den Zusammenhang zwischen qualitativen Merkmalen herauszufinden, zum Beispiel darüber, ob ein Risikofaktor (Raucher: ja/nein?) etwas mit dem Auftreten einer Krankheit zu tun hat.

Definition 2.34 (Chancenverhältnis) Sei M eine Menge, zum Beispiel von Probanden. R und K seien zwei Merkmale, die diese Probanden haben können. Mit $\overline{R}$ und $\overline{K}$ sei das Nichtvorhandensein des jeweiligen Merkmals bezeichnet. Jetzt berechnet man die *bedingten* Häufigkeiten

$$h(K|R) := \frac{\text{Anzahl der } m \text{ mit } K \text{ und } R}{\text{Anzahl der } m \text{ mit } R},$$

$$h(K|\overline{R}) := \frac{\text{Anzahl der } m \text{ mit } K \text{ und } \overline{R}}{\text{Anzahl der } m \text{ mit } \overline{R}},$$

$$h(\overline{K}|R) := \frac{\text{Anzahl der } m \text{ mit } \overline{K} \text{ und } R}{\text{Anzahl der } m \text{ mit } R},$$

$$h(\overline{K}|\overline{R}) := \frac{\text{Anzahl der } m \text{ mit } \overline{K} \text{ und } \overline{R}}{\text{Anzahl der } m \text{ mit } \overline{R}}.$$

Eine übersichtliche Darstellungsweise für diese relativen Häufigkeiten ist die *Vierfeldertafel*:

	K	$\overline{K}$
R	$h(K|R)$	$h(\overline{K}|R)$
$\overline{R}$	$h(K|\overline{R})$	$h(\overline{K}|\overline{R})$

Die Differenz $\delta := h(K|R) - h(K|\overline{R})$ heißt das *zuschreibbare Risiko*, der Quotient $\psi := \frac{h(K|R)}{h(K|\overline{R})}$ heißt das *relative Risiko*, und der Doppelbruch

$$\omega := \frac{h(K|R)}{h(\overline{K}|R)} : \frac{h(K|\overline{R})}{h(\overline{K}|\overline{R})} = \frac{h(K|R)}{h(K|\overline{R})} \cdot \frac{h(\overline{K}|\overline{R})}{h(\overline{K}|R)}$$

heißt das *Chancenverhältnis* oder *Odds Ratio*.

Wenn $\delta > 0$ bzw. ψ und $\omega > 1$, dann sind das Indikatoren dafür, dass der Risikofaktor R beim Ausbruch der Krankheit K tatsächlich eine Rolle spielt.

Wir betrachten abschließend ein fiktives Beispiel, das ein Statistiker mit Chancen-verhältnissen angehen würde, für das man aber auch Korrelationen berechnen kann. Auch in diesem Beispiel sollte man keine vorschnellen Schlüsse über die kausalen Beziehungen ziehen.

Beispiel 2.35 Wir betrachten einen Schülerjahrgang bestehend aus 40 Jungen und 60 Mädchen. Untersucht werden soll das Begabungsprofil für die Fächer Physik und Geographie. Der Einfachheit halber soll es nur um Hochbegabung gehen, das heißt, es wird nur zwischen Spitzenleistung und Nichtspitzenleistung unterschieden werden. Wir modellieren die Situation wie folgt: $\Omega = \{\omega_1, \ldots, \omega_{100}\}$ ist die Menge der Schüler. Wir ergänzen Ω zu einem Wahrscheinlichkeitsraum $(\Omega, \mathfrak{P}(\Omega), P)$ mit $P(\omega_j) = \frac{1}{100}$ für jedes $j = 1, \ldots, 100$. Diese Setzung von P besagt eigentlich nur, dass man bei Stichproben jeden Schüler mit derselben Wahrscheinlichkeit ziehen möchte. Dann betrachten wir drei Zufallsvariablen X, Y und G auf Ω:

$$X(\omega) := \begin{cases} 1 & \text{falls } \omega \text{ in Physik Spitzenleistungen erbringt,} \\ 0 & \text{falls } \omega \text{ in Physik keine Spitzenleistungen erbringt,} \end{cases}$$

$$Y(\omega) := \begin{cases} 1 & \text{falls } \omega \text{ in Geographie Spitzenleistungen erbringt,} \\ 0 & \text{falls } \omega \text{ in Geographie keine Spitzenleistungen erbringt,} \end{cases}$$

$$G(\omega) := \begin{cases} 1 & \text{falls } \omega \text{ ein Mädchen ist,} \\ 0 & \text{falls } \omega \text{ ein Junge ist.} \end{cases}$$

Seien jetzt die „Spitzenleistungstabellen" für Physik und Geographie bei den Jungen und Mädchen wie folgt gegeben:

♂ X / Y	0	1
0	30	5
1	1	4

♀ X / Y	0	1
0	51	1
1	7	1

Es ergeben sich die Erwartungswerte

$$\mathbf{E}[X] = \mathbf{E}[X \cdot X] = \frac{1}{100}(5 + 4 + 1 + 1) = \frac{11}{100},$$

$$\mathbf{E}[Y] = \mathbf{E}[Y \cdot Y] = \frac{1}{100}(1 + 4 + 7 + 1) = \frac{13}{100},$$

$$\mathbf{E}[G] = \mathbf{E}[G \cdot G] = \frac{1}{100}(60 + 0) = \frac{60}{100},$$

$$\mathbf{E}[X \cdot Y] = \frac{1}{100}(4 + 1) = \frac{5}{100},$$

$$\mathbf{E}[X \cdot G] = \frac{1}{100}(1 + 1) = \frac{2}{100},$$

$$\mathbf{E}[Y \cdot G] = \frac{1}{100}(7 + 1) = \frac{8}{100}$$

und dementsprechend die Kovarianzen

$$\mathbf{Cov}[X, X] = \frac{979}{10\,000}, \quad \mathbf{Cov}[X, G] = \frac{1\,137}{10\,000}, \quad \mathbf{Cov}[Y, G] = \frac{2\,400}{10\,000},$$

$$\mathbf{Cov}[X, Y] = \frac{357}{10\,000}, \quad \mathbf{Cov}[X, G] = -\frac{460}{10\,000}, \quad \mathbf{Cov}[Y, G] = \frac{20}{10\,000}$$

und die Korrelationen

$$\kappa(X, Y) \approx 0{,}33, \quad \kappa(X, G) \approx -0{,}30, \quad \kappa(Y, G) \approx 0{,}01.$$

Um dieses Beispiel durch Chancenverhältnisse zu beschreiben, betrachten wir die Merkmale

$$P = \text{„Spitzenleistungen in Physik“}$$

und

$$G = \text{„Spitzenleistungen in Geographie“}$$

und finden die folgenden Vierfeldertafeln:

♂	P	$\overline{P}$
G	$\frac{4}{5}$	$\frac{1}{5}$
$\overline{G}$	$\frac{5}{35}$	$\frac{30}{35}$

♀	P	$\overline{P}$
G	$\frac{1}{8}$	$\frac{7}{8}$
$\overline{G}$	$\frac{1}{52}$	$\frac{51}{52}$

♂+♀	P	$\overline{P}$
G	$\frac{5}{13}$	$\frac{8}{13}$
$\overline{G}$	$\frac{6}{87}$	$\frac{81}{87}$

Als Chancenverhältnisse erhalten wir $\omega(\male) = 24$, $\omega(\female) = \frac{51}{7} \approx 7,3$ und $\omega(\male + \female) = \frac{135}{16} \approx 8,4$.

Will man die schulischen Leistungen in Abhängigkeit vom Geschlecht untersuchen, betrachtet man die folgenden Vierfeldertafeln:

	P	$\overline{P}$		G	$\overline{G}$
$\male$	$\frac{9}{40}$	$\frac{31}{40}$	$\male$	$\frac{5}{40}$	$\frac{35}{40}$
$\female$	$\frac{2}{60}$	$\frac{58}{60}$	$\female$	$\frac{8}{60}$	$\frac{52}{60}$

Dann ergeben sich die Chancenverhältnisse $\omega_P = \frac{261}{31} \approx 8,4$ und $\omega_G = \frac{52}{56} \approx 0,9$.

Man kann dieses Ergebnis so interpretieren, dass das Geschlecht für Spitzenleistungen in Physik eine größere Rolle spielt als für Spitzenleistungen in Geographie. An dieser Stelle sollte man sich allerdings wieder davor hüten, aus den (wie gesagt fiktiven) Zahlen Schlüsse der Bauart „Jungs haben mehr Talent für Physik als Mädchen" zu ziehen. Die statistischen Parameter legen hier nahe, dass der Zusammenhang zwischen Spitzenleistungen in Physik und Spitzenleistungen in Erdkunde enger ist als der zwischen Spitzenleistungen in Physik und Geschlecht, das heißt, wer in dem einen Fach gut ist, ist in dem anderen Fach tendenziell auch gut. Die Zahlen geben keinerlei Hinweis darauf, ob die jeweiligen Spitzenleistungen auf Talent oder auf andere Faktoren zurückzuführen sind. Wären die Zahlen nicht ohnehin fiktiv, müsste man außerdem kritisieren, dass der Stichprobenumfang zu klein ist, um signifikante Aussagen zu machen.

Typische Vorlesungstitel und Inhalte

Stochastik: Einführende Vorlesungen über Stochastik beginnen üblicherweise mit kombinatorischen Berechnungen von Wahrscheinlichkeiten auf der Basis der Laplace'schen Definition. Dann führt man Zufallsvariablen auf abzählbaren Wahrscheinlichkeitsräumen ein (meist, ohne den Begriff als solchen einzuführen) und studiert verschiedene Klassen von Verteilungsfunktionen. Man bespricht die elementaren Eigenschaften von Erwartungswerten, Varianzen und Korrelationskoeffizienten. Je nach Ausrichtung der Vorlesung führt man das bis zu einer Version des Gesetzes der großen Zahlen, oder man führt die grundlegenden Konzepte für die Behandlung von Hypothesentests ein. Alternativ werden manchmal auch die nach Andrei Andreyevich Markov (1856–1922) benannten *Markov-Ketten* als erste Beispiele für sogenannte *stochastische Prozesse* behandelt. Wenn es sich um eine mehrteilige Vorlesungsreihe handelt, beinhaltet sie in unterschiedlicher Gewichtung den Stoff, den wir hier unter den Überschriften *Wahrscheinlichkeitstheorie, Statistik* und *stochastische Prozesse* auflisten.

Wahrscheinlichkeitstheorie: Am Anfang einer solchen Vorlesung steht meist ein Kapitel über Maßtheorie, das heißt eine Version der Lebesgue'schen Integrationstheorie für allgemeine Räume. Man führt Zufallsvariablen auf beliebigen Wahrscheinlichkeitsräumen ein und zielt dann auf Grenzwertsätze wie verschiedene Varianten des Gesetzes der großen Zahlen und den zentralen Grenzwertsatz. Dazu braucht man die hier besprochenen Konzepte wie Unabhängigkeit und verschiedene Konvergenzbegriffe für Familien von Maßen. Außerdem studiert man verschiedene Familien von Verteilungsfunktionen.

Statistik: Einführungen in die Statistik beginnen in der Regel mit einem Kapitel über *deskriptive* Statistik, in der Kennzahlen von Daten wie empirische Mittelwerte, Streuungen etc. sowie Darstellungsformen von Daten besprochen werden. Daran schließt sich eine Einführung in die *schließende* Statistik an, in der man versucht, aus Daten, die man als „Messwerte" von zugrunde liegenden Zufallsvariablen interpretiert, Rückschlüsse auf die Verteilung der Zufallsvariablen zu ziehen. In der Regel setzt man dabei voraus, dass die Verteilung zu einer vorgegebenen Familie gehört (parametrische Modelle). Daher werden in Vorlesungen zur Statistik üblicherweise diverse Familien von Verteilungsfunktionen ausführlich diskutiert. Die Schlussmethoden behandelt man in der Form von Hypothesentests, die in jeder Statistikvorlesung intensiv studiert werden, oder Regressionsverfahren.

Stochastische Prozesse: Stochastische Prozesse sind zeitabhängige Zufallsvariablen, mit denen man eine Vielzahl von Phänomenen modellieren kann. Am einfachsten sind diejenigen Prozesse zu behandeln, für die die Zeitvariable nur diskrete Werte annehmen kann und für die auch die Zufallsvariablen Werte in diskreten Mengen annehmen. In diese Klasse fallen die schon erwähnten Markov-Ketten, die auch meist am Anfang einer solchen Vorlesung stehen. Je nach Ausrichtung der Vorlesung geht es dann mehr um spezielle Beispielklassen, mit denen man zum Beispiel Warteschlangenprobleme, Irrfahrten oder finanzmathematische Modellierungen beschreiben kann, oder um die mathematischen Grundlegungen. Letzteres heißt, dass die maßtheoretischen Schwierigkeiten, die speziell stochastische Prozesse mit kontinuierlicher Zeit machen, sorgfältig behandelt werden.

2.5 Syntheseprozesse

Die Entwicklung mathematischer Theorie kennt zwei gegenläufige Tendenzen. Einerseits hat man die Tendenz zunehmender Spezialisierung, mit immer feiner werdenden Verästelungen von Fachgebieten mit eigenen Begriffen und Standardtechniken. Andererseits ergeben sich immer wieder Synthesen, wenn separat erscheinende Spezialgebiete als unterschiedliche Spezialfälle ein und derselben übergreifenden Theorie erkannt werden. Oft lassen sich in so einer Theorie Begriffe definieren, unter die sich bekannte Konzepte als Spezialfälle subsumieren lassen. Durch Synthesen entstehen neue mathematische Gebiete, die Elemente aus bestehenden Gebieten unifizieren und erweitern. Zum Beispiel verbinden sich Integrationstheorie und Wahrscheinlichkeitsrechnung in der Maßtheorie (siehe hierzu die Bemerkungen in Abschn. 2.3 und 2.4).

Die Mathematik ist voll von Beispielen dafür, dass man zu Einzeltheorien gemeinsame Verallgemeinerung gefunden oder zumindest Teilaspekte von unterschiedlichen Theorien als Realisierungen ein und derselben Grundidee erkannt hat. Angesichts der rasanten Vermehrung mathematischen Wissens ist dies auch außerordentlich wichtig, denn solche Vereinheitlichungen bringen wieder mehr Ordnung in das hochkomplexe Netzwerk von Theorien, als das man die Mathematik betrachten sollte (Abschn. 4.3). Wir illustrieren dieses Phänomen in diesem Abschnitt am Beispiel der Topologie.

Syntheseprozesse stellen andererseits zielorientiert Methoden aus unterschiedlichen Gebieten zusammen und entwickeln so Konzepte, die in der angewandten Mathematik zur Lösung von konkreten Problemen aus anderen Disziplinen eingesetzt werden können. Solche Methodensammlungen findet man in der Optimierung und in der Numerik.

In den letzten Jahren hat die Verfügbarkeit von Rechenkapazitäten und großen Datenmengen dazu geführt, dass Fragestellungen aus der Informatik insbesondere mit Methoden aus der Statistik behandelt werden können. Zugehörige Schlagwörter, die auch in den Medien vielfach aufgegriffen werden, sind *Machine Learning* (ML), *Big Data, Data Mining* oder, als Oberbegriff, *Data Science*. Oft werden diese Themen zusammen mit dem Themenfeld *Künstliche Intelligenz* (KI, oder AI für *Artificial Intelligence*) verhandelt.

Topologie: Geometrie und Analysis
Aus der euklidischen Geometrie kennen wir die Abstandsmessung, und in der Diskussion der Differenzialrechnung haben wir erläutert, wie Weierstraß den Betrag, das heißt die Abstandsfunktion auf $\mathbb{R}$, zur Erklärung des Grenzwertes benutzte. Mithilfe einer passenden Definition kann man die beiden Ideen zusammenbringen.

Definition 2.36 (Metrik) Sei M eine Menge und $d: M \times M \to \mathbb{R}_+ := \{r \in \mathbb{R} \mid r \geq 0\}$ eine Funktion. Dann heißt d eine *Metrik* auf M, wenn

(i) $d(x, y) = d(y, x)$ für alle $x, y \in M$,
(ii) $d(x, y) = 0$ genau dann, wenn $x = y$,
(iii) $d(x, y) \leq d(x, z) + d(z, y)$ für alle $x, y, z \in M$.

Man interpretiert $d(x, y)$ als *Abstand* zwischen x und y und nennt die Ungleichung in Definition 2.36(iii) die *Dreiecksungleichung*, weil sie für $M = \mathbb{R}^2$ und $d(x, y) = \sqrt{(x_1 - y_1)^2 + (x_2 - y_2)^2}$ gerade besagt, dass eine Dreiecksseite nie länger ist als die Summe der beiden anderen Seitenlängen.

Eine Menge M mit Metrik d nennt man einen *metrischen Raum*. Wenn jetzt $a_1, a_2, \ldots$ eine Folge in M ist, das heißt $a_n \in M$ für alle $n \in \mathbb{N}$, dann heißt $a \in M$ der *Limes* oder *Grenzwert* der Folge, wenn es zu jedem $\varepsilon > 0$ ein $n_0 \in \mathbb{N}$ gibt mit

$$\text{für alle } n \geq n_0 \text{ gilt}: \quad d(a, a_n) \leq \varepsilon.$$

Wir können wirklich *der* Grenzwert sagen, denn wenn $a' \in M$ diese Eigenschaft ebenfalls erfüllt, findet man zu $\varepsilon > 0$ immer eine Zahl $n_0 \in \mathbb{N}$ mit $d(a, a_n) \leq \varepsilon$ und $d(a', a_n) \leq \varepsilon$ für $n \geq n_0$. Mit der Dreiecksungleichung und der Symmetrie von d folgt dann aber

$$d(a, a') \leq d(a, a_n) + d(a_n, a') \leq 2\varepsilon$$

für $n \geq n_0$, das heißt, $d(a, a')$ kann nicht echt größer als 0 sein.

Also liefert Definition 2.36(ii), dass $a = a'$ gelten muss. Damit hat man Abstand und Grenzwert mithilfe einer neuen Definition verallgemeinert und den Weg für eine weitreichende *gemeinsame* Verallgemeinerung sowohl der Analysis als auch der Geometrie bereitet.

Zum Beispiel kann man *stetige* Abbildungen (Definition 2.16) $f : M \to N$ zwischen zwei metrischen Räumen dadurch definieren, dass es zu jedem $x \in M$ und jedem $\varepsilon > 0$ ein $\delta > 0$ gibt mit

$$\text{für alle } x' \in M \text{ gilt}: \quad d_M(x, x') \leq \delta \implies d_N\big(f(x), f(x')\big) \leq \varepsilon.$$

Hier bezeichnen d_M und d_N die Metriken auf M bzw. N.

In einem metrischen Raum M bezeichnet man eine Teilmenge $U \subseteq M$ als *offen*, wenn es zu jedem Punkt $x \in U$ ein $\varepsilon > 0$ mit

$$\text{für alle } x' \in M \text{ gilt}: \quad d(x, x') < \varepsilon \implies x' \in U$$

gibt, das heißt, es gibt um x herum eine kleine „Kugel", die noch ganz in U liegt. Unter einer Kugel versteht man hier die Menge aller Punkte mit Abstand kleiner als ε von x. Interessanterweise kann man zeigen, dass eine Abbildung $f : M \to N$ genau dann stetig ist, wenn die Urbilder $f^{-1}(U) = \{x \in M \mid f(x) \in U\}$ offener Teilmengen U von N offene Teilmengen von M sind. Damit hat man sogar Kandidaten für „stetige Abbildungen" zwischen Mengen, auf denen es keine Metrik gibt, solange man auf den Mengen Systeme von Teilmengen hat, die man *offen* nennen will. Man definiert einfach, dass eine stetige Abbildung stetig ist, wenn Urbilder offener Mengen wieder offen sind.

Durch die Zusammenstellung bestimmter Eigenschaften offener Mengen in Mengen mit einer Metrik findet man ein Axiomensystem für Systeme von Teilmengen, die man als offen bezeichnen möchte. Zum Beispiel verlangt man, dass die Vereinigung von offenen Mengen wieder offen sein soll. Das Resultat ist dann die Definition eines *topologischen Raumes* als einer Menge X zusammen mit einem System von Teilmengen, die dem Axiomensystem genügen und die man dann *offen* nennt. Die Definition eines topologischen Raumes ist ein Glücksgriff, denn solche Räume kommen in praktisch allen Bereichen der Mathematik massenhaft vor und erlauben eine einheitliche Behandlung vieler Phänomene, die a priori völlig unabhängig voneinander erscheinen. Ein Beispiel für einen topologischen Raum, auf dem es keine Metrik gibt, ist die Menge der komplexen Zahlen zusammen mit der *Zariski-Topologie,* für die eine Menge genau dann offen ist, wenn sie entweder leer ist oder ein endliches Komplement hat.

Die Idee des topologischen Raumes und diverser daraus abgeleiteter Konzepte erlaubt es, Ideen, die ursprünglich aus der Differenzialrechnung kommen, zum Beispiel in der Algebra, der Geometrie, aber auch in der Maßtheorie zum Einsatz zu bringen.

Die *Topologie,* das heißt die mathematische Disziplin, die sich mit topologischen Räumen und stetigen Abbildungen zwischen solchen Räumen beschäftigt, liefert umgekehrt auch eine äußerst flexible Art von Geometrie, in der man alles verbiegen und dehnen darf, nur nichts zerreißen.

Indem die Topologie Konzepte bereitstellt, wie man Karten verbiegen und zusammenkleben kann, eröffnet sie die Möglichkeit, gekrümmte Räume in beliebigen Dimensionen zu verstehen (Abschn. 2.1).

Optimierung

Die Methoden, die man in der Optimierung anwendet, hängen stark von der Natur der zu untersuchenden Probleme ab. Manche Probleme lassen sich mit Methoden der Differenzialrechnung behandeln. Besonders einfache Modelle kann man mit Methoden aus der linearen Algebra und der Konvexgeometrie lösen (man spricht dann von *linearer Optimierung*). Aber auch die Graphentheorie spielt hier eine wichtige Rolle, wenn es um endliche Probleme wie Fahrplanoptimierung und ähnliche Fragestellungen geht.

Methoden der Wahrscheinlichkeitstheorie kommen in der *Spieltheorie* zum Einsatz, einem Gebiet, das man mathematisch auch als Teil der Optimierung betrachten kann. Die Spieltheorie wurde im Kontext der Wirtschaftswissenschaften entwickelt, stellt aber Methodiken für alle Situationen bereit, in denen die Interaktion mehrerer „Spieler" beschrieben werden sollen. Das können die Teilnehmer am Aktienmarkt sein, militärische Gegner oder gleichzeitig laufende Prozesse auf einem Rechner. Ziel ist es dabei, Strategien zu finden, die zu stabilen Verhältnissen führen, den sogenannten Gleichgewichten. Dabei ging man in der Vergangenheit immer von „rationalen Spielern" aus. Gegenwärtig versucht man sich an der Entwicklung eines Begriffsapparats, der realistischere Modelle zulässt, in denen zum Beispiel auch Panikverkäufe an den Börsen ihren Platz haben.

Eine Anwendung der Differenzialrechnung ist die Bestimmung von Extremalstellen von Funktionen. In der Physik bestimmt man so die zeitliche Entwicklung von physikalischen Systemen, die sehr oft sogenannten *Extremalprinzipien* gehorchen, sich also zum Beispiel so verhalten, dass die Energie minimiert wird. In ökonomischen Anwendungen sucht man dagegen eher Kostenminimierungen oder Gewinnmaximierungen. In technischen Anwendungen geht es oft um die Maximierung von Wirkungsgraden oder um die Minimierung von Laufzeiten. Wo immer man die zu beschreibenden System mithilfe von differenzierbaren Funktionen modellieren kann, ist die Bestimmung von Minima und Maxima über die Nullstellen von Ableitungen eine nützliche Technik.

Für viele Systeme ist der Übergang von endlichen (diskreten) Mengen zu unendlichen (kontinuierlichen) Mengen, der für die Differenzialrechnung kennzeichnend ist, nicht sinnvoll. Typische Beispiele sind Fahrpläne, die man optimieren möchte. Dabei kann man nach unterschiedlichen Kriterien optimieren, zum Beispiel nach Laufzeiten, Kosten oder sozialen Aspekten. In jedem Falle muss man jedem Fahrplan eine Kennzahl zuordnen, die aus den entstehenden Kosten, Laufzeiten etc. gebildet wird und die dann minimiert oder maximiert werden soll. Dabei können durchaus auch mehrere Kriterien in die Bildung der Bewertungsfunktion eingehen. Die Bestimmung der Pläne mit optimaler Bewertung ist dann auch ein typisches Optimierungsproblem. Wenn, wie im Falle der Fahrpläne, das zu optimierende System endlich ist, kann man im Prinzip die optimalen Punkte durch Berechnung der Bewertungen *aller* möglichen Punkte bestimmen. Normalerweise gibt es aber so viele Möglichkeiten, dass deren vollständige Berechnung selbst mit den besten Computern Jahrtausende dauern würde. Man muss also nach anderen Lösungsstrategien suchen und sich oftmals auch mit Näherungslösungen zufriedengeben.

Da man bei Optimierungsproblemen normalerweise an konkreten Lösungen interessiert ist und sich nicht mit Existenzaussagen zufriedengeben kann (die im Falle endlicher Systeme ohnehin trivial sind), geht es in diesem Kontext sehr oft darum, *Algorithmen*, das heißt Berechnungsvorschriften, zum Auffinden einer optimalen oder doch zumindest brauchbaren Lösung anzugeben. Es kann dabei für ein und dasselbe Optimierungsproblem durchaus viele verschiedene Algorithmen geben, die ganz unterschiedliche Eigenschaften haben. Zum Beispiel können sich die Laufzeiten von Algorithmen massiv unterscheiden. In diesem Kontext spielt der Begriff der *Komplexität* eine zentrale Rolle. Sie ist ein Maß für die Abhängigkeit der Laufzeiten in Abhängigkeit von der Menge der Eingangsdaten. Es dauert natürlich länger, einen Fahrplan für viele Zugverbindungen zu erstellen als einen für wenige. Die Charakterisierung von Algorithmen, deren Laufzeit in *polynomialer* Weise von den Eingangsdaten abhängen, gehört zu den wichtigsten Fragestellungen der theoretischen Informatik. Solche Algorithmen sind im Gegensatz zu Algorithmen mit *exponentieller* Abhängigkeit, die die Laufzeiten für große Datenmengen „explodieren" lässt, auch in realistischen Beispielen einsetzbar. Welche Bedeutung dieser Frage beigemessen wird, kann man vielleicht daran ermessen, dass eine Million US-Dollar Preisgeld auf die Lösung der folgenden Frage ausgesetzt sind: Lassen sich polynomiale Algorithmen dadurch charakterisieren, dass ihre Ergebnisse in polynomialer Zeit überprüfbar sind? Unter der Überschrift „P = NP?" ist dies eines der sieben „Milleniumsprobleme", zu denen auch die *Riemann-Hypothese* und die *Poincaré-Vermutung* gehörten und die im Jahre 2000 als die bedeutendsten offenen Fragen der Mathematik benannt wurden (Abschn. 4.3).

Beispiel 2.37 (Der Handlungsreisende) Das berühmteste Problem der diskreten Optimierung ist das vom Handlungsreisenden, der n Adressen anfahren muss, am Ende wieder zu Hause ankommen und dabei seinen Gesamtreiseweg minimieren will. Davon ausgehend, kann man natürlich beliebig komplizierte Modifikationen vornehmen, zum Beispiel nicht nach dem Weg, sondern einer aus Weg, Reisezeit und Reisekosten gebildeten Zielfunktion optimieren.

Numerik

Unter dem Namen *Numerik* fasst man mathematische Methoden, die in algorithmischer Weise Zahlen als Ergebnisse liefern, sowie die Untersuchung von Fehlerabhängigkeiten dieser Algorithmen zusammen. Dabei ist es zunächst gleichgültig, in welchen mathematischen Begriffen das Problem beschrieben wird. Sehr oft handelt es sich um lineare Gleichungssysteme mit vielen Unbekannten, um die Berechnung von Integralen oder die Lösung von Differenzialgleichungen.

Universelle Probleme, mit denen man es zu tun hat, sind kleine Fehler in den Eingabedaten, deren Auswirkungen auf die Ergebnisse man unter Kontrolle haben möchte, und Rundungsfehler. Rundungsfehler sind nicht vermeidbar, da man im Computer aus Speicherplatzgründen nur endlich viele verschiedene Zahlen darstellen kann. Diese Zahlen nennt man *Maschinenzahlen* (Beispiel 2.38).

Beispiel 2.38 (Maschinenzahlen) Typischerweise rechnet man im Computer binär, das heißt im Zweier- und nicht im Zehnersystem (Beispiel 2.19). Zahlen sind also Kommazahlen mit nur Nullen und Einsen. Zum Beispiel entspricht der Binärzahl 101,01 im Dezimalsystem

$$1 \cdot 2^2 + 0 \cdot 2^1 + 1 \cdot 2^0 + 0 \cdot 2^{-1} + 1 \cdot 2^{-2} = 5{,}25,$$

das heißt die *Binärzahldarstellung* von 5,25 ist 101,01. Jede reelle Zahl lässt sich in der Form

$$\pm 2^e \sum_{k=1}^{\infty} a_k 2^{-k}$$

mit $a_k \in \{0, 1\}$ schreiben. Wenn man eine Zahl im Computer darstellen will, kann man nur endlich viele a_k vorgeben. Man muss festlegen, wie groß die k werden dürfen, welches Vorzeichen die Zahl hat und welche Exponenten e man nehmen darf. Der Exponent gibt an, an welcher Stelle in der Binärzahldarstellung das Komma steht. Wir betrachten hier nur den Fall positiven Vorzeichens und legen fest, dass n die Anzahl der Ziffern ist, das heißt $k = 1, \ldots, n$.

Ist der Exponent 0, ergeben sich nur die Zahlen $\sum_{k=1}^{n} a_k 2^{-k}$. Das liefert 2^n Zahlen, von denen die kleinste 0 ist und die größte $\sum_{k=1}^{n} 2^{-k} = 1 - 2^{-n}$. Der Abstand zwischen zwei benachbarten Zahlen ist dabei 2^{-n}.

Wenn die zulässigen Exponenten von $e_{\min}$ bis $e_{\max}$ reichen, dann lassen sich Zahlen zwischen 0 und $2^{e_{\max}}(1 - 2^{-n})$ darstellen, aber nicht in gleichmäßiger Aufteilung. Die feinste Aufteilung hat man nahe 0 mit den Zahlen

$$0, 2^{e_{\min}-n}, 2 \cdot 2^{e_{\min}-n}, \ldots, (2^n - 1) \cdot 2^{e_{\min}-n}.$$

Für den nächsten Exponenten $e_{\min} + 1$ findet man die Zahlen

$$0, 2^{e_{\min}-n+1}, 2 \cdot 2^{e_{\min}-n+1}, \ldots, (2^n - 1) \cdot 2^{e_{\min}-n+1},$$

von denen nur die 2^{n-1} Zahlen

$$2^{n-1} \cdot 2^{e_{\min}-n+1}, \ldots, (2^n - 1) \cdot 2^{e_{\min}-n+1}$$

neu sind. Für den nächsten Exponenten $e_{\min} + 2$ findet man die neuen Zahlen

$$2^{n-1} \cdot 2^{e_{\min}-n+2}, \ldots, (2^n - 1) \cdot 2^{e_{\min}-n+2}$$

und so fort. Mit jedem Schritt wird der Abstand zwischen den benachbarten neuen Zahlen um den Faktor 2 größer. Im letzten Schritt kommen noch die neuen Zahlen

$$2^{n-1} \cdot 2^{e_{\max}-n}, \ldots, (2^n - 1) \cdot 2^{e_{\max}-n}$$

dazu.

Die folgende Skizze gibt die Situation für $n = 3$, $e_{\max} = 3$ und $e_{\min} = 0$ wieder:

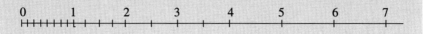

In numerischen Berechnungen geht es immer auch um eine Abwägung zwischen Präzision und Rechenzeit. Die meisten numerischen Verfahren sind keine Umsetzungen von mathematischen Algorithmen, die nach endlich vielen Schritten mit einer exakten Problemlösung terminieren, sondern in der Regel Umsetzungen von Approximationsverfahren, von denen man zunächst zeigen muss, dass sie überhaupt den richtigen Grenzwert haben. Da man den Grenzwert nicht kennt und normalerweise nicht nach endlich vielen Rechenschritten erreichen kann, muss man sich noch ein „Abbruchkriterium" überlegen. Ist dieses Kriterium erfüllt, so bricht das Approximationsverfahren ab, und der momentane Wert wird als Näherungswert ausgegeben. Nur in günstigen Fällen kann man dann eine Obergrenze dafür angeben, wie weit der Näherungswert vom exakten Wert höchstens entfernt ist.

Ein einfaches Beispiel, an dem man die Problematik schön illustrieren kann, ist das Newton-Verfahren.

Beispiel 2.39 (Newton-Verfahren) Das Newton-Verfahren dient dazu, Nullstellen einer differenzierbaren Funktion f zu finden. Man startet bei irgendeinem Punkt x_0 und bestimmt die Nullstelle x_1 der linearen Approximation, das heißt der Tangente an den *Graphen*

$$\left\{ \left(x, f(x) \right) \mid x \in \mathbb{R} \right\}$$

der Funktion f im Punkt $\left(x_0, f(x_0) \right)$. Die Nullstelle x_1 existiert, sofern $f'(x_0) \neq 0$ ist. Dann wiederholt man das Verfahren für x_1 statt x_0. Das Ergebnis dieses nächsten Schritts heiße x_2. So fährt man fort. Unter günstigen Umständen konvergiert die Folge der x_n für $n \to \infty$ (sogar ziemlich schnell) gegen eine Nullstelle von f. Man hat aber keine Kontrolle darüber, welche Nullstelle man findet, und es bedarf heuristischer Anpassungen, um Pathologien wie $x_2 = x_0$ zu verhindern, die zu der periodischen Folge $x_0, x_2, x_0, x_2, \ldots$ und nicht zu einer konvergenten Folge führt.

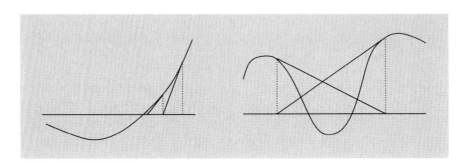

Ziel der Numerik ist es in der Regel, ein mathematisch (noch) nicht behandelbares Problem, wie die exakte Lösung einer komplizierten Differenzialgleichung, in ein mathematisch einfacheres umzuwandeln, dessen Lösung eine Näherung der Lösung des ursprünglichen Problems ist. Eine typische Strategie für diese Umwandlung ist die *Diskretisierung*. Dabei betrachtet man zum Beispiel bei einem radioaktiven Zerfall nicht einen kontinuierlichen Zeitparameter, sondern nur passend getaktete separate Zeitpunkte. Am Beispiel der Diskretisierung kann man verschiedene Eigenheiten der Numerik beleuchten. Diskretisiert man ohne große Rücksicht auf die Spezifika des vorliegenden Problems oder der zugrunde liegenden mathematischen Strukturen, so verschwendet man entweder eine Menge Rechenzeit, oder die Ergebnisse sind nicht so genau, wie sie es sein könnten. Es gilt abzuwägen, an welchen Stellen man sehr feine Netze von diskreten Punkten benutzt und wo man mit einigen wenigen Testpunkten auskommt. Das ständige Abwägen zwischen unterschiedlichen Zielvorgaben gibt der Numerik in hohem Maße den Charakter einer Erfahrungswissenschaft, in der man Innovatives nur leisten kann, wenn man auch in der Lage ist, die gegebenen mathematischen Strukturen auszunutzen.

Ein Problem, das schon bei den im Prinzip exakt lösbaren Aufgaben der diskreten Optimierung auftauchte (Beispiel 1.11), ist die hohe Komplexität vieler anstehender Probleme. Man denke dabei zum Beispiel an die Wettervorhersage. Selbst wenn die zugrunde gelegten Modelle hervorragend sind, so gibt es doch sehr viele Freiheitsgrade. Schon kleine Abweichungen in den Anfangsdaten können relativ kurzfristig massive Änderungen in den Resultaten bewirken. In solchen Fällen ist an Konvergenzbeweise nicht zu denken. Sehr oft wird in hochkomplexen Systemen nicht nach einer Lösung eines vorgegebenen Gleichungssystems gesucht, mit dem man die Entwicklung des Systems zu beschreiben sucht. Stattdessen benutzt man dynamische Modelle, in denen der Zustand zu einem Zeitpunkt aus dem Zustand des vorhergehenden (diskreten) Zeitpunktes berechenbar ist. Man gibt einen Anfangszustand ein und startet den Algorithmus. Diese Vorgehensweise nennt man *Simulation*, und das Gebiet, das sich mit der sinnvollen Erstellung solcher Modelle befasst, heißt *wissenschaftliches Rechnen*.

Data Science

Data Science als mathematisches Gebiet definiert sich weniger über bestimmte Methoden und Strukturen, sondern eher über eine Aufgabenstellung. Es geht darum, große Datenmengen zu strukturieren. Groß heißt hier sehr groß, wie zum Beispiel Tausende von Bildern, aber endlich. Man möchte die Daten in Cluster einteilen, mit möglichst nachvollziehbaren Grenzen zwischen den Clustern, und Resultate in erhellender Art und Weise visuell darstellen. Dazu setzt man Methoden der Statistik, Optimierung und Numerik ein, angewandt immer im Rahmen der diskreten Mathematik. Vorstrukturierte Datensätze werden mithilfe von auf dem Computer implementierten Algorithmen bearbeitet und in ihrer Komplexität reduziert. Schlagwörter, die in diesem Kontext auftauchen, auch in den Medien, sind *maschinelles Lernen, neuronale Netze, Trainingsdaten, Trendlinien, Künstliche Intelligenz* und *Schwarmintelligenz*. Ziel ist am Ende natürlich, aus den strukturierten Daten, die man erzeugt hat, Vorhersagen (Wetter, Klima) oder Handlungsanweisungen (autonomes Fahren) zu generieren.

Es ist vielleicht übertrieben, Data Science überhaupt als mathematisches Gebiet zu bezeichnen. Es wäre genauso gerechtfertigt, sie als Gebiet der Informatik zu bezeichnen, weil sie sich vorrangig mit Datenstrukturen beschäftigt. Es spricht vieles dafür, dass sich Data Science langfristig als eine Art Ingenieurwissenschaft etablieren wird, so wie auch die Informatik in weiten Teilen inzwischen eine Ingenieurwissenschaft ist. Zweifellos werden aber die Fragestellungen der Data Science auch in Zukunft wichtige Impulse in der weiteren Entwicklung der Mathematik setzen.

Quantum Computing

Während Data Science ein Gebiet ist, das seine gegenwärtige Blüte einer schon vollzogenen technologischen Revolution verdankt, nämlich der Verfügbarkeit gigantischer Datensätze in automatisch verarbeitbarer Form, ist der Hype um das *Quantum Computing* noch getrieben von der Hoffnung auf einen technologischen Durchbruch.

Die mathematische Modellierung der Quantenmechanik betrachtet physikalische Zustände als Überlagerung von „reinen" Zuständen und gibt für Messwerte Wahrscheinlichkeitsverteilungen an. Das erlaubt, sich eine alternative Variante der *Parallelisierung* von Rechenvorgängen vorzustellen. Wenn ein physikalisches Experiment mit einem System in einem „gemischten" Zustand durchgeführt wird, setzt sich das Ergebnis aus den Ergebnissen der reinen Zustände zusammen. Baut man jetzt das Experiment einem Computerchip nach, der zum Beispiel zwei Impulse addiert, dann wären alle Ergebnisse von Additionen zweier Komponenten im Ergebnis des Experiments vertreten. Kennt man die Wahrscheinlichkeitsverteilungen des Inputs und kann man die Wahrscheinlichkeitsverteilungen des Outputs daraus berechnen, so liefert im Prinzip das Messergebnis die Ergebnisse aller Additionen der beteiligten Zustände simultan.

Das geschilderte Gedankenexperiment stößt auf viele Schwierigkeiten mathematischer und technologischer Natur. Wenn man sie überwinden kann, ergeben sich aber ganz neue Perspektiven für die Berechenbarkeit von Problemen hoher Komplexität, wie dem des Handlungsreisenden aus Beispiel 2.37 oder der Primzahlzerlegung (Satz 1.20 und Beispiel 3.4). Mathematisch wurden die ersten Durchbrüche in den

1990er Jahren erzielt, zum Beispiel als Peter Shor einen Algorithmus fand, der auf einem hypothetischen Quantencomputer Primzahlen in polynomieller Zeit faktorisiert. Hätte man einen leistungsstarken Quantencomputer, könnte man mit diesem Algorithmus zum Beispiel die heutzutage üblichen RSA-Verschlüsselungen (Beispiel 3.4) knacken. Der Stand der Technik ist unübersichtlich. Firmen wie IBM und Google arbeiten an Quantencomputern, die von ihnen zur Verfügung gestellten Daten lassen aber keine genauen Rückschlüsse über den Stand der Forschung zu. Es gibt große Erwartungen und hohe, auch staatliche, Investitionen – es ist aber unklar, ob der technologische Fortschritt die Hoffnungen erfüllen und den Mitteleinsatz rechtfertigen wird.

Typische Vorlesungstitel und Inhalte
Differenzialgeometrie: Diese Vorlesungen werden auf zwei Niveaustufen angeboten. Vorlesungen für Studierende des zweiten Studienjahres bieten Untersuchungen von Teilmengen eines $\mathbb{R}^n$, die durch Einschränkung der Freiheitsgrade durch (differenzierbare) Funktionen gegeben sind. Vorlesungen für fortgeschrittene Studierende fassen Differenzialgeometrie als Studium von Mengen auf, die man lokal, das heißt „stückchenweise", zu kleinen Stücken von $\mathbb{R}^k$ verbiegen kann. Solche Mengen heißen *differenzierbare Mannigfaltigkeiten*. Auf solchen Mannigfaltigkeiten gibt es diverse Zusatzstrukturen, die entsprechenden Unterdisziplinen der Differenzialgeometrie ihren Namen geben: *symplektische Geometrie, Riemann'sche Geometrie, Lorentz'sche Geometrie, konforme Geometrie* etc. Die Differenzialgeometrie greift methodisch hauptsächlich auf die lineare Algebra und die Differenzialrechnung in mehreren Variablen zurück.

Algebraische Geometrie: Die algebraische Geometrie ist eine Synthese aus Geometrie und Algebra. In diesem Gebiet untersucht man Eigenschaften von geometrischen Objekten, die zum Beispiel als Lösungen von polynomialen Gleichungen in mehreren Variablen gegeben sind, wie Gleichung (2.4). Dazu bedient man sich algebraischer Methoden. Die in diesem Kontext entwickelten Techniken sind begrifflich anspruchsvoll und spielen auch in der aktuellen mathematischen Forschung eine sehr wichtige Rolle. Erste Vorlesungen zu diesem Gebiet richten sich in der Regel an Studierende im dritten Studienjahr.

Die Objekte der algebraischen Geometrie werden so ähnlich gebildet wie die Objekte der Differenzialgeometrie, nur, dass man sich bei der Einschränkung der Freiheitsgrade bzw. der Verbiegeabbildungen auf polynomiale statt differenzierbare Abbildungen beschränkt. Diese Beschränkung erlaubt die Anwendung von sehr viel feineren algebraischen Instrumenten als denen der Differenzialrechnung. Diese Instrumente werden oft in den Vorlesungen zur algebraischen Geometrie selbst entwickelt. Sie setzen in der Regel grundlegende Algebrakenntnisse voraus. Kombiniert man die Methoden der algebraischen Geometrie mit denen der Zahlentheorie, gelangt man in das Gebiet der *arithmetischen Geometrie*.

Optimierung: Optimierungsvorlesungen gibt es auf unterschiedlichen Niveaus, typischerweise beginnt man aber mit *Linearer Optimierung* und geht dann über zu

Nichtlinearer Optimierung oder spezielleren Themen der *Diskreten Optimierung.* Ausgelagert werden oft spezielle Vorlesungen über *Variationsrechnung,* in der man Extremalprinzipien untersucht, wie man sie aus der Mechanik kennt.

Komplexitätstheorie: Separate Vorlesungen über Komplexitätstheorie findet man im Ausbildungskanon eher selten. Sie kommt eher als Kapitel in mathematischen Vorlesungen wie *Graphentheorie* oder *Diskrete Optimierung* vor oder im Kursangebot der theoretischen Informatik.

Spieltheorie: Diese Vorlesungen finden sich nur selten in den Musterstudienplänen mathematischer Studiengänge. Sie werden in der Regel dort angeboten, wo es Studiengänge in *Wirtschaftsmathematik* oder mathematisch ausgerichtete wirtschaftswissenschaftliche Fachbereiche gibt.

Numerik: Einführende Numerikvorlesungen werden ab dem dritten Semester angeboten. In solchen Vorlesungen bespricht man Rundungsfehler sowie numerische Algorithmen zur Berechnung von Funktionen und ihrer Nullstellen sowie Lösungen von linearen Gleichungssystemen und gewöhnlichen Differenzialgleichungen. Speziellere Techniken verlangen dann vermehrt Kenntnisse der partiellen Differenzialgleichungen, der Optimierung sowie der Funktionalanalysis. Als Querschnittsfach mit einer starken heuristischen Komponente erfordert die Numerik neben Grundkenntnissen und numerischen Standardtechniken immer auch Fertigkeiten in der Programmierung und Einblick in die Disziplin, aus der die zu behandelnden Probleme kommen.

Maßtheorie: Die Maßtheorie ist eine abstrakte Theorie, die Integrationstheorie, Wahrscheinlichkeitstheorie und Funktionalanalysis zusammenführt. Sie befasst sich sowohl mit der Konstruktion von Maßen als auch mit der Integration und der Untersuchung von Grenzwerteigenschaften. Eigene Vorlesungen über Maßtheorie werden nicht an jedem Standort angeboten, ihre Grundlagen werden dann aber oft in Vorlesungen über reelle Analysis oder über Wahrscheinlichkeitstheorie besprochen. Weiterführende Kapitel der Maßtheorie sind häufig Bestandteile von Vorlesungen über stochastische Prozesse.

Topologie: Der Teil der Topologie, in dem der Zusammenhang zwischen offenen Mengen und Stetigkeit untersucht wird, heißt *mengentheoretische Topologie.* Die elementareren Aspekte der mengentheoretischen Topologie werden oft schon in den einführenden *Analysis*-Vorlesungen oder in der Funktionalanalysis abgehandelt, darum gibt es an vielen Standorten keine separate Vorlesung zu diesem Thema. Dort ist mit *Topologie* dann die *algebraische Topologie* gemeint, die topologischen Objekten algebraische Invarianten zuordnet und sie damit unterscheidbar macht. Das bedeutet, man ordnet topologischen Räumen algebraische Objekte wie Gruppen oder Ringe zu, die sich nicht ändern, wenn man das topologische Objekt durch ein äquivalentes ersetzt. Während man die mengentheoretische Topologie praktisch ohne Voraussetzungen jenseits der Mengenlehre einführen kann, ist die algebraische

Topologie deutlich anspruchsvoller und erfordert Grundkenntnisse sowohl in der mengentheoretischen Topologie als auch in der Algebra.

Data Science: In solchen Kursen werden Grundprinzipien und Beispiele für Algorithmen zur Datenstrukturierung erklärt. Manche laufen auch unter spezielleren Namen wie *Maschinelles Lernen* oder *Neuronale Netze.* Es gibt auch viele Fortbildungsangebote für Praktiker. Die Standardisierung des Lehrangebots ist bei Weitem nicht so weit fortgeschritten wie in den klassischen mathematischen Disziplinen.

Quantum Computing: Kurse zu diesem Thema laufen auch unter dem Namen *Quantum Information.* Auch in diesem Gebiet ist die Standardisierung noch nicht weit fortgeschritten, aber üblicherweise enthalten sie eine Kurzeinführung in die mathematische Modellierung der Quantenmechanik im Rahmen endlicher Systeme (also endlich dimensionaler Hilberträume). Außerdem werden eigentlich immer der Shor-Algorithmus und einige andere Algorithmen zur Lösung komplexer Probleme (zum Beispiel Sortierprobleme) besprochen, die gegenüber ihren klassischen Varianten Laufzeitvorteile haben.

2.6   Perspektivenwechsel

Synthesen, wie sie im vorhergehenden Abschnitt beschrieben wurden, gehen oft Hand in Hand mit einer Änderung des Blickwinkels auf eine Familie von mathematischen Objekten. Manchmal ermöglicht es eine neue Sichtweise, die Verwandtschaft zwischen verschiedenen Gebieten zu erkennen, manchmal stellen sich innerhalb einer mathematischen Theorie ganz neue Fragen, wenn sie sich als Teil einer umfassenderen Theorie herausgestellt hat. In diesem Abschnitt beschreiben wir die Folgen von Perspektivenwechseln am Beispiel der Geometrie, wo sie besonders augenfällig sind.

Synthetische und analytische Geometrie

Es hat in der Geschichte der Mathematik diverse dramatische Blickwinkelverschiebungen, wahre Paradigmenwechsel, in der Geometrie gegeben. Euklids Geometrie war *synthetisch,* das heißt, die Axiome der Theorie beinhalten geometrische Objekte (z. B. Punkte und Geraden) und Beziehungen zwischen diesen Objekten. Ein Beispiel für eine solche Beziehung ist „Ein Punkt liegt auf einer Geraden". Ist das erfüllt, nennt man Punkt und Gerade *inzident* (vom Lateinischen für „zusammenfallend"). Ein anderes Beispiel für eine Beziehung zwischen geometrischen Objekten ist die Erfüllung einer gewissen Bedingung, wie in „Zu zwei Punkten gibt es genau eine Gerade, die mit beiden Punkten inzident ist".

Im 17. Jahrhundert kam die Beschreibung geometrischer Objekte und Eigenschaften durch Koordinaten auf. Es entstand, was man heute die *analytische Geometrie* nennt. Durch die Koordinatisierung wurde es möglich, neue Beweise für bekannte Tatsachen zu finden. Bei dem Versuch, mit diesen neuen Methoden auch offene Fragen (z. B. die Unabhängigkeit des sogenannten Parallelenpostulats von den anderen

Axiomen des Euklid) zu klären, führte die analytische Geometrie auf die Möglichkeit, andere Geometrien als die euklidische zu bauen. Als man das erkannt hatte, stellte man sich die Frage, was Geometrie denn eigentlich ist, wenn ihre Axiome nicht von der physikalischen Welt zwingend vorgegeben sind.

Ein wichtiger Impuls in der Entwicklung der Geometrie von einer die reale Welt beschreibenden zu vielen denkbaren Geometrien stammt von Felix Klein. Für ihn sind nur noch solche Eigenschaften eines mathematischen Objekts geometrische, die sich unter einer vorher als zulässig vereinbarten Gruppe von Bewegungen des Objekts nicht verändern. Lässt man zum Beispiel nur Verschiebungen, Spiegelungen und Rotationen (sowie Kombinationen davon) in der Ebene zu, so findet man die euklidische Geometrie, in der Längen und Winkel erhalten bleiben. Sind auch Streckungen erlaubt, findet man die *affine Geometrie*, in der Längen und Winkel nicht mehr erhalten, also nicht mehr als geometrische Größen betrachtet werden. Dagegen ist die Eigenschaft, ein Dreieck zu sein, in dieser Geometrie sehr wohl eine geometrische Eigenschaft. Ebenso die Eigenschaft, in der Mitte zwischen zwei Punkten zu liegen oder ein Kreis zu sein. Also sind in dieser Geometrie Aussagen und Sätze über In- und Umkreise von Dreiecken durchaus sinnvoll. Die neue Freiheit, Geometrien durch Gruppen von Transformationen zu beschreiben, eröffnet die Möglichkeit, die spezielle Relativitätstheorie als eine geometrische Theorie von Raum und Zeit zu betrachten, deren Transformationen die nach Hendrik Lorentz benannten *Lorentz-Transformationen* sind.

Eine weitere Folge der Koordinatisierung war der viel leichtere Zugang zu geometrischen Objekten, die nicht wie Geraden durch *lineare* (Beispiel: $2x - 3y - 1 = 0$) oder wie Kegelschnitte durch *quadratische* (Beispiele: $x^2 + y^2 - 1 = 0$ für einen Kreis und $y - x^2 = 0$ für eine Parabel) Relationen gegeben sind, sondern als Nullstellenmengen von beliebigen Polynomen (in zwei oder mehr Variablen) oder noch allgemeineren, zum Beispiel differenzierbaren, Funktionen. Damit konnten sich neue Gebiete, wie die *algebraische Geometrie* und die *Differenzialgeometrie*, entwickeln. Eine Synthese der Standpunkte von Differenzialgeometrie und Lorentz-Geometrie führte dann zur allgemeinen Relativitätstheorie.

Algebraisierung

Während in der Anfangszeit von algebraischer und Differenzialgeometrie die geometrischen Objekte etwas in den Hintergrund traten und sehr intensiv in Koordinaten gerechnet wurde, hat man bis Mitte des 20. Jahrhunderts diese Objekte wieder in den Mittelpunkt gestellt und die Koordinaten als lokale Beschreibungen globaler Objekte betrachtet. Angestoßen durch Entwicklungen in der Algebra, richteten die Mathematiker ihren Blick gleichzeitig immer mehr auf die Familien von Funktionen, die man auf geometrischen Objekten studieren wollte. Diese Familien hatten zusätzliche algebraische Strukturen. Man konnte solche Funktionen addieren und mit Zahlen multiplizieren, aber man konnte sie auch miteinander multiplizieren und so neue Funktionen vom selben Typ (z. B. polynomial oder differenzierbar) erhalten. Außerdem erfüllten diese Verknüpfungen etliche der algebraischen Standardeigenschaften, wie *Kommutativität, Assoziativität* und *Distributivität*. Anfangs nannte man solche Funktionenmengen *hyperkomplexe Systeme,* heute hat sich der Name

Algebren durchgesetzt, was vielleicht ein Indiz dafür ist, wie fundamental diese Funktionensysteme für die moderne Mathematik sind.

Es tauchten relativ bald Sätze auf, die zeigten, dass man einen topologischen Raum unter gewissen Umständen vollständig aus seiner Algebra von stetigen Funktionen rekonstruieren konnte. Weiter fand man Charakterisierungen von Objekten der algebraischen oder der Differenzialgeometrie über ihre Algebren von polynomialen bzw. differenzierbaren Funktionen. Mehr und mehr wurden die Funktionenmengen mit ihren algebraischen Strukturen als die fundamentalen Objekte betrachtet. Für gewisse natürlich auftretende, aber in komplizierter Weise aus einfacheren Objekten gewonnene geometrische Objekte, zu denen man keine vernünftigen Klassen von Funktionen gefunden hatte, konnte man Algebren konstruieren, deren Multiplikation aber nicht mehr kommutativ war. Man nennt solche geometrischen Objekte oft *singuläre Räume.* Dies war die Geburtsstunde der *nichtkommutativen Geometrie.* Inzwischen betrachtet man in diesem Kontext auch nichtkommutative Algebren, für die man gar kein geometrisches Objekt mehr angeben kann. Ähnlich wie bei der Suche nach ganzzahligen Lösungen von polynomialen Gleichungen (siehe die Diskussion in Abschn. 1.2) schafft man sich so einen weiteren theoretischen Rahmen für geometrische Untersuchungen und erzielt damit auch neue Aussagen über singuläre Räume.

Kategorientheorie

Kategorien sind in der Mathematik Klassen von Objekten zusammen mit Mengen von „Abbildungen", sogenannten *Morphismen,* zwischen je zwei ausgewählten Objekten.

Wenn man nicht nur ein geometrisches Objekt studieren, sondern verschiedene Objekte zueinander in Beziehung setzen will, braucht man passende Abbildungen zwischen diesen Objekten. Ähnlich wie in Felix Kleins neuer Sicht der Geometrie muss man sich entscheiden, welche Abbildungen man für passend erklärt. Typischerweise wird man fordern, dass wichtige Eigenschaften der Objekte erhalten bleiben. Für topologische Räume heißt das zum Beispiel, dass „benachbarte" Punkte wieder auf „benachbarte" Punkte abgebildet werden, was auf die Stetigkeit der Abbildungen führt. In der Differenzialgeometrie sollen Tangentialobjekte auf ebensolche abgebildet werden, was zu differenzierbaren Abbildungen führt. Die Objekte und Morphismen der Kategorientheorie müssen einige sehr einfache Axiome erfüllen. Zum Beispiel muss man Morphismen miteinander verknüpfen können, und es muss so etwas wie eine „identische Abbildung" von jedem Objekt auf sich geben. Ein Beispiel ist die Kategorie Top mit den topologischen Räumen als Objekten und den stetigen Abbildungen als Morphismen. Stetige Abbildungen kann man verknüpfen, wenn Definitions- und Bildbereich zusammenpassen, und erhält so wieder eine stetige Abbildung. Die identische Abbildung auf einem topologischen Raum ist außerdem immer stetig. Der Begriff der Kategorie ist aber nicht auf geometrische Kontexte beschränkt, sondern völlig abstrakt. Man kann auch die Kategorie Set mit beliebigen Mengen als Objekten und beliebigen Abbildungen als Morphismen betrachten. Ebenso gibt es die Kategorie Grp, deren Objekte die Gruppen und deren Morphismen die Gruppenhomomorphismen sind. Man kann auch Unterkategorien betrachten wie die Kategorie $\overline{\text{TopGrp}}$, deren Objekte Gruppen und topologische Räume sind, für die Verknüpfung und Inversion stetig sind. Die zugehörigen Morphismen sind die stetigen Gruppenhomomorphismen. Morphismen müssen keine Abbildungen sein, oft betrachtet man auch Äquivalenzklassen von Abbildungen.

Motiviert war die Einführung der Kategorientheorie durch die algebraische Topologie, in der man topologischen Räumen und stetigen Abbildungen Gruppen und Homomorphismen zuordnet. Diese Zuordnungen erhielten Verknüpfungen und führten die Identität auf topologischen Räumen in die Identität auf Gruppen über. Insbesondere wurden *homöomorphen* Räumen isomorphe Gruppen zugeordnet. Homöomorphe Räume sind Räume, die sich durch bijektive stetige Abbildungen mit inversen Abbildungen, die ebenfalls stetig sind, miteinander identifizieren lassen. Durch den Vergleich der zugeordneten Gruppen kann man in Beispielen zeigen, dass gewisse Räume nicht zueinander homöomorph sind (Beispiel 1.25). Die Quintessenz der Vorgehensweise war, komplexen Objekten wie topologischen Räumen viel einfachere Objekte zuzuordnen, mit denen man überdies gut rechnen konnte, ohne dabei die gesamte Information über die ursprünglichen Objekte zu verlieren. Es handelte sich also um eine Art „Datenverarbeitung", bei der man aus einer unüberschaubaren Menge an Informationen die für die konkrete Fragestellung relevante Information herausfilterte.

Neben dieser Art von Anwendung hat man die Sprache der Kategorien anfangs hauptsächlich dazu verwendet, gewisse Standardkonstruktionen gebietsübergreifend zu beschreiben. Ein Beispiel sind direkte Produkte, wie sie in vielen Kontexten vorkommen. Inzwischen sind kategorientheoretische Konstruktionen gerade in Kontexten, in denen eine Klassifikation der Objekte wegen ihrer Vielzahl und Vielgestaltigkeit aussichtslos erscheint, nicht mehr aus Strukturuntersuchungen wegzudenken.

Kategorifizierung

Die Kategorifizierung ist der vorerst letzte Schritt in der Reihe der Perspektivenwechsel in der Geometrie. Die Grundidee ist, dass man mathematische Strukturen erst dann richtig verstanden hat, wenn man sie als eine Art „platonischer Schatten" natürlicher Konstruktionen in einer Kategorie erkennt, deren „offensichtliche" Eigenschaften die Eigenschaften der Struktur erklären. Man denke hierbei an Platons berühmtes Höhlengleichnis. Diese Idee lässt sich gut an den natürlichen Zahlen mit ihrer Addition und ihrer Multiplikation erklären. Dazu betrachtet man die Kategorie $\underline{\text{FinSet}}$ der endlichen Mengen und ihrer Abbildungen. Isomorphe Objekte in dieser Kategorie, das heißt Objekte, zwischen denen es Morphismen gibt, die sich zur Identität verknüpfen, haben gleich viele Elemente. Umgekehrt sind zwei Objekte gleicher Mächtigkeit isomorph, denn man kann eine Bijektion zwischen ihnen finden. Also sind die Isomorphieklassen dieser Kategorie gerade durch $\mathbb{N}_0 = \mathbb{N} \cup \{0\}$ parametrisiert, wobei 0 der Parameter der leeren Menge ist, die eben null Elemente hat. Man ordnet jeder endlichen Menge $M = \{m_1, \ldots, m_k\}$ ihre Mächtigkeit $|M| = k \in \mathbb{N}_0$ zu und erhält so die natürlichen Zahlen als Schatten der Objekte in $\underline{\text{FinSet}}$. Es stellt sich heraus, dass Addition und Multiplikation auf $\mathbb{N}_0$ so als Schatten der disjunkten Vereinigung und des direkten Produkts betrachtet werden können (vgl. den Namen

„mengentheoretische Summe" für $A \sqcup B$ aus Abschn. 1.4):

$$|A \sqcup B| = |A| + |B| \quad \text{und} \quad |A \times B| = |A| \cdot |B|$$

Das Distributivgesetz $a \cdot (b + c) = a \cdot b + a \cdot c$ wird dann zum Schatten der Gleichheit

$$A \times (B \sqcup C) = (A \times B) \sqcup (A \times C),$$

und die anderen Rechengesetze lassen sich in ähnlicher Weise „ablesen".

Man betrachtet in der obigen Überlegung <u>FinSet</u> als *Kategorifizierung* von $\mathbb{N}_0$ und $\mathbb{N}_0$ als *Dekategorifizierung* von <u>FinSet</u>. Für allgemeinere Strukturen und Kategorien ist weder der eine noch der andere Prozess trivial. Die Dekategorifizierung ist nicht trivial, weil die Isomorphieklassen nicht notwendigerweise einfach zu beschreiben sind und auch weil nicht ausgemacht ist, dass man in dem Prozess immer die Isomorphieklassen als Dekategorifizierung betrachten sollte. Es könnten ja andere Äquivalenzklassen nützlicher sein. Die umgekehrte Richtung ist aber noch viel problematischer, da man a priori keinerlei Hinweis darauf hat, was hier die bekannten Schatten wirft.

Die Entwicklung hin zur Kategorifizierung von strukturorientierter Mathematik hat erst gegen Ende des 20. Jahrhunderts eingesetzt. Es bleibt abzuwarten, ob es bei einzelnen Erfolgen bleibt oder ob es sich wie bei der Algebraisierung um eine nachhaltige Veränderung im Blick auf die Mathematik als Strukturwissenschaft handelt.

Ergänzende Literatur
Einzelne Themengebiete: [4, 12, 13, 31, 60–62, 73, 76, 106, 107, 125, 126]
Zusammenstellungen: [19, 20, 29, 52, 53, 57, 67]

Wechselwirkungen und Anwendungen

3

Inhaltsverzeichnis

Die Einsetzbarkeit mathematischer Werkzeuge bei der Lösung unterschiedlichster Fragestellungen in vielen Gebieten ist ein Charakteristikum der Mathematik. Umgekehrt werden aber auch Entwicklungen innerhalb der Mathematik durch Problemstellungen in anderen Wissenschaften angeregt. Viele Fragen kommen direkt aus dem Bereich der Praxis und führen zu Anwendungen und technisch verwertbaren Erfindungen. In diesem Kapitel werfen wir einen Blick auf die gegenseitigen Wechselwirkungen zwischen der Mathematik und anderen wissenschaftlichen Disziplinen und stellen moderne Anwendungsbereiche vor.

Ohne das später noch vertiefen zu wollen, weisen wir an dieser Stelle darauf hin, dass mathematische Techniken alltäglich, ganz ohne jeden wissenschaftlichen Anspruch von Ingenieuren und Technikern, Bankkaufleuten und Finanzbeamten, Pharmazeuten und Medizinern, Tarifpartnern und Versicherungsangestellten sowie vielen anderen zur Berechnung quantitativer Größen eingesetzt werden. Noch breiter wird das Anwendungsfeld, wenn man die automatisierten Berechnungen hinzunimmt, derer sich die meisten Benutzer technischer Errungenschaften überhaupt nicht bewusst sind.

3.1   Mathematik und andere Wissenschaften

Beispiele dafür, wie andere Wissenschaften erst durch mathematische Werkzeuge in die Lage versetzt wurden, eigene Modelle zu entwickeln, finden sich bereits im antiken Griechenland. Die Griechen entwickelten die Mathematik als eigenständige Disziplin, die als Geistesschulung in den Lehrplan für die höhere Bildung aufgenommen wurde, und das Hauptinteresse der griechischen Mathematiker galt, modern gesagt, mehr der Grundlagenforschung als den Anwendungen.

Astronomie
Trotz der oben gemachten Einschränkung ist die griechische Astronomie ohne euklidische Geometrie undenkbar, und Ptolemaios (85–165, bekannter in der latinisierten Form *Ptolemäus*) gelangte durch sie zu seinen geozentrischen astronomischen Modellen. Erst im 16. Jahrhundert wurde Ptolemaios' Vorstellung durch die heliozentrische Sicht des Kopernikus (1473–1573) infrage gestellt und im 17. Jahrhundert durch die Modelle von Johannes Kepler (1571–1631) abgelöst. Keplers Modell arbeitet mit elliptischen Bahnen, auf denen sich die Planeten um die Sonne bewegen, und beruht auf der von Apollonius (262–190 v. Chr.) entwickelten Theorie der Kegelschnitte. Die theoretische Begründung des Kepler'schen Planetenmodells durch Newton benutzte die Differenzialrechnung, die er selbst Jahre zuvor entwickelt hatte. Die moderne Kosmologie, die das Weltall als ein „gekrümmtes Raum-Zeit-Kontinuum" beschreibt und deren Grundlage Albert Einsteins allgemeine Relativitätstheorie ist, ist ohne die von Riemann entwickelten mathematischen Konzepte gekrümmter Räume in beliebigen Dimensionen nicht denkbar. Die Astronomie ist also in ihrer gesamten Geschichte entscheidend von Mathematik geprägt worden.

Ein Beispiel dafür, wie die Astronomie ihrerseits Entwicklungen in der Mathematik angestoßen hat, ist die *Methode der kleinsten Quadrate,* die Gauß entwickelte, um die Genauigkeit der Berechnung elliptischer Bahnen von Asteroiden aus vorgegebenen Messwerten zu erhöhen. Diese Methode spielt noch heute eine zentrale Rolle in der Numerik und ist die Grundlage von *Regressionsverfahren* in der Statistik, in der aus Punktwolken die am besten passenden Kurven berechnet werden.

Physik
Die Entwicklung der Physik ist besonders eng mit der Mathematik verbunden. Immer wieder waren es dieselben Personen, die sowohl die mathematische als auch physikalische Entwicklung einer Zeit bestimmten. Archimedes war so ein Mann, aber das herausragende Beispiel ist Newton, der sowohl die Mathematik als auch die Physik seiner Zeit revolutionierte und beide Wissenschaften aufs engste miteinander verknüpfte. Im Jahrhundert nach Newton waren die meisten hervorragenden Mathematiker auch hervorragende Physiker (z. B. Euler, Lagrange, d'Alembert, Fourier, Laplace). Die mathematischen Gebiete, die in dieser Zeit durch die Physik angeregt wurden, sind insbesondere die Theorie der Differenzialgleichungen und die Variationsrechnung. Umgekehrt ist die quantitative Formulierung mechanischer Theorien ohne die Techniken der Infinitesimalrechnung, der Variationsrechnung und der Differenzialgleichungen undenkbar.

Auch die Quantenmechanik, die wichtigste Neuerung in der Physik des 20. Jahrhunderts neben der allgemeinen Relativitätstheorie, ist in ihrer Entwicklung eng mit der Mathematik verknüpft. In ihren frühesten Versionen ist sie in der Sprache der Matrizenrechnung und der Differenzialgleichungen formuliert. Die Beschäftigung mit der Quantenmechanik regte Mathematiker wie Hilbert und von Neumann zur Bildung neuer Begriffe an, die heute dem Bereich der Funktionalanalysis zugerechnet werden und den Rahmen für die moderne Formulierung der Quantenmechanik bilden.

Die bis heute vergeblichen Bemühungen, Quantenmechanik und Relativitätstheorie auf ein gemeinsames Fundament zu stellen, haben in den letzten Jahrzehnten wahrscheinlich mehr Früchte für die Mathematik abgeworfen (Supersymmetrie, Stringtheorie), als sie die Physik vorwärts gebracht haben.

Im Fokus der Aufmerksamkeit steht seit einigen Jahren die Quantum Information und das Quantum Computing, das wir in Abschn. 2.5 schon angesprochen haben.

Chemie

Die Zusammenhänge zwischen Mathematik und Chemie sind weniger offensichtlich, aber natürlich werden quantitative Aussagen in der Chemie, zum Beispiel über Reaktionsgleichgewichte oder Energiebilanzen, durch mathematische Gleichungen formuliert. Die mathematische Beschreibung von Kristallstrukturen führt auf gruppentheoretische Konzepte, die sich besonders gut für die Untersuchung von Symmetrien eignen. Auch der Struktur des Periodensystems der Elemente liegt eine mathematische Struktur zugrunde. Sie lässt sich aus den Symmetrieeigenschaften der quantenmechanischen Atommodelle ableiten.

Biologie

In der Biologie ist die Entwicklung guter mathematischer Modelle von besonderer Bedeutung für das Verständnis, da reale biologische Systeme immer hochkomplex sind und sehr oft durch Untersuchungen, zum Beispiel durch Messungen, verändert werden. Einfache Modelle wie die Mendel'sche Vererbungslehre oder Räuber-Beute-Systeme werden schon seit langer Zeit auch quantitativ mit mathematischen Methoden (Kombinatorik, Differenzialgleichungen, Wahrscheinlichkeitstheorie, Spieltheorie, Optimierung) untersucht. Aber erst mit der Entwicklung von leistungsstarken Computern, die auch komplexere Modelle durchrechnen können, hat die Mathematik massiv Einzug in die Biologie gehalten. In Zentrum stehen dabei Fragen nach dem dynamischen Verhalten, möglichen Gleichgewichtszuständen und der Emergenz von Mustern. Themenbereiche sind unter anderem Evolutions- und Molekularbiologie, Bioreaktoren in der Pharma- und Lebensmittelindustrie sowie Seuchenausbreitung und andere medizinische Themen.

Umgekehrt liefert die Beobachtung realer biologischer Systeme den Mathematikern Hinweise zum Beispiel auf das dynamische Verhalten komplexer mathematischer Strukturen, für die man noch keine zufriedenstellende Theorie hat.

Wirtschaftswissenschaften

Wie die Biologie sind auch die Wirtschaftswissenschaften dadurch gekennzeichnet, dass quantitative Aussagen über reale Systeme aufgrund der hohen Komplexität sehr schwierig sind. Deswegen ist auch hier die Entwicklung von guten Modellen essenziell. Die Rolle der Mathematik ist es, Konzepte bereitzustellen, die es erlauben, komplexe Modelle zu formulieren und Techniken zu entwickeln, mit denen man aus diesen komplexen Modellen Aussagen ableiten kann, die sich gegen die Realität testen lassen. Wirtschaftswissenschaftler bedienen sich ständig der Differenzialrechnung, der linearen Algebra und der Optimierung, um Begriffe quantitativ in Bezug zueinander zu setzen und volkswirtschaftliche Modelle zu entwickeln.

Umgekehrt gingen von den Wirtschaftswissenschaften auch viele Impulse für die Entwicklung der Mathematik aus. Von Anfang an haben volkswirtschaftliche Fragestellungen bei der Entwicklung der Statistik eine Rolle gespielt. Aber auch die Untersuchung von Wirkmechanismen wie etwa für die Preisbildung am Markt hat wichtige Anstöße gegeben. So sind zum Beispiel die Anfänge der Spieltheorie gemeinsam von dem Wirtschaftswissenschaftler Oskar Morgenstern (1902–1977) und John von Neumann entwickelt worden. Für Weiterentwicklungen dieser Theorie aus dem Jahr 1949 erhielt der Mathematiker John Nash noch 1995 den Nobelpreis für Wirtschaftswissenschaften (zusammen mit einem weiteren Mathematiker und einem Ökonomen). Auch 2007 und 2012 gingen Nobelpreise für Wirtschaftswissenschaften für spieltheoretische Arbeiten an ausgebildete Mathematiker. Das Ansehen des Einsatzes mathematischer Modelle in den Wirtschaftswissenschaften verändert sich allerdings immer wieder, insbesondere in der Folge einschneidender Ereignisse wie der Finanzkrise 2008 (siehe auch die Diskussion in Abschn. 4.5). Seit 2012 ist kein Nobelpreis mehr für mathematiknahe Leistungen mehr vergeben worden.

Die *Finanzmathematik,* die oft auch als mathematische Disziplin bezeichnet wird, ist wie Data Science eher über ihr Ziel definiert. Ihre zentrale Aufgabe ist die quantitative Bewertung von Vermögen. Das beginnt mit Bankguthaben und Rentenansprüchen, deren Wert mit Werkzeugen wie Zins- und Zinseszinsrechnungen bestimmt werden kann. Die Bewertung wird aber schnell komplizierter, wenn man moderne Finanzprodukte wie Optionen und andere Derivate betrachtet. Die hier eingesetzte Mathematik bedient sich insbesondere der stochastischen Analysis. Aus der Bewertung ergeben sich automatisch Optimierungsfragen (maximaler Wert des Portfolios bei minimalem Verlustrisiko), das heißt, auch Optimierungstheorie ist zentraler Bestandteil der Finanzmathematik. Insgesamt ist die Finanzmathematik eine Sammlung mathematischer Techniken, die zur Untersuchung spezieller praktischer Fragen der Ökonomie eingesetzt wird. Anders als Data Science, die nach universellen Methoden sucht, Daten zu strukturieren, folgt die Finanzmathematik den Geschäftsmodellen der Finanzwelt. Sie ist daher mehr eine Anwendung von Mathematik auf die Wirtschaftswissenschaften als ein Gebiet der Mathematik.

Informatik

Die Informatik spielt eine Sonderrolle unter den mit mathematischen Methoden arbeitenden Wissenschaften, denn die Informatik ist eine „Ausgründung" der Mathematik. Die aus der Grundlagenkrise resultierende verstärkte Beschäftigung mit der Formalisierung der Logik hat wesentlich zur Entwicklung des Computers und damit der Informatik beigetragen. Dass sie nicht Teil der Mathematik geblieben ist, sondern sich zu einer eigenen wissenschaftlichen Disziplin entwickelt hat, liegt an der engen Verknüpfung der Konzepte der Informatik mit ihren technischen Realisierungsmöglichkeiten.

Ein neues intensives Zusammenwirken von Mathematik und Informatik gibt es in den Bereichen Data Science und Quantum Computing, die wir in Abschn. 2.5 schon angesprochen haben.

Sprachwissenschaften
Über die Informatik hat die Mathematik in Form der Computerlinguistik auch Eingang in die Sprachwissenschaften gefunden. In diesem Kontext erwies sich die abstrakte Algebra zum Beispiel als nützliche Sprache zur Beschreibung von Grammatiken.

Sozial- und Geisteswissenschaften
Die wichtigste Rolle der Mathematik in den Sozial- und Geisteswissenschaften liegt in der statistisch korrekten Erhebung und Verarbeitung von empirischen Daten. Damit sind diese Wissenschaften auf Methoden der Wahrscheinlichkeitstheorie und der Statistik angewiesen.

Fazit
Es gibt Wechselwirkungen zwischen der Mathematik und praktisch allen anderen Wissenschaftsbereichen. Insbesondere ist die Entwicklung der Mathematik wiederholt entscheidend von Fragestellungen bestimmt worden, die nicht aus der Mathematik kamen. Andererseits hat die Mathematik immer wieder aus innermathematischen Fragestellungen heraus Werkzeuge entwickelt, die sich im Nachhinein für andere Disziplinen als sehr wertvoll herausstellten. Auch hier lässt sich wieder belegen, dass der hohe Abstraktionsgrad der Mathematik es möglich macht, Werkzeuge und Techniken aus einem Gebiet in andere Gebiete zu transferieren.

3.2 Mathematik in der Praxis

Wir haben schon in der Einleitung zu diesem Kapitel erwähnt, dass Berechnungen in unserer Gesellschaft in praktisch allen Bereichen Alltag sind. Die Mathematik, die dabei zum Einsatz kommt, hat sich größtenteils schon vor langer Zeit von der Mathematik als Wissenschaft abgelöst und ist zu verfügbarem Allgemeinwissen geworden. Damit wird der Mathematik als Wissenschaft auch kein Anteil an dem Nutzen zugesprochen, der sich aus diesen Anwendungen ergibt.

Es gibt aber auch immer wieder Anwendungen von mathematischen Erkenntnissen, die bis dahin überhaupt nicht angewendet wurden. Dafür braucht es kenntnisreiche Mathematiker, und das liefert den unter Rechtfertigungsdruck stehenden Hochschulmathematikern Argumente für den gesellschaftlichen Wert der Wissenschaft Mathematik. Es kann kein Zweifel bestehen, dass der Beitrag der Mathematik zur Entwicklung anderer Wissenschaften den weitaus höheren Wert hat. Dennoch ist es verständlich, dass im gesellschaftlichen Diskurs zunächst die unmittelbar verwertbaren Beiträge genannt werden.

Es gibt viele Beispiele dafür, dass auch konkrete Anwendungsprobleme neue wissenschaftliche Entwicklungen angestoßen haben. Die allerersten Belege für mathematisches Denken entstammen den Bereichen Buchführung und Vermessung. Aus diesen Anfängen haben sich Arithmetik und Geometrie entwickelt. Andere Beispiele sind die Wahrscheinlichkeitstheorie, die ihren Anfang in der quantitativen Behandlung von Glücksspielen (ab etwa 1500) hatte, und die Statistik, die ihren Anfang im

18. Jahrhundert in der systematischen Untersuchung von Bevölkerungsentwicklungen und der Ausbreitung von Krankheiten hat.

Dieser Abschnitt gibt anhand von Beispielen einen kleinen Einblick in die Vielfalt konkreter Anwendungsmöglichkeiten der Mathematik. Die Beispiele sind so ausgewählt, dass die Anwendungsfragen eine gewisse Aktualität haben und sowohl die verwendeten Tatsachen aus dem Anwendungsgebiet als auch die eingesetzten mathematischen Methoden zumindest intuitiv einleuchtend sind.

Wir beginnen mit mathematischen Anwendungen in Vermessung und Navigation. Insbesondere erklären wir die gegenwärtig am häufigsten eingesetzte Technologie, das *Global Positioning System* (GPS).

Beispiel 3.1 (Vermessung und Navigation) Die mathematische Grundlage des Vermessungswesens ist die Dreiecksgeometrie. Kennt man die Länge einer Seite eines Dreiecks und die beiden Winkel an dieser Seite, so kann man die Längen aller Seiten berechnen. Mithilfe eines genauen Winkelmessers und einer bekannten (kurzen) Strecke kann man so den Abstand zu weit entfernten Punkten messen. Der Strahlensatz erlaubt es außerdem, aus der Kenntnis des Abstands mithilfe eines Maßstabs die Höhe eines Objekts zu bestimmen.

Indem man mit mehreren Dreiecken arbeitet, die in unterschiedlichen Ebenen liegen, kann man auch Vermessungen im Raum vornehmen. Teilt man eine Landschaft in viele Dreiecke auf, für die man alle Seitenlängen und auch die Winkel zwischen den Seiten aneinanderstoßender Dreiecke kennt, so kann man daraus die eine Landkarte generieren, in der alle Eckpunkte mit ihren Höhenangaben verzeichnet sind. Gauß hat unter anderem die Region um Göttingen in dieser Weise *trianguliert,* das heißt in Dreiecke zerlegt, und vermessen. Dabei wurde er zu seinen Forschungen über gekrümmte Flächen angeregt.

Navigation beruht neben der Verfügbarkeit präziser Karten auf der Bestimmung der eigenen Position. Die klassische Methode der Positionsbestimmung ist die Orientierung am Sternenhimmel. Auf der Nordhalbkugel liefert der Winkel α, der sich im Auge des Betrachters zwischen Polarstern und dem senkrechten Lot ergibt, über die Formel $90° - \alpha$ die (nördliche) geographische Breite. Auf der Südhalbkugel wird die Rolle des Polarsterns vom Sternbild *Kreuz des Südens* übernommen. Der Grund für die Wahl dieser Sternbilder ist, dass die Rotationsachse der Erde (die Nord- und Südpol verbindet) durch diese beiden Sternbilder geht. Daher ändert sich die Position dieser Sternbilder am Himmel im Verlauf der Erdrotation für den Betrachter nicht.

Schwieriger ist es, den Längengrad zu bestimmen, weil jeder feste Punkt auf der Erde in 24 h eine feste Kreisbahn durchläuft und daher seine Position in Bezug auf die Sterne periodisch verändert. Daher braucht man zusätzlich zur Sternenkarte auch noch eine präzise Uhr, um festzustellen, an welcher Stelle seiner täglichen Reise der willkürlich festgelegte Referenzpunkt (Greenwich bei London) gerade angekommen ist [131].

Die moderne Positionsbestimmung, die mit dem *Global Positioning System* (GPS) durchgeführt wird, funktioniert mit Abstandsmessungen. Kennt man den Abstand a des Empfängers zu einem Satelliten mit den Koordinaten (s_1, s_2, s_3), so erfüllen die Koordinaten des Empfängers (x_1, x_2, x_3) nach dem Satz von Pythagoras die Gleichung

$$(s_1 - x_1)^2 + (s_2 - x_2)^2 + (s_3 - x_3)^2 = a^2$$

(Gl. 2.4). Wenn man die Abstände zu drei Satelliten kennt, erhält man drei solche quadratischen Gleichungen für die drei Koordinaten. Im Allgemeinen hat man dafür nur noch endlich viele Lösungen; bei geschickter Wahl der Satellitenkonstellation kann es aber nur eine einzige Lösung auf der Erdoberfläche geben, die dann die Position des Empfängers beschreibt.

Es bleibt die Frage, wie der Abstand zwischen Satellit und Empfänger gemessen wird. Da die elektromagnetischen Wellen, die die Signale übertragen, sich mit Lichtgeschwindigkeit c bewegen, genügt es, die Zeit t zu messen, die das Signal vom Satelliten bis zum Empfänger gebraucht hat, denn es gilt $a = ct$. Dazu benötigt man synchronisierte Uhren. Wenn Satellit und Empfänger synchronisierte Uhren haben, kann man ein getaktetes periodisches Signal vom Satelliten an den Empfänger schicken, das zu jedem Zeitpunkt in der Periode eine charakteristische Gestalt hat. Bei Ankunft des Signals kann der Empfänger feststellen, an welcher Stelle der Periode das empfangene Signal ist und wie viel Zeit seit Beginn des Taktes vergangen ist. Die Differenz ist gerade die Reisezeit des Signals.

Um eine gute Synchronisation der Uhren sicherzustellen, versieht man die Satelliten mit extrem hochwertigen Uhren. Die Empfänger sind normalerweise mit einfacheren Uhren ausgestattet. Man braucht daher ein Verfahren, das aus den Eingangzeiten der Signale der verschiedenen Satelliten den Zeitunterschied zwischen den synchronisierten Satellitenuhren und der Empfängeruhr zurückrechnen kann. Dieses Problem läuft darauf hinaus, dass man zu den drei Ortskoordinaten aus den Laufzeiten der Signale noch eine weitere Unbekannte zu bestimmen hat, nämlich den Fehlgang der Empfängeruhr. Dazu benötigt man eine zusätzliche Gleichung, das heißt einen zusätzlichen Satelliten.

Die Konstruktion geeigneter Signale funktioniert ebenfalls mit mathematischen Methoden. Man benutzt sogenannte lineare Schieberegister, deren Konstruktion sich auf die Restklassenrechnung und das Konzept der Korrelation stützt. Für nähere Erläuterungen sowohl der Grundprinzipien als auch verschiedener Verfeinerungen von GPS verweisen wir auf die Darstellung in [123, Kap. 1].

Die nächsten Anwendungsbeispiele kommen aus dem Bereich der Medizin. Wir konzentrieren uns dabei auf die Radiologie, insbesondere die bildgebenden Verfahren und die Bestrahlung von Tumoren.

Beispiel 3.2 (Tumorerkennung und -bestrahlung) Das am einfachsten zu beschreibende bildgebende Verfahren der Medizin ist die *Computertomografie* (CT). Dabei schickt man Röntgenstrahlung durch ein Körperteil und misst auf der gegenüberliegenden Seite, wie viel der Strahl an Intensität verloren hat. Dieser Intensitätsverlust entspricht der Energie, die der Körper absorbiert hat, und spiegelt wider, wie „durchsichtig" der Körperteil für die Röntgenstrahlen ist. Die Absorptionsrate hängt vom Material ab. Knochen sind weniger durchsichtig als Knorpel, und Blei ist gänzlich undurchsichtig. Da der Körper aus unterschiedlichen Materialien besteht, entspricht der gemessene Intensitätsverlust einer gemittelten Absorption über die durchlaufenen Körperregionen.

Das Grundprinzip der CT ist, dass man die Materialverteilung aus den Mittelungen rekonstruieren kann, wenn man genügend viele Mittelungen in unterschiedlichen Richtungen durchführt. Die mathematische Modellierung der Situation ist eine Funktion f, die jedem Punkt im Körper eine spezifische materialabhängige Absorptionsrate zuordnet. Der Intensitätsverlust für einen Strahl entlang einer Geraden g entspricht dem Integral

$$I(g) := \int_g f(x)dx$$

über diese Gerade. Beschränkt man sich auf einen horizontalen Schnitt durch den Körper, so kann man sich auch auf Strahlen in dieser Ebene beschränken. In dieser Situation sagt ein Resultat von Johann Radon (1887–1956) aus dem Jahr 1917, dass man f durch geeignete Mittelung über alle $I(g)$ zurückgewinnen kann. Diese Inversionsformel ist nicht sehr fehlertolerant, daher erfordert die praktische Umsetzung dieser Idee etliche zusätzliche mathematische Tricks [72]. Letztlich erhält man aber ein zuverlässiges Verfahren, das die Funktion f scheibchenweise einigermaßen genau rekonstruiert, ohne allzu viele Strahlendurchgänge (mit der entsprechenden Strahlenbelastung) zu erfordern.

Ist die Funktion f rekonstruiert, kann man im Idealfall, dass unterschiedliche Gewebeformen unterschiedliche Absorptionsraten haben, genau sagen, welche Stelle aus welchem Typus von Gewebe besteht. Insbesondere lassen sich Tumore auf diese Weise lokalisieren. In vielen Situationen möchte man aber das Ergebnis auch visualisieren. Zum Beispiel kann man daran interessiert sein, den Tumor und die Knochen aus einem beliebigen Blickwinkel und beliebigem Abstand perspektivisch auf einem Bildschirm darzustellen, um dann virtuell auf Erkundungsreise gehen und feststellen zu können, ob der gefundene Tumor für den Chirurgen gut zugänglich ist. Dazu muss man eine virtuelle Lichtquelle einführen, berechnen, welche Schatten entstehen und von welcher Stelle wie viel Licht in Richtung des Betrachters reflektiert wird. Außerdem braucht man eine angemessene Modellierung der Oberflächen der unterschiedlichen Materialien, um Knochensubstanz von Tumorgewebe unterscheiden zu können. Wie man solche Verfahren implementieren kann, findet man in [78, S. 503–519] näher beschrieben.

Oft werden Tumore einer Strahlentherapie unterzogen. Will man ein kleines Karzinom so behandeln, richtet man viele Gammastrahlen aus unterschiedlichen Richtungen auf diesen Punkt. Dann bündeln sich die Strahlen dort und liefern in einer Kugelregion um diesem Punkt eine hohe Strahlendosis, während weiter weg die Strahlendosis deutlich niedriger ist. Ist der Tumor aber größer und nicht kugelförmig, hat man mehrere solcher Punktbestrahlungen so durchzuführen, dass der Tumor durch die Kugelregionen mit hoher Strahlung abgedeckt wird, gesundes Gewebe aber nicht mit hohen Strahlendosen belastet. Dabei möchte man die Anzahl der Punktbestrahlungen möglichst gering halten, weil die Behandlung für den Patienten belastend und die Neujustierung der Strahler aufwendig ist. Die mathematische Aufgabe besteht dann darin, die Mittelpunkte und die Radien der zu bestrahlenden Kugelregionen unter diesen Randbedingungen zu bestimmen, das heißt die Tumorregion möglichst effizient durch Kugeln zu überdecken. Wie man das im Detail macht, lässt sich in [123, Kap. 4] nachlesen.

Die Computertomografie aus Beispiel 3.2 ist nur ein bildgebendes Verfahren unter vielen (z. B. Ultraschalltomografie, Magnetresonanztomografie [MRT], Elektronenmikroskopie). Auch beschränken sich die Einsatzmöglichkeiten keineswegs nur auf die Medizin.

Da sich die unterschiedlichen Verfahren unterschiedliche physikalische Effekte zunutze machen, sind die konkreten Funktionen, die beschreiben, wie die gemessenen Daten von den Eigenschaften der untersuchten Objekte abhängen, jeweils andere. Das verbindende Element zwischen den unterschiedlichen Verfahren ist, dass sich die Objekteigenschaften aus den Messdaten zurückrechnen lassen. Oft gehen die Messdaten aus den Objektdaten durch *Integraltransformationen* hervor wie in der CT, wo es sich um die *Radon-Transformation* handelt. In anderen Fällen trifft man auf die *Fourier-Transformation*.

Da die in den jeweiligen bildgebenden Verfahren ausgenutzten physikalischen Effekte nur von gewissen Eigenschaften des zu untersuchenden Gewebes abhängen, zum Beispiel der Massedichte, lassen sich auch nur diese Eigenschaften rekonstruieren. Um brauchbare Bilder zu generieren, muss man feinere Modelle betrachten und die beschriebenen Techniken mit anderen Ideen, etwa aus der Mustererkennung, kombinieren.

Weitere Anwendungsbeispiele kommen aus dem Bereich der Raumfahrt. Auch hier wird sich herausstellen, dass die verwendeten mathematischen Verfahren nicht anwendungsspezifisch, sondern universell einsetzbar sind.

Beispiel 3.3 (Raumfahrt und Robotik)   Satelliten und Raumstationen bewegen sich auf Ellipsenbahnen um die Erde. Wenn sich Erdanziehung und Zentrifugalkraft die Waage halten, braucht man keine Kraft aufzuwenden, um die Bewegung auf der Bahn beizubehalten. Aber selbst geringe Reibungseffekte mit vereinzelten Partikeln in den oberen Schichten der Atmosphäre führen zu Abbremsung und letztlich Höhenverlust, wenn man nicht gegensteuert. Selbst wenn der Satellit mit der richtigen Geschwindigkeit auf der richtigen Bahn unterwegs ist, kann es passieren, dass sein Sonnensegel oder eine Beobachtungskamera falsch ausgerichtet ist und man daher den Satelliten drehen möchte. Da man im All keinen festen Punkt hat, von dem man sich abstoßen könnte, braucht man Steuertriebwerke, die nach dem Rückstoßprinzip arbeiten und ferngesteuert an- und ausgeschaltet werden können. Es stellt sich also die Frage, wie man solche Steuertriebwerke anbringen und zünden muss, um die gewünschte Bewegung zu erzeugen.

Ein weiteres häufiger auftauchendes Problem ist, dass Reparaturen an der Außenseite der Flugobjekts vorgenommen werden müssen, weil sich zum Beispiel ein Sonnensegel nicht richtig ausklappt. Die Internationale Raumstation (IRS) setzt für solche Aufgaben einen Roboter ein. Ursprünglich handelte es sich lediglich um einen fest montierten Roboterarm mit zwei durch ein Gelenk verbundenen Segmenten. Inzwischen kann der Roboter sich sogar auf einer Schiene entlang der IRS bewegen.

In beiden beschriebenen Problemstellungen ist der erste Schritt zur Lösung eine präzise Beschreibung der möglichen Positionen des Flugobjekts und des Roboters. Man beschreibt sie über Koordinaten in verschiedenen Freiheitsgraden, ähnlich wie in Abschn. 2.1. Für das Flugobjekt hat man drei Freiheitsgrade für den Ort, an dem sich der Schwerpunkt des Objekts befindet, und drei weitere Freiheitsgrade, die dadurch zustande kommen, dass man das Objekte um unterschiedliche Achsen durch den Schwerpunkt rotieren lassen kann. Bei dem Roboterarm hängt die Anzahl der Freiheitsgrade von der Anzahl und der Art der Gelenke ab. Ein Kugelgelenk wie die Schulter liefert mehr Freiheitsgrade als ein Scharniergelenk wie das Knie.

Sind die Positionen durch Koordinaten beschrieben, muss zunächst untersucht werden, durch welche Art von Bewegung man von einer Position in eine andere gelangen kann. Nach der Klärung dieser *kinematischen* Probleme gilt es, die zugrunde liegende Physik auszunutzen: Man ermittelt, welche Kräfte nötig sind, um die gewünschte Bewegung zum Beispiel durch Steuertriebwerke oder Motoren in den Gelenken des Roboterarms zu erzeugen. Oft hat man dabei Rahmenbedingungen einzuhalten. Zum Beispiel darf der Roboterarm nicht zu stark beschleunigt und abgebremst werden, weil er sonst zu schnell verschleißt. Außerdem möchte man in der Regel sparsam mit den verfügbaren Kraftstoffreserven umgehen.

Mathematische Disziplinen, die in die Lösung dieser Problemstellungen eingehen, sind Differenzialgeometrie, Differenzialgleichungen, Optimierung und Numerik. In [123, Kap. 3] findet man eine erste Einführung in die Problematik der Positionsbeschreibung.

Der Einsatz von Robotern und der dabei verwendeten mathematischen Methoden ist natürlich nicht auf die Raumfahrt beschränkt. Zum Beispiel lassen sich in der Medizin mit Robotern minimalinvasive Operationen durchführen (z. B. in Kombination mit bildgebenden Verfahren). Auch in der Montage von Serienprodukten haben Roboter längst Eingang gefunden.

Die in Beispiel 3.3 andiskutierten Methoden der Optimalsteuerung finden ebenfalls in vielen anderen Gebieten ihren Einsatz, zum Beispiel bei der industriellen Steuerung chemischer Reaktionen.

Beispiel 3.4 (Informationsübertragung) Bei der Übertragung von digitalisierten Signalen wie beim Telefonieren mit dem Handy oder beim Abtasten einer CD passieren in der realen Welt immer irgendwelche Fehler. *Fehlerkorrigierende Codes* haben den Zweck, solche Übertragungsfehler automatisch rückgängig zu machen. Die Idee dahinter ist, in die Übertragungssprache eine gewisse Redundanz einzubauen. Je redundanter die Sprache, desto mehr verfremdete Wörter kann man verschmerzen. Mathematisch setzt man die Idee so um, dass man auf der Menge der möglichen Wörter einen „Abstand" ähnlich der Metrik aus Definition 2.36 so definiert, dass für einen einzelnen Übertragungsfehler der Abstand zwischen Original und Verfälschung nur gering ist. Dann sucht man sich einen Code von zulässigen Wörtern aus, die alle einen relativ großen Abstand voneinander haben. Ersetzt man in einer ankommenden Nachricht jedes Wort, das nicht zum zulässigen Code gehört, durch das nächstgelegene Wort dieses Codes, hat man alle Fehler rückgängig gemacht, sofern nicht zu viele Übertragungsfehler ein Codewort so stark verstümmelt haben, dass es in der Nähe eines anderen Codewortes liegt. Der passende Rahmen für diese Strategie sind Vektorräume über endlichen Körpern wie Z_2, der nur zwei Elemente hat (Satz 2.12). Details zu diesem weithin bekannten Verfahren findet man zum Beispiel in [123, Kap. 6].

In vielen Fällen von Informationsübertragung möchten Sender und Empfänger nicht, dass Dritte die Information mitlesen können. Das ist zum Beispiel beim Internetbanking oder dem Internetshopping der Fall. Von alters her haben Menschen für solche Geheimhaltungswünsche Verschlüsselungssysteme entwickelt [82]. Die mathematische Disziplin, die sich mit der Untersuchung und Konstruktion von Verschlüsselungssystemen beschäftigt, heißt *Kryptologie*. Das bekannteste heute noch gebräuchliche Verschlüsselungsverfahren wird nach seinen Erfindern *Rivest, Shamir* und *Adleman* RSA genannt. Es basiert auf der Tatsache, dass man zwar leicht zwei große Primzahlen p und q zu einer noch größeren Zahl n multiplizieren kann, es aber unglaublich lange dauert, eine sehr große Zahl in ihre Primfaktoren zu zerlegen.

Wenn man $\phi(n) = (p-1)(q-1)$ setzt und eine zu $\phi(n)$ teilerfremde Zahl e wählt, dann liefert Korollar 1.15 eine Zahl d, für die de bei Division durch $\phi(n)$ den Rest 1 hat. Außerdem kann man zeigen, dass für jede natürliche Zahl $m \in \{1, \ldots, n-1\}$ die Zahl $m^{\phi(n)}$ bei Division durch n den Rest 1 hat. Ist $m \in \{1, \ldots, n-1\}$ teilerfremd zu n und hat m^e bei Division durch n den Rest $a \in \{1, \ldots, n-1\}$, hat also m wegen $m^{de} = m^{1+k\phi(n)} = m \cdot (m^{\phi(n)})^k$ bei Division durch n den Rest m. In anderen Worten, man kann m rekonstruieren, wenn man a, e, n und $\phi(n)$ kennt, nicht aber, wenn man nur a, e und n kennt.

Das RSA-Verfahren funktioniert folgendermaßen [123, Kap. 7]: Der Empfänger wählt p und q, kennt also n und $\phi(n)$. Zu $\phi(n)$ wählt er ein passendes e, das er zusammen mit n bekannt gibt. Dieses e, das man den *public key* nennt, benutzt der Sender, um die Nachricht m als a (gleich dem Rest von m^e bei Division durch n) zu verschlüsseln und an den Empfänger zu schicken. Wenn jemand die Nachricht a abfängt und sowohl n als auch den *public key* e kennt, kann er immer noch nicht m rekonstruieren, außer er ist in der Lage, n in Primfaktoren zu zerlegen und so $\phi(n)$ zu bestimmen.

Das RSA-Verfahren steht und fällt also damit, dass niemand in der Lage ist, einen schnellen Algorithmus zu finden, mit dem man große Zahlen in Primfaktoren zerlegen kann. Die Ergebnisse der Komplexitätstheorie sprechen dagegen, dass dies mit herkömmlichen Mitteln zu erreichen ist. Sollte es in der Zukunft gelingen, das aus der Quantenphysik bekannte Phänomen der verschränkten Zustände zu nutzen, um einen *Quantencomputer* zu bauen, würde das die Situation vollständig verändern. So ein Computer würde anstatt mit den bekannten *bits* und der zweiwertigen Logik mit q-bits und der auf Wahrscheinlichkeiten basierenden Quantenlogik arbeiten. Für diese Quantenlogik kennt man schon heute schnelle Algorithmen zur Primzahlzerlegung. Einführungen in diese faszinierende Thematik findet man in [106, 126] (siehe auch Abschn. 2.5).

Ein weiterer Aspekt der Informationsübertragung ist die *Authentizitätsprüfung* (Stichwort: elektronische Unterschrift). Authentifizierung und Verschlüsselung sind eng verwandt und eingesetzte mathematische Methoden oft übertragbar.

Nicht nur die Informationsübertragung liefert eine Fülle von mathematischen Problemstellungen, auch die Aufbereitung von großen Informationsmengen ist in der Regel nicht ohne mathematische Methoden zu bewerkstelligen. In Beispiel 3.5 stellen wir das Google-Ranking von Suchergebnissen vor.

Beispiel 3.5 (Google-Suche) Wenn man Google nach einem Stichwort suchen lässt, findet man in aller Regel Tausende von Einträgen, die man weder alle prüfen will, noch prüfen kann. Google listet die Einträge aber in einer Reihenfolge auf, die sehr oft mit einer subjektiven Qualitätsreihenfolge des Benutzers übereinstimmt. Die Urform des zugrunde liegenden Algorithmus wurde von den Google-Gründern Larry Page und Sergei Brin zusammen mit zwei weiteren Autoren im Jahr 1998 als *PageRank*-Algorithmus veröffentlicht. Im selben Jahr wurde Google gegründet; die aktuell benutzten Algorithmen unterliegen dem Firmengeheimnis.

Die Idee hinter dem PageRank-Algorithmus ist, nicht die Inhalte der Trefferseiten zu analysieren, um die Reihenfolge festzulegen, sondern die Struktur der Links zwischen den Seiten. Grob gesprochen sollen diejenigen Seiten in der Liste vorn stehen, die am öftesten angesteuert werden, wenn man lange Zeit im Netz zufällig den Links folgt.

Die mathematische Modellierung erfolgt über sogenannte *Markov-Ketten*. Man hat ein System von n Zuständen Z_j, $j = 1, 2, 3, \ldots, n$ (die einzelnen Seiten im Internet, d. h., das n bewegt sich hier im Milliardenbereich), und zu jedem Paar (Z_i, Z_j) von Zuständen gibt es eine Übergangswahrscheinlichkeit p_{ij}, vom Zustand Z_i in den Zustand Z_j zu gelangen. In unserem Beispiel ist p_{ij} die Anzahl der Links von der Seite Z_i nach Z_j geteilt durch die Anzahl aller Links, die von Z_i weg führen. Startet man auf einer beliebigen Seite Z_k, so kann man mithilfe der Rechenregeln für Wahrscheinlichkeiten (Beispiel 2.27) die Wahrscheinlichkeit dafür berechnen, dass man nach m Schritten auf der Seite Z_ℓ landet. Das Ergebnis ist leicht zu beschreiben: Man fasst die Übergangswahrscheinlichkeiten p_{ij} zu einer Übergangsmatrix P zusammen, und dann ist die gesuchte Wahrscheinlichkeit gerade der Eintrag in der k-ten Zeile und der ℓ-ten Spalte des m-fachen Matrizenprodukts $P^m = P \cdots P$.

Unter relativ milden Voraussetzungen an die Übergangsmatrix sagt ein klassischer Satz von Frobenius, dass es genau einen Vektor $x \in \mathbb{R}^n$ gibt, dessen Komponenten alle $x_j \geq 0$ erfüllen, sich zu 1 aufaddieren und die Gleichungen $\sum_{j=1}^{n} p_{ij} x_j = x_i$ lösen. Eine nähere Analyse der Wahrscheinlichkeiten zeigt, dass x_j genau die Wahrscheinlichkeit ist, dass sich ein zufällig den Links folgender Surfer zu einem beliebigen Zeitpunkt auf der Seite Z_j befindet. Dementsprechend listet der PageRank-Algorithmus die Seiten Z_j in der Reihenfolge, die durch die Größe der x_j gegeben ist (das größte zuerst).

In [123, Kap. 9] findet man die mathematischen Details zu dieser Überlegung und auch Antworten auf die Frage, was zu tun ist, wenn die „relativ milden Voraussetzungen" von der Übergangsmatrix nicht erfüllt werden.

Beispiel 3.5 beschreibt eine bestimmte Form von Datenaufbereitung. Andere Formen von Datenaufbereitung sind Bildkompression (Stichwort: JPEG-Format) und die Digitalisierung analoger Signale wie etwa Musik (Stichwort: MP3-Format) [123, Kap. 10 und 12].

Mathematische Überlegungen spielen auch in Fortschritten der Informatik eine Rolle, die die Umsetzung theoretischer Überlegungen zu autonomen Maschinen in die Realität überhaupt erst möglich machen. Als Beispiel seien hier die jüngsten revolutionären Fortschritte in der Datenbanktechnik genannt, die auf den SAP-Gründer Hasso Plattner (geb. 1944) zurückgehen (Beispiel 3.6 und [118]).

Beispiel 3.6 (IT-Innovationen mit Relationen – Software zur Steuerung von Unternehmen und Organisationen) Sowohl früher in der analogen Welt als auch heute im Rahmen der Digitalisierung werden oft Tabellen verwendet, um die Daten von Unternehmen, im öffentlichen Dienst und in Non-Profit-Organisationen zu verwalten. Dazu gehören z. B. Informationen zu Mitarbeitern, Kunden und Geschäftspartnern, Listen von Kundenaufträgen für Produkte und Dienstleistungen, Details zu Lagerbeständen und Produktionsdaten bis hin zu Buchhaltungsdaten (z. B. die offenen Rechnungspositionen eines Kunden). Die entsprechenden früher schriftlich erfassten Tabellen werden seit Jahrzehnten mithilfe von Unternehmenssoftware in Tabellen von relationalen Datenbanken gespeichert, deren Datenmodell auf dem mathematischen Konzept von Relationen beruht.

Für die Sicherstellung der Datenkonsistenz zu jedem Zeitpunkt sind in der Informatik frühzeitig Konzepte wie z. B. Normalisierung von Tabellenstrukturen entwickelt worden, die konsistente Datenhaltung mit minimalem Speicherbedarf kombinieren. Am Anfang war es angesichts von Rechnerarchitekturen mit – im Vergleich zu heute – eingeschränkten Speicherkapazitäten sehr wichtig, möglichst wenig Speicher zu verbrauchen. Deshalb wurden zur Laufzeit eines Programms in einem zeilenorientierten Ansatz nur die unbedingt notwendigen Datensätze von einer relationalen Datenbank (der sog. Persistenzschicht) gelesen und verarbeitet. Dabei wurde in einer *Query* (Abfrage) eine geringe Zahl von Tabelleneinträgen mit den entsprechenden Keys (eindeutige Identifier) gelesen und ggf. zugehörige Daten aus abhängigen Tabellen hinzugelesen (z. B. Anschriften von Geschäftspartnern und zusätzlich deren Bankverbindungen). Bei Änderungen wurden entsprechend die betroffenen Tabelleneinträge von der Datenbank selektiert und mit den Änderungen zurückgeschrieben. Zur Optimierung lesender Zugriffe wurden oft aggregierte Daten (Zwischensummen) in separaten Tabellen abgelegt, für deren Aktualisierung zusätzliche Operationen nötig waren, insbesondere um die Konsistenz im Rahmen komplexer Geschäftsprozesse sicherzustellen.

Neue Rechnerarchitekturen und signifikant schnellere Zugriffszeiten haben in den letzten zehn Jahren eine neue Generation von Datenmodellen und Tabellen ermöglicht, die einen spaltenorientierten Ansatz verfolgen. Dabei werden in einer Query nicht mehr nur einzelne Tabelleneinträge mithilfe der Keys von der Datenbank gelesen, sondern vollständige Spalten einer Tabelle mit den gewünschten Informationen und Merkmalen (z. B. Bestellungen und

Lieferungen von Geschäftspartnern mit zugehörigen Kommunikationsdaten oder Bankverbindungen). Anschließend können in dieser selektierten Menge sehr schnell Teilmengen gesucht und bearbeitet werden (z. B. alle Bestellungen oder Lieferungen der letzten vier Wochen). Bei überwiegend lesenden gegenüber relativ wenig schreibenden Zugriffen hat dieser Ansatz den Vorteil, dass im statistischen Mittel die Lesezugriffe deutlich schneller sind, während längere Zeiten bei ändernden Operationen dann nicht so sehr ins Gewicht fallen. Der spaltenorientierte Ansatz ist ein Paradigmenwechsel in der IT; er führt zu einer teilweisen De-Normalisierung von Datenstrukturen, aber auch zu völlig neuen Möglichkeiten in Anwendungen. So ist es damit z. B. möglich und wird inzwischen oft praktiziert, dass vollständig digitalisierte Berichte für den Vorstand eines Unternehmens zum aktuellen Stand der Geschäfte einerseits viele Gesamtsummen enthalten, andererseits aber auch die Möglichkeit, bei Abweichungen oder Auffälligkeiten in einem „Drill-down-Verfahren" sofort (ohne manuelle Zwischenschritte) Details z. B. zu einzelnen Bestellungen oder Lieferungen anzusehen, um kritische Beeinträchtigungen zu identifizieren oder neue Chancen zu nutzen. Die dadurch erhöhte Transparenz ist oft ein wichtiger Wettbewerbsvorteil für Unternehmen, bedeutet aber auch für den öffentlichen Dienst und Non-Profit-Organisationen neue Chancen, Änderungen und deren Ursachen frühzeitig zu erkennen und darauf zu reagieren (z. B. im Zusammenhang mit Klimawandel oder Ressourcenverbrauch). Zusätzlich ermöglicht dieser Ansatz realistische Simulationen von zukünftigen Entwicklungen auf der Grundlage aktueller Daten in Abhängigkeit von der Änderung von Parametern, z. B. bei geänderten Preisen, Steuersätzen oder Verbrauchsdaten.

Bei diesen IT-Innovationen werden Konzepte und Ergebnisse aus vielen Bereichen der Mathematik eingesetzt: Ein Schwerpunkt liegt bei den Relationen als Teilmengen des kartesischen Produkts von Mengen, die den Tabellen in der Unternehmens-IT entsprechen, sowie den zugehörigen Abbildungen und Konstruktionen (z. B. Projektionen und Summen). Dabei gibt es eine enge Verzahnung zwischen mathematischen Ergebnissen und der Informatik, z. B. bei Komplexitätsabschätzungen für Queries, Kardinalitäten von Resultatsmengen und massiver Parallelisierung. Zusätzlich spielt Statistik eine große Rolle, um auf der Grundlage bisheriger Abfragen die Persistenz, d. h. die Bereithaltung aggregierter Daten, und das Design der Anwendungsfunktionalitäten zu optimieren.

Unsere kleine Beispielsammlung zeigt, dass sich Anwendungen der Mathematik weder über die Anwendungsgebiete noch über die eingesetzten mathematischen Methoden einfach klassifizieren lassen. In ein und demselben Anwendungsgebiet kommen ganz unterschiedliche mathematische Methoden zum Einsatz, und einzelne mathematische Methoden lassen sich in ganz unterschiedlichen Anwendungsbereichen einsetzen. Oft sind die eingesetzten mathematischen Werkzeuge wie in

Beispiel 3.6 auch nicht sonderlich speziell. Dennoch lassen sich zwei methodische Vorgehensweisen für die Anwendung von Mathematik herausheben: *Optimierung* und *Simulation*.

Die Optimierung hat eine besondere Rolle, weil in der Realität unterschiedliche Lösungen eines Problems nie gleichwertig sind, sondern immer daran gemessen werden, wie viele Ressourcen sie verbrauchen. Dabei kann mit Ressourcen alles Mögliche gemeint sein, beispielsweise Geld, Energie, Zeit, Rohstoffe oder Mitarbeiter.

Je nach Art der Problemstellung stößt man auf diskrete oder kontinuierliche, lineare oder nichtlineare Optimierungsprobleme. Oft tauchen Optimierungsprobleme im Zusammenhang mit Steuerungsproblemen auf, zum Beispiel bei chemischen Syntheseprozessen oder bei der Steuerung von Raumsonden. Oft haben die Optimierungsprobleme auch zusätzliche Aspekte von Zufälligkeit wie bei der Prozessablaufplanung in einer Fabrik, in denen insbesondere Warteschlangenprobleme zu behandeln sind.

Die Behandlung von Optimierungsproblemen erfordert je nach Problemstellung ganz unterschiedliche mathematische Methoden. Bei der Tragflächenoptimierung braucht man sehr viele Hilfsmittel aus den Differenzialgleichungen und der Numerik, bei logistischen Optimierungen ist mehr Graphentheorie gefragt, und manche wirtschaftswissenschaftliche Optimierung ist eher ein Problem der linearen Algebra und der konvexen Geometrie.

Mit *Simulation* ist gemeint, dass man ein reales System mathematisch modelliert und seine zeitliche Entwicklung nicht durch Lösung der im Modell angelegten Evolutionsgleichung studiert (die in der Regel mit den heute verfügbaren Methoden nicht einmal näherungsweise lösbar sind). Stattdessen lässt man es im Computer mit vorgegebenen Anfangswerten und unterschiedlichen Parametern laufen und sieht sich die Entwicklung an. Die zentrale Rolle der Simulation für die praktische Anwendung von Mathematik ist der steigenden Leistungsfähigkeit der modernen Computer zu verdanken. Sie erlaubt es in ständig zunehmenden Maße, kostspielige Experimente wie etwa Crash-Tests durch Computersimulationen zu ersetzen. Solche Simulationsmodelle spielen sowohl in den Ingenieur- als auch in den Natur- und Wirtschaftswissenschaften eine wichtige Rolle. Man denke zum Beispiel an die Wettervorhersage, die Ausbreitung von Krankheiten, die Versicherungswirtschaft oder die Bewertung von Aktien und anderen Finanzprodukten.

Neben der Frage nach angemessenen Modellen, die in Zusammenarbeit mit den jeweiligen Fachvertretern entwickelt werden müssen, spielen in diesem Kontext insbesondere Techniken der numerischen und algorithmischen Mathematik eine Rolle. Besonders herauszuheben ist in diesem Kontext die Bedeutung der Modellierung von Zufälligkeit. Stochastik und Statistik sind für realistische Simulationen unverzichtbar. Da man im Computer nicht würfeln kann, ist eine der Fragen, wie man überhaupt möglichst zufällige Zahlenfolgen im Computer generieren kann. Erstaunlicherweise bietet die Zahlentheorie hier leistungsfähige Möglichkeiten [123, Kap. 8].

So wie hier beschrieben, bezieht sich Simulation auf Zusammenhänge, für die man schon ein mathematisches Modell hat. Die Entwicklungen in Data Science und Künstlicher Intelligenz (KI) erlauben inzwischen sogar so etwas wie eine *automa-*

tische Modellbildung, die vom Menschen nicht mehr wirklich durchschaut wird, aber trotzdem zur Simulation eingesetzt werden kann. Wir gehen auf Chancen und Risiken dieser Entwicklung in Abschn. 4.5 noch ausführlicher ein.

Die Diversität der Anwendungen von Mathematik wird in [78] eindrucksvoll illustriert, wo über 50 vom Bundesministerium für Bildung und Forschung (BMBF) geförderte Kooperationsprojekte zwischen Universitäten und Industrie beschrieben werden. Die Autoren gruppieren sie nach den Anwendungsgebieten unter

- Motoren und Fahrzeuge,
- Umwelttechnik,
- Flüsse, Transport und Reaktionen in technischen Prozessen,
- Optik und Sensoren,
- Kristallwachstum und Halbleiter,
- elektronische Schaltkreise,
- Tomografie, Bildanalyse und Visualisierung,
- statistische Methoden in der Medizin,
- Optimierung in Design und Produktion,
- Optimierung in Verkehr und Kommunikation.

Fazit

In vielen Bereichen menschlicher Aktivität werden mathematische Konzepte eingesetzt, um die Welt berechenbarer zu machen, auch in Bereichen, in denen kein unmittelbarer materieller Vorteil davon zu erwarten ist.

Die Entwicklung immer besserer Computer eröffnet immer mehr Möglichkeiten, realitätsnahe mathematische Modelle zur Lösung praktischer Probleme einzusetzen. Die zunehmende Bedeutung algorithmischer Aspekte verleiht Gebieten wie der *Numerik* oder der *diskreten Mathematik* zusätzliches Gewicht. Gleichzeitig gewinnen theoretische Aussagen neue Bedeutung, weil sie mithilfe des Computers praktisch umgesetzt werden können.

Die Modellbildung muss von Mathematikern und Anwendern gemeinsam betrieben werden, denn in fast allen Beispielen stammen die meisten zu berücksichtigenden Konzepte und Phänomene aus dem Bereich der Disziplinen, in denen die Anwendung beheimatet ist. Entsprechend schwer ist es, selbst fortgeschrittenen Studierenden der Mathematik praxisrelevante Anwendungen vorzuführen, weil diese immer auch spezielle Kenntnisse im Anwendungsfach verlangen.

In den Ausbildungskonzepten schlägt sich dies in der Verpflichtung nieder, mindestens ein Nebenfach zu belegen, um mit den Grundlagen und dem Vokabular einer Disziplin vertraut zu werden. Ziel ist es, die Kommunikation mit potenziellen Anwendern zu ermöglichen. Die relevanten Details des Anwendungsbereichs lernen Mathematiker, die sich im Berufsleben wirklich mit konkreten Anwendungen mathematischer Methoden beschäftigen, in der Regel erst im Kontakt mit den Anwendern und ihren konkreten Problemen.

Ergänzende Literatur

Beispielsammlungen: [1, 8, 10, 11, 43, 46, 55, 58, 72, 89, 93, 104, 142]

Mathematischer Hintergrund: [5, 12, 44, 53, 60, 80, 117, 126, 130]

Einzeldarstellungen: [21, 38, 81, 100, 101, 116, 118, 131, 145]

Entwicklungslinien

4

Inhaltsverzeichnis

Die Mathematik ist kein statischer Block von Wissen, sondern ein sich ständig erweiterndes Netzwerk von Theorien. Die gegenwärtigen Entwicklungen in der mathematischen Forschung sind so vielfältig und verzweigt, dass es den Rahmen dieses Buches sprengen würde, sie auch nur grob zu skizzieren. Deshalb bietet dieses Kapitel einen historischen Zugang. Im Zeitraffer der Geschichte sieht man sowohl die Entwicklungsdynamik der mathematischen Disziplinen als auch das Wechselspiel mit allgemeinen kulturellen Entwicklungen viel deutlicher.

4.1 Geschichte der Mathematik im Schnelldurchlauf

Es gibt zwei Komponenten, denen wir unseren heutigen Kenntnisstand in der Mathematik verdanken: einerseits dem pragmatischen Umgang mit Lebenssituationen und andererseits dem Wunsch, die entwickelten Werkzeuge und Strukturen besser zu verstehen und ihrerseits zu erforschen. Angefangen hat es in prähistorischen Zeiten mit dem Zählen und den Zahlen [77].

Ägyptisch-babylonische Periode: 1200 bis 600 v. Chr.
Buchführung, Vermessungswesen und Religion waren die Triebkräfte für mathematische Entwicklungen in den ersten arbeitsteiligen großen Hochkulturen in Ägypten und Babylon.

© Springer-Verlag GmbH Deutschland, ein Teil von Springer Nature 2021   159
I. Hilgert und J. Hilgert, *Mathematik – ein Reiseführer*,
https://doi.org/10.1007/978-3-662-62599-6_4

Konkrete Probleme wie das eines babylonischen Ziegenhirten bedurften der Behandlung: Er musste am Abend so viele Ziegen zurückbringen, wie man ihm morgens anvertraut hatte. Um das sicherzustellen, brauchte er ein Zahlensystem.

Nach den jährlichen Überschwemmungen des Nils mussten die fruchtbaren Gebiete wieder auf die Eigentümer aufgeteilt und Grundstücksgrenzen neu festgelegt werden. Diese Neuvermessung der Nilgebiete wird allgemein als Startpunkt für die Entwicklung ägyptischer Geometrie betrachtet.

Bei der Entwicklung der frühen babylonischen Astronomie dürften aber religiöse Gründe und Zahlenmystik eine ebenso große Rolle gespielt haben wie die Frage nach räumlicher und zeitlicher Orientierung.

Die zentralen Errungenschaften dieser Periode sind:

- Zahlensysteme
- Geometrie von Flächen und Rauminhalten
- Anfänge der Astronomie

Griechisch-hellenistische Periode: 600 v. Chr. bis 100 n. Chr.
2008 sorgte der österreichische Schriftsteller und Homerübersetzer Raoul Schrott mit seiner These, dass Homer im assyrischen Kulturraum gelebt habe und das reale Vorbild seines Troja nicht an der Ägäis zu suchen sei, sondern in Kilikien im Südosten der Türkei, für eine heftige Diskussion unter Philologen.

Der hier angenommene Zusammenhang gilt bei den Mathematikern schon längst als Allgemeinplatz: dass nämlich die griechischen Pioniere der Mathematik bei den Hochkulturen des Nahen Ostens in die Lehre gegangen sind. Das mindert die Leistung der griechischen Mathematiker aber nicht im Geringsten, denn sie waren es, die zum ersten Mal die Ablösung der mathematischen Methoden von den konkreten Anwendungen vornahmen. In nur 300 Jahren entwickelten sie die vorgefundenen Grundlagen zu einem System, das im Folgenden 2 000 Jahre lang in Gebrauch war: Euklids Lehrbuch *Elemente* enthält die Dreiecks- und Kreisgeometrie ebenso wie grundlegende Beobachtungen über Prim- und zusammengesetzte Zahlen. Vor allem aber wird dort das Konzept des deduktiven Beweises aus einigen wenigen Grundannahmen mithilfe von logischen Regeln ausgebreitet [6].

In die griechische Periode fällt die erste Grundlagenkrise der Mathematik: Angefeuert durch die ersten Erfolge einer systematischen Untersuchung von Musik, durch die man den Zusammenhang von Tonintervallen mit ganzzahligen Längenverhältnissen von Saiten entdeckt hatte, hatten die *Pythagoreer* die Devise „Alles ist Zahl" ausgegeben, und man war tief geschockt, als sich herausstellte, dass die Diagonale eines Quadrats mit der Seitenlänge nicht in ein ganzzahliges Verhältnis gesetzt werden kann (Abschn. 4.2).

An anderer Stelle haben sich die Griechen durchaus erfolgreich mit Ausprägungen des Unendlichen beschäftigt und dabei Techniken entwickelt, die erst mit der Entdeckung der Differenzial- und Integralrechnung obsolet wurden.

In dieser Periode beginnen:

- axiomatische Geometrie (Euklid)
- elementare Zahlentheorie (Teilbarkeitslehre, auch Euklid)
- gezielter Umgang mit „unendlichen Größen" (Eudoxos, Archimedes)
- Akustik (Pythagoreer)
- theoretische Astronomie (Ptolemäus)

Persisch-indisch-arabische Periode: 400 bis 1400
Durch das aufstrebende Römische Reich mit seiner praxisorientierten Philosophie
wurde die Weiterverbreitung der griechischen Mathematik nach Mitteleuropa blo-
ckiert (Abschn. 4.4). Das frühe Christentum hat die Mathematik und die Mathematiker dann auch aus Griechenland vertrieben. Schlüsselentwicklungen fanden in der
Folge in Persien statt, wo griechische Geometrie und Methodik mit indischer Rechen-
kunst (dort hatte man die Null als rechnerische Größe erfunden) zusammentrafen.
Die Araber haben, anders als die Römer, die kulturellen Leistungen der Bewohner
der von ihnen eroberten Gebiete übernommen und sämtliche wissenschaftliche Literatur ins Arabische übersetzt. Im Gefolge der islamischen Eroberungskriege wurden
so auch die griechische und indische Mathematik sowie ihre arabischen Weiterentwicklungen über Nordafrika nach Spanien und Sizilien getragen.

Insbesondere haben die Araber die Algebra und Algorithmik des indischen
Zahlensystems weiterentwickelt. Beide Wörter sind arabischen Ursprungs: *al-jabr*
bezieht sich auf die Kunst des Knocheneinrenkens, und *al-Khwarizmi* ist der Name
eines Mathematikers und bezieht sich auf sein Herkunftsgebiet (Abschn. 2.2). In
heutiger Terminologie könnte man diese Teile der arabischen Mathematik „Finanzmathematik" nennen. So waren es auch italienische Kaufleute wie Leonardo von
Pisa (ca. 1170–1240), genannt *Fibonacci,* die als erste Mitteleuropäer mit dieser
Mathematik in Berührung kamen und von ihrer Überlegenheit im Vergleich zu den
heimischen Rechentechniken überzeugt wurden [30]. Die wichtigen Entdeckungen
in dieser Periode sind:

- indisches Zahlensystem inklusive der Null
- Algebra und Algorithmen (Rechnen mit indisch-arabischen Zahlen)
- Winkelfunktionen

Italienische Renaissance: 1200 bis 1500
In dieser Periode haben zum ersten Mal nach rund tausend Jahren wieder Europäer
originäre Beiträge zur Mathematik geliefert. Es entwickelte sich unter den *Abakisten*
(wie *Abakus*) genannten Rechenspezialisten eine Wettbewerbskultur, in der es darum
ging, konkret gestellte Rechenaufgaben wie das Lösen von Gleichungen als Erster
zu bewältigen [139]. In diesem Kontext wurden Verfahren zur Lösung von Gleichungen dritten und vierten Grades (im Vergleich zu den schon bei Euklid behandelten
quadratischen Gleichungen) entwickelt. Italienische Künstler entwickelten bei ihrer
systematischen Untersuchung von perspektivischer Darstellung auch erste Ideen zur
projektiven Geometrie.

Als zentrale Neuerungen dieser Periode sind festzuhalten:

- kubische und quartische Gleichungen (Tartaglia, Cardano, Ferrari)
- projektive Geometrie (Alberti, Brunelleschi)

Europäische Phase I: 1500 bis 1660
Mit der italienischen Renaissance war ein neuer Anfang gemacht, und in der Folge wurde der gesamte Bestand an Mathematik in Europa wahrgenommen. Besonders französische Privatgelehrte wie François Viète (1540–1603), der in deutschen Schulbüchern meist mit dem latinisierten Namen Vieta auftaucht, Pierre de Fermat (1601–1665), René Descartes (1596–1650) und Blaise Pascal (1623–1662) setzten sich in dieser Zeit sehr ernsthaft mit Mathematik auseinander, wobei ihre Motivation sehr unterschiedlich war. Fermat studierte zum Beispiel die zahlentheoretischen Schriften des späthellenistischen Autors Diophant (200–284), während sich Descartes mit der analytischen Geometrie als Modell für wissenschaftlich fundierte philosophische Einsichten befasste.

In dieser Zeit entwickelten sich mathematische Korrespondenzzirkel und Salons. Die Mathematik war im wahrsten Sinne des Wortes salonfähig geworden. Bis ins frühe 20. Jahrhundert sollten sich nun die entscheidenden Entwicklungen der Mathematik in Europa abspielen.

Die wesentlichen Fortschritte in dieser Periode finden sich auf folgenden Gebieten:

- Zahlentheorie (Fermat)
- Kombinatorik und abzählende Wahrscheinlichkeit (Pascal)
- analytische Geometrie (Descartes, Fermat)
- projektive Geometrie (Desargues, Pascal)

Europäische Phase II: 1660 bis 1780
Im späten 17. und frühen 18. Jahrhundert traten Universitäten und Akademien auf den Plan, und die Förderung der Wissenschaften durch absolutistische Herrscher sowie das Wechselspiel mit der Physik wurden treibende Kräfte der mathematischen Entwicklung. Aber auch Philosophie (Leibniz) und soziologische Fragen (Bevölkerungswachstum: Bernoulli) spielten eine Rolle.

In diese Zeit fallen die Entwicklung der Differenzial- und Integralrechnung durch Gottfried Wilhelm Leibniz (1646–1716) und Isaac Newton (1642–1727) sowie die Grundlegung der Wahrscheinlichkeitstheorie durch Jakob Bernoulli (1654–1705). Bei beidem handelt es sich um wahre mathematische Revolutionen, die in der Folge ganz neue Anwendungen ermöglichten. Die neben Newton herausragende Gestalt dieser Periode war Leonhard Euler (1707–1783), der produktivste Mathematiker aller Zeiten, der zu allen mathematischen Disziplinen seiner Zeit entscheidende Beiträge geliefert hat.

In dieser Phase entstehen:

- Differenzial- und Integralrechnung (Newton, Leibniz)
- Wahrscheinlichkeitsrechnung (Jakob Bernoulli)
- Variationsrechnung (Jakob und Johann Bernoulli)

Europäische Phase III: 1780 bis 1870
Die Französische Revolution und die nachfolgende napoleonische Zeit lieferten die philosophische und die organisatorische Grundlage für die rasante Entwicklung im 19. Jahrhundert. Von nun an gingen die Impulse fast ausnahmslos von den europäischen Universitäten aus. Immer noch war die Physik ein zentraler Ideengeber, der vor allem die Entwicklung von mathematischen Werkzeugen zur Lösung von Differenzialgleichungen antrieb. In diesem Kontext entwickelte sich insbesondere auch die lineare Algebra, die heute in der Regel ganz an den Anfang eines Mathematikstudiums gestellt wird.

Die zentrale Persönlichkeit dieser Periode war Carl Friedrich Gauß (1777–1855), den noch heute viele für den bedeutendsten Mathematiker aller Zeiten halten. Er hob in seiner Dissertation „Disquisitiones arithmeticae" von 1801 die Zahlentheorie auf eine neue Ebene, entwickelte zur Berechnung einer Asteroidenbahn völlig neue Näherungsmethoden, leistete Pionierarbeiten in der Theorie der Funktionen komplexer Variablen und schuf mit seinen Untersuchungen über gekrümmte Flächen das Fundament, auf dem sein genialer Schüler Bernhard Riemann (1826–1866) seine revolutionären Ideen zu gekrümmten Räumen in beliebigen Dimensionen entwarf. Von Gauß' Beitrag zur nichteuklidischen Geometrie wird noch die Rede sein, seine praktischen Tätigkeiten als Landvermesser und Astronom seien hier nur am Rande erwähnt [85].

Charakteristisch für die Gauß'schen Arbeiten ist die mathematische Strenge der Argumentation. Es stieg in dieser Zeit aber auch das Interesse an einer sauberen Darstellung schon bekannter Methoden. Eine Reihe von begrifflichen Fortschritten wurde zum Beispiel von Augustin-Louis Cauchy (1789–1857) und Karl Weierstraß (1815–1897) im Rahmen von Vorlesungen erzielt. Deren Sichtweisen prägen die *Analysis*-Vorlesungen weltweit bis heute.

In diese Zeit fällt auch die zweite Grundlagenkrise der Mathematik. Ausgelöst wurde sie durch die Entdeckung der nichteuklidischen Geometrie durch Gauß, Bolyai und Lobatschewski. Die Quintessenz war, dass plötzlich die Geometrie des Raumes als nicht mehr gottgegeben dastand, sondern als empirische Erkenntnis. Damit konnte die Geometrie als Teil der Naturwissenschaften betrachtet werden [68]. Wir sehen dies eher als Indiz dafür, dass Mathematik die Natur nicht abbildet, sondern unsere Naturwahrnehmung modelliert (Abschn. 4.5).

Die zentralen Themen dieser Phase sind:

- Differenzialgleichungen (d'Alembert, Fourier, Lagrange)
- Zahlentheorie (Gauß, Abel, Jacobi)
- Analysis (Gauß, Cauchy, Weierstraß)
- Wahrscheinlichkeitstheorie (Laplace)

- Algebra (Galois, Jordan)
- Geometrie (Gauß, Riemann)

Europäische Phase IV: 1870 bis 1933

Kurz nach der zweiten Grundlagenkrise wurde mit Georg Cantors (1845–1918) „Theorie unendlicher Mengen" die dritte Grundlagenkrise der Mathematik eingeläutet, die üblicherweise gemeint ist, wenn man von „der Grundlagenkrise" spricht. Sie wurde befeuert von den Antinomien Bertrand Russells (1872–1970) und kulminierte in Kurt Gödels (1906–1970) Unvollständigkeitssätzen von 1931. Auch diese Grundlagenkrise wird in Abschn. 4.2 ausführlicher diskutiert.

Nichteuklidische Geometrie und Mengenlehre bewirkten ein stark gesteigertes Interesse an axiomatischer Grundlegung, und in diese Zeit fällt auch die erste Axiomatisierung der natürlichen Zahlen durch Giuseppe Peano (1858–1932). Zahlreiche weitere algebraische Strukturen wie *Körper, Vektorräume* und *Gruppen,* die in Form von endlichen Permutationsgruppen schon bei Lagrange, Gauß, Galois und Abel eine wichtige Rolle gespielt hatten, wurden in dieser Zeit als Begriffe eingeführt. Zuletzt erfuhr auch die Wahrscheinlichkeitstheorie eine Axiomatisierung (Kolmogorov).

Die neu definierten Strukturen tauchten in allen möglichen Kontexten wieder auf, zum Beispiel bei der Behandlung von Integralgleichungen oder der in Entwicklung begriffenen Quantenmechanik, und erwiesen sich dort als sehr nützlich. Insbesondere der Begriff des Hilbertraumes hat hier seinen Ursprung. Hilbert war an vielen wichtigen Bewegungen dieser Zeit entscheidend beteiligt. Er gilt vielen als der letzte Mathematiker, der die gesamte mathematische Forschung seiner Zeit überblicken konnte. Mit Hilbert startete die Algebraisierung weiter Teile der Mathematik, ein Prozess, der bis heute nicht abgeschlossen ist (siehe die Diskussion in Abschn. 2.6).

Unabhängig von der Axiomatisierungswelle gab es nach der Entdeckung der nichteuklidischen Geometrie und gekrümmter Räume umfangreiche geometrische Untersuchungen ganz verschiedener Art. Sophus Lie (1842–1899) und Felix Klein (1849–1925) studierten die Rolle von Symmetrien in der Geometrie, in Italien begründete Antonio Cremona (1830–1903) eine Schule, die sich mit den Lösungsmengen von Polynomgleichungen in mehreren Variablen befasste. In Frankreich leistete Henri Poincaré (1854–1912), der neben Hilbert führende Mathematiker seiner Zeit, Pionierarbeit im Bereich der algebraischen Topologie, in der man geometrische Objekte anhand ihnen zugeordneter algebraischer Objekte auseinanderzuhalten vermag (Beispiel 1.25 und Abschn. 2.5).

Anfang des 20. Jahrhunderts waren Paris und Göttingen die mathematischen Zentren der Welt. Junge Wissenschaftler aus der ganzen Welt studierten dort. Paris hat diesen Status bis heute bewahrt, Göttingen verlor seine führende Rolle, als das Wüten der Nationalsozialisten ab 1933 den ohnehin sich abzeichnenden Exodus von Wissenschaftlern in die USA drastisch beschleunigte.

In dieser Phase entstehen viele neue Teilgebiete der Mathematik:

- Mengenlehre und Axiomatisierung (Cantor, Peano, Dedekind, Hilbert)
- Algebraische Topologie (Poincaré)
- Funktionalanalysis (Hilbert, von Neumann, Banach)

- algebraische Strukturen (Noether)
- Symmetrien (Lie, Klein, Cartan, Weyl)
- Logik (Gödel)
- Wahrscheinlichkeitstheorie (Kolmogorov)

Globale Phase: Ab 1933

Selbstverständlich hat es von alters her in diversen Kulturen und Ländern eigenständige mathematische Entwicklungen gegeben, beispielsweise in China oder bei den Mayas. Die bis hierher geschilderten Entwicklungen haben aber die heutige globale *main stream mathematics* in besonderem Maß geprägt. Ebenso haben einzelne Mathematiker ganz unterschiedlicher Herkunft (z. B. China, Indien, Japan, Russland, USA) schon im 19. und frühen 20. Jahrhundert in den europäischen Zentren studiert und gearbeitet, um später in ihre Heimatländer zurückzugehen und dort neue wissenschaftliche Traditionen zu begründen.

Nach dem Zweiten Weltkrieg jedoch gab es so viele forschende Mathematiker, die im Exil lebten, dass sich binnen kurzer Zeit eine völlig internationale *community* gebildet hatte. Neben Paris entstanden mathematische Zentren in Princeton, Boston und Moskau, später kamen noch weitere sehr starke Universitäten dazu, zum Beispiel Berkeley und Chicago. Die Anzahl der jährlich geschriebenen mathematischen Publikationen wuchs, wie die Anzahl forschender Mathematiker, von Jahr zu Jahr. Heute könnte man ein Forscherleben darauf verwenden, die Monatsproduktion der Fachverlage grob durchzuarbeiten.

Seit 1950 werden alle vier Jahre[1] zwei bis vier Fields-Medaillen vergeben, eine Art mathematischer Nobelpreis (von vernachlässigbarem pekuniären Wert). Die Herkunftsländer der bisherigen Preisträger sind: Australien (2), Belgien (2), Brasilien, China, Deutschland (2), Finnland, Frankreich (10), Iran (2), Israel (1), Italien (2), Japan (3), Kanada (1), Neuseeland (1), Norwegen (1), Österreich (1), Schweden (1), Russland (8), UK (7), USA (11) und Vietnam (1), wobei die Diversifikation gerade in den letzten Jahren zugenommen hat. Das bedeutet weniger, dass das Niveau der Forschung inzwischen überall gleich hoch ist, sondern eher, dass junge Talente aus aller Welt sich an Spitzeninstitutionen konzentrieren, an denen das wissenschaftliche Leben von Forschern mit sehr unterschiedlichem kulturellen und ethnischen Hintergrund geprägt wird.

Aus den Arbeitsgebieten der Fields-Medaillisten lassen sich auch Rückschlüsse darüber ziehen, welchen Entwicklungen man über die Jahrzehnte besondere Bedeutung beimaß. Die nachfolgende Zuordnung ist ein wenig willkürlich, weil die Fields-Medaillen oft für Leistungen vergeben wurden, die mehrere Gebiete miteinander verbanden. Sie gibt aber zutreffend wieder, dass die Topologie zwischen 1950 und 1970 sowie in den frühen 1980er Jahren eine zentrale Rolle gespielt hat, während die Analysis seit den 1990er Jahren besonders stark ist. Bemerkenswert ist auch die steigende Wertschätzung, die stochastische Methoden und Fragestellungen in den letzten

---

[1] Die ersten beiden Fields-Medaillen wurden 1936 vergeben, danach gab es kriegsbedingt eine Pause bis 1950.

Jahren erfahren. Weniger klar spiegelt sich die Rolle der algebraischen Geometrie als mathematischer Leitdisziplin in der zweiten Hälfte des 20. Jahrhunderts wider. Diese tritt erst zutage, wenn man die Methoden analysiert, die die verschiedenen Preisträger verwendet haben.

Grundlagen: Paul Cohen (1966)

Algebra: John Thompson (1970), Daniel Quillen (1978), Efim Zelmanov (1994), Richard Borcherds (1998)

Zahlentheorie: Atle Selberg (1950), Klaus Roth (1958), Alan Baker (1970), Enrico Bombieri (1974), Pierre Deligne (1978), Gerd Faltings (1986), Vladimir Drinfeld (1990), Laurent Lafforgue (2002), Bao Châu Ngô (2010), Manjul Bhargava (2014), Peter Scholze (2018), Akshay Venkatesh (2018)

Geometrie: Kunihiko Kodaira (1954), Alexander Grothendieck (1966), Heisuke Hironaka (1970), David Mumford (1974), Grigori Margulis (1978), Shing-Tung Yau (1982), Shigefumi Mori (1990), Edward Witten (1990), Maxim Kontsevich (1998), Maryam Mirzakhani (2014), Caucher Birkar (2018)

Topologie: Jean-Pierre Serre (1954), René Thom (1958), John Milnor (1962), Michael Atiyah (1966), Stephen Smale (1966), Sergei Novikov (1970), William Thurston (1982), Simon Donaldson (1986), Michael Freedman (1986), Vaughan Jones (1990), Vladimir Voevodsky (2002)

Analysis: Lars Ahlfors (1936), Jesse Douglas (1936), Laurent Schwartz (1950), Lars Hörmander (1962), Charles Fefferman (1978), Alain Connes (1982), Jean Bourgain (1994), Pierre-Louis Lions (1994), Jean-Christophe Yoccoz (1994), Timothy Gowers (1998), Curtis McMullen (1998), Terence Tao (2006), Grigori Perelman (2006), Artur Ávila (2014), Alessio Figalli (2018)

Stochastik: Andrei Okounkov (2006), Wendelin Werner (2006), Elon Lindenstrauss (2010), Stanislav Smirnov (2010), Cédric Villani (2010), Martin Hairer (2014)

Es wäre ziemlich vermessen, schon jetzt sagen zu wollen, welche Mathematiker in Zukunft als die prägenden der zweiten Hälfte des 20. Jahrhunderts gelten werden. Vielleicht wird man in 50 Jahren Michael Atiyah (1929–2019), Israel Gelfand (1913–2009), Alexander Grothendieck (1928–2014), Jean-Pierre Serre (geb. 1926) und André Weil (1906–1998) nennen, aber das ist natürlich eine subjektive Einschätzung.

Es wird sich weisen, ob sich Alain Connes' (geb. 1947) *nichtkommutative Geometrie* oder die stark von Edward Witten (geb. 1951) bestimmte *Stringtheorie* dauerhaft als mathematische Gebiete von zentraler Bedeutung etablieren können oder ob man nicht eher die Entwicklungen zum Beispiel in der Analysis partieller Differenzialgleichungen bis hin zur Lösung der Poincaré-Vermutung durch Grigori Perelman (geb. 1966) im Jahr 2002 oder die Fortschritte in der Stochastik als die wichtigsten wahrnehmen wird.

4.2 Grundlagenkrisen

Die Entwicklung der Mathematik verlief nie gleichförmig, und zu unterschiedlichen Zeiten waren unterschiedliche Kulturen tonangebend, wie wir in Abschn. 4.1 gesehen haben. Es gab aber einige klar erkennbare Wendepunkte in der Mathematikgeschichte, die jeweils Grundlagenkrisen auslösten und die weiteren Entwicklungen maßgeblich prägten. Es lohnt sich, gerade diese Perioden genauer zu betrachten, weil sie illustrieren, dass Mathematik nicht nur eine Ansammlung von gottgegebenen Rechenmethoden ist, sondern eine von Menschen gemachte dynamische Wissenschaft.

Auslöser: Geometrie
Die ersten beiden Grundlagenkrisen wurden durch geometrische Einsichten ausgelöst. Die Entdeckung der irrationalen Längenverhältnisse in der Geometrie durch die Pythagoreer bezeichnet man als erste Grundlagenkrise. Sie war mit der pythagoreischen Maxime „Alles ist Zahl" nicht vereinbar, weil das Konzept irrationaler Zahlen nicht zur Verfügung stand. Diese Krise führte zu einer strikten Trennung von Geometrie und Arithmetik. Insbesondere wurde die in der Geometrie so erfolgreiche Methode der Axiomatisierung von den Griechen und ihren Nachfolgern nicht auf den Bereich der Arithmetik übertragen. Es dauerte fast zwei Jahrtausende, bis diese beiden Gebiete der Mathematik durch Descartes und Fermat wieder zusammengeführt wurden, und weitere zwei Jahrhunderte, bis man auch die Arithmetik axiomatisiert hatte.

Die zweite Grundlagenkrise stellte sowohl die bis dato erfolgreichste Axiomatisierung einer mathematischen Theorie, die euklidische Geometrie, als auch das Verhältnis von Mathematik und Realität infrage. Sie erwuchs aus der Feststellung, dass das Parallelenpostulat nicht beweisbar ist.

Seit der Einführung der euklidischen Axiome hatte es Versuche gegeben, das fünfte Axiom, genannt das *Parallelenpostulat,* aus den anderen Axiomen herzuleiten, weil es deutlich weniger elementar und weniger unmittelbar einsichtig war. Das Parallelenpostulat (Abschn. 2.2) besagt, dass es zu jedem Punkt P in einer Ebene, der nicht auf einer vorgegebenen Gerade g liegt, genau eine Gerade g' gibt, die zu g parallel ist und den Punkt P enthält. Die eigentliche Schwierigkeit an diesem Postulat ist der Rückgriff auf einen Aspekt von *Unendlichkeit.* Zwei Geraden in einer Ebene sind parallel, wenn sie sich nicht schneiden oder, in der Sprachweise der projektiven Geometrie formuliert, wenn sie sich nur „im Unendlichen" schneiden (die Vorstellung von Eisenbahnschienen, die sich am Horizont zu treffen scheinen, kann das illustrieren). Jahrhundertelang suchten griechische, arabische und mitteleuropäische Mathematiker, das Parallelenpostulat zu beweisen, und produzierten dabei sehr viel zusätzliches Wissen über die geometrischen Sachverhalte, die sich ohne das Parallelenaxiom nachweisen lassen. Dennoch war es ein Schock für die mathematisch-philosophische Fachwelt, als Anfang des 19. Jahrhunderts drei Mathematiker unabhängig voneinander entdeckten, dass eine Geometrie ohne Parallelenpostulat möglich ist. Das bedeutet, dass das Parallelenpostulat aus den anderen Axiomen nicht bewiesen werden kann.

Abb. 4.1 Kleins Modell der
nichteuklidischen Geometrie

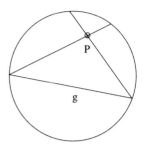

Der Erste war Carl Friedrich Gauß (1777–1855), der aber seine Entdeckung nur seinen Tagebüchern anvertraute und sich erst dazu bekannte, als János Bolyai (1802–1860), der Sohn eines Studienfreunds von Gauß, ein entsprechendes Resultat vorlegte. Der dritte war Nikolai Lobatschewski (1792–1856). Konkrete Modelle dieser *nichteuklidischen Geometrie* wurden erst später angegeben. Besonders einfach vorzustellen ist das Modell von Felix Klein (1849–1925), in dem die Ebene durch eine Kreisscheibe, ersetzt wird, deren Rand man sich als unendlich weit entfernten Horizont vorstellen muss (Abb. 4.1). Die „Punkte" sind dann einfach Punkte auf der Kreisscheibe und die „Geraden" sind Strecken, die zwei Punkte auf dem Rand verbinden. Man sieht leicht, dass es in diesem Modell zu einem „Punkt" P, der nicht auf einer vorgegebenen „Geraden" g liegt, genau zwei „Geraden" gibt, die g im Unendlichen, das heißt am Horizont, schneiden. Die anderen euklidischen Axiome zu verifizieren, ist dagegen deutlich aufwendiger.

Die Existenz der nichteuklidischen Geometrie war nicht nur deshalb so schockierend, weil sie den Erwartungen so radikal widersprach, sie war es vor allem, weil sie die euklidische Geometrie als Abbild der Natur infrage stellte. Das geschah schon Jahrzehnte bevor Albert Einstein (1879–1955) zeigte, dass auch die physikalische Welt nicht durch die euklidische Geometrie beschrieben wird. Im 19. Jahrhundert verlor die Geometrie damit ihre Rolle als das solide Fundament der Mathematik. Nicht zuletzt deswegen wurde es möglich, völlig neue Sichtweisen von Geometrie zu entwickeln. Insbesondere die Erfolge von Symmetriebetrachtungen im Kontext der Lösbarkeit von (polynomialen) Gleichungen (Abel, Galois) beflügelten Ideen, wie sie Felix Klein in seinem *Erlanger Programm* von 1872 niederlegte. Jetzt sollten nur noch solche Eigenschaften von Objekten als *geometrisch* gelten, die sich nicht veränderten, wenn man sie gewissen Symmetrietransformationen wie Rotationen oder Translationen unterzog. Je nachdem, welche Symmetrien man vorgab, erhielt man dementsprechend unterschiedliche „Geometrien". Die euklidische Geometrie, in der es lediglich solche Symmetrietransformationen gibt, die Längen und Winkel erhalten, war damit nur noch eine Geometrie unter vielen. Es gibt zum Beispiel die *affine Geometrie,* in der Längen und Winkel verzerrt werden dürfen, aber Dreiecke immer noch auf Dreiecke abgebildet werden, oder die *projektive Geometrie,* in der es kein separates „Unendlich" mehr gibt. Nachdem die zweidimensionale Geometrie unter diesem Blickwinkel ihre Besonderheit verloren hatte, war die Bühne auch für die vierdimensionale Lorentz'sche Geometrie bereit, die der speziellen Relativitätstheorie zugrunde liegt.

Die Kontroversen um die „Wahrheit" der euklidischen Geometrie hatten das Interesse an einer Fundierung der Mathematik neu belebt. Zunächst stellte sich in erster Linie die Frage nach der Wahl „guter" Axiomensysteme, zum Beispiel für die (euklidische) Geometrie. Dann wurden diverse Begriffe, die man implizit längst benutzt hatte, in der zweiten Hälfte des 19. Jahrhunderts axiomatisiert. Das galt für Gruppen, Körper und Vektorräume; besonders wichtig für die Fundierung waren aber die verschiedenen Zahlbegriffe, insbesondere die natürlichen Zahlen, deren Axiomatisierung auf das Buch *Was sind und was sollen die Zahlen* [28] von Richard Dedekind (1831–1916) zurückgeht. Was Dedekind noch als Sätze formuliert, wird bei Giuseppe Peano (1858–1932) ein Axiomensystem. Peano führte auch die Axiome für den Begriff des Vektorraumes ein, wobei er sich auf Arbeiten von Hermann Graßmann (1809–1877) bezog. Eine Folge der zweiten Grundlagenkrise war, dass in Umkehrung der griechischen Betrachtungsweise jetzt die natürlichen Zahlen das Fundament der Mathematik bildeten.

Auslöser: Mengenlehre

Die Entdeckung, dass auch das Fundament der natürlichen Zahlen nicht so sicher war, wie man angenommen hatte, führte zur dritten Grundlagenkrise. Wir verdanken diese Entdeckung Georg Cantor (1845–1918) und seiner Untersuchung unendlicher Mengen. Die in diesem Kontext auftretenden Schwierigkeiten und die diversen Lösungsversuche führten zur Axiomatisierung der Mengenlehre durch Ernst Zermelo (1871–1953) und einer Neubewertung der Logik im Rahmen der Mathematik. Kurt Gödel (1906–1978) gelangte schließlich zu der Einsicht, dass auf der Basis dieser Mengenlehre gesicherte Erkenntnisse nicht möglich sind.

Die Mengenlehre begann mit Georg Cantor, der sich zunächst für die Darstellung von Funktionen durch trigonometrische Reihen interessierte, also Reihen, deren Summanden Vielfache von Winkelfunktionen der Form $\sin(nx)$ oder $\cos(nx)$ sind. Insbesondere ging er der Frage nach, ob so eine Darstellung eindeutig sein muss. Als Erstes zeigte er, dass es höchstens eine überall konvergente trigonometrische Reihe geben kann, die eine Funktion darstellt. Später konnte er die Eindeutigkeit zeigen, falls die Reihen nur an endlich vielen Stellen nicht konvergierten. Für bestimmte unendliche Ausnahmemengen konnte er die Eindeutigkeit dann immer noch zeigen. Um diese Menge beschreiben zu können, entwickelte er eine neue Konstruktion der reellen Zahlen durch Äquivalenzklassen von „Fundamentalfolgen", die heute Cauchy-Folgen heißen, weil sie Cauchys Konvergenzkriterium erfüllen. Dann betrachtete er das Konzept der „abgeleiteten Menge" P' einer vorgegebenen Menge P von reellen Zahlen. Dabei besteht P' gerade aus den reellen Zahlen, die in jeder Umgebung unendlich viele Punkte aus P haben. Diese Vorschrift kann man iterieren und so für jede natürliche Zahl n die n-te abgeleitete Menge $P^{(n)}$ bilden:

$$P' \supseteq P'' \supseteq P^{(3)} \supseteq \ldots$$

Cantor nannte P von „erster Art", wenn es ein n gibt, für das $P^{(n)}$ endlich ist. Sein Hauptresultat war dann: Die Eindeutigkeit der trigonometrischen Reihen gilt, falls die Ausnahmemenge von erster Art ist.

In diesem Kontext stellte Cantor sich, und in einem Brief auch Dedekind, die Frage, ob man zwischen den natürlichen und den reellen Zahlen eine bijektive Korrespondenz herstellen könne. Dedekind konnte die Frage nicht beantworten, aber wenige Wochen später fand Cantor ein Argument dafür, dass das nicht möglich ist (Beispiel 2.20). Er studierte noch mehr Fragen dieser Art und zeigte, dass das Einheitsintervall bijektiv auf das Einheitsquadrat abgebildet werden kann und dass die *algebraischen Zahlen,* das heißt die Nullstellen von Polynomen mit rationalen Koeffizienten, bijektiv auf die natürlichen Zahlen abgebildet werden können.

Schließlich entwickelte Cantor eine allgemeine Theorie der *Kardinalzahlen,* das heißt der „Mächtigkeiten" von Mengen, die er in zwei Arbeiten unter dem Titel „Beiträge zur Begründung der transfiniten Mengenlehre" veröffentlichte. Zwei Mengen A und B haben danach gleiche Mächtigkeit oder Kardinalität $|A| = |B|$, wenn sie bijektiv aufeinander abgebildet werden können. Dagegen gilt $|A| < |B|$, wenn A bijektiv auf eine Teilmenge von B abgebildet werden kann, nicht aber eine Teilmenge von A auf B.

Es tauchen sehr schnell schwierige Fragen auf: Die Mächtigkeit $\aleph_0$ *(Aleph Null)* der natürlichen Zahlen und die Mächtigkeit C der reellen Zahlen (des „Kontinuums") spielten eine besondere Rolle in Cantors Theorie. Cantor stellte die *Kontinuumshypothese* auf, die besagt, dass es zwischen $\aleph_0$ und C keine weiteren Kardinalzahlen gibt, konnte sie aber nicht beweisen.

Cantor hatte für zwei Mengen A und B gezeigt, dass höchstens eine der Relationen

$$|A| < |B|, \quad |A| = |B|, \quad |A| > |B|$$

gelten kann, aber es gelang ihm nicht zu zeigen, dass wirklich eine der Relationen erfüllt sein muss. In diesem Kontext stieß er auf die Frage, ob für jede Menge eine Ordnung gefunden werden kann, bezüglich der jede nichtleere Teilmenge ein kleinstes Element hat (so eine Ordnung nennt man dann eine *Wohlordnung*). Zum Beispiel bildet die natürliche Ordnung eine Wohlordnung auf den natürlichen Zahlen, nicht aber auf den positiven reellen Zahlen. Das Problem erschien Hilbert so wichtig, dass er es zusammen mit der Kontinuumshypothese als ersten Punkt seiner Liste von 23 zukunftsweisenden Problemen (eben den *Hilbert'schen Problemen;* [144]) aufnahm, die er auf dem Internationalen Mathematikerkongress von 1900 in Paris präsentierte.

Cantors Theorie unendlicher Mengen stieß von Anfang an auf ein geteiltes Echo. Leopold Kronecker (1823–1891) lehnte sie ab. Aus diesem Zusammenhang stammt sein berühmtes Diktum „Die natürlichen Zahlen hat der liebe Gott gemacht, alles andere ist Menschenwerk". Weierstraß benutzte zumindest Aussagen wie die Abzählbarkeit der algebraischen Zahlen. Auch Poincaré benutzte sie, allerdings unter gewissen Vorbehalten. Hilbert dagegen begrüßte die Theorie überschwänglich mit den Worten: „[...] aus dem Paradies, das Cantor geschaffen hat, soll uns niemand vertreiben."

Als aber um 1900 die ersten paradoxen Aussagen (auch *Antinomien* genannt) über Mengen auftauchten, sahen sich die Mathematiker gezwungen, die Mengenlehre neu zu überdenken. Cantor selbst hatte schon um 1895 erkannt, dass die Definition einer

Menge als Ansammlung „wohlunterschiedener" Objekte Probleme schafft. In einem Brief von 1899 an Dedekind schreibt er zum Beispiel:

> Eine Vielheit kann nämlich so beschaffen sein, dass die Annahme eines *Zusammenseins* aller ihrer Elemente auf einen Widerspruch führt, so dass es unmöglich ist, diese Vielheit als eine Einheit, als *ein fertiges Ding* aufzufassen. Solche Vielheiten nenne ich absolut unendliche oder inkonsistente Vielheiten [...] Wenn hingegen die Gesamtheit der Elemente einer Vielheit ohne Widerspruch als *zusammenseiend* gedacht werden kann, so dass ihr *Zusammengefasstwerden zu einem Ding* möglich ist, nenne ich sie eine konsistente Vielheit oder *Menge* [...] [98, S. 443].

Eines der frühesten Beispiele solcher inkonsistenter Mengen geht auf Ernst Zermelo (1871–1953) zurück: Es handelt sich um die Mengen, die jede ihrer Teilmengen als Elemente enthalten.

Proposition 4.1 *Eine Menge M, die jede ihrer Teilmengen als Elemente enthält, ist inkonsistent.*
Beweis. M_0 sei die Teilmenge von M, deren Elemente diejenigen Teilmengen von M sind, die sich nicht selbst enthalten. Wenn M_0 sich selbst als Element enthält, dann gehört M_0 nicht zu M_0, das heißt, M_0 enthält sich nicht als Element. Wenn M_0 sich selbst nicht als Element enthält, dann gehört M_0 zu M_0, das heißt, M_0 enthält sich als Element. □

Die bekannteste Antinomie stammt von Bertrand Russell (1872–1970): Ein Barbier sagt: „Ich rasiere genau diejenigen Männer, die sich nicht selbst rasieren." Rasiert er sich selbst (Abschn. 1.4)?

Wie heftig die Reaktion auf das Auftauchen der Antinomien war, kann man daran ermessen, dass der Logiker Gottlob Frege (1848–1925), der in seinem zweibändigen Werk *Grundgesetze der Arithmetik* versucht hatte, die Arithmetik aus der Logik zu begründen, und dabei Aussagefunktionen auf Mengen verwendet hatte, als Konsequenz der Diskussion seine mathematische Publikationstätigkeit einstellte. Dedekind verzichtete jahrelang auf eine dritte Auflage seines Buches *Was sind und was sollen die Zahlen*. Im Vorwort der dritten Auflage aus dem Jahr 1911 schrieb er dann:

> [...] weil inzwischen sich Zweifel an der Sicherheit wichtiger Grundlagen meiner Auffassung geltend gemacht hatten. Die Bedeutung und teilweise Berechtigung dieser Zweifel verkenne ich auch heute nicht [...] Aber mein Vertrauen in die innere Harmonie unserer Logik ist dadurch nicht erschüttert; ich glaube, dass eine strenge Untersuchung der Schöpferkraft des Geistes, aus bestimmten Elementen ein neues Bestimmtes, ihr System zu erschaffen, das notwendig von jedem dieser Elemente verschieden ist, gewiss dazu führen wird, die Grundlagen meiner Schrift einwandfrei zu gestalten.

Zermelo gab 1904 einen Beweis des *Wohlordnungssatzes,* der besagt, dass jede Menge eine Wohlordnung zulässt an. Er benutzte dabei jedoch das Prinzip, das schon vorher implizit gebraucht worden war (u. a. von Cantor und Dedekind), nämlich das viel zitierte *Auswahlaxiom* „Zu jeder nichtleeren Teilmenge M' von M kann man ein Element $m' \in M'$ finden". Inzwischen war das Problembewusstsein der Mathematiker geschärft, und Zermelos Beweis wurde heftig angegriffen. Um die Einwände gegen die Mengenlehre zu entkräften, stellte Zermelo ein erstes Axiomensystem für die Mengenlehre auf.

Axiom 4.2 (Zermelo)

Extensionalität	Zwei Mengen, welche dieselben Elemente enthalten, sind gleich.
Elementarmengen	Es gibt eine Menge ohne Elemente und zu zwei Objekten a, b die Mengen $\{a\}$, $\{b\}$ und $\{a, b\}$.
Aussonderung	Wenn eine Aussagefunktion P auf einer Menge S definiert ist, dann gibt es genau eine Menge T, deren Elemente die Elemente x von S sind, für die $P(x)$ wahr ist.
Potenzmengen	Zu jeder Menge S gibt es eine Menge $\mathfrak{P}(S)$, deren Elemente die Teilmengen von S sind.
Vereinigung	Zu jeder Menge S gibt es eine Menge $\mathfrak{V}(S)$, deren Elemente die Elemente der Elemente von S sind.
Auswahl	Ist S eine Menge, deren Elemente nichtleere und disjunkte Mengen sind, so gibt es eine Teilmenge A von $\mathfrak{V}(S)$, die mit jedem Element von S genau ein Element gemein hat.
Unendlichkeit	Es gibt eine Menge, die die leere Menge als Element enthält und mit jedem Element a auch $\{a\}$.

Hilbert hatte in seinem Buch *Grundlagen der Geometrie* von 1899 die Konsistenz seiner Axiome auf die Konsistenz der Axiome für das Zahlensystem zurückgeführt. Wollte man jetzt Zermelos Axiomensystem zur Grundlage der Zahlen machen, musste man die Konsistenz des Systems zeigen. Das gelang Zermelo nicht, er war aber überzeugt, dass es möglich sei.

Logizismus, Intuitionismus und Formalismus
Im Umgang mit der Krise um die Fundamente der Mengenlehre und damit der Mathematik insgesamt kristallisierten sich mehrere Schulen heraus.

Die *logizistische Schule* wollte als Antwort auf die Grundlagenkrise eine Begründung der Mathematik in der Logik erreichen, indem sie bei Aristoteles, Descartes und Leibniz anknüpfte. Nachdem Leibniz' Versuche, eine universelle Sprache zu schaffen, weitgehend ignoriert worden waren, hatte es im 19. Jahrhundert verschiedene Ansätze zu einer logischen Grundlegung der Mathematik gegeben (z. B. von George Boole (1815–1864) in *An investigation of the laws of thought,* Peano in *Formulaire de mathématiques* und eben von Gottlob Frege). Auch Dedekind schrieb:

> Indem ich die Arithmetik (Algebra, Analysis) nur einen Teil der Logik nenne, spreche ich schon aus, dass ich den Zahlbegriff [...] für einen Ausfluss der reinen Denkgesetze halte. [28, Vorwort]

Der bedeutendste Vertreter des Logizismus war Bertrand Russell (1872–1970). In seinem Buch *Principles of Mathematics* (1903) modifizierte er Freges Aussagefunktionen, indem er ihre Definitionsbereiche einschränkte. Er schuf eine Theorie von hierarchischen Typen, die in erweiterter und modifizierter Form dann in dem dreibändigen, gemeinsam mit Alfred North Whitehead (1861–1947) verfassten Werk *Principia Mathematica* (1910–1913) beschrieben wurde. Darin verwenden sie eine formale Sprache, die eine Weiterentwicklung von Peanos formaler Sprache darstellt. Auch in den *Principia Mathematica* sahen sich die Autoren genötigt, ein Unendlichkeitsaxiom und eine Form des Auswahlaxioms mit aufzunehmen.

David Hilbert (1862–1943) verstand Existenzbeweise als Beweise für die *Konsistenz* der Annahme der Existenz. In diesem Sinne entwickelte er ein *formalistisches* Programm, um die Widerspruchsfreiheit des Zahlbegriffs zu zeigen, das heißt, er wollte nachweisen, dass keine Aussage gleichzeitig mit ihrer Negation beweisbar ist. Er wollte Logik und Zahlen gleichzeitig aufbauen. Dabei sollten mathematische Beweise nichts anderes als die Anwendung formaler Transformationsregeln auf die Axiome und schon bewiesene Aussagen sein. Für ihn war die Mathematik eine Art Schachspiel, in dem Aussagen durch regelkonformes Ausführen von Spielzügen erzielt wurden. Die Interpretation der Resultate als geometrisch oder sonst wie war dann ein Schritt jenseits der Mathematik.

Im Gegensatz zu den Anschauungen der Logizisten vertrat Henri Poincaré (1854–1912) schon 1894 die Auffassung, dass das Prinzip der vollständigen Induktion nicht auf Logik zurückführbar sei und dass diese für die Arithmetik spezifische Regel a priori durch eine unmittelbare elementare *Intuition* von der natürlichen Zahl vermittelt werde [119]. Poincaré hielt später auch Hilbert entgegen, dass er wie die Logizisten Zahl und Induktion verwendet, um sie zu begründen. Eine regelrechte Doktrin des *Intuitionismus* stellte Luitzen E. J. Brouwer (1881–1967) in seiner Dissertation „Over de grondlagen der wiskunde" auf: In seinen Augen musste die Existenz eines mathematischen Objekts bewiesen werden, und das konnte nur durch die Angabe eines Konstruktionsverfahrens geschehen. Er berief sich dabei auf die zeitliche Abfolge des Denkens, die die Intuition für die Konstruktion der natürlichen Zahlen liefert. Er lehnte schließlich auch das *Prinzip vom ausgeschlossenen Dritten,* dem *Tertium non datur,* ab.

Brouwers Kritik überzeugte eine Reihe von herausragenden Mathematikern. Selbst Hilberts Schüler Hermann Weyl (1885–1955) versuchte in seinem 1918 erschienenen Buch *Das Kontinuum* einen halbintuitionistischen Aufbau der Analysis. Allerdings gelang es ihm nicht, auf dieser Grundlage die Existenz von Suprema beschränkter reeller Mengen und damit deren Vollständigkeit zu zeigen. Brouwer hat später bewiesen, dass ohne das *Tertium non datur* eine Reihe zentraler Sätze der Analysis wie die Sätze von Bolzano-Weierstraß und Heine-Borel nicht bewiesen werden können, ebenso wie die Lebesgue'sche Maß- und Integrationstheorie nicht etabliert werden kann. Weyl rückte letztendlich vom Intuitionismus ab, weil die intuitionistische Mathematik für den Gebrauch in der Physik zu schwach war.

Hilbert, der von der Diskussion um die Antinomien und den Intuitionismus sehr beeindruckt war und das Grundlagenprojekt zeitweise beiseitegelegt hatte, nahm 1917 das formalistische Programm wieder auf. Zusammen mit einer Reihe seiner Schüler entwickelte er eine „Beweistheorie", die zu der eigentlichen Mathematik, deren Schlussweisen rein formal sind, eine „Metamathematik" einführte, die den finitären Ansprüchen der Intuitionisten genügte und die auch inhaltliche Schlüsse zuließ. Noch im Sommer 1930 war Hilbert voller Optimismus, dass sein Programm erfolgreich weitergeführt und mit einem Nachweis der Widerspruchsfreiheit der elementaren Zahlentheorie vollendet werden würde. Anlässlich der Verleihung der Ehrenbürgerschaft seiner Heimatstadt Königsberg hielt er eine öffentliche Rede, in der er sich mit der Frage der Naturerkenntnis auseinandersetzte [68]. Er beschloss sie mit den Worten „Wir müssen wissen, wir werden wissen".

Gödels Unvollständigkeitssätze

Wenige Monate nach Hilberts Vortrag kündigte der frisch promovierte Logiker Kurt Gödel (1906–1978), ebenfalls in Königsberg, ein Resultat an, das Hilberts Programm ebenso wie das der Logizisten zum Scheitern verurteilte: Gödel hatte gezeigt, dass die formalisierte Peano'sche Arithmetik keine vollständige Theorie ist, das heißt, es ist nicht möglich, innerhalb der Theorie jede ihrer Aussagen entweder zu beweisen oder zu widerlegen. Dieses Resultat wird oft der *erste Gödel'sche Unvollständigkeitssatz* genannt. Gleiches gilt für jede Theorie, die die Peano'sche Arithmetik umfasst. Die folgende Aussage ist eine Variante des ersten Gödel'schen Unvollständigkeitssatzes: „Es gibt wahre Aussagen in der Peano'schen Arithmetik, die innerhalb der Theorie nicht beweisbar sind."

Die Grundidee des Beweises ist es, metamathematische Aussagen, das heißt Aussagen über elementare Zahlentheorie, selbst wieder durch Zahlen zu kodieren. Damit gelang es ihm, innerhalb des Systems selbstreferenzielle Aussagen zu bauen, die an die Russell'schen Antinomien erinnern und auf Aussagen führen, die nicht beweisbar sind, aber deren Negation eben auch nicht beweisbar ist. Gödel nummeriert also seine in Formeln gegossenen metamathematischen Aussagen durch $F_1, F_2, \ldots$ und betrachtet die Klasse K der natürlichen Zahlen n, für welche $\neg\mathrm{Bew}\big(F_n(n)\big)$ beweisbar ist. Dabei ist mit $\mathrm{Bew}(F)$ die Formel des Systems bezeichnet, die besagt, dass die Formel F beweisbar ist. Unter der Annahme, dass die elementare Zahlentheorie widerspruchsfrei ist, zeigt Gödel die Existenz einer natürlichen Zahl p, für die $F_p(n)$ ausdrückt: $n \in K$. Wäre jetzt $F_p(p)$ beweisbar, dann hätte man einen Widerspruch, weil $p \in K$ ja gerade besagt, dass $F_p(p)$ nicht beweisbar ist. Könnte man dagegen $\neg F_p(p)$ beweisen, so gälte $p \notin K$, und $\neg \mathrm{Bew}\big(F_p(p)\big)$ wäre nicht beweisbar. Daraus schließt Gödel dann, dass $F_p(p)$ bewiesen werden kann. Dieser erneute Widerspruch liefert, dass auch $\neg F_p(p)$ nicht bewiesen werden kann.

Als Folgerung aus dem Beweis des ersten Unvollständigkeitssatzes erhält man den *zweiten Gödel'schen Unvollständigkeitssatz,* der besagt, dass man innerhalb von Systemen wie der Peano'schen Arithmetik keinen Beweis für ihre Widerspruchsfreiheit führen kann.

Später gelang es Gödel noch zu zeigen, dass die Mengenlehre mit dem Auswahlaxiom genau dann widerspruchsfrei ist, wenn sie es ohne das Auswahlaxiom ist. Das bedeutet, das Auswahlaxiom ist unabhängig von den anderen Axiomen und kann mit ebenso gutem (oder schlechtem) Gewissen benutzt werden wie der Rest der Mengenlehre. Andererseits hat die Entscheidung Auswirkungen auch auf ganz konkrete mathematische Fragen, deren Beantwortung unterschiedlich ausfällt, je nachdem, ob man das Auswahlaxiom in seinen Kanon von Axiomen aufnimmt oder nicht.

Schließlich lieferte Paul Cohen (1934–2007, Fields-Medaille 1966) im Jahr 1963 den Beweis, dass auch die Kontinuumshypothese von der Zermelo-Mengenlehre (mit oder ohne Auswahlaxiom) unabhängig ist. Insbesondere lässt sich die Kontinuumshypothese nicht beweisen.

Bis heute haben die Mathematiker keine bessere Basis für ihre Aktivitäten gefunden als eine axiomatisch formulierte Mengenlehre. Abgesehen von einer kleinen Schar von Spezialisten kümmern sich seit Gödel die forschenden Mathematiker kaum um das Grundlagenproblem und arbeiten auch auf das Risiko hin, eines Tages einen Widerspruch in ihrem Fach zu finden.

Platonismus
Bei näherer Betrachtung ist die Mathematik in der Tat eine ziemlich rätselhafte Sache. Nimmt man an, dass es sie objektiv gibt, stellt sich die Frage, weshalb sie dann unabhängig von physikalischen Realitäten wie etwa dem Urknall sein sollte. Wenn sie aber ein soziokulturelles Konstrukt ist, wie Reuben Hersch [65] es postuliert, muss man eine Erklärung dafür finden, weshalb Mathematiker in unterschiedlichen Kulturen unabhängig voneinander zu den gleichen Ergebnissen kommen.

Kurt Gödel war ein Platonist, der an die Existenz abstrakter Konzepte glaubte. Für ihn existierte Mathematik wirklich, ihre Gesetzmäßigkeiten können von Forschern entdeckt werden. Das ist erstaunlich, weil Gödel während seiner Studienzeit in den Wiener Kreis um Moritz Schlick integriert war, der eine dezidiert positivistische Sicht auf die Erkenntnistheorie hatte und stark von Ludwig Wittgenstein beeinflusst war. Die Positivisten der Wiener Schule glaubten wie Formalisten und Logizisten, dass Mathematik keine beschreibende Qualität hat, sondern dass mathematische Wahrheiten von rein syntaktischer Natur sind. Unter dieser Betrachtungsweise kann man sagen, dass mathematische Gesetze und Strukturen von den Mathematikern nicht entdeckt, sondern erfunden werden. Eine ausführliche Diskussion dieses Themenkomplexes findet man in [49].

Unter der platonischen Prämisse, dass die natürlichen Zahlen existieren, ist Gödels Unvollständigkeitssatz kein Problem mehr, denn die Widerspruchsfreiheit eines existierenden Konzepts muss nicht mehr nachgewiesen werden. In diesem Lichte kann man das Kronecker'sche Diktum „Die ganzen Zahlen hat der liebe Gott gemacht, alles andere ist Menschenwerk" auch als eine Art Minimalplatonismus betrachten, der nur die Existenz derjenigen Konzepte fordert, von denen aus man den Rest der gebräuchlichen Mathematik konstruieren kann. Dank Gödel und Cohen wissen wir, dass diese Version konsistent ist, wenn Kronecker mit seiner Gewissheit über die Existenz der natürlichen Zahlen Recht hat.

Der Platonismus in der Mathematik steht auch im Gegensatz zu dem von dem Biochemiker und Neurowissenschaftler Jean-Pierre Changeux (geb. 1936) vertretenen Standpunkt, dass die Mathematik, die wir zu entdecken glauben, in der Funktionsweise unseres Gehirns angelegt ist. Seine Argumentation ist in [18], einer Transkription eines Streitgesprächs mit dem Mathematiker Alain Connes (geb. 1947, Fields-Medaille 1982), niedergelegt. Das Thema ist nicht ausdiskutiert. Auch Connes veröffentlichte noch ein zweites Diskussionsbuch [23] über diese und verwandte Fragen zur Philosophie der Mathematik.

Versuche, eine alternative Mathematik zu begründen, hat es wiederholt gegeben. Als Beispiel kann man die *Nonstandard-Analysis* nennen (z. B. [91]), in der es unendlich kleine und unendlich große Zahlen gibt, oder die Ansätze von David Mumford [102], probabilistische Elemente in die logischen Grundlagen einzubauen. Bislang scheinen allerdings alle „alternativen Mathematiken" auch über die Mengenlehre formulierbar, also in unsere gegenwärtige Mathematik einbettbar zu sein. Es müsste wirklich spannend sein, eine extraterrestrische Mathematik kennenzulernen.

4.3   Mathematik als dynamisches Netzwerk

Die Dynamik in der Entwicklung mathematischer Theorien und ihrer Querverbindungen haben wir schon in Abschn. 2.5 thematisiert, in dem wir am Beispiel der Topologie die Synthese von Gebieten beschrieben haben. In diesem Abschnitt geht es um die Frage, wie solche Veränderungen ausgelöst werden. In aller Regel ist die Entwicklung nicht zielgerichtet, sondern wird insbesondere durch unerwartete Ereignisse bestimmt. Um das zu illustrieren, greifen wir hier noch einmal das Beispiel der polynomialen Gleichungen aus Abschn. 1.6 auf.

Es hat aber auch immer wieder Versuche gegeben, eine zielgerichtete Entwicklung durch die Auflistung von Schlüsselproblemen zu fördern. Die 23 *Hilbert'schen Probleme* (Abschn. 4.2) hatten erheblichen Einfluss auf die Entwicklung der Mathematik in der ersten Hälfte des 20. Jahrhunderts. Sie waren die Inspiration für die sieben *Milleniumsprobleme,* die das Clay Mathematics Institute (CMI) im Jahr 2000 von einer Gruppe führender Mathematiker erstellen ließ. Im zweiten Teil dieses Abschnitts gehen wir kurz auf die Milleniumsprobleme ein.

Auch wenn für die Lösung jedes der Milleniumsprobleme eine Million Dollar ausgesetzt sind, wird der Einfluss dieser Problemsammlung auf die weitere Entwicklung der Mathematik eher davon abhängen, ob sie mit ebenso viel Weitsicht ausgesucht wurden wie Hilberts Probleme. Für eine elementar gehaltene Einführung in die Hilbert'schen Probleme und ihre Wirkungsgeschichte sei auf [144] verwiesen.

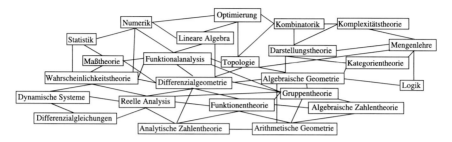

Abb. 4.2 Mathematik als Netzwerk

Polynomiale Gleichungen

Die Mathematikgeschichte zeigt gewisse Regelmäßigkeiten. Fruchtbare Forschungsgebiete haben sehr oft ihren Ursprung in konkreten Beispielen und Einsichten und werden zunächst unabhängig von anderen Neuentwicklungen ausgebaut. Früher oder später finden sich Anknüpfungspunkte an andere Gebiete. So kann man sich die mathematische Landkarte als einen Graphen mit verschieden dicken Knoten vorstellen, in dem immer wieder neue Knoten (die Gebiete) entstehen und wachsen (Abb. 4.2). Manchmal verschmelzen mehrere Knoten zu neuen Knoten und manchmal spalten sich Knoten ab. Außerdem werden ständig neue inhaltliche Verbindungen zwischen den Knoten eingefügt.

Wir erläutern dieses Bild an einem Beispiel: Schon um 2000 v. Chr. lösten die Babylonier Gleichungen der Form

$$x + y = p,$$
$$xy = q,$$

was auf Gleichungen der Form $x^2 + q = px$, also quadratische Gleichungen, führt. Bei Euklid findet man geometrische Versionen dieser Gleichungen sowie dazugehörige Lösungen, die unseren Lösungsformeln entsprechen, sofern alle involvierten Größen positiv sind, das heißt als Längen oder Flächen interpretiert werden können. Die algebraische Form der Lösungen findet man zuerst bei dem Inder Brahmagupta (598–670). Der Knoten *quadratische Gleichungen* ist entstanden. Brahmagupta entwickelte auch Näherungsformeln, die auf der binomischen Gleichung

$$(a + b)^2 = a^2 + 2ab + b^2$$

basieren, und stellt fest, dass man die Methode mithilfe der binomischen Gleichung

$$(a + b)^3 = a^3 + 3a^2b + 3ab^2 + b^3$$

auch für Näherungslösungen von kubischen Gleichungen, das heißt Gleichungen, in denen x bis zur dritten Potenz vorkommt, einsetzen kann. Eine Lösungsformel für diese Klasse von Gleichungen findet er hingegen nicht. Arabische Mathematiker (u. a. al-Khwarizmi) entwickeln die geometrischen Interpretationen von quadratischen und kubischen Gleichungen weiter und finden in Spezialfällen Lösungen, indem sie Hyperbeln mit Parabeln schneiden. Der Knoten wächst. Im frühen 16. Jahrhundert entstehen in Italien erste Universitäten, und man organisiert Wettkämpfe zwischen „Rechenmeistern". Mehrere Rechenmeister finden eine Formel zur Lösung kubischer Gleichungen und kurz darauf auch für quartische Gleichungen, das heißt für Gleichungen, in denen x bis zur vierten Potenz vorkommt. Weiter kommt man trotz heftiger Bemühungen nicht, man findet aber Möglichkeiten, kubische Gleichungen nicht durch Wurzelziehen, sondern mithilfe von Winkelfunktionen wie sin und cos zu lösen. Der Knoten hat sich zum Knoten *polynomiale Gleichungen* ausgewachsen und fängt an, sich mit anderen Knoten zu verbinden.

Dass sich polynomiale Gleichungen in Abb. 4.2 nicht wiederfinden, liegt an der historischen Weiterentwicklung: Im Laufe der Zeit erkennt man, dass die Rechnungen, die für polynomiale Gleichungen angestellt wurden, sehr viel klarer werden, wenn man sie als Rechnungen mit komplexen Zahlen interpretiert. Gauß betrachtet speziell die Gleichung $x^n - 1$, deren Lösungen geometrisch in der komplexen Ebene die Ecken eines regelmäßiges n-Ecks sind. Für $n = 17$ findet er die Lösungen und leitet daraus eine geometrische Konstruktion des regelmäßigen 17-Ecks ab. Man erkennt die Verbindungen sowohl zur Analysis wie zur Geometrie.

Weitere Verbindungen zur Analysis und ganz neue Begriffsbildungen ergeben sich, nachdem Paolo Ruffini (1765–1822) im Jahre 1799 die Behauptung aufgestellt hat, dass Gleichungen fünften Grades nicht durch Radikale auflösbar seien. Den ersten Beweis dafür gibt Niels Hendrik Abel. Er braucht dafür den Fundamentalsatz der Algebra und betrachtet Permutationen von Lösungen. Die Permutationsidee baut kurz darauf Evariste Galois zu einem allgemeinen Prinzip aus, das es erlaubt, die Lösbarkeit von Gleichungen gruppentheoretisch zu kodieren. Hier wird eine Verbindungslinie in den Graphen eingebaut, an deren anderem Ende zu Beginn noch gar kein richtiger Knoten sitzt, aber bald ein neues Gebiet entsteht: die Gruppentheorie.

Der Knoten *polynomiale Gleichungen* wird noch umfangreicher, als man anfängt, Gleichungen und Gleichungssysteme in mehreren Variablen zu betrachten. Wie bei einer Zellteilung spaltet er sich dann aber auf. Das Studium von Lösungsmengen solcher Gleichungen rechnet man heute dem Gebiet *algebraische Geometrie* zu. Da die Untersuchung ganzzahliger Lösungen spezielle Methoden erfordert, hat sich der eigenständige Knoten *arithmetische Geometrie* gebildet. Die beiden Knoten sind, schon von ihrer Entstehung her, miteinander und mit der Gruppentheorie verknüpft, aber es bestehen inzwischen viele weitere Verbindungen, zum Beispiel zur Differenzialgeometrie, zur Topologie, zur algebraischen Zahlentheorie, selbst zur Kategorientheorie und zur Logik.

Das beschriebene Beispiel der Polynomgleichungen ist insofern besonders spektakulär, als im Laufe der Geschichte mehrfach sensationelle, weil unerwartete, Resultate erzielt worden sind, die man heute auch dem Laien gut vermitteln kann. Nichtsdestotrotz ist das Beispiel typisch für die Genese und die Struktur von Mathematik. Sicher entwickeln sich manchmal auch einfache Tentakeln, ohne weitere Querverbindungen. In der Regel geraten diese dann aber schnell in Vergessenheit. Zum Glück ist es heutzutage kein großes Problem, solches bisher isoliert erscheinendes Wissen einfach zu bewahren, in der Hoffnung, dass irgendwann Querverbindungen erkennbar werden.

Mit dem Bild der verknüpften Knoten lässt sich nicht nur die ganze Mathematik als ein dynamisches Netzwerk betrachten, sondern auch die Entwicklung von individuellem mathematischem Verständnis. Der junge Mathematiker setzt an einer beliebigen Stelle im Netzwerk an und erstellt seine persönliche Struktur, indem er Neues kennenlernt und mit Bekanntem verbindet oder indem er durch Fragestellungen entlang der Verbindungslinien in benachbarte Gebiete geführt wird.

Die Milleniumsprobleme

Es ist keineswegs klar, ob die Milleniumsprobleme einen Hinweis darauf geben, an welchen Stellen des mathematischen Netzwerks im laufenden Jahrhundert die größte Dynamik zu beobachten sein wird. Aber sie spiegeln die gegenwärtige Einschätzungen vieler forschender Mathematiker darüber wider, in welchen Bereichen der Mathematik die wichtigsten offenen Fragen zu suchen sind.

Poincaré-Vermutung Die Kugeloberfläche lässt sich unter den Oberflächen von Körpern endlicher Ausdehnung bis auf stetige Verformungen dadurch charakterisieren, dass man auf ihr jede Schleife auf einen Punkt zusammenziehen kann. Im Jahr 1904 stellte Henri Poincaré die Vermutung auf, dass auch das dreidimensionale Analogon dieser Aussage richtig ist. Nachdem Stephen Smale und Michael Freedman in den 1960er und 1980er Jahren die Analoga der Poincaré-Vermutung in den Dimensionen $n > 4$ und $n = 4$ bewiesen hatten, vergingen weitere 20 Jahre, bis die Originalvermutung von Grigori Perelman bewiesen wurde. Perelmans Beweis baut auf Arbeiten von Richard Hamilton und William Thurston auf, die zu einer weitreichenden Verallgemeinerung der Poincaré-Vermutung (der sog. Geometrisierungsvermutung) geführt hatten. Es gelang Perelman, die Geometrisierungsvermutung mithilfe einer Kombination tiefliegender geometrischer und analytischer Methoden vollständig zu beweisen. Seine Ergebnisse schließen zwar das Kapitel Poincaré-Vermutung ab, die von ihm entwickelten Techniken werden aber zweifellos noch viele weitere Anwendungen finden.

Hodge-Vermutung Die Hodge-Vermutung ist eine Vermutung über *projektive Varietäten,* das heißt Lösungsmengen von polynomialen Gleichungen. Sie wurde von William Hodge 1950 auf dem Internationalen Mathematikerkongress formuliert. Projektive Varietäten können sehr komplizierte Gebilde sein, selbst wenn die Gleichungen sehr einfach sind.

Eine zentrale Technik zum Verständnis projektiver Varietäten ist es, sie durch einfache „Bausteine" anzunähern. Diese Bausteine sind nicht durch irgendwelche Gleichungen beschrieben, sondern von topologischer Natur und damit deformierbar (Abschn. 2.5). Sie werden topologische Zykel genannt. Man kann sie zum Beispiel für das Bestimmen von Volumina (oder, allgemeiner, zur Integration) verwenden, daher sind sie für die Analysis von zentraler Bedeutung.

Auf der anderen Seite gibt es die sogenannten algebraischen Zykel, welche durch Gleichungen beschrieben werden. Diese sind deutlich komplizierter, aber auch geometrisch viel interessanter. Die Hodge-Vermutung gibt nun eine genauere Vorhersage, wann es möglich ist, topologische Zykel aus algebraischen Zykeln zusammenzusetzen. Ein Beweis würde eine Verbindung zwischen der Geometrie dieser durch Gleichungen gegebenen Zykel und der Topologie und Analysis herstellen.

Vermutung von Birch und Swinnerton-Dyer Bei dieser Vermutung, die von Bryan Birch und Peter Swinnerton-Dyer 1965 formuliert wurde, geht es um rationale Lösungen polynomialer Gleichungen (Abschn. 2.1). Betrachtet man speziell Gleichungen mit zwei Unbestimmten, so haben sie eindimensionale geometrische Gebilde, sogenannte Kurven, als Lösungsmengen (Abschn. 2.1). Ein berühmter Satz des deutschen Mathematikers Gerd Faltings aus dem Jahr 1983 besagt, dass solche Gleichungen (von einigen leicht auszuschließenden Ausnahmen abgesehen) nur endlich viele Lösungen besitzen, wenn der Grad der Gleichung mindestens 4 ist.

Der rätselhafteste Fall von Gleichungen mit zwei Unbestimmten ist daher der von Gleichungen vom Grad 3. Solche Gleichungen werden auch *elliptische Kurven* genannt. Die Vermutung von Birch und Swinnerton-Dyer macht die Vorhersage, dass die Anzahl rationaler Lösungen von elliptischen Kurven in einem engen Zusammenhang mit den Nullstellen gewisser Funktionen steht. Diese Funktionen, die *L-Funktionen* genannt werden, sind analytische Objekte, die das zahlentheoretische Verhalten der elliptischen Kurven kodieren. Dass diese Funktionen einfacher zu verstehen sind als die elliptischen Kurven selbst, ist eine relativ junge Erkenntnis, die eng mit der Lösung des Fermat'schen Problems durch Andrew Wiles verknüpft ist.

Navier-Stokes-Gleichungen Die Navier-Stokes-Gleichungen sind ein System von partiellen Differenzialgleichungen (Abschn. 2.3), die die Bewegung von inkompressiblen, viskosen Flüssigkeiten wie etwa Wasser modellieren. Lösungen der Navier-Stokes-Gleichungen geben das Geschwindigkeitsfeld und den Druck einer strömenden Flüssigkeit in Abhängigkeit von Ort und Zeit an. Theoretische Ergebnisse und numerische Berechnungen deuten darauf hin, dass viele Strömungsphänomene durch solche Lösungen gut beschrieben werden. Es ist aber ungeklärt, ob dies auch für das wichtige Phänomen der Turbulenz gilt.

Besitzt das Navier-Stokes-Modell genau eine überall und zu allen Zeiten definierte Lösung bei beliebig gegebenen Anfangswerten? Sind die Lösungen glatt, oder können sie singuläre Stellen (Abschn. 2.3) haben? Von mathematischen Antworten hierauf erwartet man insbesondere eine Klärung der Frage nach dem Gültigkeitsbereich des Navier-Stokes-Modells für die Strömungsdynamik. Die Existenz schwacher Lösungen (Abschn. 1.2) wurde vor über 80 Jahren von Jean Leray in einer bahnbrechenden Arbeit gezeigt. Es ist bis heute ungeklärt, ob diese Lösungen eindeutig durch ihre Anfangsdaten bestimmt sind. Das Milleniumsproblem zu den Navier-Stokes-Gleichungen ist die weitergehende Frage nach der globalen Existenz regulärer Lösungen zu Anfangswertaufgaben. Von einer Antwort erwartet man ein vertieftes mathematisches Verständnis der Strömung von Flüssigkeiten.

Yang-Mills-Quantentheorie Die klassischen Yang-Mills-Gleichungen spielen für die Beschreibung der schwachen und starken Kernkräfte eine ähnliche Rolle wie die Maxwell'schen Gleichungen für elektromagnetische Kräfte, sind aber wesentlich komplizierter. Insbesondere sind die Yang-Mills-Gleichungen ebenso wie die Navier-Stokes-Gleichungen nichtlinear (Abschn. 1.3). Außerdem spielen Symmetrien (Abschn. 1.3) in Gestalt der nach Sophus Lie benannten Lie-Gruppen (Abschn. 4.1) eine wichtige Rolle in der Struktur dieser Gleichungen.

Um die Struktur der Materie mit den zwischen Elementarteilchen wirkenden Kräften adäquat beschreiben zu können, sucht man in der Quantenfeldtheorie (QFT) nach analogen Gleichungen im Rahmen der Quantentheorie. Lösungen dieser Gleichungen nennt man Yang-Mills-Quantenfelder. Die theoretische Physik liefert Berechnungsvorschriften, deren Ergebnisse man als konsistent mit experimentellen Ergebnissen interpretieren kann, wobei die Genauigkeit teilweise exzellent ist. Andererseits gibt es experimentell bekannte Tatsachen wie die geringe Reichweite der starken Wechselwirkung, die theoretisch und rechnerisch noch nicht befriedigend behandelt werden können.

Viele Teile der QFT beruhen auf mathematischer Intuition, man hat aber keine mathematisch einwandfreie Definitionen von Yang-Mills-Quantenfeldern und keine mathematischen Beweise für die erwarteten Eigenschaften. Das Milleniumsproblem besteht darin, eine mathematische Konstruktion für Yang-Mills-Quantenfelder zu geben, deren Wechselwirkungen auf einem Symmetrieprinzip basieren. Ferner soll im Falle nichtabelscher Symmetriegruppen (Beispiel 2.14) die kurze Reichweite der zugehörigen Wechselwirkung nachgewiesen werden.

P-NP Die Komplexitätstheorie (Abschn. 2.5) klassifiziert Probleme, die von Computern durch Berechnungen gelöst werden können, anhand des zu ihrer Lösung erforderlichen Aufwands. Dabei verwendet man formale Maschinenmodelle wie etwa die Turing-Maschine. Die Komplexitätsklasse P besteht aus den Problemen, die in einer Zeit gelöst werden können, die durch ein Polynom in der Größe der Eingabe beschränkt ist. P wird häufig als die Klasse der praktisch lösbaren Probleme interpretiert. Die Komplexitätsklasse NP besteht aus den Problemen, bei denen eine Lösung in polynomialer Zeit verifiziert werden kann. Ein NP-*vollständiges* Problem ist ein Problem in NP, auf das alle Probleme in der Klasse NP reduziert werden können (in polynomialer Zeit). Die NP-vollständigen Probleme können also gegenseitig aufeinander reduziert werden und sind in diesem Sinne alle gleich schwierig. Man kann von Tausenden praktisch relevanten Berechnungsproblemen wie dem vom Handlungsreisenden (Beispiel 2.37) nachweisen, dass sie NP-vollständig sind. Die Frage danach, ob NP gleich P ist, ist daher insbesondere die Frage nach der Existenz praktikabler Algorithmen für eine Vielzahl von praxisrelevanten Berechnungsproblemen.

Riemann-Hypothese Es gibt unendlich viele Primzahlen (Beispiel 1.16). Aber wie groß ist der Anteil der Primzahlen an allen natürlichen Zahlen? Kann man für eine Zahl n sagen, wie viele Primzahlen es gibt, die kleiner sind als n. Verschiedene Mathematiker (unter ihnen Gauß) haben Ende des 18. Jahrhunderts eine Abschätzung für diese Anzahl vermutet.

Riemann zeigte, dass diese Frage eng mit den Nullstellen einer auf der komplexen Ebene definierten Funktion verbunden ist. Dies ist die sogenannte Riemann'sche Zetafunktion. So bewiesen die Mathematiker Jacques Hadamard und Charles de la Vallée Poussin 1896 die Vermutung von Gauß mithilfe der Riemann'schen Zetafunktion, indem sie zeigten, dass es in der Ebene aller Punkte $x + iy$ keine Nullstellen auf der durch $x = 1$ bestimmten Geraden gibt. Riemann vermutete, dass überhaupt alle interessanten Nullstellen auf der durch $x = \frac{1}{2}$ bestimmten Geraden liegen. Dies ist die Riemann'sche Vermutung oder Riemann-Hypothese.

Die Riemann'sche Vermutung ist das einzige Milleniumsproblem, das auch schon auf Hilberts Liste stand.

4.4   Gesellschaftliche Rahmenbedingungen

In modernen Gesellschaften finden mathematische Forschung und Lehre nicht als private Aktivität im luftleeren Raum statt, sondern werden praktisch ausschließlich an überwiegend staatlich finanzierten Institutionen wie Schulen und Hochschulen betrieben. Sie steht deshalb unter dem Anspruch, ihre gesellschaftliche Relevanz nachzuweisen. Die Frage „Wie viel Mathematik braucht der Mensch?" ist Gegenstand eines gesellschaftlichen Diskurses. Sie muss sowohl im Bezug auf den Einzelnen als auch im Bezug auf die Gesellschaft insgesamt beantwortet werden. Für den Einzelnen lassen sich im Wesentlichen drei Aspekte anführen:

- Der Erwerb mathematischer Grundkenntnisse ist notwendig zur Bewältigung des alltäglichen Lebens und ermöglicht erst die volle Teilhabe an gesellschaftlichen Entscheidungsprozessen. Wie wichtig dieser Aspekt ist, wurde in der Corona-Krise um die Covid-19-Pandemie sehr deutlich, als plötzlich alle Welt von exponentiellem Wachstum und verschiedenen Reproduktionsfaktoren sprachen. Auch die Debatten um die Zulassung autonomer Systeme in Verkehr und Medizin unterstreichen diesen Punkt.
- Eine mathematische Ausbildung eröffnet vielen Menschen die Möglichkeit, ihren Lebensunterhalt zu sichern und privaten ökonomischen Nutzen zu erzielen.
- In einer humanistischen Betrachtung der Frage wird man darüber hinaus auch die intellektuelle Freude am Verständnis komplexer Sachverhalte und die Persönlichkeitsentwicklung durch die Auseinandersetzung mit Herausforderungen nennen.

Für die Gesellschaft insgesamt geht es natürlich ebenfalls um materiellen Nutzen, der sich aus den Investitionen in diese Wissenschaft ergibt. Aber auch in der gesamtgesellschaftlichen Betrachtung kann man – ebenso wie für das Individuum – ein nicht primär materiell motiviertes Interesse am Wissenszuwachs in der Mathematik postulieren. Im Spannungsfeld zwischen unmittelbar erkennbarem Nutzen und vordergründig zweckfreier Wissensvermehrung entscheiden Gesellschaften politisch darüber, wie viele Ressourcen sie in ein wissenschaftliches Gebiet investieren.

Die prägenden Schlagwörter des gesellschaftlichen Diskurses über die Rolle der Mathematik und konkret über Inhalt und Umfang von Mathematikunterricht in Deutschland waren über die letzten Jahrzehnte die folgenden:

- *PISA:* Die Ergebnisse deutscher Schüler in den PISA-Mathematik-Tests waren höchst mittelmäßig. Man versucht daher, die Mathematikkenntnisse von Schülern der Sekundarstufe I zu verbessern, um im internationalen Vergleich zu bestehen.
- *Stärkung der MINT-Fächer:* Bessere Kenntnisse in den Fächern Mathematik, Informatik und Naturwissenschaften werden als wichtige Voraussetzung für eine verstärkte Ausbildung im Bereich Technologie gesehen. Qualifizierte Ingenieure und Naturwissenschaftler gelten in einer Industriegesellschaft, die über kaum natürliche Ressourcen verfügt, als Schlüsselressource.
- *Bologna-Prozess:* Im Zuge der Verlagerung der Prioritäten von wissenschaftlicher Bildung auf Berufsausbildung hat man in Anlehnung an angelsächsische Modelle die Fachstudiengänge in zwei eigenständige Teile (Bachelor und Master) aufgespalten, von denen schon der erste als berufsqualifizierend postuliert wurde. Durch die Umstrukturierung der Studienordnungen musste entschieden werden, welche Kenntnisse in Mathematik in den einzelnen Studiengängen gefordert werden sollen.
- *Schulzeitverkürzung:* Im Gefolge der Bologna-Reform wurden um 2010 herum auch die Anzahl der Schuljahre bis zum Abitur von 13 auf 12 Jahre verkürzt. Auch in diesem Kontext fand eine heftige Diskussion darüber statt, welche Inhalte bei einer „Entrümpelung" der Lehrpläne als verzichtbar betrachtet werden können. In den meisten Bundesländern ist die Schulzeitverkürzung, nach heftigen Protesten von Eltern, inzwischen wieder zurückgenommen.
- *Klimamodelle:* Spätestens seit dem 1972 veröffentlichten Bericht „Die Grenzen des Wachstums" des *Club of Rome* ist der Klimawandel auf der Agenda von Umweltschützern. Seither hat das Thema kontinuierlich an Gewicht gewonnen und auch die Diskussion um die Relevanz mathematischer Modelle befeuert.
- *Algorithmen:* Im Zuge der Bankenkrise von 2008 sind komplexe Finanzprodukte und in der Folge automatisierte Bewertungssysteme ins Gerede gekommen. Weiter verstärkt wurde die negative Konnotation des Wortes durch den Einsatz von personalisierter Werbung im Internet und automatisierten Überwachungssystemen an Grenzen und öffentlichen Plätzen.

Die Forderung nach Reformen beschränkt sich nicht auf Schulunterricht und die Lehre, die im Wesentlichen den Umfang der mathematischen Bildung des Einzelnen bestimmen. Auch die Inhalte der wissenschaftlichen Forschung werden infrage gestellt. Zwei wesentliche Argumente für die Notwendigkeit von massiven Änderungen werden vorgebracht:

1. (Mathematische) Grundlagenforschung verschwende Ressourcen, die an anderer Stelle für die Gesellschaft nutzbringender eingesetzt werden könnten.
2. Es würden nicht die Spezialisierungen erzielt, die in einer modernen Gesellschaft benötigt werden.

Im Mittelpunkt aller einschlägigen Diskussionen stehen die Schlagwörter *Praxisbe-*
zug, Anwendung, Industrienähe und *gesellschaftliche Relevanz*. Seit Mitte der 1990er
Jahre fordert auch die Europäische Union, zum Beispiel mit der Studie *Society,*
the Endless Frontier: A European Vision of Research and Innovation Policies for
the 21st Century [17], einen unmittelbar dokumentierbaren Nutzen von Grundlagenforschung für die Gesellschaft. Auf diesen Text bezog sich der amerikanische
Mathematiker P. A. Griffith, als er in einer Fußnote zu seinem Artikel [56] den wis-
senschaftsfeindlichen Unterton dieser Studie beklagte und ihre Implementierung als
eine Gefahr für die Wissenschaft in Europa bezeichnete:

> [...] The EC document, put out by the office of Edith Cresson, basically says that only science
> that leads to direct societal value should be supported. The document has an anti-science
> undertone reminiscent of the viewpoint of the sociologist of science Bruno Latour, who was
> a consultant in its preparation. Implementing the recommendations of this report would be
> a major setback to European science.

Griffith hat Recht behalten: Die EU hat weite Teile der Mathematik und der theoretischen Physik durch die Einführung des Bewertungskriteriums *socio-economic*
impact aus ihren Forschungsförderprogrammen praktisch ausgeschlossen, weil es
den theoretischen Grundlagenforschern nicht in seriöser Weise möglich ist, die
soziale und ökonomische Durchschlagskraft ihrer geplanten Forschung in den einschlägigen Anträgen darzustellen.

Die Einforderung betriebswirtschaftlicher Denkweisen in Ausbildung und Wissenschaft in den Einlassungen aus Politik, Wirtschaft und Verwaltung haben in den
letzten Jahren etwas nachgelassen. Treibende Kräfte hinter den Vorschlägen zur
Ökonomisierung von Bildung und Wissenschaft, darunter der Aufruf zu verstärkter
Kooperation mit der Industrie, waren Sparzwänge und der Zwang zur Gewinnmaxi-
mierung in Zeiten knapper Staatsressourcen. Die Universitäten erhoffen sich Kosten-
übernahme durch die Privatwirtschaft, die Wirtschaft setzt auf Einsparung durch die
Auslagerung von aufwendiger Infrastruktur an die Hochschulen. Mit der Abnahme
des finanziellen Drucks während der wirtschaftlichen Boom-Phase der 2010erjahre
haben sich auch die Sparzwänge abgeschwächt. Gleichzeitig hat die Industrie angesichts gravierender Fehlentwicklungen wie der Finanzkrise und des Dieselskandals
deutlich an Leuchtkraft verloren und ihre Vorbildrolle eingebüßt. Dagegen treten
jetzt Forderungen nach Beiträgen zur Erreichung gesellschaftlicher Zielvorstellun-
gen (Klimaschutz und allgemeine ökologische Nachhaltigkeit, Geschlechtergerech-
tigkeit, Inklusion etc.) mehr in den Vordergrund. Unabhängig davon, in welche Richtung die Kritik zielt, die jahrzehntelange Politik der Nivellierung von Universitäten
und Fachhochschulen (jetzt „Universities of Applied Sciences") zum Beispiel über
die Ununterscheidbarkeit der Abschlüsse hat nachhaltige Wirkung gezeigt. In der
Bevölkerung wird Wissenschaft als Auftragsforschung gesehen, wie zum Beispiel
Umfragen des Instituts für Demoskopie Allensbach [114] zeigen.

Egal ob ökonomisch oder ökologisch motiviert, es ist unklar, ob man durch den
erhöhten Marketinganteil im Arbeitsleben von Wissenschaftlern und Lehrern nicht
nur Produktivitäts- und Effizienzvorzüge einer arbeitsteiligen Gesellschaft verspielt.
Es ist die Grundlagenforschung, die es erlaubt, wirklich neue Wege zu beschreiten

und sich nicht mit der Optimierung alter Lösungen zufriedenzugeben. Die Grundlagenforschung zielt nicht nur auf konkrete Lösungen vorgegebener Probleme, sondern darüber hinaus auf die Erweiterung von Wissen und die Vermehrung der zur Verfügung stehenden Instrumente und Methoden. Insbesondere ist sie der Hoffnungsträger dafür, dass sich auch Probleme, die sich jetzt noch nicht konkret stellen, in Zukunft lösen lassen (siehe auch die Diskussion in Abschn. 4.5).

Kritik richtet sich auch gegen das Selbstzweckhafte der Mathematik. Beliebt ist hierfür die von Hermann Hesse geprägte Metapher des „Glasperlenspiels" (siehe [122] für diesen und andere Berührungspunkte zwischen Mathematik und Literatur). Oft schwingt in der Kritik ein tiefes Misstrauen gegenüber einer als unverständlich empfundenen Disziplin mit, deren Inhalte man zwar als angewandte Fertigkeiten in vielen Bereichen nutzt, deren theoretischen Anspruch und Überbau man aber nicht nachvollziehen kann. Auch die kritische Haltung zu den quantitativen Methoden der Volks- und Finanzwissenschaften, denen Mathematiklastigkeit und zumindest fehlender Bezug zur Realität vorgeworfen wird, ist nicht erst mit der Finanzkrise von 2008 entstanden, sondern entspringt diesem allgemeinen Vorurteil.

Der häufig vorgebrachte Vorwurf, dass die Hochschulausbildung in Mathematik nur das eine Ziel verfolge, wissenschaftlichen Nachwuchs für die Grundlagenforschung in einem Elfenbeinturm zu produzieren, ist nicht berechtigt. Das lässt sich an den Tätigkeitsfeldern ablesen, die Mathematikern außerhalb von Lehre und Forschung, Schule und Hochschule heute offenstehen.

Auf die beruflichen Optionen für Mathematiker in Deutschland gehen wir in Abschn. 5.2 noch näher ein.

Rom und die Mathematik – eine historische Fallstudie
Die Einschätzung, Mathematik sei eine wenig relevante, obskure Angelegenheit oder die Forderung, sich bei der Mathematik auf die nützlichen, anwendbaren Aspekte zu beschränken, sind keineswegs neu. Überraschend modern klingende Aussagen finden sich schon bei den römischen Intellektuellen Cicero (106–43 v. Chr.) und Seneca (1–65), die stellvertretend für das erste Jahrhundert vor bzw. nach der Zeitenwende stehen können.

Cicero, De Oratore, 1.3.10: Jeder weiß, wie dunkel das Fachgebiet der Mathematiker, wie abgelegen, kompliziert und spitzfindig die Wissenschaft ist, mit der sie sich beschäftigen. Trotzdem hat es so viele Mathematiker gegeben, dass man den Eindruck hat, kaum jemand, der es einigermaßen ernsthaft versucht hat, die Mathematik zu beherrschen, sei daran gescheitert.

Cicero, Tusculanae Disputationes 1.2.5: Die Geometrie genoss bei den Griechen höchstes Ansehen. Darum war für die Mathematiker nichts bedeutender als die Geometrie. Wir dagegen haben dieser Disziplin eine Grenze gesetzt, wo das Messen und Schlussfolgern zu nichts mehr nütze ist.

Cicero, De Re Publica 1.18: Wenn diese Wissenschaft überhaupt einen Wert hat, so doch nur den, dass sie die Verstandeskraft der jungen Leute ein wenig schärft und ihr gleichsam einen Anreiz bietet, damit sie das Wichtigere umso leichter lernen können.

Seneca, Epistulae 88.36: Aber freuen uns doch über die Kenntnis vieler Künste. Wir wollen davon auch so viel behalten, wie nötig ist. Du kannst aber nicht den einen tadeln, der überflüssiges für den Hausgebrauch angeschafft und in seinem Haus mit wertvollen Dingen protzt, und den anderen, der sich mit Überflüssigem wissenschaftlichen „Hausrat" belastet, nicht. Mehr wissen zu wollen, als genug ist, ist eine Art von Maßlosigkeit.

Seneca, Epistulae 88.39: [...] Soll ich am Staub der Geometrie hängen bleiben? Habe ich mich schon so weit von der gesunden Maxime „Gehe sparsam mit Deiner Zeit um" entfernt? Das [die Geometrie] soll ich wissen? Und was soll ich dafür weglassen?

Seneca, Epistulae 88.42: Über die freien Wissenschaften und Künste sage ich: Die Philosophen – wie viel Überflüssiges schleppen sie mit sich, wie viel, was mit praktischem Nutzen nichts zu tun hat. Auch sie haben sich auf die Unterscheidung von Silben und die spezifischen Eigenschaften von Konjunktionen und Präpositionen eingelassen und wollen nicht zurückstehen hinter den Grammatikern und Mathematikern: Was immer an deren Wissenschaft überflüssig war, haben sie in die ihre übernommen.

Die Parallelität der Forderungen und Argumente mit modernen Diskussionen ist verblüffend. Dabei ist es wichtig zu betonen, dass bei den Römern, auch von Cicero und Seneca, die praktische Anwendung von Mathematik durchaus gewürdigt wurde. Insbesondere findet man bei Vitruv (85–20 v.Chr.), der ein Standardwerk über Architektur geschrieben hat, anerkennende Aussagen zum praktischen Nutzen der Mathematik.

Vitruv, De architectura, libri X, 1.4: Die Geometrie ist in vieler Hinsicht hilfreich für die Architektur: Sie liefert den Gebrauch des Lineals und des Zirkels, wodurch besonders das Aufzeichnen von Gebäuden auf dem Zeichenbrett und das Einrichten von rechten Winkeln, waagerechten Flächen und geraden Linien sehr erleichtert wird.

Vitruv, De architectura libri X, 11.1: Keine Wurfmaschine wird fertiggestellt, die nicht speziell für die geplante Größe des Gewichts gemacht ist, welche die Maschine schleudern soll. Daher ist in ihrer Berechnung nicht mit allen Hilfsmitteln ausgerüstet, wer nicht durch arithmetische Rechnungen Zahlen und Vielfache kennt.

Die Parallelität zwischen heutigen Debatten um Nutzen und Wert der Mathematik und der Haltung vor 2 000 Jahren ist nicht vollkommen. Heute gibt es durchaus Argumentationslinien, die Mathematik, selbst mathematische Grundlagenforschung, als Kulturgut befürworten. Solche Stimmen sind für die römische Gesellschaft nicht überliefert. Dennoch lässt sich am Beispiel der römischen Gesellschaft verfolgen, welche Auswirkungen eine allzu einseitig auf praktische Belange ausgerichtete, utilitaristische Haltung zur Mathematik (und anderen Wissenschaften) historisch hervorgerufen hat.

Wissenstradierung in Rom

Die römische Gesellschaft war in ihren Ursprüngen bäuerlich. Erziehung im alten Rom war von Anfang an dominiert von einer Verehrung der Vorfahren und ihrer Gebräuche sowie einem ausgeprägten Nützlichkeitsdenken. Bekanntschaft mit Mathematik und anderen Wissenschaften machten die Römer erst im zweiten vorchristlichen Jahrhundert, als sie Techniken der Literaturproduktion von den Griechen übernahmen und begannen, auch deren wissenschaftliche Erkenntnisse zu rezipieren.

Dabei orientierten sich die Römer nicht an Originaltexten, zum Beispiel des Euklid, die im Museion in Alexandria zur Verfügung gestanden hätten, sondern bedienten sich der populärwissenschaftlichen Handbücher, die seit Aristoteles (384–322 v. Chr.) im griechischen Kulturraum in Mode gekommen waren. Zu allen interessanten Themen gab es Leitfäden, Zusammenfassungen und populärwissenschaftliche Darstellungen, die häufig von Laien mit vorrangig literarischen Ambitionen verfasst wurden. So gingen durch die Umarbeitung von der Originalliteratur zum Handbuch oft gerade die komplizierteren Teile verloren. In manchen Fällen war die Konsequenz, dass richtige und wichtige Erkenntnisse von der Nachwelt nicht mehr wahrgenommen wurden. Ein Beispiel dafür ist das Sphärenmodell des Astronomen und Mathematikers Eudoxos (408–355 v. Chr.), ein kompliziertes 27-Bahnen-Modell, das von Aratus (315–240 v. Chr.) formelfrei in Versform gefasst und in literarisch hübscher, mathematisch vereinfachter Form große Popularität erlangte. Eudoxos' *Phainomena*, in denen das Modell beschrieben wurde, sind verloren [133]. Der literarische Aufguss des Aratus jedoch wurde in der Folgezeit in Griechenland und Rom rezipiert und weiterverbreitet. Cicero hat ihn später auch ins Lateinische übersetzt.

Eine Schlüsselrolle in der Verbreitung wissenschaftlichen Gedankenguts in der römischen Gesellschaft kommt dem griechischen Handbuchautor Poseidonius (135–51 v. Chr.) zu, von dem Cicero und Seneca stark beeinflusst wurden. Poseidonius ist verantwortlich für einen Betonungswechsel in der Mathematik weg von der Geometrie und hin zur (praktischen) Arithmetik, das heißt zum Rechnen mit Zahlen.

Den praktisch anwendbaren Rechentechniken gilt das Interesse der Römer vor allem auf den Gebieten der technischen und militärischen Nutzung, wo sie besonders die Apparate (Wurfmaschinen, Hebekräne; Abb. 4.3) des Archimedes bewundern.

Der Beauftragte für die städtische Wasserversorgung Frontin (40–103) bemüht sich, den Durchfluss von Wasser durch Leitungsrohre zu berechnen, und Vitruv benutzt mathematische Berechnungsverfahren als Architekt.

Bei Problemen, deren Lösung tiefere mathematische Kenntnisse erforderten, musste man sich an ausländische Spezialisten wenden. Als Gaius Julius Cäsar die noch heute nach ihm benannte Kalenderreform durchführte, beauftragte er einen Astronomen und Mathematiker aus Alexandria, Sosigines, mit den erforderlichen astronomischen Berechnungen.

Frontin und Vitruv haben jeweils ein umfassendes, praxisorientiertes Handbuch über ihr Spezialgebiet geschrieben. Viele andere Handbücher von römischen Autoren

Abb. 4.3 Die Belagerung von Syrakus (Science Photo Library/Heritage Images/Ann Ronan Picture Library)

bestanden jedoch hauptsächlich aus unkritisch gesammelten Fakten und Exzerpten aus ohnehin schon kurzgefassten griechischen Handbüchern. Begründungen für die dargebotenen Informationen waren stets weniger bedeutsam als die Berufung auf angesehene Autoritäten. Charakteristisch dabei war, dass man die unmittelbaren Quellen verschwieg.

An der Mathematik bestand bei den großen römischen Enzyklopäden Cato (243–149 v. Chr.), Varro (116–27 v. Chr.), Cornelius Celsus (25 v. Chr.–50 n. Chr.) und Plinius dem Älteren (23–79) kein genuines Interesse. Stahl [133] bringt die Problematik auf den Punkt, wenn er über Plinius schreibt:

> [...] Here is the man who cast a spell over writers in the Middle Ages. If we have been inclined to deprecate or to be amused at the notions entertained by medieval writers, it will interest us to find parallels or sources of them in this book of wonders[2] [...]. The science of the Dark Ages had a spiritual kinship with Roman science from its very beginnings. The symptoms are clearly seen in Pliny: inability to comprehend Greek science or to distinguish between absurd anecdote and sober theory, between ungrounded opinion and brilliant original thinking. It is not by accident that the word *authority* comes from the same Latin root as *author*.

Während man aus den Handbüchern des Poseidonius erkennen kann, dass er ein kompetenter Mathematiker war, ist das bei vielen späteren Autoren nicht mehr der Fall. Dies macht sich zum Beispiel in Inkonsistenzen innerhalb eines Textes bemerkbar. Ein interessantes Beispiel ist die Berechnung des Sonnenvolumens bei Macrobius (385–430), dessen Schriften die kosmologischen Vorstellungen des Mittelalters mitprägten. Er arbeitet mit den folgenden Informationen:

(1) Erdumfang: 252 000 Stadien (der bei den Griechen verwendete Wert, 1 Stadion = 192 m)
(2) Erddurchmesser: 80 000 Stadien

---

[2]Plinius' *Kosmographie und Geographie.*

(3) Der Kernschatten der Erde ist 60 Erddurchmesser lang und reicht genau bis zur Sonnenbahn *(d. h., der Abstand Erde–Sonne ist auch 60 Erddurchmesser)*. Diese Behauptung wird von Macrobius nicht weiter begründet!

(4) Abstand Erde–Sonne: 4 800 000 Stadien

(5) Durchmesser der Sonnenbahn: 9 600 000 Stadien

(6) Umfang der Sonnenbahn: 30 170 000 Stadien ($\pi = 3\frac{1}{7}$)

(7) Bogenlänge der Sonne: $1°40' = \frac{360}{216}$ (dies ist nicht der bei den Griechen verwendete Wert: Ptolemäus 33', Aristarch 30', real: 32')

(8) Durchmesser der Sonne: 140 000 (Macrobius rechnet das als $= 2 \times 80\,000$ Stadien, d. h. zwei Erddurchmesser)

(9) Volumen der Sonne: acht mal das Erdvolumen

Sieht man sich diese Schritte näher an, so stellt man fest, dass Aussage (9) mithilfe des Strahlensatzes (Abschn. 2.1) aus der elementaren Geometrie unmittelbar aus Aussage (3) folgt. Macrobius scheint aber die Geometrie nicht zu beherrschen. Alle weiteren Daten und Rechnungen sind überflüssig. Schlimmer noch, würde man mit $\frac{140\,000}{80\,000} = 1\frac{3}{4}$ statt 2 rechnen, wäre das Ergebnis nicht die von den Griechen benutzte Zahl 8, sondern etwa 5,4. Das heißt, die ganzen Rechnungen sollen nur Eindruck machen und werden dann so getrimmt, dass das allgemein anerkannte Ergebnis herauskommt. In [3, S. 94] findet man eine von Aristarch durchgeführte ernsthafte Berechnung dieser Art.

Wissenschaftliche Entwicklungen der späthellenistischen Periode wie Ptolemäus' astronomische Abhandlung *Syntaxis mathematike* (Almagest) oder Galens Schriften zur Medizin, die noch nicht durch Generationen von Handbuchschreibern vorverdaut waren, wurden von den Römern gar nicht mehr wahrgenommen.

Es gab aber im Zusammenhang mit dem neu erwachenden Interesse an Pythagoras und Platon wiederholt Ansätze, griechisches Wissen verfügbar zu machen. Die *Einführung in die Arithmetik* von Nicomachus (1. Jahrhundert), die umfassendste griechische Darstellung pythagoreischer Zahlenlehre (ein Handbuch ohne Beweise), wurde zweimal ins Lateinische übersetzt und war das Fundament mittelalterlicher Arithmetik. Der zweite Übersetzer, Boethius (480–524), der am Hofe Theoderichs (471–526) in Ravenna lebte und den Begriff „Quadrivium" prägte, schrieb auch über Musik im pythagoreischen Sinn, Logik und Theologie. Boethius verwendete griechische Quellen und hatte große Pläne. Er wollte grundlegende Lehrbücher zu allen mathematischen Disziplinen schreiben, Platon und Aristoteles übersetzen und in einem Kommentar aufzeigen, dass ihre Sichtweisen harmonierten. Leider ist er nicht dazu gekommen, diese Pläne zu verwirklichen. Er wurde mehrfach wegen angeblichen Hochverrats eingekerkert und schließlich hingerichtet. Hätte Boethius sein Vorhaben umsetzen können, hätte das vermutlich enorme Konsequenzen für die europäische Kulturgeschichte gehabt.

Die Zeitleiste in Abb. 4.4 gibt einen Überblick über historische Personen und Zusammenhänge. Die fett gedruckten Personen sind dem römischen Kulturkreis zuzurechnen.

Abb. 4.4 Zeitpfeil

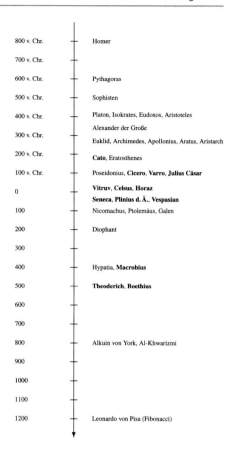

Die Folgen des römischen Utilitarismus

Die Römer haben selbst nichts zur Weiterentwicklung der in Griechenland entstandenen theoretischen Grundlagen der Naturwissenschaften beigetragen und sie auch nie aktiv gefördert. Was die römische Kultur auszeichnete, war die Übernahme und Anwendung bestimmter praktischer Verfahren, die herausragende Leistungen in Bereichen wie Straßenbau und Wasserversorgung ermöglichten. Die Schriften von Vitruv und Frontin sind Beispiele dafür, wie Berechnungsverfahren in Handbüchern für Ingenieure dargestellt werden.

In welcher Weise die römische Fixierung auf anwendungsbezogene Verfahren die Entwicklung der Naturwissenschaften in den römischen Provinzen, in denen überhaupt Wissenschaften betrieben wurde, beeinflusst hat, wird unterschiedlich bewertet: Morris Kline [87] beschreibt den römischen Einfluss auf die Wissenschaften in den Provinzen als lähmend oder sogar destruktiv. Er nennt die Vernichtung der Bibliothek von Alexandria durch Cäsar und weist darauf hin, dass die römische Zwangsherrschaft den Aufstieg des Christentums beförderte und so indirekt auch die Zerstörung des Museion in Alexandria. Beim Angriff auf das Museion wurde übrigens Hypatia, die berühmteste Mathematikerin der Antike, von einem christlichen Mob getötet.

Andere Autoren billigen der relativ langen friedlichen Phase der „Pax Romana" eine kulturfördernde Wirkung speziell in den östlichen Provinzen zu. Unbestreitbar ist aber, dass das Christentum die ohnehin wenig dynamische Entwicklung der griechischen Wissenschaften weiter abbremste.

Die Entwicklung der Wissenschaftsgeschichte nach der Aufteilung und Auflösung des Römischen Weltreichs verlief in den verschiedenen Regionen sehr unterschiedlich. Im Nahen Osten gab es fruchtbare Kontakte der griechischen mit den orientalischen Kulturen, die insbesondere das Dezimalsystem mitbrachten. Bemerkenswert ist in diesem Zusammenhang, dass die arabische Welt, die zunächst ähnlich den Römern keine Hochkultur bildete, die griechischen, persischen und indischen wissenschaftlichen Errungenschaften ganz im Gegensatz zu den Römern sehr zu schätzen wusste. Die griechischen Werke (auch Ptolemäus und Galen) wurden ins Arabische übersetzt, und arabisch schreibende Mathematiker haben wichtige Neuerungen eingeführt. Die Wörter „Algebra" und „Algorithmus" sind arabischer Herkunft. „Algorithmus" leitet sich von dem Namen des arabisch schreibenden Mathematikers al-Khwarizmi (790–850) ab, „Algebra" von dem Titel eines seiner Werke (Abschn. 2.2). Während wir heute mit lateinischen Buchstaben schreiben, rechnen wir mit arabischen Ziffern.

In West- und Mitteleuropa blieb vom Wissen der Griechen nur übrig, was in Form von lateinischen Handbüchern verfügbar war. Diese wurden allerdings weiterverbreitet. Das rudimentäre Interesse der (kirchlichen) Eliten an der Mathematik hatte mehrere Gründe: die Berechnung des Termins des Osterfestes, die Debattierfähigkeit mit (islamischen) Ungläubigen und die Interpretation der Zahlensymbolik der Bibel.

Diejenigen Werke des frühen Mittelalters, die nicht eindeutig in der römischen Handbuchtradition stehen, wie die dem Lehrer Alkuin von York (gest. 766) zugeschriebene erste bekannte Aufgabensammlung in lateinischer Sprache, enthalten Hinweise auf Kontakte mit Byzanz und der arabischen Welt.

Erst im fortschreitenden Mittelalter stärkten zwei Faktoren erneut den Bedarf an tieferem Verständnis mathematischer Sachverhalte: die Entwicklung eines städtischen Bürgertums und parallel dazu der verstärkte Handel sowie das größere Interesse der Kirche an philosophischen Fragen, insbesondere an Aristoteles. Man interessierte sich für die fortgeschrittenen Rechentechniken der Araber wie etwa die Algebra des al-Khwarizmi, wollte aber auch die überlieferten mathematischen „Wahrheiten" genauer verstehen. Interessant ist in diesem Zusammenhang die Diskussion der Kreisquadrierung durch den Lehrer Franco von Lüttich (11. Jahrhundert). Diese Frage war von Aristoteles als Beispiel für prinzipiell Wissbares genannt worden, über das man aber noch nichts weiß. Das Kuriose an dieser Diskussion ist, dass im 11. Jahrhundert der Wert von π als exakt $\frac{22}{7}$ angenommen wurde. Unter dieser Voraussetzung liefert die euklidische Geometrie ein verhältnismäßig einfaches Verfahren zur Kreisquadrierung (Abschn. 2.1). Unlösbar ist diese Aufgabe, weil π eine transzendente Zahl ist, das heißt keine Nullstelle eines Polynoms (Abschn. 1.2).

Im 13. Jahrhundert begann eine intensive Periode der Aus- und Bearbeitungen von griechischen Originalwerken und ihren arabischen Übersetzungen. Der bekannteste dieser neuen Lehrbuchschreiber ist Leonardo von Pisa (1170–1250), genannt

Fibonacci, der acht Jahre in Nordafrika arbeitete und dort lernte, mit den arabischen Ziffern zu rechnen [30]. Ende des 13. Jahrhunderts war ein Großteil der klassischen mathematischen und naturwissenschaftlichen Literatur in lateinischer Sprache zugänglich. Damit war, nach einer Zwangspause von etwa 1000 Jahren, der Neuanfang der Renaissance möglich geworden.

Fazit

Bei aller Parallelität der Argumentation römischer Mathematikskeptiker und der modernen Verfechter einer unbedingten Anwendungsorientierung wird man natürlich nicht übersehen, dass sich heute die Frage nach der gesellschaftlichen Einbindung der Wissenschaften sehr viel unmittelbarer stellt als zur Zeit des Römischen Imperiums. In den modernen Gesellschaften sind die Konsequenzen unseres Wissens für das Überleben von Mensch und Natur von einer ganz anderen Größenordnung, und die prinzipielle Notwendigkeit der Tradierung von Fach- und Grundlagenwissen ist allgemein anerkannt.

Darüber hinaus erzwingen moderne Wirtschaftsformen mit ihrem hohen Rationalisierungs- und Innovationsdruck automatisch eine intensive naturwissenschaftliche Forschungstätigkeit. Das war im Römischen Reich ganz anders. Dort basierte die Wirtschaft auf einer extensiven landwirtschaftlichen Nutzung, Ausbeutung der Provinzen und Sklavenhaltung. Rationalisierung wurde zum Teil sogar bewusst vermieden. So schreibt Sueton in seiner Biografie des Kaisers Vespasian, dass dieser sich aus Sorge um die Einkünfte des römischen Stadtproletariats gegen die Verwendung neuartiger Maschinen beim Tempelbau entschieden habe.

Selbstverständlich ist es zu allen Zeiten legitim, die Frage nach dem Nutzen einer Aktivität zu stellen, die gesellschaftliche Ressourcen verbraucht. Das Beispiel der Römer und ihrer kurzsichtigen Einstellung zu den Naturwissenschaften und besonders zur Mathematik bleibt aber bedenkenswert. Es zeigt, dass reines Nützlichkeitsdenken und absoluter Utilitarismus kontraproduktiv sind und sich momentane Vorteile nicht über längere Zeit aufrechterhalten lassen. Übersetzt in unsere Gegenwart heißt das: Schulen und Hochschulen dürfen sich nicht auf unmittelbar alltags- und berufsrelevante Lehrinhalte einschränken lassen, weil sie sonst den Verlust von kulturellen Errungenschaften riskieren oder sogar selbst den Boden für diesen Verlust bereiten.

4.5   Herausforderungen für die Zukunft

Im ersten Teil dieses Abschnitts diskutieren wir die Begriffe, die dem Konzept eines mathematischen Modells zugrunde liegen, etwas genauer. Auf dieser Grundlage können wir dann erläutern, wie sehr mathematische Modellbildung längst Teil unseres Alltagslebens geworden ist und welche Potenziale und Gefahren in der Verwendung solcher Modelle liegen. Schwerpunkt der Diskussion mathematischer Modelle ist ihre orientierungsstiftende Funktion und ihr Bezug zur Realität.

Mathematik, Modelle und Theorie

Bevor man begrifflich klären kann, was ein mathematisches Modell genau ist, muss man sich darüber verständigen, was genau man alles unter Mathematik verstehen will. Wir möchten die Definition etwas weiter fassen, als es die Schulerfahrung mit Mathematik nahelegt. In der Schule lernt man zwei Entwicklungsstränge mathematischen Denkens kennen: Den ersten Strang bilden die Übergänge vom Zählen zum Rechnen und weiter zur Algebra (Formeln und Termumformungen) und zur Analysis (Funktionen und ihre Eigenschaften). Der zweite Strang ist der Übergang vom Messen zur Geometrie und davon abstrahierend zur Bildung von Axiomensystemen (Letzteres ist inzwischen allerdings aus den Lehrplänen weitgehend getilgt). Gemeinsam ist diesen Entwicklungssträngen der Übergang von beobachteten zu regelbasierten Strukturen. Wir verwenden hier die folgende Definition von Mathematik: *Die Wissenschaft von den regelbasierten Strukturen.* Beispiele für solche regelbasierten Strukturen haben wir in Abschn. 2.2 zuhauf gesehen. Wir fassen den Begriff regelbasierte Strukturen hier aber weiter, sodass zum Beispiel auch die Beschäftigung mit Grammatik als Mathematik betrachtet werden kann.

Die Mathematik als solche hat enge Berührungspunkte mit der Philosophie. Insbesondere die Frage nach Unendlichkeit führt auch in der Mathematik zu wahrhaft grundlegenden Problemen (Abschn. 4.2). Genuin philosophisch ist die Frage, ob Mathematik unabhängig vom Menschen existiert: Wird Mathematik entdeckt oder erfunden? Eine Diskussion dieser Frage findet man in [23,49].

Mathematik wurde von alters her immer auch als Hilfsmittel zur Beschreibung der Welt gesehen (z. B. [92]; eine Gegenposition findet man in [108]). Es stellte sich stets die Frage, welche Welt da eigentlich beschrieben wird. Auf die Frage „Was ist Wirklichkeit?" bietet die Philosophie vielfältige Antworten an, auf die wir weder eingehen wollen noch können. Auch die Naturwissenschaften schlagen Lösungen vor. Insbesondere postulieren sie die Existenz von Naturgesetzen. Dafür gibt es keine Beweise, aber gute Argumente wie die Wiederholbarkeit von Erfahrungen in Zeit und Ort, die Bestätigung theoretischer Vorhersagen (zum Beispiel von Sonnenfinsternissen oder der Existenz von Gravitationswellen) oder der Erfolg völlig kontraintuitiver Theorien, wie zum Beispiel der Quantenmechanik.

Sowohl in der Philosophie als auch in den Naturwissenschaften weiß man sehr genau um das Problem, dass unser Blick auf die Welt gefiltert ist. Man denke etwa an Platons Höhlengleichnis und die eingeschränkten Möglichkeiten der Informationsbeschaffung in der Astronomie. Ein schönes Gedankenexperiment dazu ist die Aufgabe, sich die Wahrnehmung derselben nächtlichen Umwelt durch Fledermaus und Eule vorzustellen.

Das Wort „Modell" wird in vielen verschiedenen Kontexten eingesetzt, auch als Terminus technicus. Wir verwenden den Begriff „mathematisches Modell" für eine mathematische, d. h. regelbasierte, Struktur, deren Objekte und Relationen zumindest zum Teil mit Interpretationen belegt werden. Mathematische Ergebnisse über solche Objekte und Relationen werden dann auf die Interpretationen bezogen.

Hier ein einfaches Beispiel: Als mathematische Struktur nehmen wir die natürlichen Zahlen 1, 2, 3, … und betrachten darauf die Abbildung, die jeder Zahl n ihr Doppeltes 2n zuordnet. Jetzt interpretieren wir jede Zahl als die Anzahl gewisser

Bakterien auf einer Glasplatte. Die Abbildung interpretieren wir als die Teilungsrate eines Bakteriums pro Tag, indem wir sagen, jedes Bakterium teilt sich einmal täglich, sodass aus einem Bakterium nach einem Tag zwei Bakterien geworden sind. Damit haben wir eine mathematische Struktur gewählt und Teile davon mit Interpretationen belegt, also ein mathematisches Modell gewählt. Wenn wir die Abbildung dreimal auf die Zahl 30 anwenden, erhalten wir als Ergebnis dieser Prozedur die Zahl 240 (erst 60, dann 120, dann 240). Dieses mathematische Ergebnis interpretieren wir dann als die Anzahl der Bakterien, die wir am vierten Tag auf der Glasplatte finden, wenn am ersten Tag 30 Bakterien auf der Glasplatte waren.

Die meisten subtilen Eigenschaften der natürlichen Zahlen, wie zum Beispiel die Verteilung der Primzahlen, bleiben im angegebenen Modell völlig unberücksichtigt, insbesondere uninterpretiert. Es ist auch nicht so, dass man die Struktur dazu erfunden hätte, das Wachstum von Bakterien zu modellieren. Außerdem gibt das Modell keine Auskunft darüber, warum sich die Bakterien teilen. In der Schule lernt man, dass Bakterien sich teilen; darum fällt es nicht schwer, diese Interpretation zu akzeptieren. Das wäre schon schwieriger, wenn man die Interpretation der Zahlen von „Bakterien auf der Glasplatte" zu „Kaninchen auf einer Wiese" ändern würde, weil jeder weiß, dass Kaninchen sich nicht teilen. Andererseits wäre das Wachstumsmodell auch wieder nicht so schlecht, wenn man die Zahlen als „Kaninchenpaare auf einer Wiese" interpretierte und die Abbildung als Vermehrung innerhalb eines Jahres. So würden aus 30 Kaninchenpaaren innerhalb von drei Jahren 240 Kaninchenpaare.

Ein mathematisches Modell besteht also aus zwei Komponenten: einer mathematischen Struktur und einem Satz von Interpretationen für Teile der mathematischen Struktur. Es kann demnach sein, dass man Ergebnisse über interpretierte Teile der mathematischen Struktur mithilfe von nicht interpretierten Bestandteilen der mathematischen Struktur erzielt. In unserem Wachstumsmodell für Bakterienkulturen liefert beispielsweise die mathematisch für jede natürliche Zahl a gültige Ungleichung $1000a < 2^{10}a$, dass man nach zehn Tagen mindestens 1000-mal so viele Bakterien hat wie am Anfang.

Das Beispiel illustriert verschiedene Aspekte mathematischer Modelle, die sie von Theorien abgrenzen. Eine Theorie soll Phänomene erklären und begründen, nicht nur beschreiben oder vorhersagen. Teil einer Theorie kann es durchaus sein zu erklären, warum ein Satz von Phänomenen durch ein bestimmtes mathematisches Modell beschrieben werden kann. Der Anspruch einer Theorie ist, etwas über die Wirklichkeit, insbesondere gültige kausale Zusammenhänge, auszusagen. Die mathematische Formulierung von Naturgesetzen wie den Newton'schen oder Einstein'schen Gravitationsgesetzen ist per se noch keine Theorie. Erst eine Erklärung, warum ein Naturgesetz gelten „muss", macht daraus eine Theorie. Eine Theorie lässt keine nachträglich eingefügten Hypothesen zu, um Diskrepanzen zwischen von der Theorie vorhergesagten Phänomenen und den empirischen Daten wegzudiskutieren. Allenfalls baut man in Theorien „Naturkonstanten" ein, die empirisch zu bestimmen sind. Jede Modifikation einer Theorie ist auch das Eingeständnis der Unvollständigkeit der Erklärungen der Vorgängertheorie.

Ein mathematisches Modell erklärt nicht, es beschreibt durch Interpretation. In komplizierteren Modellen kommt es regelmäßig vor, dass interpretierbare mathematische Ergebnisse unerwartete Phänomene vorhersagen, zum Beispiel Gleichgewichtszustände oder Explosionen für dynamische Entwicklungen. Diese kann man mit den Beobachtungen abgleichen. Gibt es Diskrepanzen zwischen Vorhersage und Beobachtung, liegt das Problem nicht in einem Fehler der (abgesicherten) Mathematik, sondern in der unzutreffenden Interpretation. Dann kann man versuchen das Modell abzuändern, indem man die Interpretationen modifiziert. Wenn man in unserer Bakterienkolonie feststellt, dass sie nach zehn Tage nicht mehr wächst, könnte man zum Beispiel in unserem Wachstumsmodell noch eine Konstante, sagen wir 30 000, als Bevölkerungsgrenze interpretieren, über die hinaus die Bakterienkolonie nicht wachsen kann. Die ist nach zehn Tagen erreicht. Man könnte auch den Gültigkeitsbereich einschränken und sagen, das Modell gilt nur für zehn Tage. Man kann das Modell aber auch ganz verwerfen und ein neues Modell mit einer anderen mathematischen Struktur bauen.

Modelle sind ganz ohne Theorie vorstellbar. Beispiele dafür sind die im Rahmen von „Big Data" und „KI" vom Computer aus Daten generierten Modelle. Allerdings ist der Übergang von Theorie zu mathematischem Modell fließend. Schon in das oben beschriebene primitive Wachstumsmodell sind Elemente naturwissenschaftlicher Theorie eingegangen, nämlich Wissen über die Vermehrung von Bakterien bzw. Kaninchen. Umgekehrt haben auch die ausgefeiltesten Theorien wie die allgemeine Relativitätstheorie Gültigkeitsbereiche, außerhalb derer sie keine Aussagen mehr machen, und liefern keine letzten Erklärungen für die in ihnen gefundenen Gesetze.

Gerade die Beispiele ausgereifter physikalischer Theorien zeigen, dass mathematische Modelle auch zu Teilen einer Theorie werden können. Aber auch dann erklären sie nicht die Gültigkeit der von der Theorie postulierten Naturgesetze, sondern stellen nur eine effiziente Form der Beschreibung dar, die auch die Anwendung der Theorie erleichtert.

Weder Theorien noch mathematische Modelle sind auf den naturwissenschaftlichen Bereich beschränkt. Auch die Wirtschafts- und Sozialwissenschaften arbeiten sowohl mit erklärenden Theorien als auch mit mathematischen Modellen. Die hier verwendete Definition von Mathematik als Wissenschaft von den regelbasierten Strukturen erlaubt es dabei, eine Vielzahl von Beschreibungen als mathematische Modelle aufzufassen, die nicht ohne Weiteres in mathematische Formeln gegossen werden können.

Der Sinn mathematischer Modelle

Der offensichtlichste Grund für die Verwendung mathematischer Modelle ist ihr Potenzial, Orientierung zu bieten. Schon unser Bakterienwachstumsmodell lenkt unsere Vorstellung in gewisse Bahnen. Weitere Überlegungen und Abgleich mit real gemessenen Bakterienmengen führen uns darauf, das Modell zu erweitern, zum Beispiel endliche Nahrungsressourcen oder Konkurrenz durch andere Lebewesen einzubauen und uns so einer Theorie von Bakterienökosystemen zu nähern.

Die durch ein mathematisches Modell vermittelte Orientierung muss immer als vorläufig betrachtet werden. Unterkomplexe Modelle bergen die Gefahr von Desorientierung und Manipulation. Besonders deutlich wird dies anhand von Slogans wie „Kevin ist eine Diagnose" oder „Neoliberalismus vs. Solidarität", die man als besonders einfache mathematische Modelle sozioökonomischer Beschreibung sehen kann: die Menge der Kinder mit Vornamen Kevin als Teilmenge einer Menge von Leuten mit einem Bündel (negativ konnotierter) sozioökonomischer Eigenschaften bzw. die Reduktion ökonomischer Denkrichtungen auf zwei sich gegenseitig ausschließende Alternativen.

Ist man vorsichtig mit den Interpretationen und Schlussfolgerungen, bieten mathematische Modelle eine Vielzahl von Optionen. Schon Galilei hat angesichts der von ihm erkannten Möglichkeiten die Mathematik als die der Beschreibung der Welt gemäße Sprache bezeichnet. Die praktische Verwendung mathematischer Modelle reicht sogar noch viel weiter zurück. Sie findet sich bei den alten Ägyptern im Vermessungswesen und bei den Sumerern in Astronomie und Musik. Platon nutzte mathematische Modelle auch zur Beschreibung immaterieller Phänomene und Relationen. Galilei setzte Mathematik ein, um quantifizierbare Aussagen in der Naturbeschreibung zu bekommen und verlässliche Vorhersagen über den Ausgang von Experimenten zu machen. Kepler fand mathematische Gesetzmäßigkeiten wie die Ellipsenform von Planetenbahnen, und Newton baute eine Theorie auf, aus der sich diese Gesetzmäßigkeiten ableiten ließen. Einstein verfeinerte Newtons Theorie der Gravitation zur allgemeinen Relativitätstheorie, nach der man Newtons Theorie als nur noch näherungsweise korrekt betrachtet. In dieser Entwicklung von Galilei bis zu Einstein wurde die zur Beschreibung eingesetzte Mathematik immer komplexer – von der einfachen Geometrie und Algebra über Kegelschnitte und Differenzialrechnung bis hin zur Differenzialgeometrie in vier Dimensionen. Einen qualitativ anderen Schritt vollzogen die Physiker Bohr, Heisenberg und Schrödinger, als sie die Quantenmechanik schufen. Hier wurde nicht eine Theorie Schritt für Schritt in ihrem Gültigkeitsbereich unter Verwendung komplizierter Mathematik erweitert, sondern es wurden ganz andere mathematische Modelle (Funktionalanalysis und Wahrscheinlichkeitstheorie) verwendet. Man kann durchaus argumentieren, dass es sich bei der Quantenmechanik nur um ein mathematisches Modell und nicht um eine Theorie handelt. Einstein hat sich zeitlebens mit der Quantenmechanik unwohl gefühlt („Gott würfelt nicht").

In fast allen Fällen, in denen Mathematik zur Naturbeschreibung eingesetzt wurde, hat man schon vorhandene mathematische Strukturen eingesetzt, im Zuge der Weiterentwicklung der Modelle aber auch die mathematische Theorie weiterentwickelt.

Wie im vorigen Abschnitt schon erwähnt, ist die Verwendung mathematischer Modelle in der Naturbeschreibung nicht auf die Physik beschränkt. Auch chemische Bindungen, die räumliche Struktur von Proteinen, die Kombinatorik genetischer Variationen und die Ausbreitung von Seuchen werden mathematisch modelliert. Je komplexer die zu beschreibende Situation (Beispiel: Epigenetik) oder je dünner die empirische Faktenlage (Beispiel: Urknall) ist, desto schwieriger ist es, eine kohärente Theorie zu entwickeln, und umso mehr muss man sich mit orientierungsstiftenden Beschreibungen und Vorhersagen von vereinfachenden mathematischen Modellen zufriedengeben.

Eine besondere Rolle in der Beschreibung komplexer Phänomene kommt der Stochastik zu, dem Teil der Mathematik, der sich mit Wahrscheinlichkeiten und Statistik befasst (Abschn. 2.4). In der klassischen Thermodynamik von Gasen gelangt man durch statistische Überlegungen zu den Gesetzen, die den Zusammenhang zwischen Druck, Temperatur und Volumen beschreiben. Noch viel komplizierter ist die Situation beim Wetter, das durch unterschiedlichste Wechselwirkungen beeinflusst wird. Hier spielt die Statistik in Form von Aussagen der Bauart „Eine Wetterlage der Form ... führt in $x\%$ der Fälle zu ..." eine noch entscheidendere Rolle. Sobald ein Modell stochastische Elemente enthält, müssen Vorhersagen mit Wahrscheinlichkeiten versehen werden, was konkrete Anwendungen erheblich erschwert.

Dass eine Zunahme an Komplexität mit einer Abnahme an Präzision einhergeht, ist jenseits der Naturwissenschaften natürlich auch in den Wirtschafts- und Sozialwissenschaften augenfällig. Insbesondere in der Folge nicht vorhergesehener Krisen wird in den Wirtschaftswissenschaften der Einsatz mathematischer Modelle von jeher kritisch hinterfragt (z. B. [109]). Die Erwartungshaltung gegenüber mathematischen Modellen in den Sozialwissenschaften ist weit weniger stark ausgeprägt, aber der geforderte und auch weitverbreitete Einsatz von Statistik erzwingt auch in diesen Feldern mathematische Modellierung.

Mathematische Modelle lassen sich als Vorstufen von Theorien betrachten. Man kann Phänomene vorhersagen, hat aber keine Erklärung dafür. Solange man keine schlüssigen Erklärungen hat, müssen gemeinsam auftretende Phänomene als nur korreliert betrachtet werden (Abschn. 2.4). Kausale Abhängigkeit zwischen Phänomenen kann man nicht ohne Begründung postulieren. Auf der Suche nach Begründungen verfeinert man die Modelle. Dabei kann man zum Beispiel die Bradford-Hill-Kriterien aus der Medizin [71] als Leitlinien nehmen, in denen neun Aspekte aufgelistet werden, die beachtet werden sollten, bevor man die Assoziation zweier Phänomene zur Kausalität erklärt. Im besten Falle entdeckt man im Zuge der Modellanpassung Größen, die mit den korrelierten Größen tatsächlich kausal verbunden sind (z. B. [14]).

Qualitätskriterien für mathematische Modelle
Mathematische Modelle sind immer nur Näherungen, die mehr oder weniger gut zu den modellierten Situationen passen können. Sie haben keinen Absolutheitsanspruch. Daher gibt es auch keine K.o.-Kriterien für den Einsatz eines mathematischen Modells. Das mathematische Modell für den radioaktiven Zerfall passt nicht zur Erosion der Dolomiten. Aber in Ermangelung eines besseren Modells könnte man versuchen, den zeitlichen Verlauf alpiner Erosion zunächst mit denselben mathematischen Strukturen wie den radioaktiven Zerfall zu modellieren, um dann das Modell im Abgleich mit den empirischen Daten zu modifizieren. Dennoch ist es ein Qualitätsmerkmal für ein Modell, wenn überprüfbare Voraussetzungen für seine Anwendbarkeit bestimmt werden können.

Die Bestätigung der theoretischen Vorhersage eines ungewöhnlichen Ereignisses gilt als Nachweis für die Gültigkeit einer Theorie. Die Messung von Gravitationswellen im Jahr 2015 gilt zum Beispiel als (weiterer) Beweis für die Gültigkeit der allgemeinen Relativitätstheorie. Für die sogenannte Stringtheorie, mit der man versucht, eine Relativitätstheorie und Quantenmechanik umfassende physikalische Theorie zu erstellen, gibt es bisher keinerlei solche Beweise. Die Vorhersagen, die sie macht, beziehen sich auf Szenarien, von denen sich im Moment niemand vorstellen kann, wie sie getestet werden könnten. Damit hat die Stringtheorie, selbst wenn man sie zum mathematischen Modell herabstuft, ein echtes Manko. Testbare Vorhersagen sind unzweifelhaft ein Qualitätskriterium mathematischer Modelle.

Die mathematischen Modelle, auf denen unsere Wettervorhersagen beruhen, liefern testbare Vorhersagen. Die nächste natürliche Anforderung ist dann zu verlangen, dass die Vorhersagen in einem vorweg angegebenen Rahmen zuverlässig sind. Es gibt keinen Grund, die Modelle für die Wettervorhersage zu verwerfen, wenn sie das Wetter nicht auf ein Jahr im Voraus präzise vorhersagen können. Wenn sie dagegen schon für den Folgetag oft falsche Vorhersagen liefern, wird man sie überprüfen und ändern wollen. Umgekehrt wird man ein Klimamodell nicht verwerfen, weil ein einzelner Winter nicht zur allgemein vorhergesagten Entwicklung passt.

Ein weiteres Qualitätskriterium für mathematische Modelle ist ihre Skalierbarkeit. Dies ist der Fall, wenn das Modell nicht grundlegend geändert werden muss, wenn sich das zu beschreibende System vergrößert, ohne sich strukturell zu ändern. Das könnte zum Beispiel für ein ökonomisches Modell der Fall sein, wenn sich die Zahl der Marktteilnehmer verzehnfacht.

Auch die Existenz von Modifikationsmöglichkeiten und die Konsistenz mit anderen Modellen sind für mathematische Modelle von Vorteil, denn beide Eigenschaften erleichtern es, auf Diskrepanzen zwischen Vorhersagen des Modells und empirischen Fakten zu reagieren. In der Praxis spielt nicht zuletzt auch die ästhetische Qualität eines Modells als Qualitätskriterium eine Rolle. Physiker würden das so wohl nicht sagen, uns scheint jedoch zum Beispiel im Falle der Stringtheorie der ästhetische Reiz einer vereinheitlichten Theorie ein wesentlicher Grund dafür zu sein, dass der Ansatz trotz aller Misserfolge immer noch verfolgt wird.

Einsatzmöglichkeiten für mathematische Modelle
Neben den eingangs schon erwähnten Beispielen für den Gebrauch mathematischer Modelle gibt es viele weitere, und durch die Verfügbarkeit moderner Informationstechnologie werden es täglich mehr. Alles, was in der heutigen Alltagssprache unter dem Stichwort „Algorithmen" verbucht wird, ist ohne zugrunde liegende mathematische Modellierung nicht denkbar. Mehr noch, jede Art von elektronischer Datenverarbeitung basiert auf mathematischen Modellen, denn der Computer bearbeitet nur Zahlenkolonnen von Nullen und Einsen, die strukturiert angeordnet sein müssen, wenn man daraus irgendetwas ablesen will. Das gilt auch für sogenannte autonome Systeme, die sich ihre Daten über Kameras und Sensoren „selbst" zusammensuchen. Je autonomer das System, desto ausgefeilter das mathematische Modell, das das System funktionieren lässt.

Computersimulationen sind mathematische Modelle, die in unterschiedlichsten Kontexten eingesetzt werden, zum Beispiel wenn Experimente zu teuer (Crash-Tests für Autos), zu langwierig (Verschleißtests für Abgaskatalysatoren) oder prinzipiell nicht durchführbar (Schwarze Löcher im Zentrum der Galaxis) sind. Andere Einsatzmöglichkeiten sind diverse Prognoseaufgaben. Wettervorhersage, Klimamodelle, Wachstumsprognosen für Populationen (von Menschen oder anderen Lebewesen) und Seuchenausbreitung wurden schon erwähnt. Von ökonomischen Anwendungen wie Arbeitsmarkt- oder Konjunkturmodellen liest man täglich in der Zeitung. In der

Unterhaltungsindustrie spielen am Computer erzeugte Effekte (Animationen, Virtual Reality) eine zentrale Rolle. Lern-, Trainings- oder Spielesoftware braucht als Grundlage ein mathematisches Modell für die abgebildeten Situationen.

Jede Art von statistischer Datenerfassung und Aufbereitung setzt mathematische Modellierung voraus, ohne die eine quantitative Beschreibung von Alltags- oder sozialen Phänomenen gar nicht denkbar ist. Auch in diesem Kontext muss natürlich die Sinnhaftigkeit der verwendeten Modelle immer hinterfragt werden. Neben unterkomplexen Modellen können auch unangemessen detaillierte Modelle zu Ergebnissen führen, die mehr die Intentionen des Bewerters widerspiegeln, als dass sie Erkenntnisse über den zu untersuchenden Gegenstand lieferten.

Zusammenfassend kann man geradezu von einer Omnipräsenz mathematischer Modelle in der industrialisierten Welt sprechen. Die Frage, wie es dazu kommt, dass sich die Welt derart effektiv durch streng logische formale Operationen beschreiben lässt, stellt sich sowohl aus der mathematischen als auch aus einer philosophisch-metaphysischen Perspektive [94, 109].

Potenziale und Gefahren mathematischer Modelle
Das Potenzial mathematischer Modelle, Orientierung zu stiften, haben wir schon angesprochen und auch mit Beispielen illustriert, ebenso die Rolle als Wegbereiter für und Teil von Theorien sowie das Potenzial zur Unterscheidung von Korrelationen und Kausalitäten beizutragen. Auch die Gefahr des Missbrauchs zu Desorientierung und Manipulation durch unterkomplexe bzw. einseitig ausgerichtete mathematische Modelle wurde bereits erwähnt.

Das Bewusstsein davon, dass mathematische Modelle nie einen absoluten Wahrheitsanspruch erheben, ist eine wichtige Voraussetzung für konstruktive, ergebnisoffene Debatten. Das gilt insbesondere für die Entscheidung für ein bestimmtes mathematisches Modell, die selbst ideologischen Vorlieben unterliegen kann.

Bei Misserfolgen, das heißt Diskrepanzen zwischen Vorhersagen des mathematischen Modells und den empirischen Daten, bietet eine angemessene Einordnung der Aussagekraft von mathematischen Modellen die Chance auf die Versachlichung von Diskussionen. Dazu muss man die verwendeten Modelle transparent beschreiben und die vorhandene Evidenz für den angegebenen Gültigkeitsbereich auflisten. In Bezug auf die Wirtschaftswissenschaften lösen Fehlschläge, zum Beispiel nicht vorhergesehene Krisen, regelmäßig Fundamentalkritik aus (z. B. [86, 128]). Die Lösung liegt nicht im Verzicht auf mathematische Modelle, sondern in der Modifikation der Modelle. Modifikation kann hier natürlich auch komplette Ersetzung durch alternative Modelle heißen.

Die Möglichkeit der Anpassung sowohl von Modellen als auch von Erhebungsverfahren für empirische Daten kann auch dazu beitragen, den Streit um die Natur von Fehlern zu entschärfen, der im Kontext von Theorien oft entsteht (Stichwort Duhem-Quine-These: Fehler in der Theorie vs. Fehler in der Überprüfung [41]).

Manche im Kontext von Big Data und KI, speziell im maschinellen Lernen, generierten mathematische Modelle resultieren in Handlungsanweisungen, ohne dass eine Theorie eingespeist worden wäre. Diese Modelle sind zum Teil nur maschinenintern verfügbar, das heißt, sie sind keinem Menschen bekannt. Die Gefahren von blindem

Vertrauen in maschinenerzeugte Modelle sind offensichtlich und werden, zum Beispiel im Kontext „autonomes Fahren", durchaus schon diskutiert. Die Problematik
wird sich zweifellos noch stark ausweiten, und es wird sich in zunehmendem Maße
die Aufgabe stellen, durch eine Art Reverse Engineering aus maschinengenerierten
Handlungsanweisungen für Menschen überschaubare (mathematische) Modelle zu
rekonstruieren. Einen begrifflichen Zugang zu solchem Reverse Engineering findet
man unter dem Stichwort *Interpretable Machine Learning* in [103].

Modell und Wirklichkeit

Ausgehend von Galilei hat man Mathematik als Teil der (physikalischen) Wirklichkeit betrachtet. Zum Beispiel sah man die euklidische Geometrie als die Geometrie
des realen physikalischen Raumes an. Dies erklärt die Aufregung um die Entdeckung
der „nichteuklidischen Geometrie" im 19. Jahrhundert, die die Überzeugung infrage
stellte, dass es nur eine Art von naturgegebener Geometrie geben könnte.

Grundsätzlich gibt es mehrere alternative Antworten auf die Frage, ob die mathe-
matisierten Theorien der Naturbeschreibung Wirklichkeit sind. Es könnte sein, dass
es Naturgesetze gibt, die so einfach sind, dass wir sie verstehen können. Dann ergeben sich Theorien und damit verbundene mathematische Modelle. Es könnte aber
auch sein, dass es zwar Naturgesetze der Art gibt, sie aber so kompliziert sind, dass
wir Menschen sie nicht durchdringen können. Denkbar wäre es in diesem Fall, dass
man die groben Linien der Naturgesetze erfassen kann, nicht aber die Details. Dann
hätte man immer noch Theorien, die grobe Erklärungen liefern und mathematische
Modelle, die zu diesen Theorien passen. Ebenso denkbar ist aber auch, dass wir die
Naturgesetze nicht mal ansatzweise erfassen und die Strukturen, die wir in der Natur
zu erkennen glauben, sich aus Gesetzen nicht ableiten ließen. Dann wären unsere
Theorien als Theorien hinfällig, denn ihre Erklärungen hätten keine Substanz mehr.
Was bliebe, wären mathematische Modelle, die uns helfen, uns zu orientieren und
in einem gewissen Rahmen Vorhersagen zu machen. Die letzte Alternative ist, dass
es keine Naturgesetze gibt, wie wir uns Naturgesetze vorstellen. In der Praxis ändert
das allerdings überhaupt nichts. Auch dann würden uns mathematische Modelle vereinfachter Situationen Orientierung und die Möglichkeiten begrenzter Vorhersagen
schaffen. Angesichts der Erfahrung zeitlicher Invarianz von Naturbeobachtungen
(gemessen an menschlichen Zeithorizonten) spielt es also eigentlich keine Rolle, ob
es Naturgesetze gibt, außer wir könnten sie wirklich verstehen.

Wir möchten hier nicht die Frage stellen, ob es eine die physikalische Welt trans-
zendierende Wirklichkeit gibt, sondern begnügen uns damit, den Menschen mitsamt
seiner Kultur und allen mentalen Konstrukten als Teil dieser physikalischen Welt
zu sehen. In diesem Rahmen ist die Frage nach dem Wechselspiel von Modell und
Wirklichkeit dann im vorigen Absatz andiskutiert worden. Eine weitere Verfeinerung
der Alternativen und ihrer Konsequenzen ist unter dieser Prämisse rein spekulativ
und vielleicht auch nicht sinnvoll. Fruchtbarer ist die Untersuchung des Wechsel-
spiels von mathematischem Modell und Realität, wobei unsere Arbeitsdefinition von
Realität die Gesamtheit sinnlich wahrnehmbarer Phänomene ist.

Modell und Realität

Wie schon wiederholt angedeutet, gehört zum Einsatz mathematischer Modelle immer auch der Abgleich der modellbasierten Vorhersagen mit den empirischen Daten. Über diesen Abgleich schafft man eine Verbindung zwischen Modell und Realität. Dabei ist das Modell keineswegs einfach ein Abbild der Realität, auch wenn mathematische Modelle oft mit der Intention geschaffen werden, reale Phänomene abzubilden (diese Ideen lassen sich zum Beispiel auf Heinrich Hertz zurückverfolgen, auch wenn er das Wort „Bild" statt „mathematisches Modell" verwendet [108]). Die verwendeten Modelle schaffen auch Realität, indem sie unser Denken beeinflussen und unsere Handlungen lenken. Das lässt sich gegenwärtig in besonders beeindruckender Weise an der Klimamodellierung illustrieren.

Wir können die Welt nur in Form der durch unsere Physiologie ermöglichten Modelle wahrnehmen. Insbesondere ist die Beschaffenheit unseres Gehirns ein potenziell einschränkender Faktor (Abschn. 4.2). Es ist wahrscheinlich, dass die von uns erdachten mathematischen Modelle von diesen Restriktionen geprägt sind, und denkbar, dass wir einen Großteil der Realität einfach verpassen (für eine eingehendere Diskussion siehe [18] sowie [26]; [109] betont mehr die kulturelle Beschränktheit des Denkens). Möglicherweise sind wir nicht einmal in der Lage zu entscheiden, ob wir und unsere Umwelt selbst eine Computersimulation sind, und verkennen damit die Realität komplett.

Fazit

Die Konstruktion mathematischer Modelle im Abgleich mit empirischen Daten spielt eine wichtige Rolle in der Strukturierung unserer Weltwahrnehmung. Sie ist durch unsere physiologischen Möglichkeiten eingeschränkt, aber Orientierung stiftend und in günstigen Fällen Vorreiter oder Begleiter von erklärenden Theorien. Die Verbindung zwischen mathematischen Modellen und erlebter Realität ist unbezweifelbar, aber komplex. Insbesondere sind mathematische Modelle nicht einfach Abbildungen der Realität. Ob speziell die mathematische Formulierung von Modellen etwas über eine Wirklichkeit hinter der Realität aussagen kann, wurde hier nicht thematisiert und erscheint uns grundsätzlich zweifelhaft.

Ergänzende Literatur

Einzeldarstellungen und historische Texte: [3,6,28,30,34,49,54,56,79,82,83,85,97, 127,139,144]
Epochen und Gesamtdarstellungen: [25,27,45,53,64,84,87,96,133,135]
Modellierung: [18,21,23,38,62,67,81,115,118,143]
Mathematischer Hintergrund: [22,59,74,80,120]

Mathematik als Studium und Beruf

5

Inhaltsverzeichnis

Ziel der ersten vier Kapitel dieses Buches war, dem Laien einen möglichst authentischen Einblick in die Mathematik als wissenschaftliche Disziplin zu präsentieren. Da sich das Buch auch an junge Menschen richtet, die sich vorstellen können, selbst Mathematiker zu werden, stellen wir Mathematik auch als Beruf vor.

Wir beginnen mit einer Diskussion der Studienfachwahl. Dabei versuchen wir, Persönlichkeitsmerkmale zu beschreiben, die einen Hinweis darauf geben können, ob jemand Freude und Erfolg in einem Mathematikstudium haben kann. Wir gehen kurz auf unterschiedliche Formen von mathematischem Talent ein und beschreiben einige Stereotype, die über Mathematiker im Umlauf sind.

Den technischen Ablauf eines Mathematikstudiums im deutschen universitären System klammern wir weitestgehend aus. Er ist Thema des Studienratgebers von Joachim Hilgert [70]. Dagegen listen wir eine Reihe von Aktivitäten auf, die zum Alltag des Mathematikstudiums gehören und etwas über die Kompetenzen aussagen, die man in einem Mathematikstudium erwerben muss, um erfolgreich zu sein.

Die Beschreibung eines einheitlichen Berufsbildes für professionelle Mathematiker stellt sich als problematisch heraus. Die Einsatzgebiete von Mathematikern sind einfach sehr divers und in der Regel nicht an konkrete mathematische Kenntnisse geknüpft. Wir konzentrieren uns daher auf Statistiken zum Thema Arbeitsmarktchancen und Listen von Branchen, in denen Mathematiker eingestellt werden.

Den Abschluss bildet ein kurze Analyse der Gemeinsamkeiten, die man in den vielfältigen Tätigkeiten von Mathematikern in der freien Wirtschaft erkennen kann.

© Springer-Verlag GmbH Deutschland, ein Teil von Springer Nature 2021
I. Hilgert und J. Hilgert, *Mathematik – ein Reiseführer*,
https://doi.org/10.1007/978-3-662-62599-6_5

5.1   Neigung und Eignung

Alle Abiturienten haben in der Schule Erfahrungen mit Mathematik und Mathematikern gesammelt. Sie wissen einerseits, dass man Mathematik studieren und so
zum Beruf machen kann, können andererseits aber keine realistische Vorstellung von
Mathematik in Studium und Beruf haben. Wenn Schulabgänger die Entscheidung
für ein Studienfach nicht auf gut Glück treffen wollen, sollten sie sich über ihre
Neigungen und Erwartungen klar werden und sich fragen, ob sie für das Studium
geeignet sind, das sie anstreben.

In [70] besteht der Einstieg in das Thema Studienfachwahl aus einer Reihe von
Fragen, die sich Abiturienten stellen können, um etwas über die Passfähigkeit zwischen ihren Neigungen, ihrer Eignung sowie ihren Erwartungen und einem Mathematikstudium zu erfahren. Die Erläuterungen zu diesen Fragen bleiben dort abstrakt,
weil nicht auf mathematisch inhaltliche Aspekte eingegangen werden konnte. Hier
gehen wir den umgekehrten Weg. Wir starten mit den Ausbildungszielen des Mathematikstudiums, beschreiben dann konkrete Aktivitäten, die im Umgang mit Mathematik zum Alltag gehören, und leiten die Fragen daraus ab.

Prinzipielle Überlegungen zur Mathematikausbildung
Die Fähigkeit, durch Abstraktion von Einzelbeispielen zu allgemeinen Gesetzmäßigkeiten zu gelangen, zeichnet Absolventen mathematischer Studiengänge aus und ist
einer der wesentlichen Gründe für ihren Erfolg auf dem Arbeitsmarkt. Wer ein Mathematikstudium erfolgreich abschließen will, braucht neben grundständiger Intelligenz
ein gewisses Maß an Sekundärtugenden: Konzentrationsfähigkeit, Ausdauer, Fleiß
und nicht zuletzt Frustrationstoleranz. Nicht unterschätzen sollte man außerdem den
Zusammenhang zwischen der Fähigkeit, sich sprachlich präzise auszudrücken, und
der Fähigkeit, mathematische Sachverhalte zu formulieren.

Ziel der Mathematikausbildung ist es immer gewesen, die Studierenden zu selbst-
ständigen Abstraktionsprozessen zu befähigen. Dazu müssen sie gesehen haben, wie
Mathematik funktioniert. Es reicht nicht, in zwei oder drei Gebieten die grundlegenden Definitionen und einige zentrale Sätze zu kennen. In mindestens einem Teilgebiet
der Mathematik muss sich der angehende Mathematiker exemplarisch und eigenver-
antwortlich vertiefte Kenntnisse angeeignet haben, wobei die Wahl des Gebiets nicht
so entscheidend ist wie die Ernsthaftigkeit der Beschäftigung mit den dort gestellten
Herausforderungen.

Nur ein winziger Anteil des an der Universität vermittelten Stoffs taucht unverändert im Berufsleben wieder auf – es sei denn, der Studierende wird selbst Mathe-
matikprofessor. Was im Berufsleben relevant wird, ist die spezifische Art, Probleme
anzugehen. In der Wirtschaft werden Mathematiker in der Regel[1] nicht als Spezialisten eingestellt, sondern als Generalisten, die ohne Umschulungen überall dort

---

[1]Es gibt Ausnahmen: Versicherungsmathematiker und Statistiker werden oft genau wegen dieser
Spezialisierung eingestellt.

einsetzbar sind, wo strukturelles Denken gefragt ist. Für den angehenden Mathematiker ist es daher essenziell zu verstehen, was er tut.

Mit der Frage, wie dieses Ziel erreicht werden kann, befasst sich die Hochschuldidaktik, die im Fach Mathematik verschiedene Ansätze hervorgebracht hat.

Weil die Abstraktion, die den einen als Befreiung von überflüssigem Ballast erscheint, von vielen Studierenden als unüberwindbare Hürde empfunden wird, setzen viele Didaktiker im Mathematikunterricht auf ein höheres Maß an Praxisrelevanz. Sie meinen, man könne an konkreten Beispielen am besten zeigen, wie Mathematik funktioniert, und hoffen auf Motivation durch diesen Praxisbezug. In der Regel ist dieser Ansatz zum Scheitern verurteilt, weil tatsächlich praxisrelevante Problemstellungen nicht nur ein hohes Maß an mathematischen Vorkenntnissen, sondern darüber hinaus Spezialwissen aus den jeweiligen Anwendungsbereichen erfordern.

Gerne verweisen Bildungsforscher auch auf alternative methodische Ansätze wie Projektgruppen. Aber was in ingenieurnahen Fächern, in Teilen der Informatik und auch in manchen Aspekten der computerunterstützten Mathematik funktionieren mag, ist für den Erwerb eines grundlegenden Verständnisses mathematischer Prinzipien wenig praktikabel. Es dauert einfach viel länger, die mathematische Quintessenz aus einem konkreten Problem heraus zu destillieren, als sie nur wiederzuerkennen. So wünschenswert es sein mag, dass Studierende die mathematischen Strukturen und Gesetzmäßigkeiten alle selbst entdecken (und dann bestimmt nicht wieder vergessen), so viel Zeit ist im Studium nicht verfügbar. Mathematik ist eine Disziplin mit mehrtausendjähriger Geschichte, in der Erkenntnisse nicht veralten.

Es hat auch nicht an Versuchen gefehlt, in der Mathematik das Prinzip des *forschenden Lernens* umzusetzen. In der Mitte des 20. Jahrhunderts hat Robert Lee Moore an der University of Texas in Austin Studierende insbesondere im Bereich Topologie zu 100 % nach dem Motto „Learning by Doing" ausgebildet [140]. In seinen Vorlesungen sahen die Studierenden keinen einzigen Beweis, nur die relevanten Definitionen. Sie wurden durch Übungsaufgaben zu den Sätzen geführt, deren Beweise sie dann ebenfalls in Form von Übungsaufgaben selbst lieferten. Es war auch nicht erlaubt, Bücher zu benutzen. Das Ergebnis waren durchaus originelle Topologien, die aber außer Topologie wenig gelernt hatten und auch nicht ausreichend darauf vorbereitet waren, Neues aus Büchern dazuzulernen. Während die Moore'sche Methode vor allem in den Südstaaten der USA zeitweise eine gewisse Verbreitung hatte, wird sie heutzutage kaum noch angewendet. Sie hat aber immer noch Anhänger (z. B. [24]).

Neben der mangelnden Erfahrung im Lernen aus Texten trägt auch die fehlende Breite der Ausbildung in der Moore'schen Methode dazu bei, dass die Studierenden unzureichend auf Wissenserwerb vorbereitet sind. Es fehlt der Überblick, der es erlaubt, in konkreten Problemstellungen wenigstens grob einzuordnen, was der mathematische Gehalt sein könnte und unter welchen Stichpunkten man nach Lösungen suchen sollte.

Diese Erfahrungen widersprechen nicht der Einsicht, dass man komplizierte Sachverhalte und Techniken nicht allein durch Zuhören und Zuschauen erlernen kann. Aktive Einübung ist in einem Fach wie der Mathematik unverzichtbar. Das ist der

Grund dafür, dass in allen mathematischen Studiengängen angeleiteten Übungsstunden und Hausübungen ein so hoher Anteil am Lehrprogramm eingeräumt wird.

Im Studium wird das Lesen mathematischer Texte in der Lehrform (Pro-)Seminar eingeübt. Die Studierenden bekommen einen relativ kurzen mathematischen Text, den sie sich erarbeiten und dessen Ergebnisse sie präsentieren sollen. Dazu sollen sie den Text möglichst „dekonstruieren", also in Abfolgen von logischen Schlüssen zerlegen. Oft beinhaltet das, fehlende oder nur implizit durchgeführte Schlüsse zu ergänzen. Die Studierenden sollen in der Lage sein, die komplette Folge von Schlüssen an der Tafel – ein Schluss pro Zeile – vorzuführen und zu erklären. Letzteres ist ein entscheidender Punkt in der Kommunikation, der erfordert, dass man den dekonstruierten Text in eigenen Worten wieder zusammensetzen kann.

In den Vorlesungen werden den Studierenden in der Regel schon dekonstruierte Texte mit verbalen Erklärungen vorgestellt. Parallel dazu gibt es die Lehrform Übung, die so konzipiert ist, dass die Teilnehmer sich darin üben, Probleme mithilfe eines neu erlernten Begriffs oder einer neu erlernten Technik zu lösen. Dazu müssen sie zunächst erkennen, welcher Begriff oder welche Technik zum Einsatz kommen soll, und dann das Problem so umformulieren, dass es durch die neuen Informationen gelöst oder auf ein schon behandeltes Problem zurückgeführt wird. Ein wichtiger Aspekt dieser Methodik ist die Notwendigkeit, das neu gelernte Material zu sichten und auf Einsatzmöglichkeiten hin abzuklopfen. Die Bearbeitung der Übungsaufgaben erfolgt zum Teil in kleinen Arbeitsgruppen in Anwesenheit eines Tutors, zum Teil in Form von Hausübungen. Auf diese Weise sollen sowohl die kommunikativen Fähigkeiten als auch das präzise Arbeiten trainiert werden.

Auch wenn man sich wünschen möchte, dass jede Art von Lernen in unseren Schulen und Hochschulen mit Verstehen gepaart sein sollte, muss man realistischerweise zugeben, dass unter dem Aspekt der begrenzten Zeit dieses Ziel nicht immer für jeden Studierenden erreichbar ist. Das Spannungsverhältnis zwischen Tiefe und Breite in der Ausbildung lässt sich nicht auflösen, und die Entscheidung, wie viel Stoff mit welcher Intensität vermittelt werden soll, muss immer wieder neu an den gesellschaftlichen Erfordernissen ausgerichtet werden.

In den vergangenen Jahrzehnten gab es eine klare Abgrenzung zwischen den Ausbildungszielen an den verschiedenen Hochschultypen. Die Absolventen eines wissenschaftlichen Studienganges an einer Universität wurden als zukünftige Führungskräfte ausgebildet. Von ihnen wurde ein hohes Maß an selbstständigem, verantwortlichem Denken und Handeln erwartet. Für sie galt der Anspruch, die mathematischen Methoden gründlich zu verstehen und die zur Behandlung von Problemen jeweils erforderlichen Instrumente eigenständig auszuwählen, anzupassen oder zu entwickeln. Studiengänge an Fachhochschulen sollten Absolventen hingegen dazu befähigen, vorgegebene mathematische Werkzeuge korrekt zu benutzen.

Die Bildungspolitik hat diese grundsätzlichen Unterschiede stark relativiert und scheint sie zumindest formal ganz eliminieren zu wollen. Damit rückt die Profilbildung von Einzelinstitutionen in den Vordergrund. Anspruch und Selbstbild werden sich aber auch in Zukunft an Leitbildern orientieren, die bisher strukturellen Typen zugeordnet wurden.

Erfahrungsgemäß fällt der Studienbetrieb solchen Studierenden besonders schwer, die von vornherein nur auf das Bestehen setzen, ohne den Anspruch zu haben, die Inhalte zu verstehen. Solange den Absolventen der allgemeinbildenden Schulen alle Studiengänge offenstehen sollen, ist es daher wichtig, dass Schulen den Anspruch beibehalten (oder wieder einführen), Schüler zum Verständnis mathematischer Abstraktion anzuleiten.

Mathematisches Verständnis ergibt sich nicht beim ersten Kontakt. Es bildet sich erst bei regelmäßiger Beschäftigung mit dem Gegenstand über einen längeren Zeitraum heraus. Es ist deshalb unabdingbar, dass Studierende die Bereitschaft mitbringen, sich mit den vorgestellten Objekten selbstständig zu befassen, auch wenn sie die volle Tragweite der Konzepte noch nicht einzuschätzen vermögen. Dabei gibt es einen kleinen, aber wichtigen Anteil an memorierendem Lernen. Dagegen ist es wenig sinnvoll, längere Argumentketten auswendig zu lernen. Mathematische Argumentation lernt man viel besser, indem man versucht, zur Lösung von Übungsaufgaben einzelne vorgestellte Argumente einzusetzen und gegebenenfalls neu zu kombinieren.

Konkrete Anforderungen
Bestimmte Vorgehensweisen erleichtern dem Studierenden die Auseinandersetzung mit dem Stoff. Wir beschreiben hier verschiedene Arbeitstechniken. Die meisten lassen sich an Beispielen in diesem Buch ausprobieren. Eine sehr viel ausführlichere Diskussion zu den Arbeitstechniken findet man in [69]. Der Studienführer [70] dagegen ist knapp geschrieben, kommt ohne mathematisch inhaltliche Diskussionen aus und beschränkt sich auf Handlungsempfehlungen.

Bevor wir auf einzelne Vorgehensweisen näher eingehen, möchten wir betonen, dass die Fähigkeit zu selbstgesteuertem Lernen und Arbeiten in der Mathematik von großer Bedeutung ist. Man muss sich je nach Bedarf aktiv entscheiden, ob man ein gelesenes Argument detaillierter ausführt, ein zusätzliches Beispiel erfindet, eine Skizze anfertigt oder andere Anstrengungen unternimmt.

Verbalisieren Durch die stark formalisierte und verkürzte Notation in mathematischen Texten ist es gerade für den Studienanfänger nicht leicht zu verstehen, was die Aussage eines Textabschnitts ist. Um zu erkennen, was man als Leser aus einer mathematischen Formulierung mitnimmt, ist es hilfreich, gelesene mathematische Aussagen in möglichst einfachen ausformulierten Sätzen zu verbalisieren. Normalerweise schafft man das nicht ohne gewisse Vergröberungen. Schon bei einfachen Beispielen wie der Aussage von Lemma 1.12 ist die Interpretation der Aussage in ganzen Sätzen nicht eindeutig vorgezeichnet. Die Aussage von Satz 1.13 ließ sich ohne Informationsverlust gut verbalisieren, wollte man aber den Beweis vollständig in Worten beschreiben, müsste man sehr viele Worte machen. Trotzdem ist es ein Gewinn für den Leser, wenn er es schafft, die Struktur und die wesentlichen Bausteine des Beweises in Worte zu fassen. Auch eine kurze verbale Charakterisierung einer mathematischen Beschreibung kann nützlich sein. Zum Beispiel lässt sich sagen, dass der euklidische Algorithmus aus Satz 1.14 durch sukzessives Teilen mit

Rest den größten gemeinsamen Teiler zweier Zahlen bestimmt. Diese Beschreibung könnte einem Prüfling schon helfen, den vollen Algorithmus zu rekonstruieren.

Der Spielraum, unterschiedliche Verbalisierungen für mathematische Aussagen zu wählen, bietet auch die Chance, solche Aussagen einem Gegenüber bei Verständnisproblemen „noch einmal, aber anders" zu erklären, anstatt nur die schon gegebene Erklärung einfach zu wiederholen.

Übungsvorschlag: Verbalisieren Sie die Struktur des Beweises von Satz 1.13.

Visualisierung Das Übertragen von mathematischen Aussagen in Skizzen und Diagramme bietet durch die Visualisierung eine Unterstützung des Aneignungsprozesses und hilft, das Verständnis der Aussage zu kontrollieren.

Ähnlich wie bei der Verbalisierung ist die vollständige Kodierung einer mathematischen Aussage durch eine Visualisierung nur in den einfachsten Fällen möglich. Ein Beispiel, für das die Visualisierung sehr viel Information liefert, ist Lemma 1.12. In der Regel dienen Visualisierungen der Verdeutlichung einzelner Aspekte einer Aussage oder eines Arguments, wie in Satz 1.13, Beispiel 1.25 oder Beispiel 2.4. Gute Visualisierungen zu finden, ist nicht einfach und erfordert Übung. Umso wichtiger ist es, dass Studenten versuchen, die ihnen vermittelten Visualierungsmöglichkeiten auch auf andere Situationen zu übertragen.

Besonders anspruchsvoll sind Visualisierungen, die auf in dem zu illustrierenden Sachverhalt gar nicht erwähnte mathematische Informationen zurückgreifen. Dies ist in Beispiel 2.18 zur geometrischen Reihe der Fall. Dort hat die Visualisierung ihren Ursprung in der Verknüpfung mit dem Strahlensatz, der eine Antwort für einen Spezialfall liefert. Die allgemeine Aussage wird dann aber ohne Rückgriff auf den Strahlensatz bewiesen.

Übungsvorschlag: Skizzieren Sie in Beispiel 1.11 zur diskreten Optimierung alle möglichen Verbindungswege, beispielsweise in einer Baumstruktur.

Lücken füllen In mathematischen Texten findet man oft Behauptungen, die durch Floskeln wie „Man rechnet leicht nach, dass …" als einfach zu verifizieren gekennzeichnet sind. Manchmal sind Behauptungen aber auch gar nicht weiter kommentiert. Der Leser sollte sich bei jeder Behauptung, die ohne explizite Begründung in einem Text steht, fragen, ob er sich zutraut, diese Behauptung zu beweisen. Solange er sich unsicher ist, sollte er den Versuch machen.

Gerade längere Argumentationsketten werden in mathematischen Texten oft nur grob skizziert. Wirklich verstanden hat man so eine Argumentationskette erst, wenn man in der Lage ist, eine kleinschrittige Ausarbeitung des Gesamtarguments mit Ergänzung aller nötigen Details und Zwischenschritte zu erstellen. Was dabei als grobe Skizze oder kleinschrittige Darstellung zählt, hängt vom Leser und seinen mathematischen Kenntnissen und Fähigkeiten ab. Unabhängig davon sollte der Leser den Versuch machen, eine Version der Argumentationskette aufzuschreiben, in der er sicher ist, jeden Schritt verstanden zu haben.

Übungsvorschläge:

- Überprüfen Sie die Behauptungen aus Abschn. 1.6 über die Gleichheit der Wahrheitswertetabellen von „$A \Rightarrow B$", „$\neg B \Rightarrow \neg A$" und „$(\neg A) \vee B$".
- Arbeiten Sie den Beweis der Aussage zum Thaleskreis (Abschn. 2.1) unter Benutzung der beiden dort angegebenen Tatsachen mit Zwischenschritten detailliert aus.

Beispiele finden und rechnen Um das Verständnis für eine Aussage zu vertiefen und mathematische Intuition zu entwickeln, empfiehlt es sich, eigene Beispiele zu finden und durchzurechnen. Zum Einstieg dürfen das auch ganz einfache Beispiele sein, die man sich selbst sucht. So kann man für die in Beispiel 2.38 erklärten Maschinenzahlen nachrechnen, welche Zahlen sich für kleine Exponenten wie $e = 0, 1, 2, 3$ ergeben.

Auch wenn man sich einer neuen Fragestellung zuwenden will, ist es ratsam, sich zuerst Beispiele für das Phänomen anzusehen, das man studieren möchte. So sind wir auch bei der Herleitung der Teilbarkeitsregeln in Abschn. 1.3 vorgegangen.

Übungsvorschlag: Formulieren Sie eine Teilbarkeitsregel für eine selbst gewählte Zahl.

Spezialfälle betrachten Um sich einer allgemeinen Fragestellung zu nähern, ist es hilfreich, zunächst Spezialfälle zu betrachten. So haben wir zum Beispiel in Beispiel 2.29 Verteilungsfunktionen nur für abzählbare Wahrscheinlichkeitsräume betrachtet, weil wir so gewisse technische Komplikationen ausblenden konnten. In Beispiel 2.2 haben wir die Berechnung der Fläche eines Dreiecks auf den Spezialfall rechtwinkliger Dreiecke zurückgeführt.

Übungsvorschlag: Betrachten Sie als Spezialfall zur Lösung linearer Gleichungssysteme (Abschn. 1.3) ein System aus zwei Gleichungen mit zwei Unbekannten. Geben Sie hierzu ein allgemeines Lösungsverfahren an.

Übertragen auf verwandte Probleme Wenn man mathematische Instrumente und gelernte Methoden auf neue Probleme übertragen kann, zeigt das die erfolgreiche Aneignung und Beherrschung der Materie. Diese Fähigkeit zur Übertragung von erworbenem Wissen ist ein wesentliche Ziel der universitären Mathematikausbildung.

Übungsvorschlag: Zeigen Sie, dass es keine rationale Zahl r mit $r^3 = 3$ gibt (Satz 1.21).

In mathematischer Schreibweise darstellen (dekonstruieren) Durch das Umformulieren eines mathematischen Arguments in mathematische Symbolsprache lässt sich seine logische Struktur in übersichtlicher Form darstellen. Diese Vorgehensweise nennen wir *Dekonstruktion*. Abb. 5.1 zeigt einen Vorschlag für eine in diesem Sinne dekonstruierte Version des Beweises von Satz 1.13.

Das Anfertigen einer Dekonstruktion ist ein guter Test für das Verständnis eines vorgegebenen mathematischen Textes. Es ist aber auch eine gute Vorübung für die

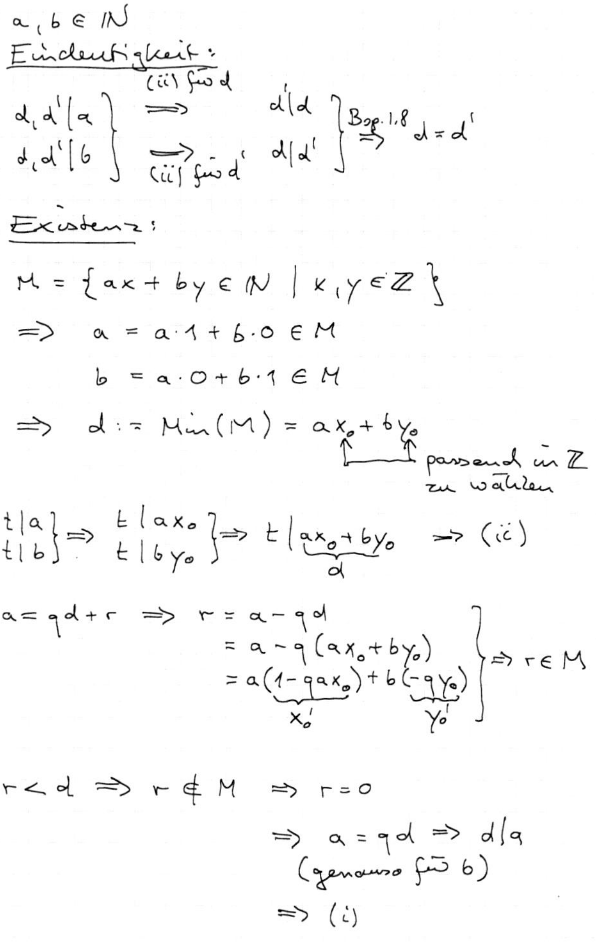

$a, b \in \mathbb{N}$

$\underline{\text{Eindeutigkeit}:}$

$$\left.\begin{array}{c} d, d' | a \\ d, d' | b \end{array}\right\} \overset{(ii) \text{ für } d}{\Longrightarrow} \quad d' | d \quad \left.\begin{array}{c} d' | d \\ d | d' \end{array}\right\} \overset{Bsp. 1.8}{\Longrightarrow} d = d'$$

$\underline{\text{Existenz}:}$

$$M = \{ ax + by \in \mathbb{N} \mid x, y \in \mathbb{Z} \}$$

$$\Longrightarrow \quad a = a \cdot 1 + b \cdot 0 \in M$$

$$b = a \cdot 0 + b \cdot 1 \in M$$

$$\Longrightarrow \quad d := \text{Min}(M) = a x_0 + b y_0$$

passend in $\mathbb{Z}$ zu wählen

$$\left.\begin{array}{c} t | a \\ t | b \end{array}\right\} \Longrightarrow \left.\begin{array}{c} t | a x_0 \\ t | b y_0 \end{array}\right\} \Longrightarrow t | \underbrace{a x_0 + b y_0}_{d} \quad \Longrightarrow (ii)$$

$$a = q d + r \Longrightarrow \left.\begin{array}{l} r = a - q d \\ \quad = a - q (a x_0 + b y_0) \\ \quad = a \underbrace{(1 - q a x_0)}_{x_0'} + b \underbrace{(-q y_0)}_{y_0'} \end{array}\right\} \Longrightarrow r \in M$$

$$r < d \Longrightarrow r \notin M \Longrightarrow r = 0$$

$$\Longrightarrow a = q d \Longrightarrow d | a$$

$$(\text{genauso für } b)$$

$$\Longrightarrow (i)$$

Abb. 5.1 Dekonstruierte Version des Beweises von Satz 1.13. Symbole über oder unter Implikationspfeilen geben an, wieso die Implikation gilt

Erstellung mathematischer Modelle aus verbalen Beschreibungen. Umgekehrt kann man die Qualität einer Dekonstruktion testen, indem man versucht, sie wieder rückgängig zu machen, d. h. zumindest teilweise zu verbalisieren. So lässt sich auch das Schreiben mathematischer Texte üben.

Übungsvorschlag: Schreiben Sie den Fundamentalsatz der Zahlentheorie in formalisierter Schreibweise auf.

Diskussion des Gelernten Ein wichtiges Verfahren zur Sicherung des mathematischen Verständnisses und zur Entwicklung eigener neuer Ideen ist die Diskussion. Alle Verfahren zur Aneignung mathematischer Kenntnisse profitieren davon, dass sie in einen Diskussionsprozess eingebettet werden. Kommunikation unterstützt das Verständnis und die Entwicklung der Mathematik.

Übungsvorschläge:

- Erklären Sie einem Familienmitglied die Teilbarkeitsregeln für 3 und 9.
- Angenommen, man will die Implikation „$A \Rightarrow B$" beweisen. In einem Beweis durch Widerspruch zieht man aus A und der Negation $\neg B$ von B Schlüsse und kommt am Ende zu einer Aussage, von der man weiß, dass sie falsch ist. Bei einem Beweis durch Kontraposition zieht man (nur) aus $\neg B$ Schlüsse und kommt am Ende bei der Aussage $\neg A$ an (das heißt, man hat die zu $A \Rightarrow B$ logisch äquivalente Kontraposition $\neg B \Rightarrow \neg A$ bewiesen).

  Machen Sie sich den Unterschied zwischen *Beweis durch Widerspruch* und *Beweis durch Kontraposition* klar, finden Sie je ein Beispiel im Text und erklären Sie dann einem Bekannten den Unterschied zwischen den beiden Beweisvarianten.

Verschiedene Möglichkeiten ausprobieren Für mathematische Probleme gibt es normalerweise viele verschiedene Lösungswege, von denen keiner in irgendeiner Form zwangsläufig ist. Insbesondere sollte man nicht gleich aufgeben, wenn ein eingeschlagener Weg nicht zum Ziel geführt hat.

Selbst Definitionen kann man unterschiedlich formulieren, um dann festzustellen, dass die gleiche Sache definiert wurde. Als Beispiel sei der ggT zweier natürlicher Zahlen genannt, den man durch die in Satz 1.13 beschriebenen Eigenschaften definieren kann, oder als die größte natürliche Zahl, die beide Zahlen teilt, oder aber durch Gl. (1.8) im Beweis von Satz 1.13. Vor- und Nachteile unterschiedlicher Zugänge hängen vom jeweiligen Kontext ab. Im gegebenen Beispiel sind die Existenz und Eindeutigkeit des ggT mit der zweiten und dritten Definition offensichtlich; die Eigenschaft, dass jeder Teiler der beiden Zahlen auch ein Teiler des ggT ist, muss für diese Definitionen dagegen separat bewiesen werden.

Übungsvorschlag: Zeigen Sie, dass für jedes Paar natürlicher Zahlen alle drei Definitionen des ggT auf dieselbe Zahl führen.

Probleme strukturieren Komplexere Probleme lassen sich meist nicht in einem Sitz lösen, sondern müssen in kleinere Teilprobleme zerlegt werden, die man dann einzeln betrachten kann. Der Beweis des Fundamentalsatzes der Zahlentheorie (Satz 1.20) ist ein Beispiel für so eine Strukturierung.

Übungsvorschlag: Beschreiben Sie die Struktur der Konstruktion der Multiplikation der ganzen Zahlen ausgehend von den natürlichen Zahlen und ihren Rechenoperationen (Anhang A.3).

Fälle abarbeiten Die Strukturierung eines Problems führt oft dazu, dass man unterschiedliche Fälle abarbeiten muss. Ein einfaches Beispiel ist die Lösung der quadratischen Gleichung $ax^2 + bx + c = 0$. Hier macht es einen Unterschied, ob $a = 0$ ist oder $a \neq 0$ und ob $b^2 - 4ac$ größer, kleiner oder gleich null ist.

Übungsvorschlag: Diskutieren Sie die reellen Lösungen der quadratischen Gleichung $ax^2 + bx + c = 0$ für allgemeine reelle Koeffizienten a, b, c.

Auf Feinheiten achten In der Mathematik haben kleine Unterschiede oft gravierende Abweichungen zur Folge. Ein typisches Beispiel ist die Frage, ob zwei Grenzwertprozesse miteinander vertauschen. Man kann sich fragen, ob der Grenzwert $\lim_{n\to\infty} \int_0^1 f_n(t)\,dt$ einer Folge von Integralen von Funktionen das Gleiche ist wie das Integral $\int_0^1 \lim_{n\to\infty} f_n(t)\,dt$ des Grenzwertes der Folge von Funktionen. Es stellt sich heraus, dass solche Vertauschungen in der Regel *nicht* allgemein gelten, sondern nur unter bestimmten Voraussetzungen (zum Beispiel verschärften Konvergenzbegriffen).

Übungsvorschlag: Berechnen Sie

$$\lim_{n\to\infty} \int_0^1 n^2 t^{n-1}(1-t)\,dt \quad \text{und} \quad \int_0^1 \lim_{n\to\infty} \left(n^2 t^{n-1}(1-t)\right)\,dt.$$

Mit neuen Begriffen spielen Der Wunsch, bestimmte Gleichungen lösen zu können oder bestimmte Aussagen zu beweisen (zum Beispiel die Vertauschbarkeit zweier Grenzprozesse), führt sehr oft zu neuen Begriffen, wie zum Beispiel den komplexen Zahlen (Abschn. 1.2) oder der *gleichmäßigen Konvergenz* von Funktionenfolgen[2]. Im Mathematikstudium können die motivierenden Anwendungen oft nicht zusammen mit den neuen Begriffen erläutert werden, weil zusätzlich benötigtes Hintergrundwissen noch nicht vermittelt wurde. Um sich einen neuen Begriff trotzdem aktiv anzueignen, müssen die Studenten mit ihm spielen, obwohl sie nicht wissen, wozu sie ihn später gebrauchen können. In diesem Kontext heißt „spielen", Beispiele zu testen, den Begriff (ebenfalls durch Beispiele) gegen schon bekannte verwandte Begriffe abzugrenzen und einfache Aussagen über die Begriffe zu beweisen. In der Regel schaffen Dozenten solche Spielgelegenheiten in Form von Übungsaufgaben.

Übungsvorschlag: Zeigen Sie, dass die Funktionenfolge

$$f_n : [0,1] \to \mathbb{R}, \quad t \mapsto n^2 t^{n-1}(1-t)$$

punktweise gegen die Funktion $f : M \to \mathbb{R}$, $t \mapsto 0$ konvergiert, aber nicht gleichmäßig.

---

[2] $f_n : M \to \mathbb{R}$ konvergiert (punktweise) gegen $f : M \to \mathbb{R}$, wenn gilt:

$$\forall x \in M\ \forall \epsilon > 0\ \exists N \in \mathbb{N}\ \forall n \geq N: \quad |f_n(x) - f(x)| < \epsilon$$

Dagegen konvergiert $f_n : M \to \mathbb{R}$ gleichmäßig gegen $f : M \to \mathbb{R}$, wenn gilt:

$$\forall \epsilon > 0\ \exists N \in \mathbb{N}\ \forall n \geq N\ \forall x \in M: \quad |f_n(x) - f(x)| < \epsilon$$

Die gleichmäßige Konvergenz von Funktionenfolgen erlaubt die Vertauschung mit Integralen, sofern die Grenzwertfunktion selbst integrierbar ist.

Mathematisches Talent

Die Frage, was eigentlich mathematisches Talent ausmacht, ist wichtig für die Didaktik des Mathematikunterrichts. Sie stellt sich aber auch für junge Menschen, die unschlüssig sind, ob sie eine mathematische Karriere anstreben sollen. Viele setzen mathematisches Talent mit guten Rechenfähigkeiten gleich; Preisträger im Kopfrechnen werden in den Medien gerne als mathematische Genies bezeichnet. Typischerweise können Mathematiker ordentlich Kopfrechnen, herausragend sind in dieser Disziplin aber auch unter den sehr guten Mathematikern nur wenige. Umgekehrt sind unter den deutschen Meistern im Kopfrechnen unseres Wissens nie bemerkenswerte Mathematiker gewesen.

Mathematisches Talent hat verschiedene Ausprägungen, und in jeder sind auch qualitative Aspekte bedeutsam. Manche Mathematiker haben ein besonders gutes räumliches Anschauungsvermögen, manche erfassen die Struktur und Bedeutung von Formeln besonders leicht. Im Sinne der Diskussion interner Modelle in Abschn. 1.5 könnte man sagen, mathematisches Talent ist das Talent, für reale Strukturen interne Modelle zu bauen, in denen viele Eigenschaften der realen Strukturen kodiert und ablesbar sind. Eine ausführliche Diskussion verschiedener Modelle mathematischer Begabung findet man in [90, Kap. 3].

Auch in Bezug auf ihre wissenschaftlichen Aktivitäten gibt es unterschiedliche Typen von Mathematikern. Besonders augenfällig ist die Unterscheidung in „Theorienentwickler" und „Problemlöser". Als Prototypen könnte man hier Alexander Grothendieck (1928–2014) und Paul Erdős (1913–1996) anführen. Grothendieck entwickelte ein gewaltiges Theoriegebäude im Bereich der algebraischen Geometrie, um die *Weil'schen Vermutungen* zu beweisen, was dann allerdings seinem Schüler Pierre Deligne (geb. 1944) vorbehalten blieb. Erdős dagegen veröffentlichte mehr als 1000 wissenschaftliche Arbeiten, in denen er jeweils sehr konkrete Fragen aus Kombinatorik oder Zahlentheorie behandelte. Er stellte auch oft Probleme, für die er Preisgelder zwischen 25 US$ und 10 000 US$ aussetzte. Die meisten forschenden Mathematiker sind weder eindeutig Theorieentwickler noch Problemlöser. Eine ausführliche Diskussion dieser Typenunterscheidung und der Bewertung der unterschiedlichen Forschungsaktivitäten findet man in [51].

Einen etwas anderen Blickwinkel auf die Typisierung von Mathematikern hatte der Mathematiker und Physiker Freeman Dyson (1923–2020). In seinem Artikel „Birds and Frogs" [36] bezog er sich dabei mehr auf die Interessen forschender Mathematiker und stellte das Interesse an den großen Zusammenhängen dem Interesse an einzelnen Fragen gegenüber. Für ihn ist René Descartes ein prototypischer „Bird" und John von Neumann ein prototypischer „Frog".

Was Theorienentwickler und Problemlöser, Birds und Frogs, teilen, ist die Begeisterung für die Mathematik und die Freude, die sie aus einer neu gewonnenen mathematischen Einsicht ziehen.

Der Blick von außen

Im Vergleich zu Ärzten, Lehrern, Priestern, Juristen, Landwirten oder Ingenieuren kommen die Mathematiker als Berufsgruppe in der öffentlichen Wahrnehmung kaum vor. Trotzdem gibt es recht einheitliche Stereotype, die wahrscheinlich daher rühren, dass die meisten Menschen Mathematiker in Schule oder Hochschule als Lehrer erlebt haben.

Wenn versucht wird, Mathematiker zu charakterisieren, geht es oft um ein gewisses Missverhältnis von intellektueller Kapazität und sozialer Kompetenz. Für den Typus des intelligenten, aber sozial wenig kompetenten Menschen mit speziellen (technischen) Fähigkeiten und Interessen gibt es im Englischen den Begriff des *nerd,* der inzwischen auch im Deutschen gebräuchlich ist, in der Regel im Zusammenhang mit Computerspezialisten. Nimmt man die Eigenschaften eines Nerd und ergänzt sie durch Eigenschaften, wie sie Mathematiklehrern oft zugeschrieben werden, wie pedantisch und arrogant (manchmal auch sadistisch), dann hat man eine exemplarische Charakterbeschreibung von Mathematikern. Poetischer hat es Hans Magnus Enzensberger formuliert:

> Von kalten Erleuchtungen
> schon als Kinder geblendet,
> habt ihr euch abgewandt,
> achselzuckend,
> von unseren blutigen Freunden. [39]

Unzweifelhaft sind eine gewisse Form von analytischer Intelligenz und die Fähigkeit, über längere Zeiträume für sich allein konzentriert an einer Sache zu arbeiten – Voraussetzungen für eine erfolgreiche Mathematikerkarriere. Andererseits erzieht die beweisorientierte Mathematik möglicherweise zu sehr kleinschrittigem Denken, das in den Alltag übertragen leicht in Pedanterie mündet. Wirklich gute Mathematiker zeichnen sich allerdings gerade durch die Fähigkeit aus, zunächst die großen Linien eines Arguments zu formulieren.

Für eine Vielzahl literarisch aufgearbeiteter Beschreibungen der Eigenarten von Mathematikern sei auf die Romane und Erzählungen der Philosophin Rebecca Goldstein verwiesen (z. B. [47, 48]).

Selbstbefragung

Wir möchten die obigen Tätigkeits- und Charakterbeschreibungen für den Entscheidungsprozess für oder wider ein Mathematikstudium nutzbar zu machen. Dazu haben wir versucht, einen Katalog von Fragen nach Vorlieben und Charaktereigenschaften zusammenzustellen, die sich ein Abiturient ohne spezifische Mathematikkenntnisse jenseits des Schulstoffs selbst stellen kann und deren Antworten Rückschlüsse auf die Affinität seiner Neigungen, Fähigkeiten und Erwartungen zu dem beschriebenen Anforderungs- und Charakterprofil zulassen. Ein Beispiel für einen solchen Katalog sind die Fragen aus [70]:

Neigung

- Bin ich ein Tüftler, der sich Sachen ausdenkt und dann herumprobiert, bis sie so sind, wie ich sie haben möchte?
- Fällt es mir leicht, die einzelnen Gedanken sinnvoll zu sortieren, wenn ich einen Aufsatz schreibe?
- Bin ich gerne einmal für mich und hänge meinen Gedanken nach?

- Knobele ich gerne über längere Zeit an anspruchsvollen Problemen?
- Wie wichtig ist es mir, meine Aufgaben sorgfältig zu erledigen?
- Habe ich mich in der Schule gefreut, wenn ein neues Thema eingeführt wurde?
- Probiere ich gerne neue Spiele aus?
- Hat mir die Mathematik in der Schule Spaß gemacht, weil ich immer wusste, was zu tun war, und am Ende immer ein befriedigendes Ergebnis herauskam?
- Bin ich ehrgeizig?
- Verfolge ich hartnäckig meine Ziele?
- Kann ich mich nach Fehlschlägen wieder aufraffen und nochmal von vorne anfangen?

Eignung
- Kann ich konzentriert für längere Zeit an einer Sache arbeiten?
- Kann ich mich selbst motivieren, oder brauche ich Motivation von außen?
- Bin ich willens, Mühe in Projekte zu investieren, deren Zielsetzung ich nicht von Anfang an einschätzen kann und deren Erfolg mir nicht garantiert wird?
- Will ich immer genau wissen, *warum* die Dinge funktionieren, oder bin ich in der Regel damit zufrieden, *dass* sie funktionieren?
- Bin ich bereit, eine detaillierte Analyse in der Zeitung oder einem Magazin zu lesen?
- Kann ich bei der Lektüre erkennen, an welchen Stellen mir der Hintergrund fehlt oder ich aus anderen Gründen nicht folgen kann?
- Schaue ich nach, wenn ich etwas nicht weiß oder verstehe?
- Traue ich mich nachzufragen und dabei meine Schwächen zu zeigen?
- Erinnere ich mich langfristig an Dinge, die ich einmal verstanden habe, und kann ich diese Erinnerungen auch in neuen Situationen abrufen?

Erwartung
- Möchte ich eine klare Abgrenzung zwischen Studium/Beruf und Freizeit?
- Sind mir zahlreiche soziale Kontakte im Beruf wichtig?
- Was sind meine beruflichen Ambitionen?
- Wie wichtig ist mir ein hoher Verdienst?
- Wie wichtig ist mir eine konkrete berufliche Perspektive?

5.2 Aussichten

In Deutschland haben die Hochschulen bis Mitte des 20. Jahrhunderts Mathematiker nahezu ausschließlich für den Einsatz als Gymnasiallehrer ausgebildet. In der Zeit seit dem Zweiten Weltkrieg eröffneten sich für Mathematiker aber zusätzlich viele weitere Einsatzbereiche in der Industrie und im Dienstleistungsbereich, insbesondere in Banken und Versicherungen. Ein Grund für diese Entwicklung liegt in dem berufsorientierten Studienabschluss des „Diplom-Mathematikers", der 1942 nach dem Muster des Diplom-Ingenieurs deutschlandweit eingeführt wurde. Ob

die Umstellung der Studiengänge im Bologna-Prozess sich auf die Akzeptanz von
Mathematikern in der Wirtschaft ausgewirkt hat, lässt sich noch nicht abschließend
beurteilen. Wir vermuten, dass es für Master-Absolventen im Vergleich zum Diplom
keine nennenswerten Veränderungen gegeben hat, Absolventen mit dem B.Sc. als
höchstem Abschluss dagegen sehr viel mehr Schwierigkeiten haben, attraktive Stellen zu finden. Man kann aber auf jeden Fall davon ausgehen, dass weiterhin nur ein
verschwindend geringer Anteil der Mathematiker in Deutschland nach der Promotion
eine wissenschaftliche Karriere einschlagen wird.

Unterschiedliche Gesellschaften haben unterschiedliche Antworten auf die Frage
gefunden, wo sie Mathematiker einsetzen. In Frankreich teilt man das Universi-
tätsstudium erst seit gut zehn Jahren in einen wissenschaftlich orientierten und in
einen berufsorientierten Zweig auf. Absolventen der ersten Richtung gehen traditionell fast alle in die Lehre, sei es an Schulen oder an Hochschulen, die Absolventen
des berufsorientierten Zweigs arbeiten in der Regel in Wirtschaft und Verwaltung. In
Schweden gingen Stellen in der Industrie, die in Deutschland oft von Mathematikern
eingenommen werden, traditionell eher an Ingenieure, Informatiker und Volkswirte.
Es wäre interessant zu sehen, welchen Einfluss der Übergang vom Diplom zu den
gestuften Studiengängen mit Bachelor und Master als Abschlussgraden auf die Kar-
riereoptionen in den einzelnen Ländern gehabt haben. Leider haben wir dazu keine
Daten.

Anzahlen

Um die Frage zu beantworten, wie viele erwerbstätige Mathematiker es in Deutschland augenblicklich gibt, muss man sich darauf verständigen, wen man überhaupt als
Mathematiker bezeichnen möchte. Eine Möglichkeit wäre es, alle Akademiker mit
einem Hochschulabschluss in Mathematik zu betrachten. Allerdings gibt es hierbei
zwei ganz unterschiedliche Gruppen: Fachmathematiker (zu denen wir auch Statistiker, Technomathematiker und Wirtschaftsmathematiker zählen) und Lehramtskandidaten, die zwei oder mehr Fächer studiert haben. Dieter und Törner [32] unterscheiden
in ihrer ausführlichen Dokumentation aus dem Jahr 2010 klar zwischen den beiden
Gruppen, was zwar den Nachteil hat, dass man deutsche Statistiken nicht gut mit
internationalen Daten vergleichen kann, weil in den anderen Ländern diese Unterscheidung nicht gemacht wird. Andererseits sind die separaten Statistiken deutlich
aussagekräftiger.

Für einen ersten Eindruck von der Anzahl erwerbstätiger Mathematiker in
Deutschland, greifen wir aber nicht auf die nicht mehr ganz aktuellen Zahlen aus [32]
zurück, sondern auf den Bericht *Bildungsstand der Bevölkerung* (Ausgabe 2019[3]) des
Statistischen Bundesamtes (Destatis), der die Ergebnisse des Mikrozensus 2018 enthält. Demnach gab es 2018 (hochgerechnet von einer Stichprobe von 1 % der Bevölkerung) etwa 104 000 erwerbstätige Mathematiker, davon 40 000 Frauen, das heißt,
der Frauenanteil liegt bei 28 %. Der höchste akademische Abschluss war bei 9000

---

[3]Ein solcher Bericht wird jährlich erstellt, das heißt, man kann jeweils auf der Internetseite https://
www.destatis.de die aktuellen Zahlen abrufen.

dieser Mathematiker der Bachelor, bei 16 000 der Master, bei 70 000 das Diplom und bei 11 000 die Promotion; die Anzahl der erwerbslosen Mathematiker lag unter 5000 und wurde in den Daten deshalb nicht erfasst. Destatis nimmt auch eine Aufteilung nach Altersgruppen vor. Daraus ergibt sich, dass der Frauenanteil bei den erwerbstätigen Mathematikern unter 30 Jahren bei über 50 % liegt (7000 von 13 000), bei denen unter 40 Jahren immer noch bei 45 % (18 000 von 40 000). Interessant ist auch der Vergleich des Anteils an Absolventen mit dem Bachelor als höchstem Abschluss. Bei den Mathematikern liegt er unter 8 %, während er bei den Informatikern bei 24 % liegt.

Studienverlauf
Für die Ausbildungszeiten liegen uns nur die Daten aus [32] vor. Ein Problem bei der Erhebung aktuellerer Daten ist, dass für die Untersuchung der wirklich interessanten Fragen zum Studienverlauf Längsschnittstudien erforderlich wären, die sich unter Beachtung der gegenwärtigen Datenschutzbestimmungen praktisch nicht durchführen lassen.

Seit den frühen 1990er Jahren lag der Anteil der Studierenden im Fach Mathematik immer bei rund 2,5 % aller Studierenden, wobei knapp die Hälfte davon Lehramtskandidaten waren, die Mathematik als ihr erstes Studienfach angegeben hatten. Insgesamt waren es im Wintersemester 2006/2007 ungefähr 31 000 Studierende. Die Aufteilung der Fachmathematiker in Mathematiker, Statistiker, Technomathematiker und Wirtschaftsmathematiker war dabei in etwa im Verhältnis 22:1:1:7. Wie groß die statistischen Unterschiede zwischen Fachmathematik und Lehramt sind, lässt sich am Beispiel der Frauenquote erläutern. Die lag im Lehramt immer um etwa 25 Prozentpunkte über der für Fachmathematiker, wobei für letztere der Frauenanteil von 26 % im Jahr 1983 auf 40 % im Jahr 2007 gestiegen ist. Im internationalen Vergleich (hier muss man die Lehramtskandidaten mitzählen) steht Deutschland mit seinem Mathematikeranteil unter den Akademikern in Europa an der Spitze. Die entsprechenden Zahlen sind aber vielleicht nicht so aussagekräftig, da in den einzelnen Ländern unterschiedliche Berufsgruppen als Akademiker zählen.

Die durchschnittliche Studiendauer im Fach Mathematik ist an den Universitäten von 14 Semestern im Jahr 1993 auf 12,5 Semester im Jahr 2006 zurückgegangen, an den Fachhochschulen lag sie in diesem Zeitraum bei rund zehn Semestern. Bei der Länge des Studiums gibt es nur marginale Unterschiede zwischen den Geschlechtern. Die Umstellung der Studienabschlüsse auf Bachelor und Master gehen in diese Statistiken noch nicht ein, aber allem Anschein nach haben die Umstellungen keine nennenswerten Veränderungen gebracht.

Ein heikles Thema, dem große Aufmerksamkeit geschenkt wird, ist die hohe Anzahl der Studienfachwechsler aus der Mathematik heraus. Dieter und Törner betrachteten in [32] eine relativ feine Kennzahl dafür, die *Studienfachwechslerquote* nach dem *n*-ten Semester (es werden nur Wintersemester betrachtet, d. h. $n = 2, 4, 6, 8$):

$$\text{SWQ}(t, n) = \frac{\text{St}(1, t) - \text{St}\left(n + 1, t + \frac{n}{2}\right)}{\text{St}(1, t)}$$

Dabei ist St(k, t) die Anzahl der Studierenden im k-ten Fachsemester im Wintersemester t. Am höchsten sind die Studienfachwechslerquoten im Fach Mathematik mit rund einem Drittel nach dem ersten Jahr. Auch hier scheint die Umstellung der Studienabschlüsse nicht viel bewirkt zu haben. Bemerkenswert ist, dass es bei den Studienfachwechslerquoten SWQ($t, 2$) signifikante Unterschiede zwischen den Geschlechtern gibt. Die Quote liegt bei den Frauen um gut elf Prozentpunkte höher. Dieser Trend schwächt sich bei den Studienfachwechslerquoten in den höheren Semestern ab, kehrt sich aber nicht um, sodass die SWQ(t, n) mit $n = 4, 6, 8$ noch größere Differenzen zeigen. Die Zahlen aus [32] liegen bei:

Geschlecht	2	4	6	8
m	28,6 %	35,7 %	48,5 %	59,7 %
w	40,0 %	54,0 %	66,2 %	70,1 %

Interessant ist in diesem Kontext auch, dass im Fach Wirtschaftsmathematik die Studienfachwechslerquoten insgesamt etwas niedriger als im Fach Mathematik und die Geschlechterunterschiede nur etwa halb so groß sind. Im Detail bedeutet das, dass die Studienfachwechslerquoten bei den Männern höher und bei den Frauen niedriger lagen.

Im Vergleich mit der Informatik und den Wirtschaftswissenschaften liegen die Studienfachwechslerquoten im Bereich Mathematik (alle mathematischen Fächer) um etwa 50 % höher. Ein ähnliches Bild ergibt sich, wenn man die *Erfolgsquote* betrachtet, das heißt den Quotienten aus Absolventen- und Anfängerzahlen in den entsprechend früher liegenden Semestern. Für die Jahre 1994 bis 2006 lagen sie, aufgeteilt nach Geschlecht, bei:

Geschlecht	Studienbereich	Erfolgsquote
m	Mathematik (inkl. TM, WM)	23,9 %
	Informatik	28,9 %
	Wirtschaftswissenschaften	37,4 %
w	Mathematik (inkl. TM, WM)	18,4 %
	Informatik	20,0 %
	Wirtschaftswissenschaften	33,0 %

Auch bei der Aufteilung des Studienbereichs Mathematik in die Studienfächer liefern die Erfolgsquoten ähnliche Trends wie die Studienfachwechslerquoten. Dabei sticht allerdings doch heraus, dass die Erfolgsquoten von Frauen im Fach Wirtschaftsmathematik mit 33,6 % mehr als doppelt so hoch lagen wie im Fach Mathematik mit 15,2 %.

Arbeitsmarkt

Man kann aus den Destatis-Daten Schlüsse über die Beschäftigungschancen von Mathematikern ziehen. Sie lassen sich zum Beispiel anhand der Erwerbsquote $EQ := \frac{\text{Erwerbstätige}}{\text{Erwerbspersonen}}$ ausdrücken, wobei die Erwerbspersonen diejenigen Personen sind, die am Erwerbsleben (in dem entsprechenden Gebiet) teilnehmen können und wollen. Hochqualifizierte Rentner, die jederzeit eine Arbeit finden könnten, aber mit ihrem Rentnerdasein zufrieden sind, sind nach dieser Definition keine Erwerbspersonen. Im Jahr 2018 gab es unter den Personen mit einem Hochschulabschluss in Mathematik 106 000 Erwerbspersonen und 104 000 Erwerbstätige, das heißt, die Erwerbsquote lag bei 98,1 %. Anders gesagt, die Arbeitslosenquote lag bei 1,9 %. Nach Geschlechtern aufgeteilt findet man 2,4 % bei den Frauen und 1,5 % bei den Männern. Erhebliche Unterschiede gibt es in Bezug auf die Art des höchsten Abschlusses: Bei den Mathematikern mit Bachelor als höchstem Abschluss war die Arbeitslosenquote 11,1 %, bei den promovierten Mathematiker lag sie bei 0 %[4].

Die genannten Zahlen belegen, dass insbesondere hochqualifizierte Mathematiker exzellente Chancen am Arbeitsmarkt haben. Man sollte jedoch genauer betrachten, von welcher Art die Tätigkeiten sind, denen Mathematiker nachgehen. Es stellt sich nämlich heraus, dass nur jeder sechste erwerbstätige Mathematiker auch wirklich als Mathematiker tätig ist. Die anderen üben Tätigkeiten in Organisation und Verwaltung, im technischen oder sozialen Bereich oder auch als Lehrer (Quereinsteiger) aus.

Im Jahr 2008 waren nach [32] Mathematiker typischerweise in größeren Betrieben beschäftigt. Während zum Beispiel nur 7,4 % aller sozialversicherungspflichtigen Jobs in Betrieben mit mehr als 2000 Beschäftigten angesiedelt waren, arbeiteten 26,2 % der erwerbstätigen Mathematiker in solchen Betrieben. Es ist zu vermuten, dass sich mit zunehmender Zahl von Start-ups in den Bereichen Data Science, Machine Learning und FinTech eine steigende Anzahl von Mathematikern in solchen kleinen IT-Firmen findet.

Mathematiker arbeiten in sehr unterschiedlichen Branchen, was vielleicht erklärt, warum der Stellenmarkt für Mathematiker in den letzten Jahrzehnten immer weniger schwankend war als der anderer Berufsgruppen. So wurden Informatiker und Ingenieure in Boomzeiten noch dringender gesucht als Mathematiker, hatten aber in Flauten erheblich größere Probleme, Stellen zu finden. Im Inhaltsverzeichnis des *Studien- und Berufsplaners Mathematik* [89] von 2015 findet man zum Beispiel die folgende Liste (alphabetisch) von Branchen, in denen Mathematiker beschäftigt werden:

- Automobil
- Bank- und Kreditwesen
- Bildung (Schulen)
- Chemie
- Elektroindustrie
- Energiewirtschaft
- Forschung

---

[4]Sowohl für die promovierten Erwerbstätigen als auch für die promovierten Erwerbspersonen ist die Zahl 11 000 angegeben. Es kann also sein, dass eine positive Arbeitslosenrate durch Rundungsfehler weggekürzt wurde.

- Ingenieurdienstleistungen und -consulting
- Informationstechnologie
- Luft- und Raumfahrt
- Markt- und Sozialforschung
- Maschinen- und Anlagenbau
- Medizintechnik
- öffentliche Verwaltung
- Pharmaindustrie
- Telekommunikation
- Transport und Logistik
- Unternehmensberatung
- Versicherungen

Die Bezahlung von Mathematikern (genauer der Berufsgruppe 411: Mathematiker und Statistiker) lässt sich größenordnungsmäßig auf der Internetseite der Arbeitsagentur[5] abfragen. Im Dezember 2018 lag der Median bei 5372 €. Das heißt, die Hälfte der Mathematiker verdient mehr als diesen Betrag, die andere Hälfte weniger.

Die Diversität der Branchen, in denen Mathematiker arbeiten, und die Mathematikferne der Tätigkeiten, die Mathematiker dort oft ausüben, werfen eine Frage auf: Welche im Studium der Mathematik erworbenen Qualifikationen machen Mathematiker attraktiv für Arbeitgeber?

Mathematiker analysieren die Struktur von logischen oder organisatorischen Zusammenhängen. Dafür sind sie prädestiniert, und es kommt a priori nicht darauf an, in welchem Kontext die zu untersuchenden Strukturen stehen. In diesem Sinne sind Mathematiker Generalisten, die man in vielen Bereichen einsetzen kann. Die herkömmlichen mathematischen Studiengänge verlangen von den angehenden Mathematikern den Erwerb von zumindest ausbaufähigen Grundkenntnissen in ein bis zwei anderen Disziplinen. Da wirklich interdisziplinäre Arbeit von den Beteiligten erfordert, zumindest so viel von den anderen Fächern zu verstehen, dass sie miteinander über ihre Fragestellungen und Lösungen kommunizieren können, ist auch diese Anforderung hilfreich für den Einsatz in unterschiedlichsten Bereichen. In der Kooperation mit Praktikern oder Vertretern anderer Disziplinen kann der Mathematiker die spezifischen Rahmenbedingungen in seiner Analyse und Modellbildung als zusätzliche „Zwangsbedingungen" interpretieren und dann wieder strukturell untersuchen.

Ergänzende Literatur
Berufsaussichten: [1, 32, 43, 55, 78, 89]
Mathematiker: [2, 36, 47, 48, 51, 52, 66, 90, 111, 124]
Lehrmethoden: [24, 140]

---

[5]https://statistik.arbeitsagentur.de/Navigation/Statistik/Statistische-Analysen/Interaktive-Visualisierung/Medianentgelte/Entgelte-nach-Berufen-im-Vergleich-Nav.html

Anhang Die reellen Zahlen

A

Dieser Anhang enthält die axiomatische Charakterisierung der reellen Zahlen und die Konstruktion der reellen aus den natürlichen Zahlen. Er ist auf dem Niveau eines Erstsemesterkurses formuliert und kann als ein authentisches Beispiel für die Anforderungen am Beginn des Mathematikstudiums dienen.

Wir beginnen mit einem Satz von Axiomen, von dem sich herausstellt, dass er die reellen Zahlen charakterisiert. In den einführenden Vorlesungen zur Analysis werden die reellen Zahlen oft als Menge, die so ein Axiomensystem erfüllt, eingeführt. Im weiteren Verlauf der Vorlesung nimmt man in Beweisen nur noch Bezug auf die Axiome. Unter der Prämisse, dass so eine Menge existiert, erhält man auf diese Weise eine Begründung der Analysis. Studierende hinterfragen die Existenz der reellen Zahlen selten, weil die vorgestellten Axiome mit der von der Schule her bekannten Intuition des Zahlenstrahls gut verträglich sind.

Es ist aber auch möglich, die natürlichen Zahlen an den Anfang einer Grundvorlesung zu stellen und daraus die reellen Zahlen zu konstruieren. Bei dieser Vorgehensweise charakterisiert man die natürlichen Zahlen axiomatisch und setzt voraus, dass eine Menge existiert, die diesen Axiomen genügt. Die Axiome der natürlichen Zahlen sind intuitiv noch deutlich einleuchtender als die Axiome der reellen Zahlen, aber auch die natürlichen Zahlen sind eine unendliche Menge, deren Existenz nicht offensichtlich ist (Abschn. 4.2). Der Hauptgrund, warum man in den Anfängervorlesungen zur Analysis auf die Konstruktion der reellen Zahlen aus den natürlichen Zahlen verzichtet, ist aber nicht dieses Grundlagenproblem, sondern der Umstand, dass dieser Weg zeitaufwendige Vorarbeiten verlangt.

In diesem Anhang werden die Begriffe und Notationen der naiven Mengenlehre aus Abschn. 1.2 und die elementaren algebraischen Überlegungen aus Abschn. 2.2 benutzt.

© Springer-Verlag GmbH Deutschland, ein Teil von Springer Nature 2021
I. Hilgert und J. Hilgert, *Mathematik – ein Reiseführer*,
https://doi.org/10.1007/978-3-662-62599-6

A.1   Axiomatische Charakterisierung

Die reellen Zahlen werden charakterisiert als ein Körper (Beispiel 2.11) mit zusätzlichen Eigenschaften, die man *Anordbarkeit* und *Vollständigkeit* nennt. Die Anordbarkeit ist eine algebraische Eigenschaft, die es erlaubt, zwischen beliebigen Zahlen Größenvergleiche anzustellen und mit Absolutbeträgen zu rechnen. Beides kann man auch in den rationalen Zahlen. Die Vollständigkeit ist eine Eigenschaft, die die Existenz von Grenzwerten erzwingt und so die Lücken füllt, die man bei den rationalen Zahlen vorfindet (Satz 1.21).

Anordbarkeit
Sei $(Z, +, \cdot)$ ein Körper. Die Anordnung der Zahlen, das heißt der Elemente von Z, soll mithilfe einer Teilmenge $P \subseteq Z$ beschrieben werden, die wir die *positiven* Zahlen nennen werden. Die Elemente von $-P$ nennt man *negative* Zahlen.

Wir definieren eine Relation $<$ auf Z durch

$$a < b \quad :\Leftrightarrow \quad b - a \in P,$$

wobei $:\Leftrightarrow$ nur eine Abkürzung dafür ist, dass die Aussage auf der linken Seite definitionsgemäß äquivalent zur Aussage auf der rechten Seite ist. In der Mengensprache aus Abschn. 1.4 ist die Relation $<$ also durch

$$< := \{(a, b) \in Z \times Z \mid b - a \in P\}$$

gegeben. Wir sagen, b ist *größer* als a (oder, gleichbedeutend, a ist *kleiner* als b), wenn $a < b$. Wir schreiben

$$a \leq b \quad \text{statt} \quad (a < b \ \text{oder} \ a = b).$$

Außerdem schreiben wir auch $a > b$ für $b < a$ und $a \geq b$ für $b \leq a$. Die Relationen $<$ und $\leq$ werden auch als *Ordnungsrelationen* bezeichnet.

Um sicherzustellen, dass zwei Elemente a und b in Z immer miteinander vergleichbar sind, das heißt für $a \neq b$ entweder $a < b$ oder $b < a$ gilt, stellt man die folgende Forderung:

Axiom A.1 (Totalordnung) Für $a \in Z$ gilt genau eine der folgenden Beziehungen:

$$a = 0, \quad a \in P, \quad -a \in P$$

Diese Eigenschaft liefert die paarweise Vergleichbarkeit beliebiger Zahlen. Wir brauchen zusätzlich die Verträglichkeit der Ordnung mit den algebraischen Verknüpfungen Addition und Multiplikation, die in dem folgenden Axiom formuliert ist:

Axiom A.2 (Verträglichkeit) Für $a, b \in P$ gilt $a + b \in P$ und $ab \in P$.

Definition A.3 Einen Körper $(Z, +, \cdot)$, der zusätzlich die Axiome A.1 und A.2 erfüllt, nennen wir einen *geordneten Körper*.

Proposition A.4 *Sei* $(Z, +, \cdot, P)$ *ein geordneter Körper. Dann gilt für* $a, b, c \in Z$:

(i) *Es gilt* $0 < a$ *genau dann, wenn* $a \in P$

(ii) *Es gilt genau eine der folgenden Beziehungen:*

$$a = b, \quad a < b, \quad b < a \quad \textit{(Trichotomie)}$$

(iii) *Es gilt die folgende Implikation:*

$$(a < b, \ b < c) \quad \Rightarrow \quad a < c \quad \textit{(Transitivität)}$$

Beweis.

(i) Wegen $a - 0 = a$ folgt dies sofort aus der Definition von $<$.

(ii) Wendet man Axiom A.1 auf das Element $a - b \in Z$ an, ergibt sich auch dies sofort aus der Definition von $<$.

(iii) $a < b$, $b < c$ liefert $b - a \in P$, $c - b \in P$, also gilt nach Axiom A.2 und Proposition 2.8

$$c - a = (c - b) + (b - a) \in P.$$

Aber das bedeutet gerade $a < c$. $\qquad\square$

Absolutbeträge

Für die Konstruktion der reellen Zahlen aus den natürlichen Zahlen wird mit Absolutbeträgen gearbeitet. Deswegen leiten wir hier die elementaren Eigenschaften aus den Axiomen her.

Die Einteilung des Zahlbereichs Z in positive und negative Zahlen (und 0) erlaubt die Einführung eines *Absolutbetrags* $|a|$, Betrag von a| (oft sagt man einfach nur *Betrag*) einer Zahl $a \in Z$:

$$|a| := \begin{cases} a & \text{für } a \geq 0 \\ -a & \text{für } a < 0 \end{cases}$$

In jedem Fall ist also $0 \leq |a|$.

Proposition A.5 *Sei* $(Z, +, \cdot, P)$ *ein geordneter Körper. Dann gilt für* $a, b, c, d \in Z$:

(i) $a < b \Rightarrow a + c < b + c$.

(ii) $(a < b, c < d) \Rightarrow a + c < b + d$.

(iii) $(a < b,\ 0 < c) \Rightarrow ac < bc.$
(iv) $(a < b,\ c < d,\ 0 < b,\ 0 < c) \Rightarrow ac < bd.$

Beweis.

(i) $a < b$ bedeutet $b - a \in P$, und mit Proposition 2.8 impliziert dies $(b + c) - (a + c) = b - a \in P$, also $a + c < b + c$.

(ii) Mit (i) findet man $a + c < b + c < b + d$, also wegen der Transitivität (Proposition A.4) $a + c < b + d$.

(iii) Mit $b - a \in P$ und $c \in P$ sowie Proposition 2.10 findet man $bc - ac = (b - a)c \in P$, also $ac < bc$.

(iv) Mit (iii) folgt man $ac < bc < bd$ und daraus, wieder mit der Transitivität, $ac < bd$. $\qquad\square$

Satz A.6 *Sei* $(Z, +, \cdot, P)$ *ein geordneter Körper. Dann gilt für* $a, b \in Z$:

(i) $|a| = |-a|$.

(ii) $-|a| \leq a \leq |a|$.

(iii) $-b \leq a \leq b \Leftrightarrow |a| \leq b$.

(iii') $-b < a < b \Leftrightarrow |a| < b$.

(iv) $|a| - |b| \leq |a + b| \leq |a| + |b|$.

(v) $|a| - |b| \leq |a - b| \leq |a| + |b|$.

(vi) $|ab| = |a|\,|b|$.

(vii) $\left|\dfrac{a}{b}\right| = \dfrac{|a|}{|b|}$, *falls* $b \neq 0$.

Beweis.

(i) Für $a = 0$ ist das klar. Für $a > 0$ gilt $-a < 0$, also $|a| = a = -(-a) = |-a|$. Für $a < 0$ gilt $-a > 0$, also $|a| = -a = |-a|$.

(ii) Für $a = 0$ ist das wieder klar. Für $a > 0$ gilt $-a = -|a| < 0 < a = |a|$, und für $a < 0$ gilt $|a| = -a > 0 > a = -|a|$.

(iii) Wenn $a \geq 0$, folgt aus $a \leq b$ die Ungleichung $|a| = a \leq b$. Wenn $a < 0$, folgt aus $-b \leq a$ erst $-a \leq b$ und dann die Ungleichung $|a| = -a \leq b$. Umgekehrt folgt aus $|a| \leq b$, z. B. durch Addition von $-b - |a|$ auf beiden Seiten, die Ungleichung $-b \leq -|a|$ und dann $-b \leq -|a| \leq a \leq |a| \leq b$.

(iii') Dies folgt sofort aus (iii).

(iv) Durch Aufaddieren der Ungleichungen aus (ii) für a und b (nach Proposition A.5(ii)) erhält man $-(|a| + |b|) \leq a + b \leq |a| + |b|$. Mit (iii) folgt $|a + b| \leq |a| + |b|$. Ersetzt man in dieser Überlegung b durch $-b$, so folgt wegen (i) $|a - b| \leq |a| + |b|$. Damit hat man jeweils die rechte der beiden Ungleichungen. Wendet man diese jetzt auf $a + b$ statt a an, findet man $|a| = |(a + b) - b| \leq |a + b| + |b|$, also $|a| - |b| \leq |a + b|$ (Proposition 2.8). Ersetzt man schließlich wieder b durch $-b$, findet man auch noch $|a| - |b| \leq |a - b|$.

(v) Dies folgt sofort aus (iv), wenn man b durch $-b$ ersetzt.

(vi) Wenn $a \geq 0$ und $b \geq 0$, dann ist $ab \geq 0$ und somit die Gleichung klar. Wenn $a \geq 0, b < 0$, findet man $-b > 0$ und mit Proposition 2.10

$$|ab| = |-(ab)| = |a(-b)| = a(-b) = |a|\,|b|.$$

Die Fälle $b \geq 0, a < 0$ und $a < 0, b < 0$ behandelt man ähnlich.

(vii) $|a| = \left|b\dfrac{a}{b}\right| = |b|\left|\dfrac{a}{b}\right|$ liefert $\dfrac{|a|}{|b|} = \left|\dfrac{a}{b}\right|$.

$\square$

Der Ungleichung $|a + b| \leq |a| + |b|$ kommt eine besondere Bedeutung zu. Sie wird aufgrund der geometrischen Interpretation ihres zweidimensionalen Analogons die *Dreiecksungleichung* genannt. In der Ebene drückt sie aus, dass zwei Seiten eines Dreiecks zusammen immer länger sind als die dritte Seite (Definition 2.36). In der Analysis ist sie ein wichtiges Hilfsmittel zum Nachweis von Konvergenzeigenschaften.

Vollständigkeit

Um die *Vollständigkeit* mathematisch sauber beschreiben zu können, führen wir das Konzept einer *größten unteren Schranke* ein: Sei Z ein geordneter Körper und $X \subseteq Z$. Dann heißt $m \in Z$ eine *untere Schranke* von X, wenn gilt:

Für alle $x \in X$ gilt $m \leq x$

Eine Menge, für die es eine untere Schranke gibt, heißt *nach unten beschränkt*. Eine untere Schranke $m \in Z$ von X heißt *größte untere Schranke* von X, wenn gilt:

Für jede untere Schranke $n \in Z$ von X gilt $n \leq m$

Da aus $n \leq m$ und $m \leq n$ folgt $n = m$ (Proposition A.4), kann es höchstens eine größte untere Schranke geben. Man nennt die größte untere Schranke von X (wenn sie existiert) auch das *Infimum* von X und bezeichnet sie mit $\inf(X)$.

Das Vollständigkeitsaxiom fordert die *Existenz* einer größten unteren Schranke für jede nach unten beschränkte Menge.

Axiom A.7 (Vollständigkeit) Jede nach unten beschränkte nichtleere Teilmenge von Z hat eine größte untere Schranke.

Statt mit nach unten beschränkten Mengen und größten unteren Schranken kann man auch mit nach *oben* beschränkten Teilmengen und *kleinsten* oberen Schranken, die dann *Suprema* genannt werden, arbeiten. Damit formuliert man das Axiom „Jede nach oben beschränkte nichtleere Teilmenge von Z hat eine kleinste obere Schranke". Die beiden Varianten sind äquivalent, weil man durch die Spiegelung $x \mapsto -x$ am Nullpunkt aus oberen Schranken von M untere Schranken von $-M$ erhält.

Man kann jetzt einen Satz zeigen, der besagt, dass zwei Mengen Z und $\tilde{Z}$ mit zugehörigen Additionen und Multiplikationen sowie Ordnungen, die alle in diesem Abschnitt eingeführten Axiome erfüllen, bijektiv aufeinander abgebildet werden können, und zwar so, dass die Additionen, Multiplikationen und Ordnungen ineinander übergehen. Insbesondere sind Z und $\tilde{Z}$ dann isomorphe angeordnete Körper. Man nennt jeden geordneten Körper, der das Vollständigkeitsaxiom A.7 erfüllt, *ein Modell für die reellen Zahlen* oder einfach *die reellen Zahlen*. Wir bezeichnen solch einen Zahlbereich mit $\mathbb{R}$.

Als Anwendung der Vollständigkeit zeigen wir abschließend die Gültigkeit des archimedischen Axioms (Abschn. 1.6) in $\mathbb{R}$ und die Existenz der Wurzel aus 2.

Proposition A.8 *(Archimedisches Axiom) In einem vollständigen geordneten Körper $\mathbb{K}$ gilt das archimedische Axiom, das heißt, zu $x, y > 0$ gibt es ein $n \in \mathbb{N} := \{1, 1 + 1, 1 + 1 + 1, \ldots\}$ mit $nx > y$.*

Beweis. Angenommen, es gilt $nx \leq y$ für alle $n \in \mathbb{N}$. Dann ist die Menge $M := \{nx \in \mathbb{K} \mid n \in \mathbb{N}\}$ nach oben beschränkt, hat also eine kleinste obere Schranke s. Damit kann die Zahl $s - x$ keine obere Schranke sein, das heißt, es existiert ein $n_0 \in \mathbb{N}$ mit $s - x < n_0 x \leq s$. Aber dann gilt für alle $n_0 \leq n \in \mathbb{N}$ ebenfalls $s - x < nx \leq s$, weil $n_0 x \leq nx$ und s eine obere Schranke von M ist. Die Verträglichkeit von Addition und Ordnung liefert dann $s < nx + x = (n + 1)x \leq s$, also $s < s$. Dieser Widerspruch beweist die Behauptung. $\qquad\square$

Beispiel A.9 (Wurzel aus 2) Es soll gezeigt werden, dass eine Lösung von $x^2 = 2$ in $\mathbb{R}$ existiert. Dazu kann man die Menge $M := \{x \in \mathbb{R} \mid 0 \leq x, x^2 > 2\}$ betrachten, die nach unten beschränkt ist und daher eine größte untere Schranke $a \in \mathbb{R}$ hat. Diese Zahl ist die gesuchte Wurzel aus 2, das heißt, sie erfüllt $a^2 = 2$: Wegen der Trichotomie reicht es zu zeigen, dass weder $a^2 < 2$ noch $a^2 > 2$ gelten kann. Wir stellen als Erstes fest, dass $a > 0$ ist, weil für $0 \leq y < 1$ gilt $y^2 < 1$, das heißt, alle diese y sind untere Schranken von M. Wäre $a^2 > 2$, dann hätte man für $\varepsilon := \min(\frac{a^2 - 2}{2a}, a) > 0$

$$(a - \varepsilon)^2 = a^2 - 2\varepsilon a + \varepsilon^2 > a^2 - 2a\varepsilon \geq 2,$$

im Widerspruch zur Annahme, dass a eine untere Schranke von M ist. Damit wissen wir, dass $a^2 \leq 2$ gilt. Wäre jetzt $a^2 < 2$, dann hätte man für $\varepsilon := \min(\frac{2 - a^2}{2a + 1}, 1) > 0$

$$(a + \varepsilon)^2 = a^2 + 2\varepsilon a + \varepsilon^2 \overset{\varepsilon \leq 1}{\leq} a^2 + 2a\varepsilon + \varepsilon = a^2 + (2a + 1)\varepsilon \leq a^2 + (2 - a^2) = 2,$$

im Widerspruch zur Annahme, dass a die größte untere Schranke von M ist.

A.2   Die natürlichen Zahlen

In diesem Abschnitt charakterisieren wir die natürlichen Zahlen durch ein Axiomensystem und zeigen, wie man Addition und Multiplikation sowie die wichtigsten Rechenregeln aus diesen Axiomen ableitet.

Die Axiome

Sei jetzt N eine nichtleere Menge und $<$ eine Relation auf N. Zunächst haben wir für diese Relation noch nicht die Interpretation „kleiner" definiert. An dieser Stelle könnte N auch eine Schulklasse (mit den Schülern als Elementen) sein und die Relation $x < y$ bedeuten: x schreibt bei y ab. Da diese Axiomatik aber letztendlich die natürlichen Zahlen charakterisieren soll, verwenden wir hier schon eine vertraute Notation.

Wir nehmen zunächst nur an, dass N und $<$ die folgenden drei Axiome erfüllen. Später wird noch ein viertes Axiom dazukommen.

Axiom A.10 (Asymmetrie) Wenn $x, y \in N$ und $x < y$, dann gilt nicht $y < x$.

Axiom A.11 (Minimalprinzip) Jede nichtleere Teilmenge $X \subseteq N$ hat ein *kleinstes Element*, das heißt, es gibt ein $x \in X$, sodass für alle $y \in X$ gilt: $x < y$ oder $x = y$.

Wir sagen, eine Teilmenge $X \subseteq N$ ist *beschränkt*, wenn es ein $m \in N$ gibt, sodass für alle $x \in X$ gilt: $x < m$ oder $x = m$.

Axiom A.12 (Maximalprinzip) Jede nichtleere beschränkte Teilmenge $X \subseteq N$ hat ein *größtes Element*, das heißt, es gibt ein $x \in X$, sodass für alle $y \in X$ gilt: $y < x$ oder $y = x$.

Um sich die Schreibarbeit zu vereinfachen und später bei komplizierteren Aussagen den Überblick zu behalten, führt man einige abkürzende Schreibweisen ein:

- Statt „für alle" (oder „zu jedem") schreibt man „$\forall$".
- Statt „gibt es" (oder „existiert") schreibt man „$\exists$".
- Statt „$x < y$ oder $x = y$" schreibt man „$x \leq y$" und betrachtet die Menge $\{(x, y) \in N \times N \mid x \leq y\}$ als eine neue Relation „kleiner gleich".
- Statt „dann gilt die folgende Aussage" schreibt man einfach einen Doppelpunkt.

Mit diesen Konventionen lesen sich Minimal- und Maximalprinzip wie folgt:

Minimalprinzip: $\forall X \subseteq N, X \neq \emptyset : \exists x \in X$ mit $(\forall y \in X : x \leq y)$.
Maximalprinzip: $\forall X \subseteq N, X \neq \emptyset, X$ beschränkt $: \exists x \in X$ mit $(\forall y \in X : y \leq x)$.

Die folgende erste Schlussfolgerung aus Axiom A.10 und A.11 wird immer wieder nutzbringend eingesetzt werden.

Satz A.13 *(Trichotomie) Für* $x, y \in N$ *gilt genau eine der folgenden Beziehungen:*

$$x < y, \quad x = y, \quad y < x$$

Beweis. Wenn $x \neq y$, setzt man $X := \{x, y\}$. Nach dem Minimalprinzip gibt es ein kleinstes Element in X. Wenn x ein kleinstes Element ist, dann gilt $x \leq y$, also $x < y$, weil wir $x = y$ ausgeschlossen haben. Wenn y das kleinste Element von X ist, gilt analog $y < x$. Wegen der Asymmetrie kann nur eine der beiden Beziehungen $x < y$ und $y < x$ gelten.

Wenn $x = y$, dann folgt aus $x < y$ automatisch $y < x$, weil man x und y austauschen kann. Wegen Axiom A.10 ist das aber nicht möglich, also kann $x < y$ nicht gelten. Analog schließt man $y < x$ aus. $\square$

Das Argument im Beweis von Satz A.13 zeigt auch, dass jede nichtleere Teilmenge von N ein *eindeutig bestimmtes* kleinstes Element hat. Ganz analog sieht man außerdem, dass jede nichtleere beschränkte Teilmenge von N ein *eindeutig bestimmtes* größtes Element hat.

Wir führen noch einige weitere abkürzende Schreibweisen ein:

- Statt „existiert genau ein" schreibt man „$\exists!$".
- Statt „folgt" oder „impliziert" schreibt man „$\Rightarrow$".
- Statt „dann und nur dann", das heißt „$\Rightarrow$ und $\Leftarrow$" schreibt man „$\Leftrightarrow$".

Mit der Trichotomie (Satz A.13) lassen sich Minimalprinzip und Maximalprinzip wie folgt verschärfen:

$$\forall X \subseteq N, X \neq \emptyset : \quad \exists! \, x \in X \text{ mit } (\forall y \in X : x \leq y) \qquad \textbf{(Min)}$$

$$\forall X \subseteq N, X \neq \emptyset, X \text{ beschränkt} : \quad \exists! \, x \in X \text{ mit } (\forall y \in X : y \leq x) \qquad \textbf{(Max)}$$

Das kleinste Element von N heißt *Eins* und wird mit 1 bezeichnet.

Proposition A.14 *(Transitivität) Sei* $x, y, z \in N$. *Dann gilt*

$$(x < y \text{ und } y < z) \quad \Rightarrow \quad x < z.$$

Beweis. Sei $X = \{x, y, z\}$. Wegen $x < y$ und $y < z$ ist nach Satz A.13 weder y noch z das kleinste Element von X. Also muss x das kleinste Element von X sein, dessen Existenz durch Axiom A.11 garantiert wird, und daher folgt $x \leq z$. Wäre $x = z$, so hätte man nach Voraussetzung $x < y$ und $y < x$, was nach Axiom A.10 nicht möglich ist. Also gilt $x < z$. $\square$

Bemerkung A.15 Die leere Menge $\emptyset$ erfüllt die Axiome A.10, A.11 und A.12. Um das einzusehen, überlegt man sich, dass es unmöglich ist, die Voraussetzungen der jeweiligen Implikation zu erfüllen (das „wenn" im „wenn, dann" tritt nicht auf); also ist die Implikation automatisch richtig (Abschn. 1.6).

Beispiel A.16 Sei $M = \{a, b, c\}$ eine beliebige Menge mit drei Elementen. Wir definieren eine Relation $<$ auf M durch

$$< := \{(a, b), (b, c), (a, c)\}.$$

Dann erfüllt M mit $<$ Axiom A.10, A.11 und A.12.

Unser Ziel ist es, die natürlichen Zahlen unserer Erfahrung durch ein Axiomensystem zu beschreiben. Bemerkung A.15 zeigt, dass wir gut daran getan haben, N als nichtleere Menge vorauszusetzen. Beispiel A.16 zeigt, dass Axiom A.10, A.11 und A.12 noch nicht alle der gewohnten Eigenschaften der natürlichen Zahlen liefern. Insbesondere garantieren sie nicht, dass es zu jeder natürlichen Zahl eine noch größere gibt. Dies müssen wir in einem zusätzlichen Axiom fordern!

Axiom A.17 (Unbeschränktheit) N ist nicht beschränkt.

Wenn $x \in N$, dann liefert Axiom A.17, dass die Menge

$$\{y \in N \mid x < y\}$$

nicht leer ist, denn sonst hätte man wegen Satz A.13 „$\forall z \in N : z \le x$", das heißt, N wäre beschränkt. Man bezeichnet das kleinste Element von $\{y \in N \mid x < y\}$ mit $x + 1$, was hier nur ein (komplizierter) Name ist. Man wählt ihn, weil die (noch nicht definierte) Addition auf N später gerade so gemacht wird, dass $\min(\{y \in N \mid x < y\})$ die Summe von x und 1 ist!

Mit A.17 lässt sich die vollständige Induktion beweisen, die in Abschn. 1.6 ausführlich diskutiert wurde.

Satz A.18 *(Vollständige Induktion) Sei $N \ne \emptyset$ eine Menge, die Axiom A.10, A.11, A.12 und A.17 erfüllt, sowie $X \subseteq N$ eine Teilmenge mit folgenden Eigenschaften:*

(a) *$1 \in X$.*
(b) *Wenn $x \in X$, dann gilt auch $x + 1 \in X$.*

Dann ist $X = N$.

Beweis. Sei $Y \subseteq N$ das Komplement $N \setminus X := \{y \in N \mid y \notin X\}$ von X in N. Wir müssen zeigen, dass Y leer ist. Wenn $Y \ne \emptyset$, dann hat Y ein kleinstes Element $y \in Y$. Sei

$$Z := \{x \in X \mid x < y\}.$$

Dann ist $1 \in Z$, weil $1 \le y$ und $y \ne 1 \in X$. Da Z (durch y) beschränkt ist, hat Z nach Axiom A.12 ein größtes Element $z \in Z$. Wegen $Z \subseteq X$ und (b) haben wir $z + 1 \in X$. Da aber $z < z + 1$, kann $z + 1$ nicht in Z sein, das heißt, es muss wegen

Satz A.13 die Ungleichung $y \leq z + 1$ gelten. Die Gleichheit $y = z + 1$ ist nicht möglich, weil $y \notin X$, aber $z + 1 \in X$ gilt. Andererseits steht $z < y$ und $y < z + 1$ im Widerspruch dazu, dass $z + 1$ das kleinste Element von $\{x \in N \mid z < x\}$ ist. Also kann die Menge Y keine Elemente enthalten haben. $\square$

Wir nennen jede nichtleere Menge, die Axiom A.10, A.11, A.12 und A.17 erfüllt, ein *Modell* für die natürlichen Zahlen. Hat man zwei solche Mengen N und N', so findet man mit Induktion eine bijektive Abbildung $\phi \colon N \to N'$ mit

$$\phi(\min N) = \min N' \quad \text{und} \quad (\forall x \in N : \phi(x + 1) = \phi(x) + 1).$$

Das führt dazu, dass sich die resultierenden Modelle der natürlichen Zahlen auch in Bezug auf die algebraischen Operationen Addition und Multiplikation nicht wesentlich unterscheiden.

Wir nehmen die Existenz von Modellen für die natürlichen Zahlen an, wählen uns eines aus, das wir mit $\mathbb{N}$ bezeichnen und die Menge der *natürlichen Zahlen* nennen.

Addition auf $\mathbb{N}$
Mit der Einführung der Zahl $x + 1 \in \mathbb{N}$ zu einer Zahl $x \in \mathbb{N}$ ist der Anfang für eine Addition gemacht. Wir definieren eine Abbildung $a_1 \colon \mathbb{N} \to \mathbb{N}$ (man denke: „addiere 1") durch $a_1(x) := x + 1$. Wenn für $y \in \mathbb{N}$ die Abbildung $a_y \colon \mathbb{N} \to \mathbb{N}$ (man denke: „addiere y") gegeben ist, dann definiert man eine Abbildung $a_{y+1} \colon \mathbb{N} \to \mathbb{N}$ durch $a_{y+1}(x) := a_1\big(a_y(x)\big)$. Wir schreiben

$$x + y := a_y(x).$$

Durch Anwendung von Induktion (Satz A.18) auf die Menge $\{y \in \mathbb{N} \mid a_y \text{ ist definiert}\}$ sieht man, dass a_y für alle $y \in \mathbb{N}$ definiert ist. Damit können wir eine neue Abbildung $a \colon \mathbb{N} \times \mathbb{N} \to \mathbb{N}$ durch $a(x, y) := x + y$ definieren. Diese Abbildung ist die *Addition* auf $\mathbb{N}$.

Proposition A.19 *Wenn $x, y \in \mathbb{N}$, dann gilt $x < x + y$.*

Beweis. Sei $x \in \mathbb{N}$ und $Y := \{y \in \mathbb{N} \mid x < x + y\}$. Dann gilt $1 \in Y$ nach der Definition von $x + 1$. Wenn $y \in Y$, dann haben wir

$$x < x + y < (x + y) + 1 = a_1\big(a_y(x)\big) = a_{y+1}(x) = x + (y + 1).$$

Wegen der Transitivität (Proposition A.14) folgt

$$x < x + (y + 1),$$

also $y + 1 \in Y$. Mit Induktion ergibt sich $Y = \mathbb{N}$, das heißt die Behauptung. $\square$

Wir können jetzt die entscheidenden Rechenregeln für die Addition in $\mathbb{N}$ beweisen:

Satz A.20 *Sei x, y, $z \in \mathbb{N}$. Dann gilt:*

(i) $x + (y + z) = (x + y) + z$ (Assoziativität).
(ii) $x + y = y + x$ (Kommutativität).
(iii) $x + z = y + z \;\Rightarrow\; x = y$ (Kürzungseigenschaft).

Beweis.

(i) Sei $Z := \{z \in \mathbb{N} \mid \forall x, y \in \mathbb{N}: \; x + (y + z) = (x + y) + z\}$. Nach Definition der Addition gilt $x + (y + 1) = (x + y) + 1$, also $1 \in Z$. Wenn $z \in Z$, rechnet man

$$
\begin{aligned}
x + (y + (z + 1)) &= x + ((y + z) + 1) \\
&= (x + (y + z)) + 1 \\
&\overset{z \in Z}{=} ((x + y) + z) + 1 \\
&= (x + y) + (z + 1)
\end{aligned}
$$

und hat $z + 1 \in Z$. Mit Induktion folgt also $Z = \mathbb{N}$.

(ii) Wir zeigen zunächst

$$\forall y \in \mathbb{N}: \quad 1 + y = y + 1. \tag{$*$}$$

Dazu betrachten wir die Menge $Y := \{y \in \mathbb{N} \mid 1 + y = y + 1\}$ und halten fest, dass $1 \in Y$. Wenn $y \in Y$, rechnet man mit (i)

$$1 + (y + 1) = (1 + y) + 1 = (y + 1) + 1,$$

also $y + 1 \in Y$, sodass mit Induktion $Y = \mathbb{N}$ folgt.
Jetzt setzt man $X := \{x \in \mathbb{N} \mid \forall y \in \mathbb{N}: \; x + y = y + x\}$ und stellt fest, dass nach $(*)$ $1 \in X$ gilt. Wenn $x \in X$, rechnet man

$$
\begin{aligned}
(x + 1) + y &\overset{\text{(i)}}{=} x + (1 + y) \\
&\overset{(*)}{=} x + (y + 1) \\
&\overset{\text{(i)}}{=} (x + y) + 1 \\
&\overset{x \in X}{=} (y + x) + 1 \\
&\overset{\text{(i)}}{=} y + (x + 1)
\end{aligned}
$$

und findet $x + 1 \in X$. Mit Induktion folgt wieder $X = \mathbb{N}$, also (ii).

(iii) Betrachte die Menge

$$Z := \{z \in \mathbb{N} \mid \forall x, y \in \mathbb{N}: \; x + z = y + z \Rightarrow x = y\}.$$

Man zeigt zunächst, dass $1 \in Z$ gilt. Dazu nehmen wir $x + 1 = y + 1$ an und zeigen, dass weder $x < y$ noch $y < x$ gelten kann. Wenn nämlich $x < y$ gilt, finden wir

$$x < y < y + 1 = x + 1,$$

was im Widerspruch zu $x + 1 = \min\{z \in \mathbb{N} \mid x < z\}$ steht. Die Ungleichung $y < x$ schließt man genauso aus, indem man die Rollen von x und y in obigem Argument vertauscht. Jetzt folgt mit Satz A.13 die Gleichheit $x = y$.
Wenn für $z \in Z$ die Gleichung $x + (z + 1) = y + (z + 1)$ gilt, rechnen wir

$$(x + 1) + z \overset{\text{(i)}}{=} x + (1 + z) \overset{\text{(ii)}}{=} x + (z + 1) = y + (z + 1) \overset{\text{(i),(ii)}}{=} (y + 1) + z$$

und finden $x + 1 = y + 1$. Weil aber auch $1 \in Z$ ist, folgt weiter $x = y$ und schließlich $z + 1 \in Z$. Also haben wir mit Induktion $Z = \mathbb{N}$ und (iii). $\qquad\square$

Proposition A.21 *Wenn für $a, b \in \mathbb{N}$ die Relation $a < b$ gilt, dann gibt es genau ein $x \in \mathbb{N}$ mit $a + x = b$, das heißt, die Gleichung $a + x = b$ ist für gegebene $a < b$ in $\mathbb{N}$ und gesuchtes $x \in \mathbb{N}$ eindeutig lösbar.*

Beweis. Existenz einer Lösung: Betrachte die Menge $X := \{u \in \mathbb{N} \mid a + u \le b\}$. Da aus $a < b$ folgt $a + 1 \le b$, sehen wir, dass $1 \in X$. Wenn $u \in X$, rechnen wir

$$u \overset{\text{A.19}}{<} u + a \overset{\text{A.20(ii)}}{=} a + u \le b,$$

was mit der Transitivität (Proposition A.14) $u < b$ liefert. Insbesondere ist X beschränkt und hat daher (Axiom A.12) ein eindeutig bestimmtes größtes Element $x := \max(X)$. Wir zeigen $a + x = b$, indem wir $a + x < b$ und $b < a + x$ ausschließen (Satz A.13): $b < a + x$ steht im Widerspruch zu $x \in X$. Aus $a + x < b$ folgt $a + (x + 1) = (a + x) + 1 \le b$ (Satz A.20), was im Widerspruch zu $x = \max(X)$ steht. Damit ist die Existenzaussage gezeigt.

Um die Eindeutigkeit zu zeigen, nehmen wir an, dass $a + x_1 = b = a + x_2$. Dann folgt aber $x_1 = x_2$ aus Satz A.20(iii). $\qquad\square$

Proposition A.22 *(Veträglichkeit von Ordnung und Addition) Für alle $a, b, n \in \mathbb{N}$ gilt*

(i) $a = b \quad \Leftrightarrow \quad a + n = b + n,$
(ii) $a < b \quad \Leftrightarrow \quad a + n < b + n,$
(iii) $a \le b \quad \Leftrightarrow \quad a + n \le b + n.$

Beweis.

(i) Die Richtung „$\Rightarrow$" ist klar, die Richtung „$\Leftarrow$" folgt aus der Kürzungseigenschaft in Satz A.20(iii).

(ii) Wir beweisen die Richtung „$\Rightarrow$" mit Induktion und halten dazu $a, b \in \mathbb{N}$ mit $a < b$ fest.

Induktionsannahme $A(n)$: $a + n < b + n$.

Induktionsanfang: Es gilt $a + 1 \leq b < b + 1$ weil $a + 1$ das kleinste Element von $\mathbb{N}$ ist, das größer als a ist. Es gibt zwei Möglichkeiten: Wenn $a + 1 = b$, dann haben wir offensichtlich $a + 1 < b + 1$. Wenn dagegen $a + 1 < b$, dann haben wir $a + 1 < b < b + 1$, und $a + 1 < b + 1$ folgt aus der Transitivität in Proposition A.14.

Induktionsschritt: Sei $n = m + 1 > 1$, dann folgt aus $A(m)$, dass $a + m < b + m$. Wenn man jetzt das Argument zum Induktionsanfang auf $a + m$ und $b + m$, so findet man $(a + m) + 1 < (b + m) + 1$. Damit folgt $A(n)$ aus der Assoziativität in Satz A.20(i).

Wegen (i) und der gerade bewiesenen Implikation „$\Rightarrow$" folgt, dass für $a + n < b + n$ weder $a = b$ noch $a > b$ gelten kann. Also folgt aus der Trichotomie in Satz A.13, dass $a < b$ gelten muss. Damit ist auch die Richtung „$\Leftarrow$" bewiesen.

(iii) Dieser Teil folgt wegen der Trichotomie durch Kombination von (i) und (ii).

$\square$

Multiplikation auf $\mathbb{N}$

Die Multiplikation auf $\mathbb{N}$ ist eine iterierte Addition. Wir gehen bei ihrer Definition analog vor wie bei der Einführung der Addition, die eine iterierte Addition der Eins ist.

Wir definieren eine Abbildung $m_1 \colon \mathbb{N} \to \mathbb{N}$ (man denke „multipliziere mit 1") durch $m_1(x) := x$. Wenn für $y \in \mathbb{N}$ die Abbildung $m_y \colon \mathbb{N} \to \mathbb{N}$ (man denke „multipliziere mit y") gegeben ist, dann definiert man eine Abbildung $m_{y+1} \colon \mathbb{N} \to \mathbb{N}$ durch $m_{y+1}(x) := m_y(x) + x$. Wir schreiben

$$xy := x \cdot y := m_y(x).$$

Mit Induktion sieht man, dass m_y für alle $y \in \mathbb{N}$ definiert ist. Damit können wir eine neue Abbildung $m \colon \mathbb{N} \times \mathbb{N} \to \mathbb{N}$ durch $m(x, y) := x \cdot y$ definieren. Diese Abbildung ist die *Multiplikation* auf $\mathbb{N}$.

Satz A.23 *Sei $x, y, z \in \mathbb{N}$. Dann gilt (Punkt vor Strich):*

(i) $(x + y)z = xz + yz$ *(Distributivität).*
(ii) $xy = yx$ *(Kommutativität).*
(iii) $x(yz) = (xy)z$ *(Assoziativität).*
(iv) $xz = yz \Rightarrow x = y$ *(Kürzungseigenschaft).*

Beweis.

(i) Betrachte $Z := \{z \in \mathbb{N} \mid \forall x, y \in \mathbb{N} : (x + y)z = xz + yz\}$. Dann gilt wegen $a \cdot 1 = a$ für alle $a \in \mathbb{N}$, dass $1 \in Z$. Wenn $z \in Z$, rechnet man

$$
\begin{aligned}
(x + y)(z + 1) &\overset{\text{Def}}{=} (x + y)z + (x + y) \\
&\overset{z \in Z}{=} (xz + yz) + (x + y) \\
&\overset{\text{A.20}}{=} (xz + x) + (yz + y) \\
&\overset{\text{Def}}{=} x(z + 1) + y(z + 1)
\end{aligned}
$$

und erhält $z + 1 \in Z$. Mit Induktion (Satz A.18) folgt jetzt $Z = \mathbb{N}$ und (i).

(ii) Wir zeigen zunächst

$$\forall y \in \mathbb{N} : \ 1 \cdot y = y \cdot 1. \tag{$*$}$$

Dazu betrachten wir die Menge $Y := \{y \in \mathbb{N} \mid 1 \cdot y = y \cdot 1\}$ und halten fest, dass $1 \in Y$. Für $y \in Y$ rechnet man

$$1 \cdot (y + 1) \overset{\text{Def}}{=} 1 \cdot y + 1 \overset{y \in Y}{=} y \cdot 1 + 1 = y + 1 = (y + 1) \cdot 1$$

und findet $y + 1 \in Y$, sodass mit Induktion $Y = \mathbb{N}$ folgt.

Jetzt setzt man $X := \{x \in \mathbb{N} \mid \forall y \in \mathbb{N} : xy = yx\}$ und stellt fest, dass nach $(*)$ gilt: $1 \in X$. Wenn $x \in X$, rechnet man

$$
\begin{aligned}
y(x + 1) &\overset{\text{Def}}{=} yx + y \\
&\overset{x \in X}{=} xy + y \\
&\overset{(*)}{=} xy + 1 \cdot y \\
&\overset{(i)}{=} (x + 1)y
\end{aligned}
$$

und findet $x + 1 \in X$. Mit Induktion folgt wieder $X = \mathbb{N}$, also (ii).

(iii) Sei $Z := \{z \in \mathbb{N} \mid \forall x, y \in \mathbb{N} : \ x(yz) = (xy)z\}$. Es folgt unmittelbar, dass $1 \in Z$. Wenn $z \in Z$, rechnet man

$$
\begin{aligned}
(xy)(z + 1) &\overset{\text{Def}}{=} (xy)z + xy \\
&\overset{z \in Z}{=} x(yz) + xy \\
&\overset{(ii)}{=} (yz)x + yx \\
&\overset{(i)}{=} (yz + y)x \\
&\overset{(ii)}{=} x(yz + y) \\
&\overset{\text{Def}}{=} x(y(z + 1))
\end{aligned}
$$

und hat $z + 1 \in Z$. Mit Induktion folgt also $Z = \mathbb{N}$ und (iii).

(iv) Sei $xz = yz$. Wir zeigen $x = y$, indem wir $x < y$ und $y < x$ ausschließen: Wenn $x < y$, dann existiert nach Proposition A.21 ein $u \in \mathbb{N}$ mit $x + u = y$, und man kann rechnen

$$xz + uz \overset{\text{(i)}}{=} (x + u)z = yz = xz,$$

sodass nach Proposition A.19 $xz < xz$ folgt. Dies steht aber in Widerspruch zu Satz A.13. Also kann $x < y$ nicht gelten. Durch Vertauschen der Rollen von x und y in obigem Argument schließt man auch $y < x$ aus und zeigt so $x = y$.

$\square$

Das erste Axiomensystem für die natürlichen Zahlen geht auf Giuseppe Peano (1858–1932) zurück. Man findet es zum Beispiel in [59, Kap. 12]. Es benutzt keine Ordnung, beinhaltet aber schon das Element $x + 1$, das der *Nachfolger* von x genannt wird. Den hier gewählten Zugang findet man z. B. in [99].

A.3 Von den natürlichen zu den ganzen Zahlen

Intuitiver Hintergrund für die Konstruktion der ganze Zahlen aus den natürlichen Zahlen ist folgende Überlegung: Jede ganze Zahl ist die Differenz zweier natürlicher Zahlen. Allerdings kann man eine ganze Zahl auf verschiedene Weisen als Differenz natürlicher Zahlen schreiben. Zum Beispiel ist $-3 = 5 - 8 = 7 - 10$. Wir stellen uns eine ganze Zahl als ein Paar von natürlichen Zahlen vor und wollen solche Paare, die dieselbe Differenz liefern, als „gleich" betrachten. Wir definieren dementsprechend eine Relation $\sim$ auf $\mathbb{N} \times \mathbb{N}$ durch

$$(a, b) \sim (c, d) \quad :\Leftrightarrow \quad a + d = c + b.$$

Der folgende Satz benutzt die Begriffe und Notationen aus Beispiel 1.10.

Satz A.24
(i) Die Relation $\sim$ auf $\mathbb{N} \times \mathbb{N}$ ist eine Äquivalenzrelation.
(ii) Sei $\mathbb{Z} := \{[(a, b)] \mid (a, b) \in \mathbb{N} \times \mathbb{N}\}$. Dann ist

$$j \colon \mathbb{N} \to \mathbb{Z}, \quad a \mapsto [(a + 1, 1)]$$

eine injektive Abbildung.

Beweis.
(i) Die Symmetrie der Relation $\sim$ folgt aus

$$(a, b) \sim (c, d) \quad \Leftrightarrow \quad a + d = c + b \quad \Leftrightarrow \quad c + b = a + d \quad \Leftrightarrow \quad (c, d) \sim (a, b).$$

Die Transitivität ist eine Konsequenz von

$$\begin{aligned}
(a,b) &\sim (c,d) \\
(c,d) &\sim (e,f)
\end{aligned} \quad \Leftrightarrow \quad \begin{aligned}
a + d &= c + b \\
c + f &= e + d
\end{aligned}$$

$$\Rightarrow \quad a + d + f = c + b + f = c + f + b = e + d + b$$

$$\overset{\text{A.20(iii)}}{\Rightarrow} \quad a + f = e + b$$

$$\Rightarrow \quad (a,b) \sim (e,f),$$

und die Reflexivität sieht man aus

$$(a,b) \sim (a,b) \quad \Leftrightarrow \quad a + b = a + b.$$

(ii) Wenn $[(a+1,1)] = [(b+1,1)]$, dann gilt $(a+1,1) \sim (b+1,1)$, also $(a+1)+1 = (b+1)+1$. Wieder mit der Kürzungseigenschaft folgt daraus $a = b$, und das zeigt die Injektivität von $j: \mathbb{N} \to \mathbb{Z}$.

$\square$

Wir nennen $\mathbb{Z}$ die Menge der *ganzen Zahlen* und schreiben

$$a - b \quad \text{statt} \quad [(a,b)].$$

Dabei ist $a - b$ ist an dieser Stelle vorerst nur ein Name, denn wir haben noch keine Subtraktion auf den ganzen Zahlen.

Anordnung von $\mathbb{Z}$
Das nächste Ziel ist, auf $\mathbb{Z}$ eine Ordnungsrelation $<_\mathbb{Z}$ auf $\mathbb{Z}$ einzuführen. Wir setzen

$$<_\mathbb{Z} := \{(a-b, c-d) \in \mathbb{Z} \times \mathbb{Z} \mid a + d < c + b\}.$$

An dieser Stelle treffen wir auf ein Problem, das immer dann auftaucht, wenn wir eine Eigenschaft einer *Äquivalenzklasse* durch eine Eigenschaft eines *Repräsentanten* beschreiben wollen: Erhalten wir dieselbe Eigenschaft, wenn wir einen anderen Repräsentanten wählen? In unserem Beispiel müssen wir feststellen, ob aus $(a,b) \sim (a',b')$ und $(c,d) \sim (c',d')$

$$a + d < c + b \quad \Leftrightarrow \quad a' + d' < c' + b'$$

folgt. Wenn dem so ist, dann sagen wir, $<_\mathbb{Z}$ ist *wohldefiniert*. Da $(a,b) \sim (a',b')$ und $(c,d) \sim (c',d')$ die Gleichungen $a + b' = b + a'$ und $c + d' = d + c'$ und somit

$$(a+d) + (b'+c') = (a'+d') + (b+c)$$

liefern, sieht man in unserem Fall mit Proposition A.22, dass $<_\mathbb{Z}$ tatsächlich wohldefiniert ist:

$$a + d < c + b \;\Rightarrow\; (a' + d') + (b + c) = (a + d) + (b' + c') < (b' + c') + (b + c)$$
$$\overset{A.22}{\Rightarrow}\; a' + d' < c' + b',$$

und die Umkehrung geht analog.

Addition und Multiplikation auf $\mathbb{Z}$

Für die *Addition* auf $\mathbb{Z}$ setzen wir

$$(a - b) +_{\mathbb{Z}} (c - d) := [a + c, b + d] = (a + c) - (b + d)$$

und für die *Multiplikation*

$$(a - b) \cdot_{\mathbb{Z}} (c - d) := [(ac + bd, bc + ad)] = (ac + bd) - (bc + ad).$$

Sowohl $+_{\mathbb{Z}}$ als auch $\cdot_{\mathbb{Z}}$ sind wohldefinierte Abbildungen $\mathbb{Z} \times \mathbb{Z} \to \mathbb{Z}$. Um das einzusehen, verifiziert man, dass für $(a, b), (c, d), (a', b'), (c', d') \in \mathbb{N} \times \mathbb{N}$ gilt:

$$\begin{matrix} (a, b) \sim (a', b') \\ (c, d) \sim (c', d') \end{matrix} \quad \Rightarrow \quad \begin{matrix} (a + c, b + d) \sim (a' + c', b' + d') \\ (ac + bd, bc + ad) \sim (a'c' + b'd', b'c' + a'd') \end{matrix}$$

Wir wollen uns die natürlichen Zahlen über die injektive Abbildung $j \colon \mathbb{N} \to \mathbb{Z}$ als Teilmenge von $\mathbb{Z}$ vorstellen. Das ist natürlich nur dann angebracht, wenn Ordnung, Addition und Multiplikation in $\mathbb{N}$ durch die Identifizierung von $a \in \mathbb{N}$ mit $j(a) \in \mathbb{Z}$ nicht durcheinandergebracht werden. Die folgende Bemerkung zeigt, dass dem so ist.

Bemerkung A.25 Für die Abbildung $j \colon \mathbb{N} \to \mathbb{Z}$ und $a, b \in \mathbb{N}$ gilt:

(i) $a < b \Leftrightarrow j(a) <_{\mathbb{Z}} j(b)$, denn $j(a) <_{\mathbb{Z}} j(b)$ ist nach Definition äquivalent zu $(a + 1) + 1 < (b + 1) + 1$, was nach Proposition A.22 äquivalent zu $a < b$ ist. Damit sehen wir insbesondere, dass $j(\mathbb{N})$ zusammen mit $<_{\mathbb{Z}}$ auf $j(\mathbb{N})$ wieder ein Modell der natürlichen Zahlen ist.

(ii) $j(a + b) = j(a) +_{\mathbb{Z}} j(b)$. Um dies einzusehen, beachte $j(a) = [(a + n, n)]$ und analog $j(b) = [(b + n, n)]$ sowie $j(a + b) = [(c + n, n)]$ mit $c = a + b$ für alle $n \in \mathbb{N}$. Dann gilt

$$j(a + b) = [(a + b + 1, 1)] = [(a + b + 1 + 1, 1 + 1)]$$
$$= [(a + 1, 1)] +_{\mathbb{Z}} [(b + 1, 1)] = j(a) +_{\mathbb{Z}} j(b).$$

(iii) $j(a \cdot b) = j(a) \cdot_{\mathbb{Z}} j(b)$. Der Beweis hierfür ist analog dem von (ii).

Jetzt, wo wir wissen, dass Ordnung, Addition und Multiplikation von $\mathbb{Z}$ jeweils „Erweiterungen" der entsprechenden Relationen für $\mathbb{N}$ sind, lassen wir den Index $_\mathbb{Z}$ weg und schreiben auch für Elemente von $\mathbb{Z}$ einfach $x < y$, $x + y$ und $x \cdot y = xy$.

Zwei Elemente in $\mathbb{Z}$ spielen eine besondere Rolle: die *Null* $0 := [(1, 1)]$ und die *Eins* $j(1) = (1 + 1) - 1$, die wir auch wieder mit 1 bezeichnen. Damit lässt sich jetzt problemlos nachrechnen, dass $(\mathbb{Z}, +, \cdot, 1)$ ein kommutativer Ring mit Eins ist (Beispiel 2.9). Insbesondere können wir die Differenz $x - y$ von zwei ganzen Zahlen x und y bilden, und es gilt für $\mathbb{Z}$ mit Addition und Multiplikation die Proposition 2.10.

Bemerkung A.26 Es folgt direkt aus der Definition der Ordnung $<$, dass für jedes $z \in \mathbb{Z}$ eine der Beziehungen

$$z = 0, \quad z > 0, \quad z < 0$$

gelten muss. Wenn $z = a - b > 0$, dann heißt dies $a > b$, und es gibt wegen Proposition A.21 ein $x \in \mathbb{N}$ mit $b + x = a$. Weil aber $b + z = a$, zeigt Proposition 2.7, dass $z = x \in \mathbb{N}$. Umgekehrt gilt für $z \in \mathbb{N}$, dass $z > 0$. Damit erhält man

$$\{z = a - b \in \mathbb{Z} \mid z > 0\} = \mathbb{N}.$$

Division mit Rest

Wir können jetzt einen vollständigen Beweis für Lemma 1.12 liefern (unter Verwendung der dort gebrauchten Notation): Wenn $0 < a < b$, setzen wir $r := a$ und $q := 0$. Damit gilt dann $a = q \cdot b + r$. Für $a \geq b$ ist die Menge $\{m \in \mathbb{N} \mid m \cdot b \leq a\}$ nicht leer und beschränkt (durch a). Nach dem Maximalprinzip A.12 können wir $q := \max\{m \in \mathbb{N} \mid m \cdot b \leq a\}$ und $r := a - q \cdot b$ setzen. Dann gilt $r \geq 0$ und $(q + 1) \cdot b > a$. Die Rechnung

$$r = a - q \cdot b = a - (q + 1) \cdot b + b < a - a + b = b$$

zeigt $r < b$, und das beweist die Behauptung.

Das eben angegebene Argument beweist auch die folgende Variante von Lemma 1.12 für $a > 0$.

Lemma A.27 **(*Division mit Rest*)** *Seien* $a, b \in \mathbb{Z}$, $b > 0$. *Dann existieren* $q, r \in \mathbb{Z}$ *mit* $a = q \cdot b + r$ *und* $0 \leq r < b$.

Beweis. Es bleiben die Fälle $a = 0$ und $a < 0$ zu behandeln. Ersterer ist trivial, man wählt einfach $q = r = 0$. Für $a < 0$ gilt $-a > 0$, und wir finden $q', r' \in \mathbb{Z}$ mit $-a = q' \cdot b + r'$ und $0 \leq r' < b$. Wenn $r' = 0$, dann gilt $a = (-q') \cdot b + 0$, und wir sind fertig. Wenn $0 < r' < b$, finden wir $a = -q' \cdot b - r' = -(q' + 1) \cdot b + (b - r')$, und wir sind ebenfalls fertig, weil $b > b - r' > 0$ gilt. $\qquad\square$

A.4   Von den ganzen zu den rationalen Zahlen

Die ganzen Zahlen haben bezüglich der Multiplikation das gleiche Manko wie die natürlichen Zahlen bezüglich der Addition: Man kann Gleichungen in der Regel nicht lösen. Um dies beheben zu können, müsste man durch (von Null verschiedene) ganze Zahlen teilen können, und das erreicht man am leichtesten, indem man Brüche einführt. Auf diese Weise landet man bei den rationalen Zahlen, wobei man sich daran erinnern sollte, dass verschiedene Brüche dieselbe rationale Zahl liefern können, zum Beispiel $\frac{1}{3} = \frac{2}{6}$. Die Situation ist also sehr ähnlich der Situation, die man bei der Konstruktion der ganzen Zahlen aus den natürlichen Zahlen vorfindet, und wir behandeln sie mit den gleichen Methoden. Sei

$$\mathbb{Z}^{\times} := \mathbb{Z} \setminus \{0\} = \{a \in \mathbb{Z} \mid a \neq 0\}.$$

Wir definieren eine Relation auf $\mathbb{Z} \times \mathbb{Z}^{\times}$ durch

$$(a, b) \sim (c, d) \quad \Leftrightarrow \quad ad = cb.$$

Das folgende Lemma brauchen wir, um zu zeigen, dass die Relation transitiv ist.

Lemma A.28 *Seien* $x, y \in \mathbb{Z}$ *und* $z \in \mathbb{Z}^{\times}$. *Dann gilt die Kürzungseigenschaft*

$$xz = yz \Rightarrow x = y.$$

Insbesondere ist $xy \neq 0$, *wenn* $x \neq 0$ *und* $y \neq 0$ *gilt, das heißt* $\mathbb{Z}$ *ist* nullteilerfrei.

Beweis. Wir zeigen $x = y$, indem wir $x < y$ und $x > y$ ausschließen (Bemerkung A.26). Wegen der Symmetrie in x und y reicht es, $x < y$ auszuschließen.
  Wir nehmen also an, dass $x < y$. Wenn $z > 0$, dann gilt $z, y - x \in \mathbb{N}$, also auch $(y - x)z \in \mathbb{N}$, im Widerspruch zu $(y - x)z = 0$. Wenn $z < 0$, dann gilt $y - x, -z \in \mathbb{N}$, also auch $(y - x)(-z) \in \mathbb{N}$, im Widerspruch zu

$$(y - x)(-z) = -(y - x)z = -0 = 0.$$

$\square$

Satz A.29
  (i) *Die Relation* $\sim$ *auf* $\mathbb{Z} \times \mathbb{Z}^{\times}$ *ist eine Äquivalenzrelation.*
  (ii) *Sei* $\mathbb{Q} := \{[(a, b)] \mid (a, b) \in \mathbb{Z} \times \mathbb{Z}^{\times}\}$. *Dann ist*

$$j: \mathbb{Z} \to \mathbb{Q}, \quad a \mapsto [(a, 1)]$$

  eine injektive Abbildung.

Beweis. Dieser Beweis ist sehr ähnlich zu dem von Satz A.24.

(i) Die Symmetrie der Relation $\sim$ folgt aus

$$(a, b) \sim (c, d) \quad \Leftrightarrow \quad ad = cb \quad \Leftrightarrow \quad cb = ad \quad \Leftrightarrow \quad (c, d) \sim (a, b).$$

Die Transitivität ist eine Konsequenz von

$$
\begin{aligned}
&\begin{array}{l} (a, b) \sim (c, d) \\ (c, d) \sim (e, f) \end{array} \Rightarrow \begin{array}{l} ad = cb \\ cf = ed \end{array} \\
&\qquad\qquad \Rightarrow \; afd = adf = cbf = cfb = edb = ebd \\
&\qquad\qquad \overset{\text{A.20}}{\Rightarrow} \; af = eb \\
&\qquad\qquad \Rightarrow \; (a, b) \sim (e, f),
\end{aligned}
$$

und die Reflexivität sieht man aus

$$(a, b) \sim (a, b) \quad \Leftrightarrow \quad ab = ab.$$

(ii) Wenn $[(a, 1)] = [(b, 1)]$, dann gilt $(a, 1) \sim (b, 1)$, also $a = a \cdot 1 = b \cdot 1 = b$. Das zeigt die Injektivität von $j \colon \mathbb{Z} \to \mathbb{Q}$.

$\qquad\qquad\qquad\qquad\qquad\qquad\qquad\qquad\qquad\qquad\qquad\qquad\qquad\qquad$ □

Wir nennen $\mathbb{Q}$ die Menge der *rationalen Zahlen* und schreiben

$$\frac{a}{b} \quad \text{statt} \quad [(a, b)].$$

Addition und Multiplikation auf $\mathbb{Q}$
Für die *Addition* auf $\mathbb{Q}$ setzen wir

$$\frac{a}{b} +_{\mathbb{Q}} \frac{c}{d} := \frac{ad + bc}{bd}$$

und für die *Multiplikation*

$$\frac{a}{b} \cdot_{\mathbb{Q}} \frac{c}{d} := \frac{ac}{bd}.$$

Selbstverständlich taucht auch hier wieder das Problem der Wohldefiniertheit auf; wir überlassen es aber dem Leser, die Wohldefiniertheit der beiden Verknüpfungen zu verifizieren.

Wir wollen uns die ganzen Zahlen über die injektive Abbildung $j \colon \mathbb{Z} \to \mathbb{Q}$ als Teilmenge von $\mathbb{Q}$ vorstellen. Das ist natürlich wieder nur dann angebracht, wenn Addition und Multiplikation in $\mathbb{Z}$ durch die Identifizierung von $a \in \mathbb{Z}$ mit $j(a) = \frac{a}{1} \in \mathbb{Q}$ nicht durcheinandergebracht werden (über die Ordnung sprechen wir später).

Proposition A.30 *Für die Abbildung* $j \colon \mathbb{Z} \to \mathbb{Q}$ *und* $a, b \in \mathbb{Z}$ *gilt:*

(i) $j(a + b) = j(a) +_{\mathbb{Q}} j(b)$.
(ii) $j(a \cdot b) = j(a) \cdot_{\mathbb{Q}} j(b)$.

Der Beweis besteht in einer einfachen Rechnung, die wir dem Leser als Übung überlassen.

Addition und Multiplikation von $\mathbb{Q}$ sind also jeweils „Erweiterungen" der entsprechenden Relationen für $\mathbb{Z}$. Wir lassen den Index $_{\mathbb{Q}}$ weg und schreiben auch für Elemente in $\mathbb{Q}$ einfach $x + y$ und $x \cdot y = xy$. Man verifiziert dann leicht, dass $(\mathbb{Q}, +, \cdot)$ ein Körper ist.

Anordnung von $\mathbb{Q}$

An dieser Stelle können wir die Ordnung auf $\mathbb{Q}$ einführen. Als Erstes definieren wir die Menge der *positiven rationalen Zahlen* durch

$$\mathbb{Q}^+ := \left\{ \frac{a}{b} \in \mathbb{Q} \mid ab > 0 \right\}$$

und stellen fest, dass $\mathbb{Q}^+$ wohldefiniert ist und die folgenden Regeln gelten:

Bemerkung A.31 Wir können an dieser Stelle sehen, dass $(\mathbb{Q}, +, \cdot, \mathbb{Q}^+)$ ein geordneter Körper (Abschn. A.1) ist.

(i) Seien $a, a' \in \mathbb{Z}$ und $b, b' \in \mathbb{Z}^\times$. Man zeigt, dass aus $\frac{a}{b} = \frac{a'}{b'}$ folgt:

$$ab > 0 \quad \Leftrightarrow \quad a'b' > 0$$

(ii) Für jedes $a \in \mathbb{Q}$ gilt genau eine der folgenden Beziehungen:

$$a = 0, \quad a \in \mathbb{Q}^+, \quad -a \in \mathbb{Q}^+$$

(iii) Für alle $a, b \in \mathbb{Q}^+$ gilt $a + b \in \mathbb{Q}^+$ und $ab \in \mathbb{Q}^+$.

Wir definieren eine Relation $<_{\mathbb{Q}}$ auf $\mathbb{Q}$ durch

$$a <_{\mathbb{Q}} b \quad :\Leftrightarrow \quad b - a \in \mathbb{Q}^+.$$

Die Einschränkung von $<_{\mathbb{Q}}$ auf $\mathbb{Z}$ liefert die alte Ordnung auf $\mathbb{Z}$, das heißt, für $a, b \in \mathbb{Z}$ gilt

$$a < b \quad \Leftrightarrow \quad j(a) <_{\mathbb{Q}} j(b).$$

Damit können wir auch in der Bezeichnung $<_{\mathbb{Q}}$ den Index $_{\mathbb{Q}}$ weglassen.

A.5   Von den rationalen zu den reellen Zahlen

Während die Methoden der Konstruktion von $\mathbb{Z}$ aus $\mathbb{N}$ und von $\mathbb{Q}$ aus $\mathbb{Z}$ „algebraisch" waren, erfordert die Konstruktion der reellen Zahlen aus $\mathbb{Q}$ genuin analytische Methoden, das heißt *Grenzprozesse*. Die intuitive Vorstellung hinter unserer Konstruktion ist, dass man größte untere Schranken für nach unten beschränkte Mengen in $\mathbb{Q}$ „annäherungsweise" durch Folgen von unteren Schranken bekommen kann, dabei aber verschiedene Folgen denselben „Grenzwert" haben können und daher als gleich betrachtet werden sollten.

Eine *Folge a* von Elementen in einer Menge M ist eine Abbildung (Abschn. 1.6):

$$\mathbb{N} \to M, \ n \mapsto a(n)$$

Im Einklang mit der traditionellen Notation schreibt man auch a_n statt $a(n)$ und

$$(a_n)_{n\in\mathbb{N}} \quad \text{statt} \quad a : \mathbb{N} \to M.$$

Als Nächstes definieren wir eine Relation $\sim$ auf der Menge $\mathcal{F}_{\mathbb{Q}}$ der Folgen von Elementen in $\mathbb{Q}$. Wir sagen $(a_n)_{n\in\mathbb{N}} \sim (b_n)_{n\in\mathbb{N}}$, wenn gilt:

$$\forall \varepsilon \in \mathbb{Q}, \varepsilon > 0 \ \exists K \in \mathbb{N} : (\forall n, m \in \mathbb{N}, n > K, m > K : \ -\varepsilon < a_m - b_n < \varepsilon)$$
$$\text{(A.1)}$$

In Worten: Zu jeder positiven rationalen Zahl ε existiert eine natürliche Zahl K, sodass für alle natürlichen Zahlen, die größer sind als K, die Ungleichung $-\varepsilon < a_m - b_n < \varepsilon$ gilt.

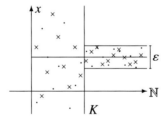

Die so definierte Relation $\sim$ ist keine Äquivalenzrelation, weil sie nicht reflexiv ist. Dies motiviert die folgende Definition.

Definition A.32 Eine *schwache Äquivalenzrelation* auf einer Menge M ist eine Relation, die symmetrisch und transitiv ist.

Wir übertragen die Begriffe „Äquivalenz" und „Repräsentant" aus Beispiel 1.10 auf schwache Äquivalenzrelationen: Wenn $\sim$ eine schwache Äquivalenzrelation auf M ist und $a \sim b$ gilt, dann heißen die Elemente a und b *äquivalent*. Die Menge

$$[a] := \{b \in M \mid a \sim b\}$$

aller zu $a \in M$ äquivalenten Elemente heißt die *Äquivalenzklasse* von $a \in M$, und jedes Element $b \in [a]$ heißt ein *Repräsentant* von $[a]$.

Äquivalenzklassen können leer sein. Wenn $a \nsim a$ (das heißt, wenn $a \sim a$ nicht gilt), dann kann wegen

$$a \sim b \quad \Rightarrow \quad (a \sim b \text{ und } b \sim a) \quad \Rightarrow \quad a \sim a$$

auch für kein anderes $b \in M$ die Relation $b \sim a$ gelten. Also haben wir

$$[a] = \emptyset \quad \Leftrightarrow \quad a \nsim a.$$

Dies zeigt, dass eine schwache Äquivalenzrelation genau dann eine Äquivalenzrelation ist, wenn alle Äquivalenzklassen nicht leer sind.

Proposition A.33 *Sei $\sim$ eine schwache Äquivalenzrelation auf M und $a, b \in M$.*

(i) $a \sim b \Rightarrow [a] = [b]$.
(ii) $a \nsim b \Rightarrow [a] \cap [b] = \emptyset$.

Beweis.

(i) Wenn $c \in [a]$, dann gilt $c \sim a$, und wegen der Transitivität hat man $c \sim b$, also $c \in [b]$. Somit gilt $[a] \subseteq [b]$, und die umgekehrte Inklusion $[b] \subseteq [a]$ folgt analog durch Vertauschen der Rollen von a und b. Damit sind $[a]$ und $[b]$ gleich.

(ii) Wenn $c \in [a] \cap [b]$ wäre, dann hätte man $a \sim c$ und $b \sim c$, was wegen der Transitivität $a \sim b$ zur Folge hätte.

$\square$

Satz A.34

(i) Die durch (A.1) definierte Relation $\sim$ auf $\mathcal{F}_{\mathbb{Q}}$ ist eine schwache Äquivalenzrelation.
(ii) Sei $\mathbb{R} := \{[a] \mid a \in \mathcal{F}_{\mathbb{Q}}, [a] \neq \emptyset\}$. Dann ist

$$j \colon \mathbb{Q} \to \mathbb{R}, \quad a \mapsto [(a_n)_{n \in \mathbb{N}}]$$

mit $a_n = a$ für alle $n \in \mathbb{N}$ eine injektive Abbildung.

Beweis.

(i) Die Symmetrie der Relation $\sim$ folgt aus der Äquivalenz

$$-\varepsilon < a_m - b_n < \varepsilon \quad \Leftrightarrow \quad -\varepsilon < b_n - a_m < \varepsilon.$$

Um die Transitivität zu zeigen, nehmen wir an, dass $(a_n)_{n\in\mathbb{N}} \sim (b_n)_{n\in\mathbb{N}}$ und $(b_n)_{n\in\mathbb{N}} \sim (c_n)_{n\in\mathbb{N}}$ gilt. Zu $\varepsilon > 0$ finden wir natürliche Zahlen K_1 und K_2 mit

$$\forall n, m \in \mathbb{N}, n > K_1, m > K_1 \ : \ -\frac{\varepsilon}{2} < a_m - b_n < \frac{\varepsilon}{2}$$

und

$$\forall n, k \in \mathbb{N}, n > K_2, k > K_2 \ : \ -\frac{\varepsilon}{2} < b_n - c_k < \frac{\varepsilon}{2}.$$

Wähle eine natürliche Zahl $K > K_1, K_2$. Dann erhält man durch Addition der beiden obigen Ungleichungen

$$\forall m, k \in \mathbb{N}, m > K, k > K \ : \ -\varepsilon < a_m - c_k < \varepsilon.$$

Damit ist $(a_n)_{n\in\mathbb{N}} \sim (c_n)_{n\in\mathbb{N}}$ gezeigt.

(ii) Als Erstes stellen wir fest, dass j wohldefiniert ist, weil aus $a_n = a$ folgt $a_n - a_m = 0$ und somit $(a_n)_{n\in\mathbb{N}} \sim (a_n)_{n\in\mathbb{N}}$, das heißt $[(a_n)_{n\in\mathbb{N}}] \neq \emptyset$, also $[(a_n)_{n\in\mathbb{N}}] \in \mathbb{R}$. Wenn $[(a_n)_{n\in\mathbb{N}}] = [(b_n)_{n\in\mathbb{N}}]$ mit $a_n = a$ und $b_n = b$ für alle $n \in \mathbb{N}$ und $a, b \in \mathbb{Q}$, dann gilt für jedes $\varepsilon > 0$, dass

$$-\varepsilon < a - b < \varepsilon.$$

Schreibe $c := a - b$, und falls $c \neq 0$, wähle $\varepsilon := \frac{|c|}{2}$. Dann gilt

$$-\frac{|c|}{2} < c < \frac{|c|}{2},$$

was nach Satz A.6 zunächst $|c| < \frac{|c|}{2}$, dann $2|c| < |c|$ und schließlich $|c| < 0$ zur Folge hat. Das ist aber nicht möglich, also muss $c = 0$ gelten. Dies zeigt die Injektivität von $j \colon \mathbb{Q} \to \mathbb{R}$.

$\square$

Wir nennen $\mathbb{R}$ die Menge der *reellen Zahlen*.

Wir haben zu Beginn des Abschnitts darauf hingewiesen, dass die Relation $\sim$ auf $\mathcal{F}_{\mathbb{Q}}$ keine Äquivalenzrelation ist. Um das einzusehen, betrachtet man zum Beispiel die Folge $(a_n)_{n\in\mathbb{N}}$ mit $a_n = n$, für die $(a_n)_{n\in\mathbb{N}} \not\sim (a_n)_{n\in\mathbb{N}}$ gilt.

Definition A.35 Wir nennen eine Folge a rationaler Zahlen eine *Fundamental-* oder *Cauchy-Folge*, wenn $[a] \neq \emptyset$.

Addition und Multiplikation auf $\mathbb{R}$

Für die *Addition* auf $\mathbb{R}$ setzen wir

$$[(a_n)_{n\in\mathbb{N}}] +_{\mathbb{R}} [(b_n)_{n\in\mathbb{N}}] := [(c_n)_{n\in\mathbb{N}}],$$

wobei für jedes $n \in \mathbb{N}$ gilt: $c_n = a_n + b_n$. Wir schreiben einfach $(a_n + b_n)_{n \in \mathbb{N}}$ für diese Folge. Für die Multplikation setzen wir

$$[(a_n)_{n \in \mathbb{N}}] \cdot_{\mathbb{R}} [(b_n)_{n \in \mathbb{N}}] := [(c_n)_{n \in \mathbb{N}}],$$

wobei für jedes $n \in \mathbb{N}$ gilt: $c_n = a_n \cdot b_n$. Für diese Folge schreiben wir $(a_n b_n)_{n \in \mathbb{N}}$. Selbstverständlich taucht auch hier wieder das Problem der Wohldefiniertheit auf.

Lemma A.36 $+_{\mathbb{R}}$ *und* $\cdot_{\mathbb{R}}$ *sind wohldefinierte Funktionen* $\mathbb{R} \times \mathbb{R} \to \mathbb{R}$.

Beweis. Wir halten zunächst fest, dass $[(a_n)_{n \in \mathbb{N}}], [(b_n)_{n \in \mathbb{N}}] \in \mathbb{R}$ insbesondere $(a_n)_{n \in \mathbb{N}} \sim (a_n)_{n \in \mathbb{N}}$ und $(b_n)_{n \in \mathbb{N}} \sim (b_n)_{n \in \mathbb{N}}$ impliziert. Wenn $(a_n)_{n \in \mathbb{N}} \sim (a'_n)_{n \in \mathbb{N}}$ und $(b_n)_{n \in \mathbb{N}} \sim (b'_n)_{n \in \mathbb{N}}$ gilt, dann finden wir zu $\varepsilon > 0$ natürliche Zahlen K_1 und K_2 mit

$$\forall n, m \in \mathbb{N}, n > K_1, m > K_1 \ : \ -\frac{\varepsilon}{2} < a_m - a'_n < \frac{\varepsilon}{2}$$

und

$$\forall m, n \in \mathbb{N}, m > K_2, n > K_2 \ : \ -\frac{\varepsilon}{2} < b_m - b'_n < \frac{\varepsilon}{2}.$$

Wähle eine natürliche Zahl $K > K_1, K_2$. Dann erhält man durch Addition der beiden obigen Ungleichungen

$$\forall m, n \in \mathbb{N}, m > K, n > K \ : \ -\varepsilon < (a_m + b_m) - (a'_n + b'_n) < \varepsilon.$$

Damit ist $(c_n)_{n \in \mathbb{N}} \sim (c'_n)_{n \in \mathbb{N}}$ gezeigt, wobei $c'_n := a'_n + b'_n$. Dies zeigt insbesondere $(c_n)_{n \in \mathbb{N}} \sim (c_n)_{n \in \mathbb{N}}$, also $[(c_n)_{n \in \mathbb{N}}] \neq \emptyset$ und $[(c_n)_{n \in \mathbb{N}}] \in \mathbb{R}$. Dann folgt aber auch die Wohldefiniertheit von $+_{\mathbb{R}}$.

Um die Wohldefiniertheit von $\cdot_{\mathbb{R}}$ zu zeigen, stellt man zunächst fest, dass es wegen $(a_n)_{n \in \mathbb{N}} \sim (a_n)_{n \in \mathbb{N}}$ ein $K \in \mathbb{N}$ mit $-1 < a_n - a_K < 1$ für alle $n > K$ gibt. Damit findet man ein $s \in \mathbb{N}$ mit $-s < a_n < s$ für alle $n \in \mathbb{N}$. Ähnliches gilt für $(b_n)_{n \in \mathbb{N}}, (a'_n)_{n \in \mathbb{N}}$ und $(b'_n)_{n \in \mathbb{N}}$. Also können wir gleich annehmen, dass

$$\forall n \in \mathbb{N} \ : \ -s < a_n, a'_n, b_n b'_n < s$$

gilt. Zu $\varepsilon > 0$ finden wir natürliche Zahlen K_1 und K_2 mit

$$\forall n, m \in \mathbb{N}, n > K_1, m > K_1 \ : \ -\frac{\varepsilon}{3s} < a_m - a'_n < \frac{\varepsilon}{3s}$$

und

$$\forall m, n \in \mathbb{N}, m > K_2, n > K_2 \ : \ -\frac{\varepsilon}{3s} < b_m - b'_n < \frac{\varepsilon}{3s}.$$

Wir schreiben

$$a_n b_n - a'_m b'_m = (a_n - a'_n)b_n + a'_n(b_n - b'_m) + b'_m(a'_n - a'_m).$$

Wähle eine natürliche Zahl $K > K_1, K_2$. Dann gilt für $n, m > K$

$$|a_n b_n - a'_m b'_m| \leq |a_n - a'_n|s + s|b_n - b'_m| + s|a'_n - a'_m| < 3s\frac{\varepsilon}{3s} = \varepsilon.$$

Wegen Satz A.6 zeigt dies wie im Falle der Addition die Wohldefiniertheit. □

Wir wollen uns die rationalen Zahlen über die injektive Abbildung $j \colon \mathbb{Q} \to \mathbb{R}$ als Teilmenge von $\mathbb{R}$ vorstellen. Dazu muss man wieder nachweisen, dass Addition und Multiplikation in $\mathbb{Q}$ durch die Identifizierung von $a \in \mathbb{Q}$ mit $j(a) \in \mathbb{R}$ nicht durcheinandergebracht werden.

Bemerkung A.37 Für die Abbildung $j \colon \mathbb{Q} \to \mathbb{R}$ und $a, b \in \mathbb{Q}$ gilt:

(i) $j(a + b) = j(a) +_{\mathbb{R}} j(b)$.
(ii) $j(a \cdot b) = j(a) \cdot_{\mathbb{R}} j(b)$.

Beide Eigenschaften folgen unmittelbar aus den Definitionen.

Mit dem Wissen, dass Addition und Multiplikation von $\mathbb{R}$ jeweils „Erweiterungen" der entsprechenden Relationen für $\mathbb{Q}$ sind, lassen wir den Index $\mathbb{R}$ weg und schreiben auch für Elemente in $\mathbb{R}$ einfach $x + y$ und $x \cdot y = xy$. Außerdem schreiben wir 1 für $j(1)$ und 0 für $j(0)$.

Jetzt kann man verifizieren, dass $\mathbb{R}$ ein Körper ist.

Satz A.38 *Sei $x, y, z \in \mathbb{R}$. Dann gilt:*

(i) $x + (y + z) = (x + y) + z$(Assoziativität).
(ii) $x + y = y + x$ (Kommutativität).
(iii) *Aus $x + z = y + z$ folgt $x = y$* (Kürzungseigenschaft).
(iv) $x + 0 = x$ (Null).
(v) $xy = yx$ (Kommutativität).
(vi) $x(yz) = (xy)z$ (Assoziativität).
(vii) *Aus $xz = yz$ folgt $x = y$* (Kürzungseigenschaft) *falls $z \neq 0$.*
(viii) $x \cdot 1 = x$ (Eins).
(ix) $(x + y)z = xz + yz$ (Distributivität).

Beweis. Stellvertretend für die Punkte (i), (ii), (v), (vi), (ix) zeigen wir (ii): Sei $x = [(x_n)_{n \in \mathbb{N}}]$ und $y = [(y_n)_{n \in \mathbb{N}}]$. Es gilt dann $x + y = [(x_n + y_n)_{n \in \mathbb{N}}]$ und $y + x = [(y_n + x_n)_{n \in \mathbb{N}}]$, also folgt $x + y = y + x$ sofort aus der Kommutativität von $\mathbb{Q}$.

Als Nächstes zeigen wir (iii): Sei $x = [(x_n)_{n \in \mathbb{N}}]$, $y = [(y_n)_{n \in \mathbb{N}}]$ und $z = [(z_n)_{n \in \mathbb{N}}]$. Wenn $x + z = y + z$, dann gilt

$$(x_n + z_n)_{n \in \mathbb{N}} \sim (y_n + z_n)_{n \in \mathbb{N}}.$$

Also gibt es zu $\varepsilon > 0$ ein $K \in \mathbb{N}$ mit

$$\forall n, m > K \ : \ |(x_n - y_m) + (z_n - z_m)| < \varepsilon.$$

Ebenso kann man

$$\forall n, m > K \ : \ |z_n - z_m| < \varepsilon$$

annehmen. Zusammen liefert dies (Satz A.6)

$$\forall n, m > K \ : \ |x_n - y_m| \leq |(x_n - y_m) + (z_n - z_m)| + |z_m - z_n| < 2\varepsilon,$$

das heißt $(x_n)_{n \in \mathbb{N}} \sim (y_n)_{n \in \mathbb{N}}$ und somit also $x = y$.

(iv) ist offensichtlich.

Um die Kürzungseigenschaft (vii) zu sehen, betrachten wir wieder $x = [(x_n)_{n \in \mathbb{N}}]$, $y = [(y_n)_{n \in \mathbb{N}}]$ und $z = [(z_n)_{n \in \mathbb{N}}]$. Die Aussage $z \neq 0$ bedeutet, dass $(z_n)_{n \in \mathbb{N}}$ nicht äquivalent zur konstanten Nullfolge ist. Daher gibt es ein $c \in \mathbb{Q}^+$ und beliebig große $n \in \mathbb{N}$ mit $|z_n| > c$ (d. h., zu jedem $m \in \mathbb{N}$ gibt es ein $k_m > m$ mit $|z_{k_m}| > c$). Wenn jetzt $xz = yz$, dann gilt

$$(x_n z_n)_{n \in \mathbb{N}} \sim (y_n z_n)_{n \in \mathbb{N}},$$

das heißt $|x_n z_n - y_m z_m| < \varepsilon$ für vorgegebenes ε und große n, m. Wegen $[(a_n)_{n \in \mathbb{N}}] \neq \emptyset$ wissen wir, dass auch $|x_m - x_n| < \varepsilon$ für große n, m gilt. Für gegebenes $\varepsilon > 0$ finden wir daher ein $K \in \mathbb{N}$ so, dass für alle $n, m \in \mathbb{N}$ mit $n, m \geq K$

$$|x_n - y_m| \leq |x_n - x_{k_m}| + |x_{k_m} - y_{k_m}| + |y_{k_m} - y_m|$$

$$\leq \varepsilon + \left| x_{k_m} z_{k_m} - y_{k_m} z_{k_m} \right| \cdot \left| \frac{1}{z_{k_m}} \right| + \varepsilon$$

$$\leq 2\varepsilon + \frac{\varepsilon}{c}$$

gilt, also $(x_n)_{n \in \mathbb{N}} \sim (y_n)_{n \in \mathbb{N}}$ und $x = y$.

Da auch (viii) offensichtlich ist, ist damit der Satz bewiesen. $\square$

Anordnung von $\mathbb{R}$

Um die Ordnung auf $\mathbb{R}$ einzuführen, definieren wir zunächst die Menge der *positiven reellen Zahlen* durch

$$\mathbb{R}^+ := \{[(a_n)_{n \in \mathbb{N}}] \mid (\exists \varepsilon \in \mathbb{Q}, \varepsilon > 0, \exists K \in \mathbb{N}) \ \text{mit} \ (\forall n \in \mathbb{N}, n > K : a_n > \varepsilon)\}.$$

In Worten: Es existieren eine positive rationale Zahl ε und eine natürliche Zahl K, sodass für alle natürlichen Zahlen n, die größer sind als K, $a_n > \varepsilon$ gilt. Wir nennen die Elemente von $\mathbb{R}^+$ die *positiven reellen Zahlen*. Wie im Falle der rationalen Zahlen stellt man fest, dass $\mathbb{R}^+$ wohldefiniert ist, und findet die folgenden Verträglichkeitseigenschaften:

Satz A.39

(i) $\mathbb{R}^+$ *ist wohldefiniert.*

(ii) *Für alle $a \in \mathbb{R}$ gilt genau eine der folgenden Beziehungen*

$$a = 0, \quad a \in \mathbb{R}^+, \quad -a \in \mathbb{R}^+.$$

(iii) *Für alle $a, b \in \mathbb{R}^+$ gilt $a + b \in \mathbb{R}^+$ und $ab \in \mathbb{R}^+$.*

Beweis.

(i) Wenn $[(a_n)_{n \in \mathbb{N}}] = [(a'_n)_{n \in \mathbb{N}}]$ und die definierende Eigenschaft von $\mathbb{R}^+$ für $(a_n)_{n_1 \mathbb{N}}$ gilt, dann finden wir $K_1 \in \mathbb{N}$ mit $|a_n - a'_n| < \frac{\varepsilon}{2}$ für alle $n > K_1$. Für $n > K, K_1$ gilt

$$a'_n = a_n + (a'_n - a_n) \geq a_n - |a'_n - a_n| > \varepsilon - \frac{\varepsilon}{2} = \frac{\varepsilon}{2}.$$

Damit sieht man, dass für $(a'_n)_{n \in \mathbb{N}}$ die Bedingung

$$\exists K \in \mathbb{N}: \quad (\forall n \in \mathbb{N}, n > K) \; a'_n > \frac{\varepsilon}{2}$$

gilt, was die Wohldefiniertheit von $\mathbb{R}^+$ beweist.

(ii) Wenn $a = [(a_n)_{n \in \mathbb{N}}] = 0$, dann gibt es zu $\varepsilon > 0$ ein $K \in \mathbb{N}$ mit $|a_n| < \varepsilon$ für alle $n > K$. Damit sieht man, dass sich die drei Beziehungen

$$a = 0, \quad a \in \mathbb{R}^+, \quad -a \in \mathbb{R}^+$$

gegenseitig ausschließen.

Sei jetzt $a = [(a_n)_{n \in \mathbb{N}}] \in \mathbb{R}$. Wegen $[(a_n)_{n \in \mathbb{N}}] \neq \emptyset$ gilt $(a_n)_{n \in \mathbb{N}} \sim (a_n)_{n \in \mathbb{N}}$, das heißt, zu jedem $\varepsilon > 0$ gibt es ein $K \in \mathbb{N}$ mit $|a_n - a_m| < \frac{\varepsilon}{2}$ für alle $n, m > K$. Wenn $a \notin \mathbb{R}^+$, dann gibt es ein $n > K$ mit $a_n < \frac{\varepsilon}{2}$. Dann folgt aber

$$a_m = (a_m - a_n) + a_n < \frac{\varepsilon}{2} + \frac{\varepsilon}{2} = \varepsilon$$

für alle $m > K$. Analog folgt aus $-a \notin \mathbb{R}^+$ die Existenz eines $K' \in \mathbb{N}$ mit $-a_m < \varepsilon$ für alle $m > K'$. Zusammen erhält man, dass $a, -a \notin \mathbb{R}^+$ impliziert $(a_n)_{n \in \mathbb{N}} \sim 0$, also $[a] = 0$.

(iii) $a = [(a_n)_{n \in \mathbb{N}}] \in \mathbb{R}^+$ und $b = [(b_n)_{n \in \mathbb{N}}] \in \mathbb{R}^+$, dann gibt es ein $\varepsilon > 0$ und ein $K \in \mathbb{N}$ mit $a_n, b_n > \varepsilon$ für alle $n > K$. Damit gilt aber

$$a_n + b_n > 2\varepsilon \quad \text{und} \quad a_n b_n > \varepsilon \cdot \varepsilon$$

für alle $n > K$. Wegen $2\varepsilon > 0$ und $\varepsilon \cdot \varepsilon > 0$ liefert dies $a + b \in \mathbb{R}^+$ und $ab \in \mathbb{R}^+$.

$\square$

Mit Satz A.39 können wir den *Betrag* $|a|$ einer reellen Zahl durch

$$|a| := \begin{cases} a & \text{falls } a \in \mathbb{R}^+, \\ 0 & \text{falls } a = 0, \\ -a & \text{falls } -a \in \mathbb{R}^+ \end{cases}$$

definieren. Wie im Falle der rationalen Zahlen definieren wir eine Relation $<_{\mathbb{R}}$ auf $\mathbb{R}$ durch

$$a <_{\mathbb{R}} b \quad :\Leftrightarrow \quad b - a \in \mathbb{R}^+.$$

An dieser Stelle können wir sehen, dass die Einschränkung von $<_{\mathbb{R}}$ auf $\mathbb{Q}$ die alte Ordnung auf $\mathbb{Q}$ liefert: Für $a, b \in \mathbb{Q}$ gilt

$$a < b \quad \Leftrightarrow \quad j(a) <_{\mathbb{R}} j(b).$$

Dies ist unmittelbar klar, weil $j(b) - j(a) = j(b - a)$ die Äquivalenzklasse der konstanten Folge $b - a$ ist, also in $\mathbb{R}^+$ genau dann, wenn $b > a$. Damit können wir auch in der Bezeichnung $<_{\mathbb{R}}$ den Index $\mathbb{R}$ weglassen.

Die Vollständigkeit von $\mathbb{R}$

Unser nächstes Ziel ist es, die Vollständigkeit von $\mathbb{R}$ zu zeigen. Eine präzise Definition dafür, was wir unter Vollständigkeit eines Zahlbereichs verstehen wollen, haben wir in Axiom A.7 gegeben. Wir beginnen mit zwei Lemmata.

Lemma A.40

(i) Zu jeder reellen Zahl $a > 0$ gibt es ein $\varepsilon \in \mathbb{Q}$ mit $0 < \varepsilon < a$.
(ii) Zu jeder reellen Zahl a gibt es ein $k \in \mathbb{N}$ mit $|a| < k$.

Beweis.

(i) Wenn $a = [(a_n)_{n \in \mathbb{N}}]$, dann gibt es eine rationale Zahl $\varepsilon > 0$ und ein $n_o \in \mathbb{N}$ mit $a_n > 2\varepsilon$ für $n > n_o$. Dann gilt aber $a_n - \varepsilon > \varepsilon$ für alle $n > n_o$, also $a - \varepsilon > 0$ und daher $a > \varepsilon$.

(ii) Im Beweis von Lemma A.36 wurde gezeigt, dass es ein $k \in \mathbb{N}$ mit

$$\forall n \in \mathbb{N}: \quad 1 - k < a_n < k - 1,$$

also

$$\forall n \in \mathbb{N}: \quad k \pm a_n > 1$$

gibt. Aber das impliziert $k > \pm a$, woraus wiederum $k > |a|$ folgt.

$\square$

Lemma A.41 *Sei $b \in \mathbb{Q}$ und $(a_n)_{n\in\mathbb{N}}$ eine Folge in $\mathbb{Q}$ mit*

$$a_n \le a_{n+1} \le b$$

für alle $n \in \mathbb{N}$, dann gilt $a := [(a_n)_{n\in\mathbb{N}}] \ne \emptyset$ und $a_m \le a \le b$ in $\mathbb{R}$ für alle $m \in \mathbb{N}$.

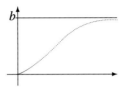

Beweis. Wenn $(a_n)_{n\in\mathbb{N}} \nsim (a_n)_{n\in\mathbb{N}}$, dann finden wir ein $\varepsilon > 0$ und zu jedem $k \in \mathbb{N}$ natürliche Zahlen p_k, q_k mit $p_{k-1} < q_k < p_k$ und $a_{p_k} - a_{q_k} \ge \varepsilon$. Damit rechnet man

$$
\begin{aligned}
a_{p_k} - a_{q_1} &= (a_{p_k} - a_{q_k}) + (a_{q_k} - a_{p_{k-1}}) + (a_{p_{k-1}} - a_{q_{k-1}}) + \ldots + (a_{p_1} - a_{q_1}) \\
&\ge (a_{p_k} - a_{q_k}) + (a_{p_{k-1}} - a_{q_{k-1}}) + \ldots + (a_{p_1} - a_{q_1}) \\
&\ge k\varepsilon,
\end{aligned}
$$

im Widerspruch (Lemma A.40) zur Beschränktheit der a_n. Damit ist gezeigt, dass

$$[(a_n)_{n\in\mathbb{N}}] \ne \emptyset,$$

also $a \in \mathbb{R}$.

Um die Ungleichung $a_n \le a \le b$ zu zeigen, beachte zunächst, dass a_n und b durch die konstanten Folgen $(c_k)_{k\in\mathbb{N}}$ und $(d_k)_{k\in\mathbb{N}}$ mit $c_k = a_n$ und $d_k = b$ definiert sind und $a_n = c_k \le a_k \le d_k = b$ für $k > n$ gilt. Dies schließt die Beziehungen $a_n > a$ und $a > b$ aus, also folgt die Ungleichung aus Satz A.39. $\qquad\square$

Satz A.42 *Jede nichtleere nach unten beschränkte Teilmenge von $\mathbb{R}$ hat eine größte untere Schranke.*

Beweis. Sei $M \subseteq \mathbb{R}$ nach unten beschränkt. Wähle eine natürliche Zahl $q_1 \in \mathbb{N}$ und betrachte die Menge

$$S_1 := \left\{ p \in \mathbb{Z} \,\middle|\, \forall x \in M : \frac{p}{q_1} \le x \right\}.$$

Da mit M auch die Menge $q_1 \cdot M := \{q_1 x \mid x \in M\}$ nach unten beschränkt ist, ist nach Lemma A.40(ii) die Menge S_1 nach oben beschränkt, hat also ein größtes Element p_1. Induktiv definieren wir

$$q_{n+1} := 2q_n$$

und

$$S_{n+1} := \left\{ p \in \mathbb{Z} \;\middle|\; \forall x \in M : \frac{p}{q_{n+1}} \leq x \right\}.$$

Wie zuvor stellt man fest, dass S_{n+1} ein größtes Element p_{n+1} hat. Da aus $\frac{p_n}{q_n} \leq x$ die Ungleichung $\frac{2p_n}{q_{n+1}} \leq x$ folgt, erhalten wir $p_{n+1} \geq 2p_n$ und $\frac{p_{n+1}}{q_{n+1}} \geq \frac{p_n}{q_n}$. Dann definiert die Folge $(\frac{p_n}{q_n})_{n \in \mathbb{N}}$ nach Lemma A.41 ein Element $a \in \mathbb{R}$, für das

$$\forall x \in M : \quad a \leq x$$

gilt. Wir behaupten, dass dieses a die größte untere Schranke von M ist. Dazu nehmen wir an, dass es ein $b \in \mathbb{R}$ mit

$$\forall x \in M : \quad a < b \leq x$$

gibt. Nach Lemma A.40 gibt es ein rationales $\varepsilon > 0$ mit $\varepsilon < b - a$, das heißt $a + \varepsilon < b$. Wegen $2n > n + 1$ für alle $n \in \mathbb{N} \setminus \{1\}$ (Induktion) ist die Menge $\{q_n \in \mathbb{N} \mid n \in \mathbb{N}\}$ nicht beschränkt. Also gibt es ein $n \in \mathbb{N}$ mit $q_n > \frac{1}{\varepsilon}$. Sei n_o das kleinste solche n. Wegen $\frac{p_{n_o}}{q_{n_o}} \leq a$ gilt

$$\frac{p_{n_o} + 1}{q_{n_o}} = \frac{p_{n_o}}{q_{n_o}} + \frac{1}{q_{n_o}} < \frac{p_{n_o}}{q_{n_o}} + \varepsilon \leq a + \varepsilon < b.$$

Aber dann ist $\frac{p_{n_o}+1}{q_{n_o}}$ eine untere Schranke für M im Widerspruch zur Definition von p_{n_o}. Also war a schon die größte untere Schranke von M. $\qquad\square$

A.6 Von den reellen zu den komplexen Zahlen

Der Vollständigkeit halber geben wir hier auch noch die Konstruktion der komplexen Zahlen aus den reellen Zahlen an. Diese Konstruktion ist wieder algebraisch. Sei $\mathbb{C} := \{(a, b) \mid a, b \in \mathbb{R}\}$ und $\mathbb{C}^\times := \{(a, b) \in \mathbb{C} \mid (a, b) \neq (0, 0)\}$. Betrachte die Abbildungen

$$+ : \mathbb{C} \times \mathbb{C} \to \mathbb{C}, \quad \big((a, b), (a', b')\big) \mapsto (a + a', b + b')$$

und

$$\cdot : \mathbb{C} \times \mathbb{C} \to \mathbb{C}, \quad \big((a, b), (a', b')\big) \mapsto (aa' - bb', ab' + ba').$$

Es ist dann eine leichte Übung zu zeigen, dass $(\mathbb{C}, +)$ und $(\mathbb{C}^\times, \cdot)$ abelsche Gruppen sind, wobei die Null für $(\mathbb{C}, +)$ durch $(0, 0)$ und die Eins für $(\mathbb{C}^\times, \cdot)$ durch $(1, 0)$ gegeben sind. Man nennt $\mathbb{C}$ zusammen mit dieser Addition und dieser Multiplikation die *komplexen Zahlen*.

Um die Schreibweise zu erleichtern, führt man die Notation $a + ib$ für (a, b) ein. Die Zahl a nennt man den *Realteil* $\Re(a + ib)$ von $a + ib$ und die Zahl b den *Imaginärteil* $\Im(a + ib)$ von $a + ib$.

Man betrachtet $\mathbb{R}$ als Teilmenge von $\mathbb{C}$, indem man a mit $(a, 0) = a + i0$ identifiziert. Definiert man die *imaginäre Einheit* $i := (0, 1)$, so erhält man zunächst

$$(a, 0) + i \cdot (b, 0) = (a, 0) + (0, 1) \cdot (b, 0) = (a, 0) + (0, b) = (a, b) = a + ib$$

(also entstehen durch die Identifikation $a = (a, 0)$ keine Zweideutigkeiten). Außerdem gilt

$$i \cdot i = (0, 1) \cdot (0, 1) = (-1, 0) = -1.$$

Die Multiplikation

$$(a + ib) \cdot (a' + ib') = (aa' - bb') + i(ab' + ba')$$

entsteht also durch formales Ausmultiplizieren. Auch hier lässt man normalerweise den Multiplikationspunkt weg und schreibt zz' statt $z \cdot z'$.

Nach den bis hierher schon durchgeführten Rechnungen ist es jetzt eine Routineaufgabe nachzurechnen, dass der folgende Satz richtig ist.

Satz A.43 *Die komplexen Zahlen $\mathbb{C}$ sind bezüglich ihrer Addition und ihrer Multiplikation ein Körper.*

Damit ist der Zahlbereich, der in Abschn. 1.2 zum Lösen von Gleichungen heuristisch eingeführt wurde, auf der Grundlage der natürlichen Zahlen mathematisch sauber konstruiert.

Ergänzende Literatur [37, 88]

Literatur

1. Aigner, M. und Behrends, E., Hrsg.: Alles Mathematik. Von Pythagoras zum CD-Player. Vieweg-Teubner GWV Fachverlage, Wiesbaden (2009)
2. Albers D., Alexanderson G., Reid C. International Mathematical Congresses. Springer, New York (1987)
3. Anglin, W.S. und Lambek, J.: The Heritage of Thales. Springer, New York (1995)
4. Archetti, F., und Candelieri, A.: Bayesian Optimization and Data Science. Springer, Cham (2019)
5. Arens, T., Hettlich, F., Karpfinger, Ch., Kockelkorn, U., Lichtenegger, K. und Stachel, H.: Mathematik. Springer, Berlin (2008)
6. Artmann, B.: Euclid – The Creation of Mathematics. Springer Verlag, New York (1999)
7. Ay, N., Jost, J., Lê, H.V., Schwachhöfer, L.: Information Geometry. Springer (2017)
8. Bachem, A., Jünger, M. und Schrader, R.: Mathematik in der Praxis. Springer, Berlin (1995)
9. Behrends E.: Analysis I. Vieweg, Braunschweig (2003)
10. Behrends, E.: Fünf Minuten Mathematik. Springer Spektrum, Wiesbaden (2013)
11. Behrends, E., Gritzmann, P. und Ziegler, G.M., Hrsg.: Pi und Co: Kaleidoskop der Mathematik. Springer, Berlin (2008)
12. Binmore, K.: Game Theory, A Very Short Introduction. Oxford University Press (2007)
13. Bosbach, G. und Korff, J.: Lügen mit Zahlen. Heyne, München (2011).
14. Bunge, M.: Kausalität, Geschichte und Probleme. J. C. B. Mohr, Tübingen (1987)
15. Byers W.: How Mathematians Think. Princeton University Press (2007)
16. Meschkowski, H. und Nilson, W., Hrsg.: Georg Cantor: Briefe. Springer, Berlin (1991)
17. Caracostas, P. und Muldur, U.: Society, the Endless Frontier: A European Vision of Research and Innovation Policies for the 21st Century. EU-Studie (1997). http://ec.europa.eu/research/publ/society-en.pdf
18. Changeux, J.-P. und Connes, A.: Gedanken-Materie. Springer, Berlin (1992)
19. Charpentier, E. und Nikolski, N., Hrsg.: Leçons de mathématiques d'aujourd'hui 1–3. Cassini, Paris (2000–2007)
20. Charpentier, E. und Bayart, F., Hrsg.: Leçons de mathématiques d'aujourd'hui 4. Cassini, Paris (2010)
21. Chou, C.-S. und Friedman, A.: Introduction to Mathematical Biology. Springer (2016)
22. Cigler, J.: Körper, Ringe, Gleichungen. Spektrum-Verlag, Heidelberg (1995)
23. Connes, A., Lichnerowicz, A. und Schützenberger, M.P.: Triangle of thoughts. Amer. Math. Soc. (2001)

© Springer-Verlag GmbH Deutschland, ein Teil von Springer Nature 2021
I. Hilgert und J. Hilgert, *Mathematik – ein Reiseführer*,
https://doi.org/10.1007/978-3-662-62599-6

24. Coppin, C., Mahavier, W., May, E. und Parker, G.: The Moore Method: A pathway to learner centered instruction. Math. Assoc. Amer. (2009)
25. Cuomo, S.: Ancient Mathematics. Routledge, London (2001)
26. Danesi, M.: Math in the Brain: Neuroscientific Perspectives in Mathematical Cognition. In: M. Bokova et al. (Hrs.): *Minds in Mathematics: Essays on Mathematical Cognition and Mathematical Method*. Lincom Europa, München 2015
27. Davis, Ph.J. und Hersh, R. Erfahrung Mathematik. Birkhäuser, Basel (1985)
28. Dedekind R. Was sind und was sollen die Zahlen? Vieweg, Braunschweig (1883)
29. Deiser, O., Lasser, C., Vogt, E. und Werner, D.: 12 × 12 Schlüsselkonzepte zur Mathematik. Spektrum Akademischer-Verlag, Heidelberg (2010)
30. Devlin, K.: The Man of Numbers – Fibonacci's Arithmetic Revolution. Walker & Company, New York (2011)
31. Diaconis, P., Skyrms, B.: Ten great ideas about chance. Princeton University Press (2018)
32. Dieter, M. und Törner, G.: Zahlen rund um die Mathematik. Preprint der Fakultät für Mathematik (Universität Duisburg-Essen) Nr. SM-DU-716 (2010)
33. Dieudonné, J.: A panorama of pure mathematics (as seen by N. Bourbaki). Academic Press, New York (1982)
34. Doxiadis, A. und Papadimitriou, C.H.: Logicomix - eine epische Suche nach Wahrheit. Atrium Verlag, Zürich (2009)
35. Drton, M., Sturmfels, B., Sullivant, S.: Lectures on Algebraic Statistics. Birkhäuser, Basel (2009)
36. Dyson, F.: Birds and Frogs. Notices of the Amer. Math. Soc. **56**(2), 212–223 (2009)
37. Ebbinghaus, H.-D., et al.: Zahlen. Springer, Berlin (1992)
38. Eberlein, E. und Kallsen, J.: Mathematical Finance. Springer (2019)
39. Enzensberger, H.M.: Die Mathematiker. In: *Zukunftsmusik*. Suhrkamp, Frankfurt/M. (1993)
40. Engelen, E.-M., Fleischhack, Ch., Galizia, C.G. und Landfester, K.: Heureka - Evidenzkriterien in den Wissenschaften. Spektrum-Verlag, Heidelberg (2010)
41. Engemaier, N., Hauswald, R., Schubbe, D.: Wissenschaftstheorie. In: P. Breitenstein, J. Rohrbeck (Hrsg.): *Philosophie*. Springer-Verlag (2011)
42. Feynman, R.Ph.: Surely You're Joking, Mr. Feynman: Adventures of a Curious Character. Norton, New York (1997)
43. Garfunkel, S. und Steen, L.A., Hrsg.: Mathematik in der Praxis. Spektrum-Verlag, Heidelberg (1989)
44. Garfinkel, A., Shevtsov, J. und Guo, Y.: Modeling Life – The Methematics of Biological Systems. Springer, (2017)
45. Gericke, H.: Mathematik in Antike und Orient und Mathematik im Abendland. Sonderausgabe in einem Band. Fourier Verlag, Wiesbaden (1994)
46. Glaeser, G.: Geometrie und ihre Anwendungen. Spektrum-Verlag, Heidelberg (2007)
47. Goldstein, R.: The Mind Body Problem. Penguin Books, New York (1983)
48. Goldstein, R.: Strange Attractors. Penguin Books, New York (1993)
49. Goldstein, R.: Incompleteness. Atlas Books, New York (2006)
50. Goodman, J.: Einstein's Italian Mathematicians: Ricci, Levi-Civita, and the Birth of General Relativity. Amer. Math. Soc., Providence (2018)
51. Gowers, T.: The two cultures of mathematics. In V. Arnol'd et al. (Hrsg.) Mathematics: Frontiers and Perspectives. , Amer. Math. Soc., Providence (2000). Verfügbar unter http://www.dpmms.cam.ac.uk/~wtg10/2cultures.pdf
52. Gowers, T.: Mathematics, A Very Short Introduction. Oxford University Press (2002)
53. Gowers, T., Hrsg.: The Princeton Companion to Mathematics. Princeton University Press (2008)
54. Gray, J.: Plato's ghost: the modernist transformation of mathematics. Princeton University Press (2008)
55. Greuel, G.-M., Remmert, R. und Rupprecht, G., Hrsg.: Mathematik - Motor der Wirtschaft: Initiative der Wirtschaft zum Jahr der Mathematik. Springer, Berlin (2008)

56. Griffith, P.A.: Mathematics and the sciences: Is interdisciplinary research possible? In: Mathematics towards the Third Millenium, 65–76. Accademia Nazionale Dei Lincei, Rom (2000)
57. Griffith, H.B., und Hilton, P.J.: Classical Mathematics. Springer, New York (1970)
58. Grötschel, M., Lucas, K. und Mehrmann, V., Hrsg.:' Produktionsfaktor Mathematik - Wie Mathematik Technik und Wirtschaft bewegt. Springer, Berlin (2009)
59. Halmos, P.R.: Naive Mengenlehre. Vandenhoeck und Rupprecht, Göttingen (1972)
60. Hand, D.: Statistics, A Very Short Introduction. Oxford University Press (2008)
61. Hartigan, J.A.: Bayes Theory. Springer, New York (1983)
62. Hastie, T., Tibshirani, R. und Friedman, J.: The Elements of Statistical Learning – Data Mining, Inference, and Prediction, Second Edition. Springer, (2008)
63. Hawking, S. und Mlodinow, L.: Der grosse Entwurf - eine neue Erklärung des Universums. Rowohlt, Reinbeck (2010)
64. Hein, W.: Die Mathematik im Mittelalter. Wissenschaftliche Buchgesellschaft, Darmstadt (2010)
65. Hersh, R.: What is Mathematics, Really? Jonathan Cape, London (1997)
66. Hersh, R. und John-Steiner, V.: Loving + Hating Mathematics. Princeton University Press (2011)
67. Hewson, S.: Mathematical Bridge. World Scientific, New Jersey (2009)
68. Hilbert, D.: Naturerkennen und Logik. Naturwissenschaften, 959–963 (1930)
69. Hilgert, J., Hoffmann, M. und Panse, A.: Einführung in mathematisches Denken und Arbeiten. Springer Spektrum, Berlin (2015)
70. Hilgert, J.: Mathematik studieren. Ein Ratgeber für Erstsemester und solche, die es vielleicht werden wollen. Springer Nature (2020)
71. Hill, A.B.: The Environment and Disease: Association or Causation? Proc. R. Soc. Med. **58** (1965), 295–300
72. Hochbruck, M. und Sauter, J.-M.: *Mathematik fürs Leben am Beispiel der Computertomographie*. Math. Semesterberichte **49** (2002), 95–114
73. Hochkirchen, Th.: Die Axiomatisierung der Wahrscheinlichkeitsrechnung und ihre Kontexte. Vandenhoeck und Rupprecht, Göttingen (1999)
74. Hoffmann, D.: Grenzen der Mathematik: Eine Reise durch die Kerngebiete der mathematischen Logik. Spektrum Akademischer-Verlag, Heidelberg (2011)
75. Honerkamp, J.: Denken in Strukturen und seine Geschichte – Von der Kraft des mathematischen Beweises. Springer, Berlin (2018)
76. Huff, D.: How to Lie with Statistics. Norton, New York (1954)
77. Ifrah, G.: Universalgeschichte der Zahlen. Campus Verlag, Frankfurt (1986)
78. Jäger, W. und Krebs, H.-J. (Hrsg.): Mathematics. Key Technology for the Future. Springer, Berlin (2003)
79. Joseph, G.G.: Indian Mathematics. World Scientific, New Jersey (2016)
80. Jost, J.: Mathematical Methods in Biology and Neurobiology. Springer, London (2014)
81. Jost, J.: Biologie und Mathematik. Springer Spektrum, (2019)
82. Kahn, D.: The Code-Breakers. Scribner, New York (1996)
83. Kaplan, R.: Geschichte der Null. Piper, München (2003)
84. Katz, V.J.: A History of Mathematics. Addison-Wesley, Boston (1998)
85. Kaufmann Bühler, W.: Gauß – eine biographische Studie. Springer, Heidelberg (1987).
86. Keen, S.: Debunking Economics: The Naked Emperor of the Social Sciences. Zed Books, London (2001)
87. Kline, M.: Mathematical Thought from Ancient to Modern Times. Oxford University Press (1972)
88. Kramer, J. und von Pippich, A.-M.: Von den natürlichen Zahlen zu den Quaternionen. Springer Spektrum, Wiesbaden (2013)
89. Kramer, R (Hrsg.): Studien- und Berufsplaner Mathematik – Schlüsselqualifikation für Technik, Wirtschaft und IT. Für Studierende und Hochschulabsolventen. Springer Spektrum, Wiesbaden (2015)

90. Lack, C.: Aufdecken mathematischer Begabung bei Kindern im 1. und 2. Schuljahr. Vieweg+Teubner, Wiesbaden (2009)
91. Landers, D. und Rogge, L.: Nichtstandard Analysis. Springer, Berlin (1994)
92. Lattmann, C.: Mathematische Modellierung bei Platon zwischen Thales und Euklid. De Gruyter, Berlin (2019)
93. Luderer, B., Hrsg.: Die Kunst des Modellierens. Mathematisch-ökonomische Modelle. Vieweg–Teubner GWV Fachverlage, Wiesbaden (2008)
94. Mac Lane, S.: Mathematical Models: A Sketch for the Philosophy of Mathematics. The American Mathematical Monthly **88** (1981), 462–472
95. Manin, Y.I.: Mathematics as metaphor. Amer. Math. Soc., Providence (2007)
96. Marrou, H.I.: La histoire d'éducation dans l'Antiquité. Le Seuil, Paris (1951)
97. Mashaal, M.: Bourbaki – Une société secrète de mathematiciens. Belin, Paris (2002)
98. Meschkowski, H. und Nilson, W., Hrsg.: Georg Cantor: Briefe. Springer, Berlin (1991)
99. Mikusiński, J. und Mikusiński, P.: An Introduction to Analysis. John Wiley & Sons, New York (1993)
100. Morgenstern, O.: Spieltheorie und Wirtschaftswissenschaft. Oldenbourg, Wien (1963)
101. Morgenstern, O. und von Neumann, J.: Theory of Games and Economic Behavior. Princeton University Press (1944)
102. Mumford, D.: The Dawning of the Age of Stochasticity. In: Mathematics towards the Third Millenium, 107–125. Accademia Nazionale Dei Lincei, Rom (2000)
103. Murdoch, W.J., Singh, C., Kimber, K., Abbasi-Asia, R., Yu, B.: Definitions, methods, and applications in interpretable machine learning. PNAS **116** (2019), 22071–22080
104. Neunzert, H. und Prätzel-Wolters, D. Hrsg.: Currents in Industrial Mathematics – From Concepts to Research to Education. Springer, Heidelberg (2015)
105. Neunzert, H. und Siddiqi, A.B.: Topics in Industrial Mathematics – Case Studies and Related Mathematical Methods. Springer, Dordrecht (2000)
106. Nielsen, M. A. und Chuang, I.: Quantum Computation and Quantum Information. Cambridge University Press, Cambridge (2000)
107. Ng, A. und Soo, K.: Data Science – was ist das eigentlich?! Springer Nature (2018)
108. Ortlieb, C.P.: Heinrich Hertz und das Konzept des mathematischen Modells. In: G. Wolfschmidt (ed.): *Heinrich Hertz (1857–1894) and the Development of Communication*, 53–71. Books on Demand, Norderstedt (2008)
109. Ortlieb, C.P.: „Wesen der Wirklichkeit" oder „Mathematikwahn"? In: G. Nickel, M. Helmerich, R. Krömer, K. Lengnink, M. Rathgeb (eds.): *Mathematik und Gesellschaft*. Springer Spektrum, Wiesbaden (2018)
110. Ortlieb, C.P., von Dresky, C., Gasser, I. und Günzel, S.: Mathematische Modellierung – Eine Einführung in zwölf Fallstudien. 2. Aufl. Springer Spektrum, Wiesbaden (2013)
111. Otte, M., Hrsg.: Mathematiker über die Mathematik. Springer, Berlin (1974)
112. Penrose, R.: The Road to Reality. Vintage, New York (2004)
113. Pesic, P.: Abels Beweis. Springer, Berlin (2005)
114. Petersen, T.: Die Stunde der Wissenschaft. Frankfurter Allgemeine Zeitung, 18.06.2020
115. Petters, A.O. und Dong, X.: An Introduction to Mathematical Finance with Applications – Understanding and Building Financial Intuition. Springer, (2016)
116. Pfeifer, A.: Finanzmathematik. 6. Auflage. Edition Harri Deutsch. Europa-Lehrmittel, Haan-Gruiten (2016)
117. Piper, F. und Murphy, S.: Cryptography, A Very Short Introduction. Oxford University Press (2002)
118. Plattner, H. und Zeier A.: In-Memory Data Management – Technology and Applications. Second Edition. Springer, Heidelberg (2012)
119. Poincaré, H.: Nature du raisonnement mathématique. Revue de Métaphysique et de Morale **2** (1894), 371–384
120. Priest, G.: Logic, A Very Short Introduction. Oxford University Press (2000)
121. Responses to "Theoretical Mathematics etc." by A. Jaffe and F. Quinn. Bull. Amer. Math. Soc. **30**:2 (1994), 161–177.

122. Radbruch, K.: Mathematische Spuren in der Literatur. Wissenschaftliche Buchgesellschaft, Darmstadt (1997)
123. Rousseau, C. und Saint-Aubin, Y.: Mathematics and Technology. Springer, New York (2008)
124. Ruelle, D.: Wie Mathematiker ticken: Geniale Köpfe - ihre Gedankenwelt und ihre größten Erkenntnisse. Springer, Berlin (2010)
125. Savage, A.: Introduction to Categorification. https://arxiv.org/abs/1401.6037
126. Scherer, W.: Mathematics of Quantum Computing. Springer (2019)
127. Schneider, I., Hrsg.: Die Entwicklung der Wahrscheinlichkeitstheorie von den Anfängen bis 1933. Wissenschaftliche Buchgesellschaft, Darmstadt (1988)
128. Schulmeister, S.: Der Weg zur Prosperität. Ecowin, München (2018)
129. Singh, S.: Fermats letzter Satz. Hanser, München (1998)
130. Smith, L.K.: Chaos, A Very Short Introduction. Oxford University Press (2007)
131. Sobel, D.: Längengrad, Die wahre Geschichte eines einsamen Genies, welches das größte wissenschaftliche Problem seiner Zeit löste. Berlin Verlag (1996)
132. Sonar, T.: Angewandte Mathematik, Modellbildung und Informatik. Vieweg, Braunschweig (2001)
133. Stahl, W.H.: Roman Science. University of Wisconsin Press (1962)
134. Stewart, I.: Warum (gerade) Mathematik?: Eine Antwort in Briefen. Spektrum Akademischer-Verlag, Heidelberg (2007)
135. Struik, D.J.: Abriß der Geschichte der Mathematik. VEB Deutscher Verlag der Wissenschaften, Berlin (1980)
136. Sullivant, S.: Algebraic statistics. American Mathematical Society, Providence (2018)
137. Taleb, N. N.: The Black Swan. Penguin Books, London (2007)
138. Törner, G., Berndtsen, B. und Peters-Dasdemir, J.: Arbeitsmarkt für Mathematiker/innen Mitteilungen der Deutschen Mathematiker-Vereinigung **27**(1) (2019), 26–31
139. Toscano, F.: The Secret Formula – How a Mathematical Duel Inflamed Renaissance Italy and Uncovered the Cubic Equation. Princeton University Press (2020)
140. Traylor, D. R.: Creative Teaching: The Heritage of R. L. Moore. Houston University Press, Houston (1972)
141. Wapner, L. M.: Aus 1 mach 2 – Wie Mathematiker Kugeln verdoppeln. Spektrum Akademischer Verlag, Heidelberg (2008)
142. Wigner E., *The Unreasonable Effectiveness of Mathematics in the Natural Sciences*. Communications in Pure and Applied Mathematics, **13** (1960), 1–14
143. Witelski, T. und Bowen, M.: Methods of Mathematical Modelling – Continuous Systems and Differential Equations. Springer, Cham (2015)
144. Yandell, B.H.: The honors class – Hilbert's problems and their solvers. AK Peters, Natick (2001)
145. Yeargers, E.K., Shonkwiler, R.W. und Herod, J.V.: An Introduction to the Mathematics of Biology. Birkhäuser, Boston (1996)
146. Zentrum für Gesundheit (ZfG) der Deutschen Sporthochschule Köln: Newsletter 05/09. https://www.akademie-michi.de/documents/studie-dr-froboese.pdf

Mathematische Symbole

© Springer-Verlag GmbH Deutschland, ein Teil von Springer Nature 2021
I. Hilgert und J. Hilgert, *Mathematik – ein Reiseführer*,
https://doi.org/10.1007/978-3-662-62599-6

Stichwortverzeichnis

© Springer-Verlag GmbH Deutschland, ein Teil von Springer Nature 2021
I. Hilgert und J. Hilgert, *Mathematik – ein Reiseführer*,
https://doi.org/10.1007/978-3-662-62599-6

Printed in the United States
by Baker & Taylor Publisher Services